爱上 Android

于连林 ◎编著

人民邮电出版社

北京

图书在版编目（CIP）数据

爱上Android / 于连林编著. -- 北京：人民邮电出版社，2017.8
ISBN 978-7-115-46175-9

Ⅰ．①爱… Ⅱ．①于… Ⅲ．①移动终端－应用程序－程序设计 Ⅳ．①TN929.53

中国版本图书馆CIP数据核字(2017)第166769号

内 容 提 要

本书深入浅出，详细讲解了 Android 开发的知识，主要内容包括：Android 的体系架构、Android Studio、项目的创建、Android 工程目录、调试程序、界面的搭建；常用的控件和属性、提示信息 Toast 和 Snackbar、点击事件 3 种写法等；Activity 之间的跳转、Activity 生命周期、Activity 启动模式等；数据存储、网络编程；图片的处理；复杂控件的使用；Fragment、广播接收者、Service、动画等；以及 Android 新特性、Kotlin 语言、性能优化、屏幕适配、自定义控件、JNI/NDK 开发等高级知识。并通过开发一个真实的项目让读者学以致用。

本书内容通俗易懂，比较适合初学者阅读，也可以作为专业人员的工具书，以及大专院校相关专业师生的学习用书和培训学校的教材。

◆ 编　著　于连林
　责任编辑　张　涛
　责任印制　焦志炜

◆ 人民邮电出版社出版发行　北京市丰台区成寿寺路 11 号
邮编　100164　电子邮件　315@ptpress.com.cn
网址　http://www.ptpress.com.cn
北京市艺辉印刷有限公司印刷

◆ 开本：800×1000　1/16
印张：26.5
字数：696 千字　　　　　　　2017 年 8 月第 1 版
印数：1 – 3 000 册　　　　　　2017 年 8 月北京第 1 次印刷

定价：69.00 元

读者服务热线：(010)81055410　印装质量热线：(010)81055316
反盗版热线：(010)81055315
广告经营许可证：京东工商广登字 20170147 号

前　　言

欢迎您阅读这本书

  Android 已经在短短几年从无到有成为这个世界上最受欢迎的智能手机操作系统。无论您是为公众开发应用程序，还是为自己开发 App，都会发现 Android 是一个令人兴奋和具有挑战性的平台。您会爱上 Android 开发！

  最重要的是，我衷心希望您能找到它对您开发有用的地方。

  IT 知识本身也许是枯燥的，本书尽量把它讲得幽默点。

本书结构

  本书并不像其他的书那样，把所有的知识点堆到一起。这本书循序渐进地讲述开发过程中必备的知识，虽然可能忽略一些很少用的知识，但大家在实际开发过程中就会发现学的已经够用了。本书宗旨是不重复开发一个"轮子"，在给大家讲明白原理的同时会介绍一些高手开发的框架，这些框架能够让大家很快上手开发完成一个应用。

读者对象

  本书内容通俗易懂，比较适合初学者阅读，也可以作为专业人员的工具书。学习本书之前您不需要任何的 Android 基础，但是需要有一定 Java 基础（包括数组、运算符、面向对象思想、线程、IO 流等），因为大部分 Android 开发都是使用 Java 语言的，而本书很少会介绍 Java 方面的知识。

  阅读本书时，您可以根据自身的情况来决定如何阅读，如果没有 Android 开发基础，建议不要跳过前面的章节。

  因为考虑到新手初学时很难入门，所以本书刚开始的部分内容会附赠开发教学视频，帮助读者尽快入门学习。

微信公众号

  为了方便大家看到此书勘误，本书提供一个网址：book.520wcf.com。

  IT 行业技术日新月异，本书将尽快更新最新的知识点。为了方便大家及时收到本书更新提醒，建议大家关注微信公众账号。微信添加公众号搜索 likeDev，或者扫码加入：

前言

为了方便交流,可以加 QQ 交流群:488929846,添加时请输入备注:爱上 Android。

目 录

第1章 初识 Android ·· 1
　1.1　Android 是什么 ······································· 1
　1.2　Android 体系架构 ····································· 1
　1.3　Android 发展史 ······································· 4
第2章 选择您的开发工具 ······································ 5
　2.1　准备软件，认识 Android Studio ··············· 5
　　2.1.1　什么是 Android Studio ···················· 5
　　2.1.2　为什么使用 Android Studio ············· 6
　2.2　安装 Android Studio ································ 6
　　2.2.1　安装配置要求 ·································· 6
　　2.2.2　下载地址 ·· 6
　　2.2.3　安装 JDK ······································· 7
　　2.2.4　安装 Android Studio ······················· 7
　　2.2.5　设置 JDK 和 Android SDK
　　　　　目录 ··· 14
　2.3　项目的创建 ··· 16
　　2.3.1　创建项目的步骤 ······························ 16
　　2.3.2　解决错误（没有错误最好）············· 19
　2.4　Android Studio 界面预览 ························ 21
　2.5　常用设置 ·· 22
　　2.5.1　设置主题 ·· 22
　　2.5.2　设置字体和格式 ······························ 22
　　2.5.3　设置文件编码 ·································· 24
　　2.5.4　设置快捷键 ····································· 24
　　2.5.5　其他设置 ·· 26
　2.6　常用快捷键 ··· 26
　2.7　Android 工程目录 ··································· 27
　　2.7.1　工程目录介绍 ·································· 27
　　2.7.2　Gradle 使用详解 ····························· 28

　　2.7.3　app/build.gradle ······························ 28
　2.8　SDK 目录介绍 ·· 30
　2.9　调试程序 ·· 31
　　2.9.1　创建模拟器 ···································· 31
　　2.9.2　连接真实手机 ································ 33
　　2.9.3　Genymotion 模拟器 ······················· 34
　2.10　程序启动分析 ······································· 34
　2.11　日志和注释 ··· 36
　　2.11.1　注释 ··· 37
　　2.11.2　日志 ··· 37
　　2.11.3　设置 Android Studio 日志
　　　　　　显示颜色 ······································ 38
　　2.11.4　实际开发中控制日志 ···················· 39
　　2.11.5　Logger 的使用 ······························ 41
　总结 ··· 42
第3章 界面的搭建 ··· 43
　3.1　眼见皆 View ··· 43
　3.2　布局的搭建方式 ····································· 43
　3.3　常用的控件和属性 ·································· 44
　　3.3.1　TextView ·· 44
　　3.3.2　Button ·· 45
　　3.3.3　EditText ··· 46
　　3.3.4　ImageView ······································ 47
　　3.3.5　ProgressBar ···································· 49
　3.4　布局的介绍 ··· 50
　　3.4.1　LinearLayout（线性布局）············· 50
　　3.4.2　RelativeLayout（相对布局）·········· 52
　　3.4.3　FrameLayout（帧布局）················· 55
　　3.4.4　GridLayout（网格布局）··············· 56

3.4.5　CoordinatorLayout ················ 58
3.4.6　ConstraintLayout（约束
　　　布局）······························ 61
3.5　提示信息 Toast 和 Snackbar ········ 61
3.5.1　Toast 使用详解 ················ 61
3.5.2　修改 Toast 位置 ··············· 63
3.5.3　自定义 Toast 布局 ············ 63
3.5.4　避免内存泄露 ··················· 65
3.5.5　Snackbar ························· 65
3.6　点击事件三种写法 ······················ 68
3.6.1　通过匿名内部类或内部类
　　　实现 ································ 68
3.6.2　让类实现接口 ··················· 69
3.6.3　在布局文件中注册事件 ······ 70
3.7　使用 Lambda 表达式代替匿名
内部类 ·· 70
3.7.1　什么是 lambda 呢 ············· 70
3.7.2　使用 Lambda 表达式 ········ 71
3.8　AlertDialog 提示对话框 ············· 73
3.8.1　一般对话框 ······················ 75
3.8.2　Material Design 风格的
　　　对话框 ····························· 76
3.8.3　列表对话框 ······················ 78
3.8.4　单选按钮对话框 ················ 79
3.8.5　多选按钮对话框 ················ 79
3.8.6　自定义 AlertDialog ··········· 80
3.9　ProgressDialog ·························· 81
总结 ··· 83

第 4 章　Activity 介绍 ···················· 84

4.1　Activity 之间的跳转 ··················· 84
4.1.1　显示意图 ·························· 84
4.1.2　隐式意图 ·························· 86
4.1.3　隐式意图的常见操作 ········· 88
4.1.4　IntentFilter 匹配规则 ······· 89
4.2　Activity 之间传递数据 ················ 92
4.2.1　通过 Intent 传递数据 ········ 92
4.2.2　静态工厂设计模式传递
　　　数据 ································ 93

4.2.3　返回数据给之前的 Activity ···· 93
4.3　Android 6.0 权限的管理 ············· 95
4.3.1　Android 6.0 新的权限机制 ···· 96
4.3.2　申请权限 ·························· 96
4.3.3　第三方库 RxPermissions ···· 100
4.4　Activity 生命周期 ····················· 101
4.4.1　生命周期的方法 ··············· 101
4.4.2　Activity 销毁时保存数据 ···· 102
4.4.3　锁定横竖屏 ····················· 103
4.4.4　开发时注意事项 ··············· 104
4.5　Activity 任务栈 ························ 104
4.6　Activity 启动模式 ····················· 105
4.6.1　standard ························ 105
4.6.2　singleTop ······················· 106
4.6.3　singleTask ······················ 106
4.6.4　singleInstance ················ 107
4.6.5　统一管理 Activity ············ 108
4.7　Toolbar 和 Navigation Drawer ···· 109
4.7.1　AppBar 的简介 ··············· 109
4.7.2　创建菜单 ························ 111
4.7.3　Toolbar ·························· 112
4.7.4　Toolbar 遇上 Navigation
　　　Drawer ·························· 114
4.8　主题样式设置 ··························· 118
总结 ··· 120

第 5 章　数据存储 ···························· 121

5.1　SharedPreference ···················· 121
5.2　MD5 加密 ································ 123
5.3　文件存储数据 ··························· 124
5.3.1　保存到手机内存（Internal
　　　Storage）······················· 124
5.3.2　SD 卡存储（External
　　　Storage）······················· 127
5.4　SQLite 存储 ····························· 132
5.4.1　创建数据库 ····················· 132
5.4.2　升级数据库 ····················· 135
5.4.3　数据库增删改查（CURD）···· 137
5.4.4　SQLite 数据库的事务操作···· 144

5.5	常见的数据库框架	146
总结		146

第6章 网络编程 148

- 6.1 HTTP 协议 148
  - 6.1.1 URL 简介 148
  - 6.1.2 HTTP 简介 149
  - 6.1.3 GET 和 POST 对比 151
- 6.2 HttpURLConnection 151
  - 6.2.1 为什么废弃 HttpClient 151
  - 6.2.2 使用 HttpURLConnection 联网 152
- 6.3 多线程编程 154
  - 6.3.1 线程的同步和异步 154
  - 6.3.2 AsycTask 158
  - 6.3.3 RxJava 161
- 6.4 网络请求实例 164
- 6.5 JSON 解析 168
  - 6.5.1 使用 Android 原生方式解析 JSON 169
  - 6.5.2 Gson 的使用 170
  - 6.5.3 插件 GsonFormat 快速实现 JavaBean 174
  - 6.5.4 完成请求实例 176
- 6.6 网络请求框架——Retrofit 179
  - 6.6.1 使用 Retrofit 179
  - 6.6.2 常用的注解 181
  - 6.6.3 完成请求案例 181
  - 6.6.4 RxJava 和 Retrofit 结合 183
- 6.7 WebView 184
  - 6.7.1 WebView 配置 186
  - 6.7.2 WebViewClient 方法 187
  - 6.7.3 设置 WebChromeClient 189
  - 6.7.4 WebView 常用的方法 190
  - 6.7.5 WebView 模板代码 191
- 总结 196

第7章 图片的处理 197

- 7.1 Bitmap 和 Drawable 197
- 7.2 大图的加载 199
- 7.3 图片加水印 202
- 7.4 图片特效，Matrix 205
  - 7.4.1 缩放 205
  - 7.4.2 倒影、镜面 207
  - 7.4.3 旋转 208
  - 7.4.4 位移 208
- 7.5 图片颜色处理——打造自己的美图秀秀 209
  - 7.5.1 颜色过滤器 ColorMatrixColorFilter 209
  - 7.5.2 实现图片美化功能 210
- 7.6 案例——随手涂鸦 214
- 7.7 加载网络图片 217
  - 7.7.1 网络图片的缓存策略 217
  - 7.7.2 图片加载库 Picasso 的使用 218
- 总结 219

第8章 复杂控件的使用 220

- 8.1 ListView 220
  - 8.1.1 初识 ListView 221
  - 8.1.2 定制 ListView 条目的界面 222
  - 8.1.3 优化 ListView 225
  - 8.1.4 ListView 的点击事件 226
  - 8.1.5 ListView 常用的属性 228
- 8.2 GridView 229
- 8.3 RecyclerView 231
  - 8.3.1 初识 RecyclerView 231
  - 8.3.2 使用 RecyclerView 232
  - 8.3.3 不同的布局排列方式 234
  - 8.3.4 RecyclerView 添加点击事件 236
  - 8.3.5 RecyclerView 添加删除数据 237
  - 8.3.6 下拉刷新 SwipeRefreshLayout 237
- 8.4 CardView 239
- 8.5 ViewPager 241
- 8.6 BottomNavigationView（底部

导航） ……………………… 243
8.7 TabLayout ……………………… 246
　8.7.1 TabLayout 使用 ……… 246
　8.7.2 TabLayout 自定义条目
　　　 样式 ……………………… 249
总结 ………………………………… 250

第 9 章　探索 Fragment ……… 251
9.1 使用 Fragment ………………… 252
　9.1.1 Fragment 的生命周期 …… 252
　9.1.2 创建 Fragment ………… 252
　9.1.3 向 Activity 添加 Fragment … 254
　9.1.4 管理片段 ………………… 256
　9.1.5 Fragment 的向下兼容 …… 257
9.2 FragmentTabHost 实现底部标签 … 257
9.3 ViewPager 和 Fragment 结合 … 259
总结 ………………………………… 273

第 10 章　广播接收者 …………… 274
10.1 广播简介 ……………………… 274
10.2 实现一个 BroadcastReceiver … 275
10.3 发送自定义广播 ……………… 279
10.4 桌面快捷方式 ………………… 283
总结 ………………………………… 285

第 11 章　Service 介绍 …………… 286
11.1 服务的基本用法 ……………… 286
　11.1.1 创建服务 ……………… 286
　11.1.2 启动和停止服务 ……… 287
　11.1.3 绑定服务 ……………… 289
　11.1.4 服务的生命周期 ……… 292
11.2 IntentService ………………… 292
11.3 Service 和 BroadCastReceiver 结合
　　 使用的案例（兼容 Android 7.0） … 294
　11.3.1 Android 7.0 错误原因 … 297
　11.3.2 使用 FileProvider ……… 298
总结 ………………………………… 300

第 12 章　动画 …………………… 301
12.1 补间动画（Tween Animation）…… 301
　12.2.1 AlphaAnimation（透明度
　　　　 动画）………………… 302
　12.2.2 ScaleAnimation（缩放
　　　　 动画）………………… 304
　12.2.3 TranslateAnimation（平移
　　　　 动画）………………… 305
　12.2.4 RotateAnimation（旋转
　　　　 动画）………………… 306
12.2 逐帧动画（Frame Animation）… 308
12.3 属性动画 ……………………… 310
总结 ………………………………… 313

第 13 章　新特性 ………………… 314
13.1 Android 7.0 分屏开发 ………… 314
　13.1.1 如何分屏呢 …………… 315
　13.1.2 多窗口生命周期 ……… 315
　13.1.3 针对多窗口进行配置 … 316
　13.1.4 多窗口模式中运行应用
　　　　 注意事项 ……………… 316
　13.1.5 在多窗口模式中启动新
　　　　 Activity ………………… 317
　13.1.6 支持拖放 ……………… 318
13.2 Android 7.0 快速设定 ………… 318
13.3 约束布局 ConstraintLayout …… 321
　13.3.1 ConstraintLayout 简介 … 321
　13.3.2 添加约束布局 ………… 322
　13.3.3 使用约束布局 ………… 322
　13.3.4 添加约束 ……………… 323
　13.3.5 使用自动连接和约束推断 … 325
　13.3.6 快速对齐 Align ………… 326
13.4 使用 Kotlin 语言开发 Android … 326
总结 ………………………………… 330

第 14 章　性能优化 ……………… 331
14.1 性能检测 ……………………… 331
　14.1.1 检测内存泄露 ………… 331
　14.1.2 LeakCanary …………… 334
　14.1.3 追踪内存分配 ………… 335

14.1.4 查询方法执行的时间 ……… 335
14.2 过度绘制（OverDraw）……… 336
　　14.2.1 过度绘制概念 ……… 336
　　14.2.2 追踪过度绘制 ……… 336
　　14.2.3 去掉不合理背景 ……… 337
　　14.2.4 不合理的 XML 布局对
　　　　　绘制的影响 ……… 338
14.3 避免 ANR ……… 338
　　14.3.1 ANR 分析 ……… 339
　　14.3.2 ANR 解决方式 ……… 341
总结 ……… 341

第 15 章 屏幕适配 ……… 342

15.1 Android 屏幕适配出现的原因 ……… 342
15.2 相关重要概念 ……… 344
　　15.2.1 屏幕尺寸 ……… 344
　　15.2.2 屏幕分辨率 ……… 344
　　15.2.3 屏幕像素密度 ……… 344
　　15.2.4 屏幕尺寸、分辨率、像素
　　　　　密度三者关系 ……… 344
　　15.2.5 dip ……… 345
　　15.2.6 sp ……… 345
15.3 尺寸适配解决方案 ……… 346
　　15.3.1 "布局"适配 ……… 346
　　15.3.2 尺寸（size）限定符 ……… 347
　　15.3.3 最小宽度（Smallest-width）
　　　　　限定符 ……… 348
　　15.3.4 使用布局别名 ……… 349
　　15.3.5 屏幕方向（Orientation）
　　　　　限定符 ……… 350
　　15.3.6 "布局组件"匹配 ……… 352
　　15.3.7 Layout_weight 详解 ……… 352
　　15.3.8 "图片资源"匹配 ……… 355
　　15.3.9 .9 的制作 ……… 355
　　15.3.10 "用户界面流程"匹配 ……… 357
15.4 屏幕密度适配 ……… 359
　　15.4.1 "布局控件"适配 ……… 359
　　15.4.2 百分比布局 ……… 360
　　15.4.3 约束布局 ……… 362
总结 ……… 362

第 16 章 自定义控件 ……… 363

16.1 自定义控件简介 ……… 363
16.2 View 的生命周期 ……… 364
　　16.2.1 构造函数 ……… 365
　　16.2.2 onAttachedToWindow ……… 369
　　16.2.3 onMeasure ……… 370
　　16.2.4 onLayout ……… 372
　　16.2.5 onDraw ……… 372
　　16.2.6 View 更新 ……… 373
　　16.2.7 动画 ……… 374
总结 ……… 374

第 17 章 JNI/NDK 开发 ……… 375

17.1 NDK 配置（最新的 CMake
　　 方式）……… 375
　　17.1.1 下载 ……… 376
　　17.1.2 创建项目 ……… 376
　　17.1.3 运行项目 ……… 378
　　17.1.4 手动添加 native 方法 ……… 379
总结 ……… 380

第 18 章 开发一个真实的项目 ……… 381

18.1 项目需求分析 ……… 381
18.2 创建项目 ……… 382
18.3 界面实现 ……… 383
　　18.3.1 启动界面 ……… 383
　　18.3.2 引导页面 ……… 385
　　18.3.3 主界面 ……… 388
　　18.3.4 列表界面 ……… 390
18.4 请求网络 ……… 395
18.5 新闻列表和详情 ……… 400
18.6 完成整个项目 ……… 409
总结 ……… 412

第1章 初识 Android

毫无疑问，你肯定急于开始学习 Android 应用程序开发。毕竟，编程对程序员来说吸引力也是很大的。然而，在开始实际编程前，需要先了解 Android 的系统。

1.1 Android 是什么

Android，中文名为安卓，直接翻译是机器人的意思，它是 Google 公司推出的一款开源免费的智能操作系统，不仅限于手机，现在很多终端都在使用 Android 操作系统，如手表、电视、汽车、平板电脑、微波炉等，如图 1-1 和图 1-2 所示。一般而言，还是以手机开发为主，本书也是介绍如何进行手机软件开发。

▲图 1-1　Android 系统的微波炉

▲图 1-2　Android 智能电视

由于 Android 系统是免费的，所以推广得很快。目前 Android 手机市场占有率已经超过 80%。

1.2 Android 体系架构

为了更好地理解 Android 系统是如何工作的，接下来解剖一下 Android 系统，看看其内部是如何构建的，如图 1-3 所示。

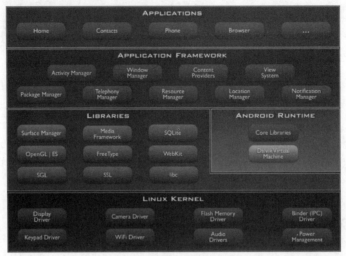

▲图 1-3　Android 系统架构

Android 大致可以分为 4 层架构、5 块区域。图 1-3 从下到上依次为：

（1）Linux 内核层；

（2）系统运行库层；

（3）应用框架层；

（4）应用层。

1．Linux 内核层

如图 1-4 所示，Android 系统是基于 Linux 2.6 内核的，这一层为 Android 的各种硬件提供了驱动程序，如显示驱动、照相机驱动、声音驱动、电池管理等。当手机开机的时候，这一层肯定先运行。

▲图 1-4　Linux 内核层

2．系统运行库层

如图 1-5 所示，这一层通过一些 C 或者 C++库为 Android 系统提供了主要的特性支持。如 Webkit 提供了浏览器支持（保证手机能够正常使用浏览器），SQLite 库提供了数据库的支持（可以用来存储一些数据），OpenGLES 库提供了 3D 绘图的支持等。

这一层还有 Android 运行时库，它主要提供了一些核心库，能够允许开发者使用 Java 语言编写 Android 应用。另外，Android 运行时库中还包含了 Dalvik 虚拟机（Android 5.0 系统以后替换成了 ART 虚拟机），因为 Java 语言的特性决定它只能通过虚拟机去运行，这个有点像我们在电脑上玩小霸王的游戏需要装模拟器一样。

▲图 1-5　系统运行库层

无论是 Dalvik 虚拟机还是 ART 虚拟机，都是专门为移动设备定制的，它针对手机内存、CPU 性能有限等情况，ART 虚拟机安装程序时间稍微长一点，但是运行程序快一点。Google 工程师最终决定用 ART 虚拟机（这点毋容置疑，没人愿意天天装程序）。

不管是 Dalvik 虚拟机还是 ART 虚拟机，都要比 Java 语言官方本身的 JVM 虚拟机要好用。当然最主要的原因是版权问题，虽然 Java 语言本身是开源免费的，但是 JVM 虚拟机不是开源免费的，所以不能直接用 JVM 虚拟机。

3. 应用框架层

如图 1-6 所示，这一层主要提供了构建应用程序时可能用到的各种 API，Android 自带的一些核心应用就是使用这些 API 完成的，开发者也可以通过这些 API 构建自己的应用程序。这层的使用频率要比上面介绍的两层使用频率高。

▲图 1-6　应用框架层

4. 应用层

如图 1-7 所示，所有安装到手机上的应用都属于这一层，例如系统自带的联系人、短信等程序，或者是自己下载的一些应用、游戏，肯定也会包括自己写的程序。

▲图 1-7　应用层

应用层和应用框架层大部分都是采用 Java 代码编写的，Linux 内核层和系统运行库层大部分采用 C 或者 C++编写。

计算机语言核心就是 0 和 1，理论上用一个电闸都能编程，闭合就是 1，打开就是 0，一开一闭程序就运行了，估计干这行的肯定瞧不上做 C 开发的。编程语言不分好坏，只是功能划分不一样。千万不要和资深程序员争论哪门编程语言好，他们眼中只有 0 或者 1，基本上他能说的让你高山仰止。

1.3 Android 发展史

Android 从 2008 年发布 1.0 至今已经发布了 20 多个版本了，目前最新版本是 Android 8，每一个系统版本都对应一个开发的 API 版本号，如 Android 5.1 对应 API 版本号 21。每一个 Android 版本还都有一个代号，包括甜甜圈、姜饼、三明治、果冻豆、棒棒糖等。

如图 1-8 所示，表中最右面一栏就是当前版本的市场份额，可以发现 Android 4.4 是当前最流行的版本，Android 5.0 以上的会越来越多，而 Android 4.1 以下的手机基本上没有了，Android 7.0 还不到百分之一。所以本书重点讲解 Android 5.0~7.1 的知识，兼容到 Android 4.1。

Version	Codename	API	Distribution
2.2	Froyo	8	0.1%
2.3.3 - 2.3.7	Gingerbread	10	1.7%
4.0.3 - 4.0.4	Ice Cream Sandwich	15	1.6%
4.1.x	Jelly Bean	16	6.0%
4.2.x		17	8.3%
4.3		18	2.4%
4.4	KitKat	19	29.2%
5.0	Lollipop	21	14.1%
5.1		22	21.4%
6.0	Marshmallow	23	15.2%

数据来源 Android 官网

▲图 1-8 Android 各个版本市场占有率

好了，Android 基本信息就介绍到这，接下进入真正的 Android 开发之旅。

第 2 章 选择您的开发工具

工欲善其事，必先利其器。选择一个好的 IDE 可以大幅提高开发效率，节省下的时间可以去多学习新知识，多陪陪家人。接下来就手把手领着大家把开发环境搭建起来。

2.1 准备软件，认识 Android Studio

之前开发 Android 一般用 Eclipse+ADT 插件，但是 Google 已经停止维护 ADT 了，本书郑重地建议大家，不要用 Eclipse 开发了，改用 Android Studio 开发。

当然 Android 程序大部分是使用 Java 语言开发的，所以安装 Java 环境是必须的，需要大家下载 JDK，目前最新版本是 JDK 8。需要注意的是，大家必须准备 JDK 7 以上的版本（如果使用的是 Android Studio 2.1 以上的版本，必须准备 JDK 8 以上），否则达不到 Android Studio 的安装要求，建议准备 JDK 8（可以使用 lambda 语法）。如果是 64 位操作系统，建议安装 64 位的 JDK；如果是 32 位操作系统，只能安装 32 位的 JDK。

在 Windows 操作系统中右键单击我的电脑→属性就可以查看当前系统的位数。

JDK 下载方式非常简单，直接用百度搜索 JDK 的下载网站，下载下来直接打开，一直点击下一步按钮就可以安装成功。

上面都不是重点，大家如果有 Java 基础，这些应该都会了；如果没有 Java 基础，最好先了解一下 Java，接下来就进入重点，了解一下 Android Studio。

2.1.1 什么是 Android Studio

Android Studio 是一个基于 IntelliJIDEA 的新的 Android 开发环境。与 Eclipse ADT 插件相似，Android Studio 提供了集成的 Android 开发工具，用于开发和调试。

Android Studio 于 2013 年 5 月 16 日在谷歌 I/O 大会正式对外发布，Google 希望 Android Studio 能让应用开发更简单、高效。

Windows、Mac OS X、Linux 三大平台全部支持。

2015 年年底，Google 开发者大会期间推出了 Android Studio 2.0，让 Android Studio 编译和运行速度提高了 50 倍。

Android Studio 2.2 完美兼容了 NDK 开发，可以完全摆脱 ADT。

2.1.2 为什么使用 Android Studio

原因一：Android Studio 是谷歌开发的，专门为 Android 开发量身定做的编辑器。

原因二：Android Studio 最核心的功能就是智能代码编辑器，它能帮助我们非常高效地完成代码补全、重构和代码分析。做过开发的读者都知道，没有代码提示，估计 90%以上的人就不会写代码了。

原因三：Android Studio 的速度更快、更加智能，集成了版本控制系统、代码分析工具、UI 编辑器、Gradle 构建工具、Android Monitor、模拟器、各种模板和示例等，还有各种强大的插件支持。

原因四：谷歌宣布将在 2015 年年底前停止对 Eclipse Android 开发工具的一切支持，包括 ADT 插件、Ant 构建系统、DDMS、Traceview 与其他性能和监控工具。

有了上面这四大原因，你还有什么理由不用 Android Studio？

2.2 安装 Android Studio

2.2.1 安装配置要求

现在的电脑配置越来越高，图 2-1 所列的配置要求基本上很容易就能达到了。如果你的电脑配置不满足这些要求，就需换台电脑了。

平台	Mac OS X	Windows	Linux
操作系统版本	Mac® OS X® 10.8.5 或 更高版本	Windows® 8/7/Vista/2003 (32 位或 64 位) 或 更高版本	GNOME、KDE、Ubuntu等 推荐 Ubuntu
内存大小	最低：2GB RAM，推荐：4GB RAM		
硬盘空间	400 MB 硬盘空间		
预留空间	Android SDK、模拟器系统映像及缓存至少需 1GB 空间		
JDK版本	Java 开发工具包 (JDK) 7 或更高版本		
屏幕分辨率	最低屏幕分辨率：1280 x 800		

▲图 2-1 需要满足的基本系统要求

2.2.2 下载地址

官方下载地址：

官网：http://developer.android.com/sdk/index.html。

中文官网：https://developer.android.google.cn/studio/index.html。

官网打开样式如图 2-2 所示，这里提供了三大平台的安装包，选择对应的平台进行下载。

▲图 2-2 Android Studio

采用官方链接，可以直接下载全部安装包，里面主要包含 Android Studio 安装包和 Android 开发 SDK（开发工具包）。当然也可以分开下载。

2.2.3 安装 JDK

首先需要下载 JDK，安装完成 JDK，配置 JDK 环境变量。下面以 Windows 平台为例进行演示。

右键单击我的电脑→属性→环境变量，配置 JAVA_HOME 环境变量。

参考如图 2-3 和图 2-4 所示的内容。

▲图 2-3　配置环境变量

2.2.4 安装 Android Studio

安装过程中的简单操作在这就不进行截图讲解了，因为只需要点击 Next 按钮。

本文使用"包含 SDK"的安装文件进行讲解，其中包含了"不包含 SDK（软件开发工具包）的安装文件"的安装步骤。如果使用"不包含 SDK 的安装文件"进行安装，安装步骤只会比这些步骤少。

如果使用压缩包安装，直接解压缩就可以用了。本节内容可直接跳过。

步骤 1

如图 2-5 所示，第一个选项：Android Studio 程序，必选。第二个选项：Android SDK（安卓开发工具包），如果电脑中已经存在 Android SDK，可以不勾选。第三个选项和第四个选项都和虚

第 2 章　选择您的开发工具

拟机有关系，如果不使用虚拟机或者 SDK 中的虚拟机，可以不勾选。

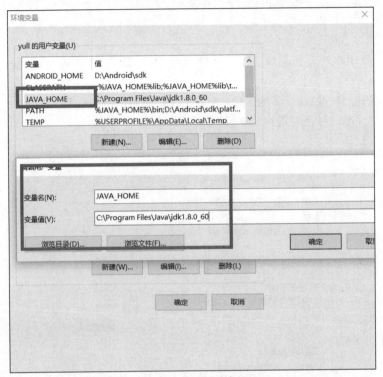

▲图 2-4　配置环境变量

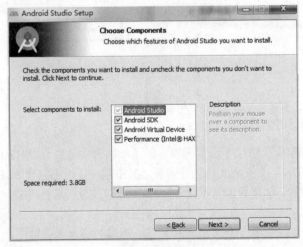

▲图 2-5　步骤 1

步骤 2

如图 2-6 所示，选择 Android Studio 和 Android SDK 的安装目录。

▲图 2-6　步骤 2

步骤 3

如果在步骤 1 中勾选了 HAXM（也就是第四个选项，HAXM 为虚拟机提供加速服务），就会出现这一步。

需要根据自己机器的内容大小来设置这个值，一般建议默认即可，如图 2-7 所示。

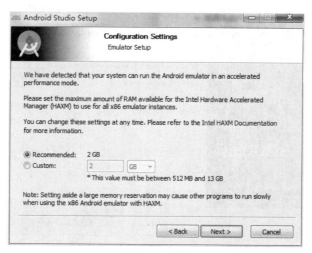

▲图 2-7　步骤 3

步骤 4

如图 2-8 所示，Android Studio 的运行需要 VC++ 环境，Android Studio 在安装的过程中会自动安装。这也是为什么建议使用安装包的原因。

如果电脑中使用杀毒类的软件，就会禁止安装 VC++ 环境，请注意。

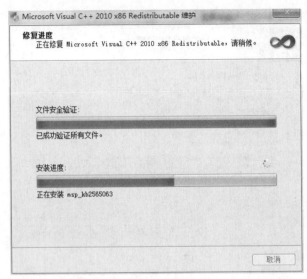

▲图 2-8　步骤 4

步骤 5

一般不出意外，就会看到如图 2-9 所示的界面。说明 Android Studio 已经安装成功了。

▲图 2-9　步骤 5

接下来是运行 Android Studio。

前提准备工作：安装 JDK 并配置 JDK 环境变量。

请使用传统的 JAVA_HOME 环境变量名称。很多人会被提醒 JVM 或者 JDK 查找失败，几乎都是因为 JDK 版本或者没有使用 JAVA_HOME 这个环境变量名称的原因。

2.2 安装 Android Studio

步骤 6

每一次安装都会显示如图 2-10 所示的界面，用以选择导入 Android Studio 的配置文件。
- 第一个选项：使用以前版本的配置文件夹。
- 第二个选项：导入某一个目录下的配置文件夹。
- 第三个选项：不导入配置文件夹。

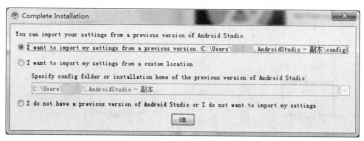

▲图 2-10　步骤 6

如果以前使用过 Android Studio，可以选择到以前的版本。如果是第一次使用，可以选择第三项。

步骤 7

这是在检查 Android SDK。安装时有时会在这里等上很长时间，很大的原因就是：网络连接有问题。可以通过配置 hosts 的方式来解决。如果检查需要更新，则会允许安装，如图 2-11 所示。

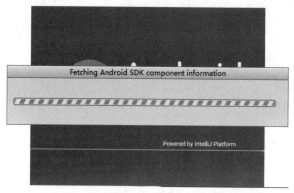

▲图 2-11　步骤 7

如果想跳过这一步，可以进行如下操作。

在 Android Studio 安装目录下的 bin 目录下，找到 idea.properties 文件，在文件最后追加 disable.android.first.run=true。

步骤 8

如果看到如图 2-12 所示的界面，就说明需要更新 Android SDK。建议进行更新。

步骤 9

如图 2-13 所示，选择安装更新 Android SDK。第一个选项表示全选，第二个表示自定义。

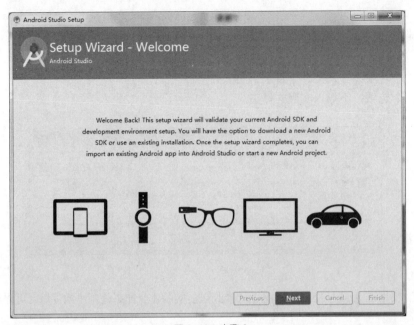

▲图 2-12 步骤 8

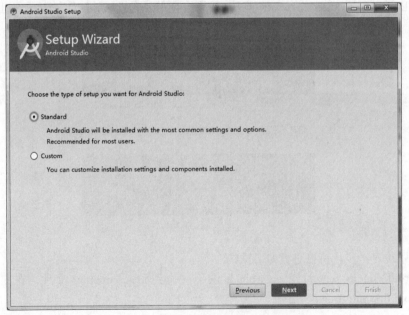

▲图 2-13 步骤 9

步骤 10

如果步骤 9 中选择第一个选项，就会显示如图 2-14 所示的界面。选择 Accept，点击 Finish 进行安装即可。

2.2 安装 Android Studio

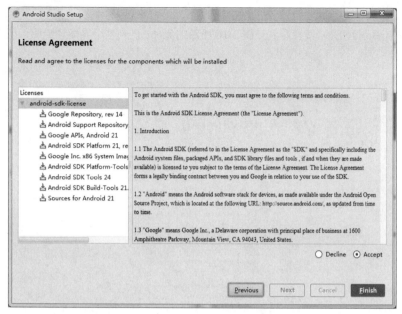

▲图 2-14　步骤 10

步骤 11

如果步骤 9 中选择第二个选项，就会显示如图 2-15 所示的界面。需要选择一个安装目录，需要注意的是：这个目录中不能包含空格以及汉字。不建议使用默认的 **%APPDATA%** 目录。点击 Next 后可以看到类似步骤 10 的页面，选择 Accept，点击 Finish 进行安装。

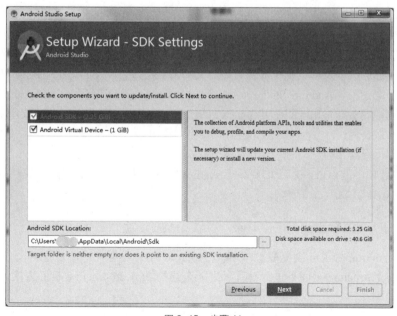

▲图 2-15　步骤 11

步骤 12

当更新完 Android SDK，就会看到如图 2-16 所示的界面。直到这个界面才说明，可以使用 Android Studio 了。

▲图 2-16　步骤 12

- 选项 1：创建一个 Android Studio 项目。
- 选项 2：打开一个 Android Studio 项目。
- 选项 3：导入官方样例，会从网络上下载代码。此功能在以前的测试版本中是没有的，建议多看一看官方给的范例。
- 选项 4：从版本控制系统中导入代码。支持 CVS、SVN、Git、Mercurial，甚至 GitHub。
- 选项 5：导入非 Android Studio 项目。比如 Eclipse Android 项目、IDEA Android 项目。如果 Eclipse 项目使用官方建议导出（即使用 Generate Gradle build files 的方式导出），建议使用选项 2 导入。
- 选项 6：设置。
- 选项 7：帮助文档。

如果一些选项不能点击，说明 JDK 或者 Android SDK 目录指向有问题，请看下面的设置 JDK 或者 Android SDK 目录。

2.2.5　设置 JDK 和 Android SDK 目录

有时运行 Android Studio 会提醒 JDK 或者 Android SDK 不存在，需要重新设置。此时就需要到全局的 Project Structure 页面下进行设置。进入全局的 Project Structure 页面方法如下。

方法 1

如图 2-16 所示，选择 Configure→ProjectDefaults→Project Structure。

方法 2

如图 2-17 所示，进入 Android Studio 开发界面，选择 File→OtherSettings→Default Project Structure。

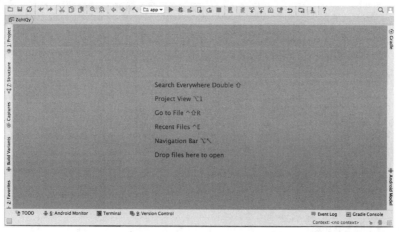

▲图 2-17　Android Studio 开发界面

方法 1 和方法 2 都会进入 Project Structure 界面，如图 2-18 所示，在此页面下设置 JDK 或者 Android SDK 目录即可。NDK 暂时不需要。

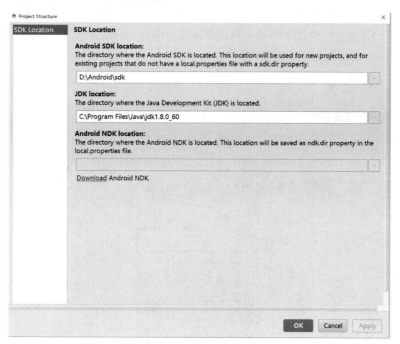

▲图 2-18　设置 SDK 和 JDK

建议大家把 SDK 目录里的...\sdk\platform-tools 这个路径加入到 PATH 环境变量中，如图 2-19 所示，方便在命令提示符中使用 ADB 指令。

第 2 章　选择您的开发工具

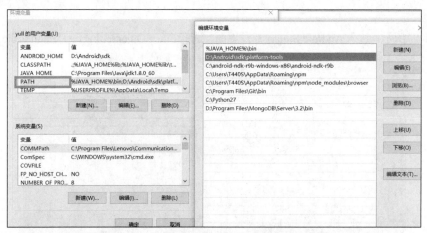

▲图 2-19　配置环境变量，图中为 Windows 10 系统

2.3　项目的创建

安装好了开发环境，终于可以创建 Android 项目了。这可是你成为高手的第一步。接下来介绍创建项目的步骤和出现错误时的解决方法。

前期部分章节赠送教学视频。视频主要为了新手更方便熟悉基本操作。

2.3 节、2.4 节、2.5 节、2.6 节对应的视频地址为：http://v.youku.com/v_show/id_XMTM2NTczMzA0MA==.html（建议改成超清模式观看）。

2.3.1　创建项目的步骤

步骤 1　开始创建工程

如图 2-20 所示，点击 Start a new Android Studio project 就可以创建第一个项目了。

▲图 2-20　步骤一，创建 Android 项目

2.3 项目的创建

步骤 2　设置基本信息

如图 2-21 所示，这一步主要设置项目中最基本的信息，包括项目的名字、项目的唯一标示包名和项目存放的地址。需要注意的是，存放工程的目录不要有中文或者空格。添加 C++ 支持暂时忽略。

▲图 2-21　创建工程

点击 Next 进入选择设备界面。

步骤 3　选择设备

如图 2-22 所示，Android 系统覆盖面太广了，既可以开发和手机平板电脑，也可以开发手表、电视，甚至汽车眼镜，以后种类还会越来越多。学习阶段都是以手机为主，我们选择手机就可以了。

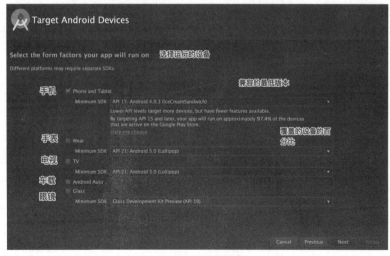

▲图 2-22　选择设备

关于最低兼容的版本，我们选择不同版本的 SDK，设备覆盖率会有相应的变化，SDK 版本越低,设备覆盖率就越高。如果想支持更多的设备,就不得不选择低版本的 SDK。

点击 Next 进入选择 Activity 模板界面。

步骤 4　选择 Activity 模板

Activity 直接翻译过来是活动的意思。在 Android 开发中,Activity 是用来显示界面的,是传说中 Android 四大组件之一(四大组件还包括广播接受者、内容提供者、服务)。

Android Studio 为我们提供了常用的 Activity 模板,可以选择更加快捷的创建。其实这些不同的模板大同小异,里面自动生成了不同的模板代码。在学习阶段,建议大家选择 Empty Activity,这是一个空的界面,我们可以通过自己的双手创建出来不同的界面,如图 2-23 所示。

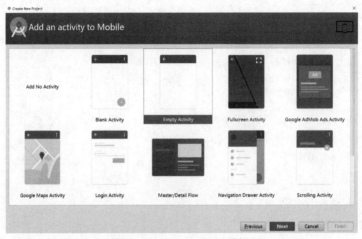

▲图 2-23　选择 Activity 模板

点击 Next 进入设置 Activity 信息的界面

步骤 5　设置 Activity 信息

如图 2-24 所示,这一步设置 Activity 和布局的名字。一般 Activity 的名字都是以 Activity 为

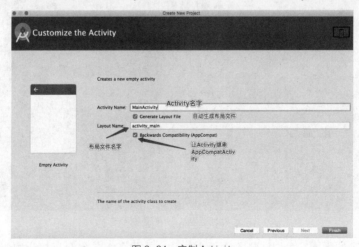

▲图 2-24　定制 Activity

后缀结束，表示这个类是 Activity 的子类，也就是姓 Activity（老外习惯姓在后面）。布局文件并不是 Java 中的类，它是 XML 文件，其作用就是为了辅助我们开发界面。

主流的 Android 开发就是采用 Java+XML 进行的。

Backwords Compatibility(AppCompat) 选项一般勾选，勾选创建的 Activity 默认继承 AppCompatActivity，为了是兼容 Android 5.0 以下的低版本 Android 系统。可以让低版本使用新版本的一些特性。

点击 Finish 就完成创建项目了。当然还需要等待一会，如图 2-25 所示。

▲图 2-25　项目生成中

2.3.2　解决错误（没有错误最好）

第一次创建项目的时候可能会发生些错误。错误的原因最多的就是 SDK 版本太高或者太低。列举几个作者碰到的错误。

错误 1

如图 2-26 所示，这个错误原因是 Gradle 插件（Android 是通过 Gradle 打包编译的）太旧了。解决办法有两种。

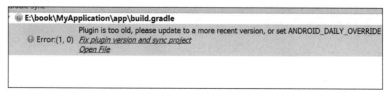

▲图 2-26　错误 1

第 2 章　选择您的开发工具

（1）旧的不去，新的不来。升级 Gradle 插件，旧的就不要了。这个需要下载新的，然后进行配置。

（2）直接用旧的，但需要修改 build.gradle 文件。这个比较简单，适合比较专一的人。具体修改方法如下。

如图 2-27 所示，先找到工程下的 build.gradle 文件，找到里面的配置，把里面的配置改低点，改成 1.2.3 或者 1.5.0，虽然有些新特性可能用不了，但是足够我们用的了。

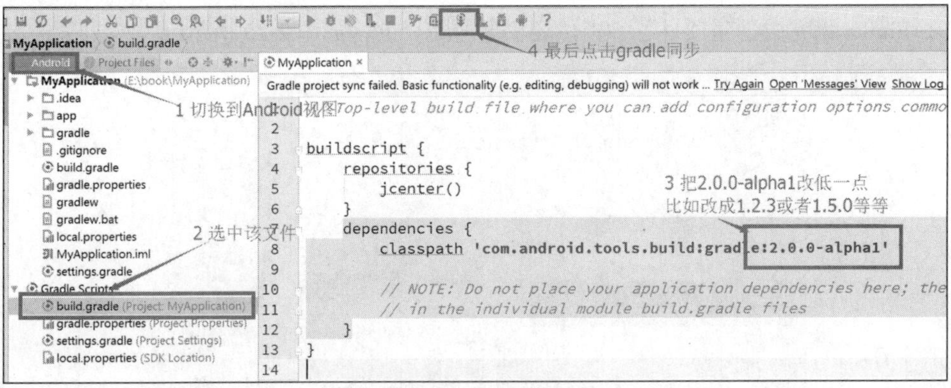

▲图 2-27　修改 1

备注：最新版本已经不是 2.0.0-alpha1 了，解决方式是通用的。

错误 2

如图 2-28 所示，这个错误指的是工程无法解析对应的函数库。碰到这种情况不要害怕，Android Studio 提供了解决方案。点击 Install Repository and sync project，然后安装对应的函数库即可。

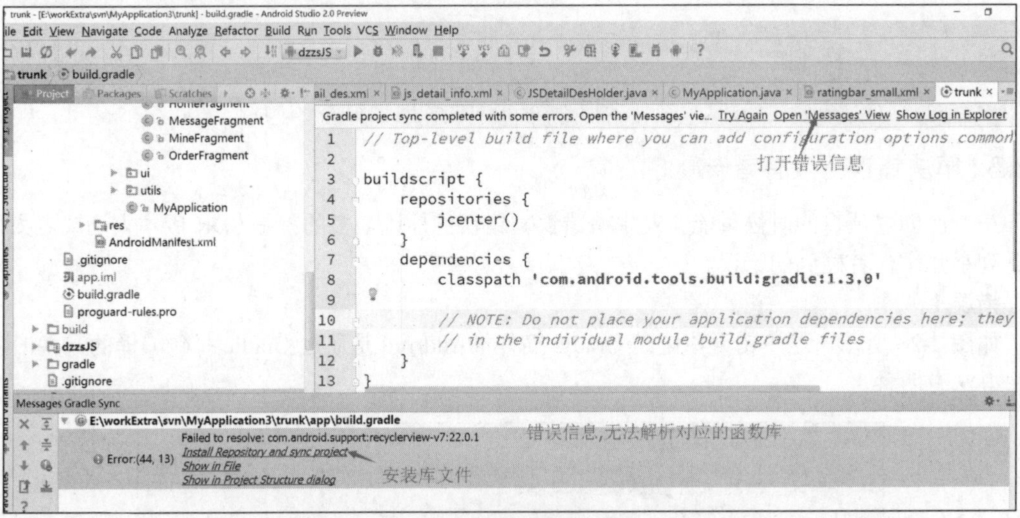

▲图 2-28　错误 2

备注：图片只是为了演示错误，新创建工程默认不会加载 recycleview-v7 这个库，目前新创建工程会加载。

图中'com.android.support:appcompat-v7:XXXX'（这个位置看不懂没关系，后面会讲到）。

读者在创建工程时碰到的问题可以反馈给我。我尽量帮你解决，同时我也会把问题的解决方式同步到电子书里。

2.4 Android Studio 界面预览

创建完了工程，接下来预览开发环境的界面，如图2-29所示。

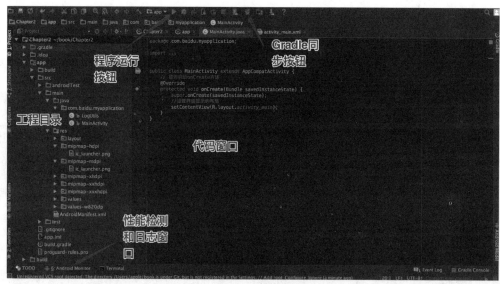

▲图 2-29 界面预览

Gradle 同步按钮为 ，当我们修改工程中后缀名为 Gradle 的文件时，需要点击此按钮才能生效。Gradle 同步按钮右侧的 是工程配置按钮，对工程进行配置需要点击它。

图中视图切换按钮的作用是可以根据个人喜好切换到不同的视图。常用的视图为 Project 和 Android，如图 2-30 所示。

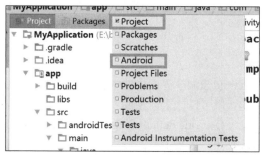

▲图 2-30 视图切换按钮

2.5 常用设置

点击菜单 File→Setting 进入设置界面,可以根据自己的偏好进行一些设置。如果喜欢系统默认的设置,此节可以跳过。

备注:Mac 版本的 Android Studio 看不到此按钮,可通过点击顶部菜单 Android Studio→Preferences 调出来,下面大家自行转换。

2.5.1 设置主题

默认的 Android Studio 为灰白色界面,可以选择使用炫酷的黑色界面,如图 2-31 所示。

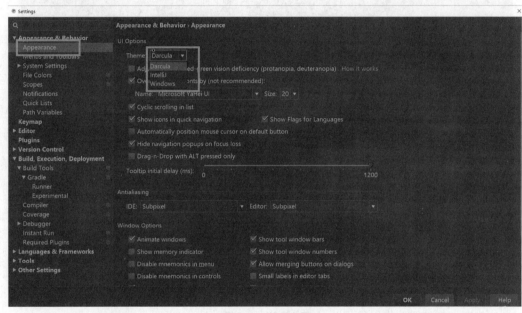

▲图 2-31 设置主题

选择 Settings→Appearance→Theme 进入界面,勾选 Darcula 主题即可。

2.5.2 设置字体和格式

1. 设置系统字体

如图 2-32 所示,如果 Android Studio 界面中的中文显示有问题,或者选择中文目录显示有问题,或者想修改菜单栏的字体,就可以这么设置:

Settings→Appearance,勾选 Override default fonts by (not recommended),选择一款支持中文的字体即可。本书使用的是微软雅黑,效果不错。

2.5 常用设置

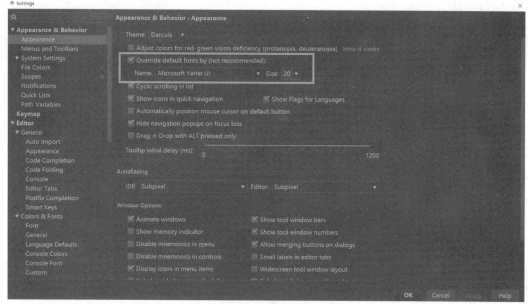

▲图 2-32 设置字体

2. 设置编程字体

如图 2-33 所示，此部分会修改编辑器的字体，包含所有的文件显示的字体。

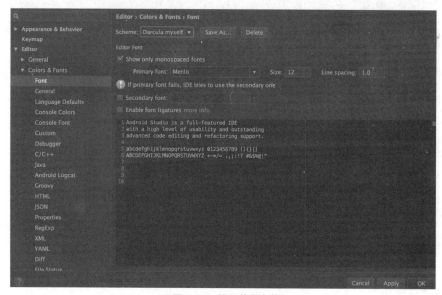

▲图 2-33 设置编程字体

选择 Settings→Editor→Colors & Fonts→Font。默认系统显示的 Scheme 为 Defualt，此处是不能编辑的，需要点击右侧的 Save As...，保存一份自己的设置，并在当中设置。之后，在 Editor Font

23

中即可设置字体。

Show only monospaced fonts 表示只显示等宽字体。一般来说，等宽字体在编程中使用较多，且效果较好。

3．设置字体颜色

在 Settings→Editor→Colors & Fonts 中还可以设置字体的颜色，根据要设置的对象选择设置，也可以从网络上下载字体颜色设置包，导入到系统中。

4．设置代码格式

如果想设置代码格式化时显示的样式，就可以这么设置：
Settings→Code Style。同样的，Scheme 中默认的配置无法修改，需要创建一份自己的配置。

2.5.3 设置文件编码

无论是个人开发，还是项目组团队开发，都需要统一文件编码。出于字符兼容的问题，建议使用 UTF-8。大部分 Windows 系统默认的字符编码为 GBK。

选择 Settings→File Encodings。建议将 IDE Encoding、Project Encoding、Properties Fiels 都设置成统一的编码，如图 2-34 所示。

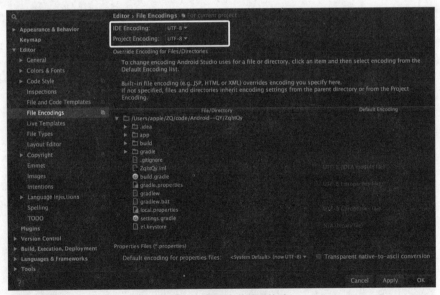

▲图 2-34 设置文件编码格式

2.5.4 设置快捷键

Android Studio 的快捷键和 Eclipse（学习过 Java 的应该都接触过）的不相同，但是通过设置就可以在 Android Studio 中使用 Eclipse 的快捷键。

选择 Settings→Keymap。可以从 Keymap 中选择对应 IDE 的快捷键，如图 2-35 所示。

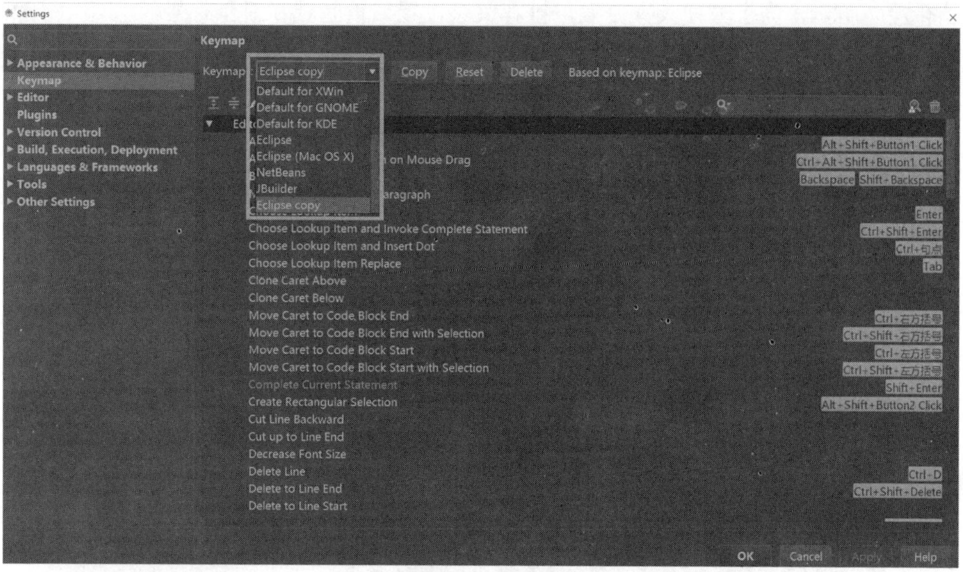

▲图 2-35　快捷键

无论是否选择 Keymap 映射，都需要修改一个快捷键，就是代码提示的快捷键。Android Studio 中代码提示的快捷键是 Ctrl+Space，这个按键和切换输入法冲突。

选择 Main menu→Code→Completion→Basic，更改为想替换的快捷键组合，推荐为 Alt+/，如图 2-36 所示。

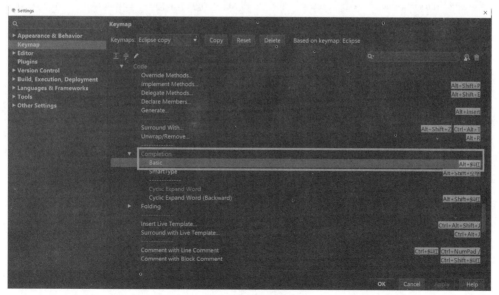

▲图 2-36　修改快捷键

2.5.5 其他设置

如图 2-37 所示，为了方便大家开发，推荐大家设置编辑区域和显示行号。

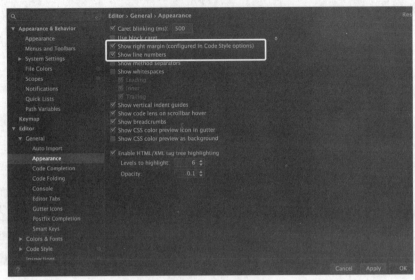

▲图 2-37　其他设置

1. 设置 Android Studio 编辑区域

代码在编辑区域中部会有一条竖线。这条线是用以提醒程序员，一行的代码长度最好不要超过这条线。如果不想显示这条线，可以这么设置：

Settings→Editor→General→Appearance，取消勾选 Show right margin (configured in Code Style options)。

2. 显示行号

选择 Settings→Editor→General→Appearance，勾选 Show line numbers。

2.6　常用快捷键

下面以 Windows/Linux 电脑为例讲解常用快捷键。Mac 电脑的快捷键大部分类似，只需要把 Ctrl 替换成 Cmd，Alt 替换成 Option。

默认快捷键如下。

Ctrl + D：复制光标所在行代码到下一行。

Ctrl + Y：删除光标所在位置那行代码（Mac 电脑为 Cmd+Delelte）。

Alt+Enter：导入包，快速修复。

Ctrl+/：当行注释，反注释再按一次即可。

Ctrl+Shift+/：模块注释，反注释再按一次即可。

Alt+Insert：可以生成构造器/Getter/Setter 等。

Ctrl+Alt+V：生成方法返回值。

Ctrl+E：查看最近打开过的文件。

Eclipse 映射后区别不大。

Ctrl+Shift+↓：复制光标所在行代码到下一行。

Ctrl+D：删除光标所在位置那行代码。

Alt+Enter：导入包，快速修复。

Ctrl+/：当行注释，反注释再按一次即可。

Ctrl+Shift+/：模块注释，反注释再按一次即可。

Alt+Insert：可以生成构造器/Getter/Setter 等。

Ctrl+Alt+V：生成方法返回值。

Ctrl+E：查看最近打开过的文件。

2.7 Android 工程目录

熟悉了 Android Studio 开发环境，接下来介绍大家比较关心的问题。进行 Android 开发时，当然需要熟悉 Android 工程目录结构，主要需要了解 Android 目录结构和 Gradle 文件的内容结构。

本节对应的视频地址为：http://v.youku.com/v_show/id_XMTM2NTczOTQwMA==.html（建议改成超清模式观看）。

2.7.1 工程目录介绍

如图 2-38 所示，首先需要切换成 Project 视图，然后整个项目结构就在我们眼前了。

我们重点介绍使用的 Android 项目结构如图 2-39 所示。

▲图 2-38 项目结构

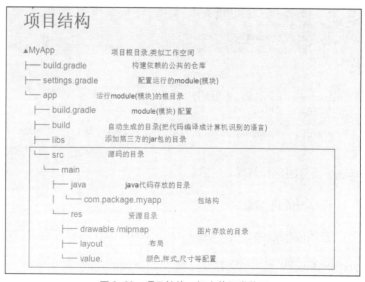

▲图 2-39 项目结构，框中的经常使用

注意，res 目录下的所有文件不允许出现大写字母，也不允许使用 Java 关键字命名。

2.7.2　Gradle 使用详解

Android Studio 通过 Gradle 脚本进行打包运行程序。

Gradle 所有文件结构

Android 工程目录下有一个 build.gradle，运行的 module 里也有一个 build.gradle。

settings.gradle

settings.gradle 表示当前运行的程序是 app，如果还需要在工程中添加其他运行的程序，就需要在 settings.gradle 中进行配置。

build.gradle

build.gradle 中设置了 Gradle 的版本、依赖的仓库。

2.7.3　app/build.gradle

app/build.gradle 文件在开发过程中可能修改的次数比较多。下面我们重点介绍。

```
apply plugin: 'com.android.application'//应用 Android 应用插件
android {
  compileSdkVersion 25   //编译 SDK(Software Development Kit)的版本
  buildToolsVersion "25.0.2" //构建工具的版本

  defaultConfig {
    applicationId "com.baidu.myapplication" //应用的唯一标示
    minSdkVersion 15 //最低兼容的版本
    targetSdkVersion 25 //目标版本兼容的版本
    versionCode 1 //版本号,数字版本号
    versionName "1.0" //字符串版本号
    testInstrumentationRunner "android.support.test.runner.AndroidJUnitRunner"
  }
  buildTypes {   //构建类型
    release {
      minifyEnabled false
      proguardFiles getDefaultProguardFile('proguard-android.txt'), 'proguard-rules.pro'
    }
  }
}
dependencies { // 指明项目中依赖的第三方函数库
  compile fileTree(dir: 'libs', include: ['*.jar'])
  testCompile 'junit:junit:4.12'
  compile 'com.android.support:appcompat-v7:25.1.0'
}
```

下面分别进行解释。

1. Android 脚本

这个不能删。它的作用就是让其余的脚本代码都有用。

```
apply plugin: 'com.android.application'//应用 Android 应用插件
```

2. Android 配置

表明编译的版本和编译工具的版本。必须保证 SDK（开发工具包，马上就会介绍到）有这个版本。

```
compileSdkVersion 25  //编译 SDK(Software Development Kit)的版本
buildToolsVersion "25.0.2" //构建工具的版本
```

3. 运行程序的配置

其包括 applicationId（程序的包名，也就是程序的唯一标示）、兼容的最低版本（minSdkVersion）和目标版本（targetSdkVersion）。这些都在创建项目的时候指定了，可以在这个位置修改。还有当前程序的版本号（versionCode）和版本名字（versionName），其中版本号是整数，随着项目的升级递增，版本名字是字符串，并没有太严格的限制。

```
defaultConfig {
  applicationId "com.baidu.myapplication" //应用的唯一标示
  minSdkVersion 15 //最低兼容的版本
  targetSdkVersion 25 //目标版本兼容的版本
  versionCode 1 //版本号,数字版本号
  versionName "1.0" //字符串版本号
}
```

4. buildTypes

程序在发布的时候可以混淆代码，可以保护代码，不会被其他人轻易破解。

```
buildTypes {   //构建类型
  release {
    minifyEnabled false //是否混淆代码 false 不混淆
    // 混淆代码配置文件
    proguardFiles getDefaultProguardFile('proguard-android.txt'), 'proguard-rules.pro'
  }
}
```

其实，buildType 主要的目的是可以根据不同的版本设置不同的参数。进行不同的配置。开发过程分为调试阶段和正式发布阶段，可以通过 buildType 在不同的阶段设置不同的参数，如下面的代码：

```
debug {
  buildConfigField "String", "API_URL", "\"http://test.baidu.com\""
  buildConfigField "boolean", "LOG_CALLS", "true"
  resValue "string", "str_name", "Example DEBUG"
}
release {
  buildConfigField "String", "API_URL", "\"http://www.baidu.com\""
  buildConfigField "boolean", "LOG_HTTP_CALLS", "false"
  resValue "string", "str_name", "Example"
  ...
}
```

调试阶段就是 debug，正式发布就是 release，里面分别设置了不同的 3 个参数。这 3 个参数可以通过代码调用：

```
String url=BuildConfig.API_URL;
boolean log_calls=BuildConfig.LOG_CALLS;
int stringid=R.string.str_name;
```

5. dependencies

这个用来指明项目中依赖的函数库，目前项目创建默认需要依赖 appcompat-v7（版本不一定和书中一致），里面提供了很多 API，既可以使用高版本的特效，也能兼容低版本，何乐而不为呢？

```
dependencies { // 指明项目中依赖的第三方函数库
    // 依赖程序中jar包
    compile fileTree(dir: 'libs', include: ['*.jar'])
    // 单元测试相关的
    testCompile 'junit:junit:4.12'
    compile 'com.android.support:appcompat-v7:25.1.0'
}
```

2.8 SDK 目录介绍

本节对应的视频地址为：http://v.youku.com/v_show/id_XMTM2NTU3MzcwNA==.html（建议改成超清模式观看）。

1. 什么是 SDK

首先需要明白一个概念，SDK 全称是 Software Development Kit，翻译过来就是软件开发工具包。它是开发程序必不可少的。在安装 Android Studio 后必须要安装 SDK，否则不能创建项目。如果用官方默认的安装包，默认是安装 SDK 的。

2. SDK 目录（见图 2-40）

注：Mac 系统默认在 ~/Libary/Android 目录下。

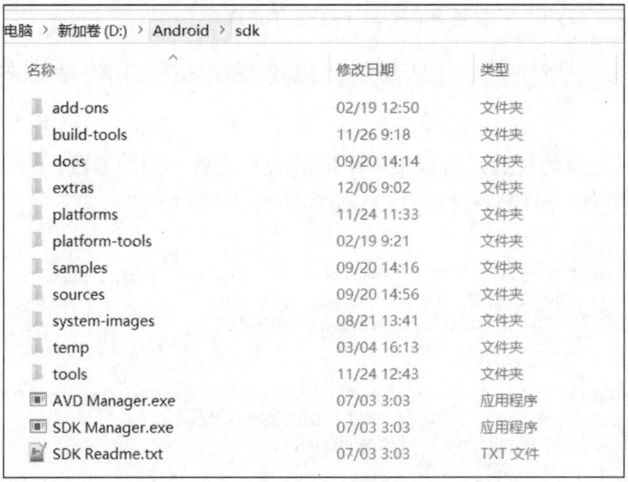

▲图 2-40　SDK 目录

（1）add-ons 中保存着附加库，比如 GoogleMaps。
（2）build-tools 编译。
（3）docs 中是 Android SDKAPI 参考文档，所有的 API 都可以在这里查到。
（4）extras：额外的 jar 包之类的。

（5）platforms 是每个平台的 SDK 真正的文件，里面会根据 APILevel 划分 SDK 版本。

（6）platform-tools 保存着一些通用工具，比如 adb、aapt、aidl、dx 等文件。这里和 platforms 目录中的 tools 文件夹有些重复，主要是从 Android 2.3 开始这些工具被划分为通用了。

（7）samples 是 Android SDK 自带的默认示例工程，强烈推荐初学者学习里面的 apidemos。

（8）source 是 Android 系统源码。

（9）tools 作为 SDK 根目录下的 tools 文件夹，包含了重要的工具，比如 ddms 用于启动 Android 调试工具，还有 logcat、屏幕截图和文件管理器；draw9patch 是绘制 Android 平台的可缩放 png 图片的工具；sqlite3 可以在 PC 上操作 SQLite 数据库；monkeyrunner 是一个不错的压力测试应用，模拟用户随机按键；mksdcard 是模拟器 SD 映像的创建工具；emulator 是 Android SDK 模拟器主程序，不过从 Android 1.5 开始，需要输入合适的参数才能启动模拟器；traceview 作为 Android 平台上重要的调试工具。

（10）system-images：镜像。

（11）AVD Manager：模拟器管理者。

（12）SDK Manager：SDK 管理者，可以用它下载升级 SDK。

2.9 调试程序

了解了这么多，其实大家最关心的是如何把程序部署到手机中。这样大家就可以拿自己写的手机程序跟朋友炫耀了。

怎么部署到手机呢

点击 就可以把程序部署到手机中。

前提是，需要有个 Android 手机，当然没有手机也没有关系，Google 工程师提供了模拟器，可以模拟 Android 手机环境。

2.9.1 创建模拟器

参照图 2-41 和图 2-42，首先点击模拟器按钮，然后点击创建模拟器，选择对应的设备。

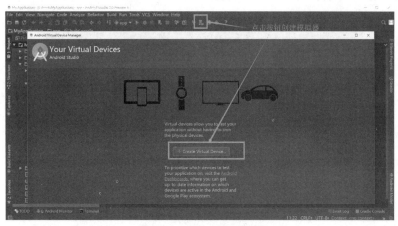

▲图 2-41 步骤 1 创建模拟器

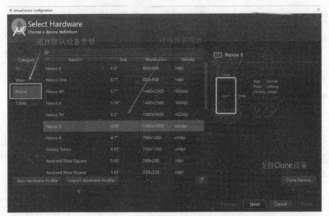

▲图 2-42　步骤 2 创建模拟器

使用默认的设备，点击 Next，选择一个系统映像，如图 2-43 所示。

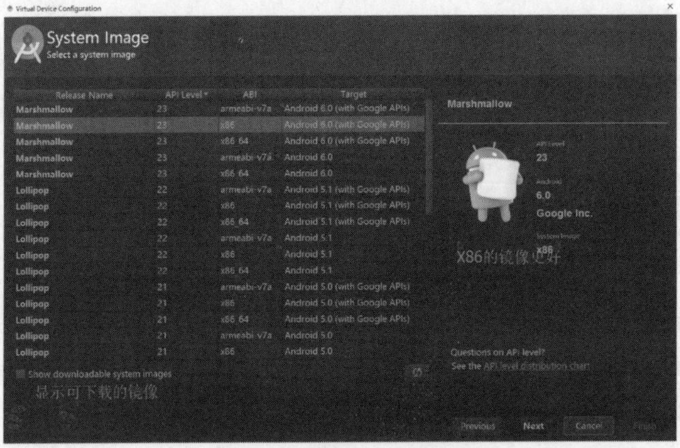

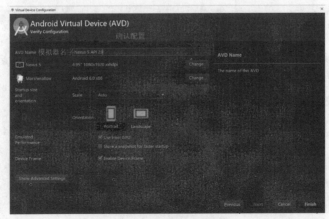

▲图 2-43　步骤 3 选择镜像

点击 Next，进入核对配置界面，如图 2-44 所示。

▲图 2-44　步骤 4 确认配置

最后点击 Finish 就创建成功了，如图 2-45 所示。

▲图 2-45　创建成功

点击启动按钮就可以启动模拟器。

目前新版 Android 模拟器速度非常快，但是比较耗费内存。

2.9.2　连接真实手机

当然，也可以连接自己的真实手机。

如图 2-46 所示，进入手机设置中，进入开发者选项，勾选 USB 调试。然后用数据线连接上电脑，就可以调试了。当然，第一次部署需要用手机授权允许该电脑调试。

▲图 2-46　打开 USB 调试

备注：Android 4.4 以上的手机系统默认是不显示开发者选项这个按钮的，默认需要连续点关于手机页中的版本号。

2.9.3 Genymotion 模拟器

如果大家不想用真实的手机，也不想用 Android 原生的模拟器，推荐大家用 Genymotion 模拟器（见图 2-47），这个模拟器的速度很惊人。不过，Genymotion 安装起来稍微麻烦，需要先安装 Oracle VM VirtualBox，然后安装 Genymotion，最后注册 Genymotion 账号，再下载模拟器。注册和下载都需要访问境外服务器，非常不稳定。本书提前给大家整理好了 Windows 版的 Oracle VM VirtualBox 和 Genymotion 的安装包，也给大家提供了部分虚拟机，大家可以直接双击虚拟机导入 Oracle VM VirtualBox 中。

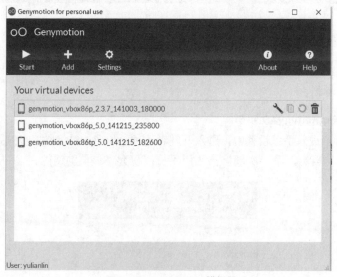

▲图 2-47　Genymotion 模拟器

链接：http://pan.baidu.com/s/1i4fXwCt，密码：j3gt。

备注：Win10 操作系统中，Oracle VM VirtualBox 和 Genymotion 需要用 Win8/Win7 兼容性，以管理员身份运行。

2.10 程序启动分析

了解了如何调式程序，接下来分析项目是如何运行起来的。首先来看 app/src/main/AndroidManifest.xml 这个文件：

```
<?xml version="1.0" encoding="utf-8"?>
<manifest xmlns:android="http://schemas.android.com/apk/res/android"
    package="com.baidu.myapplication" >

    <application
```

```xml
        android:allowBackup="true"
        android:icon="@mipmap/ic_launcher"
        android:label="@string/app_name"
        android:supportsRtl="true"
        android:theme="@style/AppTheme" >
        <activity android:name=".MainActivity"
            >
            <intent-filter>
                <action android:name="android.intent.action.MAIN" />

                <category android:name="android.intent.category.LAUNCHER" />
            </intent-filter>
        </activity>
    </application>

</manifest>
```

AndroidManifest.xml 文件俗称清单文件，可以简单理解为是当前应用的配置文件。该文件可以配置应用权限和四大组件（包括 Activity、广播接受者、服务、内容提供者），Activity 必须在清单文件中注册，否则不能直接显示。

其中，intent-filter 里的两行代码非常重要，<action android:name="android.intent.action.MAIN" /> 和<category android:name="android.intent.category.LAUNCHER" />表示 MainActivity 是这个项目的主 Activity，在手机上点击应用图标，首先启动的就是 MainActivity。

接下来再看 MainActivity：

```java
package com.baidu.myapplication;

import android.os.Bundle;
import android.support.v7.app.AppCompatActivity;

public class MainActivity extends AppCompatActivity {
    // 首先启动 onCreate 方法
    @Override
    protected void onCreate(Bundle savedInstanceState) {
        super.onCreate(savedInstanceState);
        //设置界面显示的布局
        setContentView(R.layout.activity_main);
    }
}
```

首先可以看到，MainActivity 继承自 AppCompatActivity，这是一个特殊的 Activity，也具备 Activity 的特性。

当程序运行的时候，首先会根据上面清单文件的配置运行 MainActivity，然后就会调用 MainActivity 的 onCreate 方法，这个方法率先调用。而 MainActivity 在这个方法中加载了布局 setContentView(R.layout.activity_main);

这时候可能有人会问：R.layou.activity_main 是什么？R 又是在哪来的？

其中，R 代表 res 目录，layout 就是 res 目录下的布局目录。R 是自动生成的类，用来连接 res 目录下的资源和 Java 代码，这个位置相当于引入了 activity_main 这个布局文件。如果 res 目录下有错误，R 就不会生成了，代码中就会有错误。

之前给大家介绍过，凡是在应用中看得到的东西，都是放在 Activity 中，而这个布局就是当前界面程序显示的样子：

再来看布局文件 src/main/res/layout/activity_main.xml：

```xml
<?xml version="1.0" encoding="utf-8"?>
<RelativeLayout
  xmlns:android="http://schemas.android.com/apk/res/android"
  xmlns:tools="http://schemas.android.com/tools"
  android:layout_width="match_parent"
  android:layout_height="match_parent"
  tools:context="com.baidu.myapplication.MainActivity">
  <!--TextView 用来显示文本的控件-->
   <TextView
      android:id="@+id/tv"
      android:layout_width="wrap_content"
      android:layout_height="wrap_content"
      android:text="Hello World!"
      />
</RelativeLayout>
```

如图 2-48 所示，点击 Design 按钮可以查看预览界面，或者直接运行到手机也可以看到一样的界面。其中，TextView 就是最简单的一个控件，用来显示文本，上面代码中的 android:text 属性就是控制显示的内容。

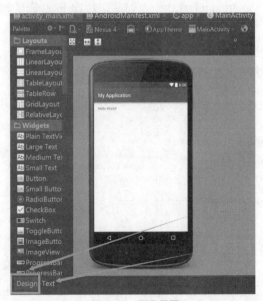

▲图 2-48　预览界面

简单总结下：项目启动首先需要读取清单文件 AndroidManifest.xml，然后找到主 Activity，调用主 Activity 的 onCreate 方法，加载布局显示到手机中，大功告成。

2.11 日志和注释

开发任何程序时，有两点是万万不能少的：一是注释，二是日志的输出。学习 Android 开发之前首先需要掌握这两点。下面来介绍注释的使用和日志的输出。

本节对应的视频地址为：http://v.youku.com/v_show/id_XMTM2NTczOTk5Mg==.html（建议改成超清模式观看）

2.11.1 注释

大部分 Android 程序都采用 Java 代码，代码中的注释和 Java 代码是一样的。XML 文件注释采用<!---->进行注释，如下：

```
<!--XML 文件注释-->

// java 行注释

/*
注释
*/

/**
文档注释
*/
```

好的注释会让你维护程序事半功倍。大家在学习的阶段一定养成先写注释再写代码的习惯。

2.11.2 日志

注释写法相对比较简单，重点看一下在 Android 中如何输日志。首先需要明白日志是给程序员自己看的，使用软件的人一般是看不到的。

如图 2-49 所示，可以借助 Android Monitor 工具查看日志，默认快捷键：Alt+6。

▲图 2-49 日志

从上面的图片可以看到，日志具有不同的日志级别，包括：Verbose、Debug、Info、Warn、

Error、Assert。以上级别依次升高。每条日志都有进程信息,默认一个应用程序占一个进程。每条日志都有标签。

磨刀不误砍柴工,学习开发前首先需要了解如何输出日志。

Android 中的日志工具类是 Log(android.util.Log),这个类中提供了如下方法来供我们打印日志。

(1) Log.v()对应级别 Verbose。

(2) Log.d()对应级别 Debug。

(3) Log.i()对应级别 Info。

(4) Log.w()对应级别 Warn。

(5) Log.e()对应级别 Error。

(6) Log.wtf()对应级别 Assert。

当然 System.out.println 方法也可以输出日志,这个方法在 Java 中使用的比较多,在 Android 中并无明显优势,因为它不能控制日志的标签,查询起来比较麻烦。

直接在 onCreate 方法中演示这几个方法,Log.XXX()中第一个参数就是日志的标签,推荐大家指定当前的类名,方便查找:

```
Log.v("MainActivity","v");
Log.d("MainActivity","d");
Log.i("MainActivity","info");
Log.w("MainActivity","w");
Log.e("MainActivity","e");
Log.wtf("MainActivity","wtf");
System.out.print("out");
```

写完代码,运行查看结果,如图 2-50 所示。

▲图 2-50 输出结果

大家发现 Syste.out.println 的标签是 System.out,级别是 INFO 级别。

注意,Android Studio 每个级别默认的不是这个颜色,默认的颜色太难看,不方便区别级别,我们需要自己改一下。

2.11.3 设置 Android Studio 日志显示颜色

如图 2-51 和图 2-52 所示,选择 File→Settings 或按 Ctrl + Alt +S 组合键进入设置界面,找到 Editor→Colors &Fonts→Android Logcat 或在上面的搜索框中输入 Logcat 点中 Verbose、Info、Debug 等选项,然后在后面将 Use Inberited attributes 去掉勾选,再将 Foreground 前的复选框选上,就可以双击后面的框去选择颜色了,选择 Apply→OK。

2.11 日志和注释

▲图 2-51 修改日志颜色

对应的颜色值：
- VERBOSE　BBBBBB
- DEBUG　　0070BB
- INFO　　　48BB31
- WARN　　BBBB23
- ERROR　　FF0006
- ASSERT　8F0005

在实际开发的过程中，我们会经常看到程序输出的日志，其中很多并不是我们主动输出的。这些日志就像我们去医院化验的结果单子一样。如果发现警告或者以上级别的日志，就需要留意了，你的程序有潜在风险或者严重问题，需要根据日志内容进行修复。

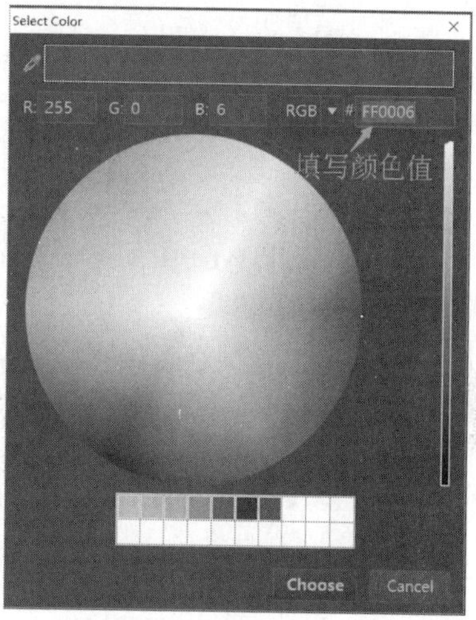

▲图 2-52 修改日志颜色

2.11.4 实际开发中控制日志

输出日志很简单，怎么控制日志的输出就值得研究下了，日志是用来调试程序的，当程序发布后日志就变得一无是处了。所以输出日志的原则就是：

程序开发阶段允许输出日志，发布后不允许打印日志。

如何去控制呢？如果在上线前手动删除所有日志，这个工作量就很大了。

方法 1：创建 LogUtils

可以创建一个 LogUtils 工具类：

```
public class LogUtils {
  public static final boolean DEBUG=true;
```

```
    public static void i(String tag,String msg){
       if(DEBUG) {
          Log.i(tag, msg);
       }
    }
}
```

在程序中都是用 Logutils 的方法输出日志:

```
LogUtils.i("MainActivity","LogUtils");
```

这样就可以通过 LogUtils 中 DEBUG 变量去控制日志的输出,当程序调试时,把这个值改为 true;程序发布了,就把这个值改成 false。这样就可以实现我们一开始的需求。

然而,这样的话,我们还需要在发布前夕手动地去改代码,能不能在发布前不改代码呢?这时候就要借助 Gradle 了,Android Studio 集成了 Gradle,这一点非常棒。可以参考之前介绍的内容,打开 app/build.gradle 这个文件,做一个配置:

```
buildTypes {
  debug{ //  开发阶段
    buildConfigField "boolean", "LOG_CALLS", "true"    // 定义了 boolean 变量 true
  }
  release { // 发布了
    buildConfigField "boolean", "LOG_CALLS", "false"
    minifyEnabled false
    proguardFiles getDefaultProguardFile('proguard-android.txt'), 'proguard-rules.pro'
  }
}
```

可以在 buildType 中配置一些全局变量,可以是 String 类型,也可以是 boolean,这里用到的就是 LOG_CALLS 这一个 boolean 类型变量,注意,debug{ ...}指的是程序开发阶段,release{ }指的是程序发布阶段。我们在开发和发布阶段分别定义了对应不同值的 LOG_CALLS,接下来就可以在 LogUtils 中使用这个全局变量了:

```
public class LogUtils {
  public static final boolean DEBUG=BuildConfig.LOG_CALLS;

  public static void i(String tag,String msg){
     if(DEBUG) {
        Log.i(tag, msg);
     }
  }
}
```

其中,BuildConfig.LOG_CALLS 就是我们在上面定义的变量,这个变量在开发阶段是 true,发布阶段自动就变成了 false。我们这样就干了一个一劳永逸的事了。

方法 2:混淆日志类

上面的方法还是比较麻烦,其实还有更简单的方法。我们可以借助代码混淆。简单地说,代码混淆就是把代码进行混淆加密,让盗取代码的人难以读懂。

首先开启代码混淆:

```
release {
  minifyEnabled true //是否混淆代码 false 不混淆
```

```
   // 混淆代码配置文件
   proguardFiles getDefaultProguardFile('proguard-android.txt'), 'proguard-rules.pro'
}
```

混淆的脚本默认是在工程目录下的 proguard-rules.pro 文件中添加的，添加如下代码：

```
-assumenosideeffects class android.util.Log {
   public static boolean isLoggable(java.lang.String, int);
   public static int v(...);
   public static int i(...);
   public static int w(...);
   public static int d(...);
   public static int e(...);
}
```

assumenosideeffects 的官方解释就是，混淆器将删除这些方法（如果在程序中使用这些方法的返回值，则不会删除。一般日志不关心返回值）。这样，程序在发布阶段将会混淆代码，混淆的过程中就把日志输出的方法给去掉了，程序就永远不会输出日志了。

2.11.5 Logger 的使用

可以使用 Logger 这个开源框架输出日志，如图 2-53 所示。首先看看这个日志控制器输出的界面，其排版工整，调理清晰。

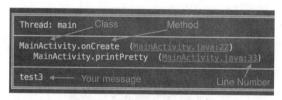

▲图 2-53 使用 Logger 输出日志

具体怎么使用呢？大家可以通过上面的 Logger 连接进入 github 主页。当然这也是本书第一次介绍开源框架的使用。下面给新手简单介绍下。

直接访问 app/build.gradle 文件，额外添加 logger 的依赖：

```
dependencies { // 指明项目中依赖的第三方函数库
   ...
   compile 'com.orhanobut:logger:1.15'
}
```

然后单击界面上的同步按钮，如图 2-54 所示，Android Studio 就会自动下载 logger1.15 这个第三方的库，非常方便。

▲图 2-54 同步按钮

使用方法：

Logger 输出的日志方式要多一些，可以输出 JSON 和 XML 格式。后面介绍讲网络传输的时候会对这种格式进行具体介绍。

```
// 默认标签
Logger.d("hello");
Logger.e("hello");
Logger.w("hello");
Logger.v("hello");
Logger.wtf("hello");
//指定标签
Logger.t("mytag").d("hello");
```

总结

这一章，我们把学习 Andorid 开发的前期准备工作都做完了，包括环境搭建、熟悉环境、创建项目的步骤、项目结构、调试程序、日志输出等。这一章相对麻烦，很多内容大部分人都不会想做第二遍了，当然也没有必要做第二遍，比如环境搭建（我写这一节的时候也很痛苦）。不过还是有一些重点需要掌握的，比如日志的输出。

本章代码下载地址：https://github.com/yll2wcf/book，项目名称：Chapter2。

如果代码导入困难，读者可参考我的博客中的文章 http://www.jianshu.com/p/0e73ad2ea8b5。

欢迎关注微信公众账号——于连林，搜索关键字：likeDev。

合抱之木，生于毫末；九层之台，起于累土；千里之行，始于足下。——老子

第3章 界面的搭建

这一章的内容，我酝酿了很久，决定介绍一下 Android 界面的开发。

我们去相亲，无论你是一个多么在乎内在美的人，对方的样子绝对是不能忽略的。同样的道理，我们评价一个软件，功能再强大，没有一个好的 UI，也很难说是一个好的软件。

俗话说的好，没有丑人，只有懒人。同样的道理，没有糟糕的软件，只有缺乏工匠精神的程序员。

搭建界面说难也不难，说容易也不容易，搭建好界面，需要把细节都处理好。本章咱们就进入 UI 的世界。

3.1 眼见皆 View

面向对象的语言都有一种说法叫做万物皆对象，就像 Java 语言中，所有的类都是 Object 的子类。而在 Android 中，所能看到的全部控件都是 View 和它的子类展示的。所以说眼见皆 View 一点也不过分。

3.2 布局的搭建方式

布局有两种搭建方式，第一种方式如图 3-1 所示，首先来到布局的预览界面，我们可以直接

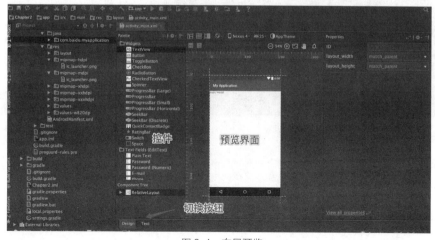

▲图 3-1 布局预览

将左面的控件拖曳到视图上，并在视图上修改控件的属性，不过这种方法在 Android 开发中用得不多，也不推荐大家使用，因为使用可视化编辑工具并不利于我们真正了解界面背后的实现原理，通常这种方法制作出的界面都不具有良好的屏幕适配性，尤其是当你需要写较为复杂的界面时，就会发现简单的拖曳是难以实现的。

第二种方式相对来说比较传统，点击下面的[Text]按钮切换到 XML 编辑器，通过编写 XML 代码去实现。等读者完全掌握了使用 XML 来编写界面后，不管是复杂的界面，还是分析和修改当前界面都会手到擒来。

3.3 常用的控件和属性

界面是由控件组合而成的，要想搭建界面，首先需要认识下 Android 中的控件。接下来介绍一些常用的控件和属性。

3.3.1 TextView

我们一开始就看到了 TextView 这个控件。TextView 用来显示普通的文本，相对比较简单。我们把 acitivity_main.xml 这个文件修改一下，如图 3-2 所示。

下面来看看显示效果，如图 3-3 所示。

▲图 3-2 TextView　　　　　　▲图 3-3 显示效果

接下来分析下 TextView 的属性：

```
<TextView
    android:id="@+id/tv"
    android:layout_width="match_parent"
    android:layout_height="wrap_content"
    android:gravity="center"
    android:text="Hello World!"
```

```
android:textColor="#333333"
android:textSize="20sp"/>
```

在 TextView 中使用了 android:id 给当前控件定义了一个唯一标识符，每个 XML 文件中的 id 是不能重复的，类似我们的身份证号一样。在 Java 代码中，通过 R.id.tv 就可以引用这个控件了：

```
protected void onCreate(Bundle savedInstanceState) {
  super.onCreate(savedInstanceState);
  setContentView(R.layout.activity_main);
  // 根据 id 获取 TextView 对象
  TextView tv= (TextView) this.findViewById(R.id.tv);
}
```

然后使用 **android:layout_width** 定义了控件的宽度，**android:layout_height** 定义了控件的高度。任何控件都必须拥有这两个属性，否则就会报错。有三种可选值，*match_parent*、*fill_parent* 和 *wrap_content*，其中，*match_parent* 和 *fill_parent* 意义是一样的，因为 google 工程师觉得 *fill_parent* 名字不太好，改了个名字，推荐使用 *match_parent*。*match_parent* 表示让当前控件大小和父布局的大小一样，也就是由父布局来决定当前控件的大小。*wrap_content* 表示让当前控件的大小能够刚好包含住里面的内容，说白了就是由控件内容决定当前控件的大小。除了这三个选项，也可以根据实际需要指定精确的值，如 20dp。上面的代码表示 TextView 宽度和父布局一般宽，在这里就是手机屏幕的宽度，高度就是包裹内容，恰好和文字高度一样。

android:gravity 这个属性表示控件里面的元素的对齐方式，在 TextView 中指的是文字的对齐方式，默认是左上角对齐。center 表示居中对齐，可选值有 top、bottom、right、center、start、end 等。left 和 start 效果一样，right 和 end 效果一样，API16 版本以上建议使用 start 和 end 替代 left 和 right。还可以用"|"同时选择多个值，比如"bottom|right"表示右下角对齐。

android:textColor 表示文字颜色。#00000 表示黑色，#FFFFFF 表示白色。颜色的 6 位数字分别表示三原色的值，前两位表示红颜色比重，中间两位表示绿色，最后两位表示蓝色，#RGB 是通用的表示颜色的方式，白色也可以简写为#FFF，黑色简写为#000。如果颜色是用 8 位数字表示的，前两位则表示透明度，FF 表示不透明，00 表示透明，默认为不透明。#FF000000 表示不透明的纯黑色。

android:textSize 表示字体大小，建议字体单位为 sp，默认情况下 1sp 和 1dp 是一样的。大部分手机都可以通过系统设置调整字体大小。sp 会随着手机设置字体的大小变化而变化，而 dp 不会变。在开发过程中，某些特殊情况会用 dp 作为单位表示字体大小。

设置位置（红米）：Android→设置→字体大小→标准（默认）或大小号。

3.3.2 Button

Button 是程序用于和用户交互的一个重要组件，大多数用来处理点击事件（后面会讲到），写起来和 TextView 差不多。我们通过 Button 学习两个通用属性 android:layout_margin 和 android:padding。

android:layout_margin：本元素离上、下、左、右间的距离。

android:layout_marginBottom：底边缘到其他元素的距离。

android:layout_marginLeft：左边缘到其他元素的距离。

android:layout_marginRight：右边缘到其他元素的距离。

android:layout_marginTop：离某元素上边缘的距离。

android:layout_marginStart：本元素里开始的位置的距离和 android:layout_marginLeft 效果一样。

android:layout_marginEnd：本元素里结束位置的距离和 android:layout_marginRight 效果一样。

padding 和 margin 用法一样，只不过 margin 指的是元素外边距，padding 指的是元素内边距。下面给 Button 添加 padding 和 margin 属性：

```xml
<RelativeLayout
  xmlns:android="http://schemas.android.com/apk/res/android"
  xmlns:tools="http://schemas.android.com/tools"
  android:layout_width="match_parent"
  android:layout_height="match_parent"
  tools:context="com.baidu.myapplication.MainActivity">
  <Button
    android:paddingLeft="100dp"
    android:layout_marginLeft="100dp"
    android:id="@+id/btn"
    android:layout_width="wrap_content"
    android:layout_height="wrap_content"
    android:text="button"/>
</RelativeLayout>
```

效果如图 3-4 所示，这两个属性的区别一目了然。

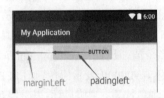

▲图 3-4　padding 和 margin 的区别

Button 最重要的是处理点击事件，通过匿名内部类的形式可以处理点击事件：

```java
@Override
protected void onCreate(Bundle savedInstanceState) {
  super.onCreate(savedInstanceState);
  setContentView(R.layout.activity_main);
  Button btn= (Button) findViewById(R.id.btn);
  btn.setOnClickListener(newView.OnClickListener() {
    @Override
    publicvoidonClick(View v) {
      //当 Button 被点击的时候调用
      Log.i("MainActivit","按钮被点击了");
    }
  });
```

除了这些还有其他写法，后面会单独介绍按钮的点击事件的写法。

3.3.3　EditText

EditText 是可编辑的文本框，也就是用户用来输入文本的控件，它是和用户交互的非常重要的控件，应用非常广泛，比如聊天、输入用户名密码等。下面继续修改布局文件：

```xml
<?xmlversion="1.0"encoding="utf-8"?>
<RelativeLayout
    xmlns:android="http://schemas.android.com/apk/res/android"
    xmlns:tools="http://schemas.android.com/tools"
    android:layout_width="match_parent"
    android:layout_height="match_parent"
    tools:context="com.baidu.myapplication.MainActivity">

    <EditText
        android:id="@+id/et_password"
        android:layout_width="match_parent"
        android:layout_height="wrap_content"
        android:hint="请输入密码"
        android:inputType="textPassword"
        />
</RelativeLayout>
```

预览效果如图 3-5 所示。

其实看到这里，咱们基本上可以看明白控件的写法了，只需给控件设置宽高，定义一个 id，加入些属性就可以了。

android:hint，该属性指的是当没有输入任何文字的时候，显示的提示文本，一旦输入文字，提示文本就消失了。

android:inputType 指的是输入的类型，textPassword 是密码类型，当然还有其他类型，如电话类型（phone）、数字类型（number）等，默认是文本类型（text）。

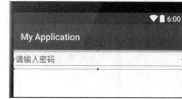

▲图 3-5　预览效果

获取输入的文本，可以通过 Java 代码获取：

```java
@Override
protected void onCreate(Bundle savedInstanceState) {
    super.onCreate(savedInstanceState);
    setContentView(R.layout.activity_main);
    EditText et_password= (EditText) findViewById(R.id.et_password);
    // 获取输入的文本
    String password=et_password.getText().toString();
}
```

3.3.4　ImageView

ImageView 是用于在界面上展示图片的控件。相对于文字来说，图片让人感觉更加亲切，更加直观：

```xml
<?xmlversion="1.0"encoding="utf-8"?>
<RelativeLayout
    xmlns:android="http://schemas.android.com/apk/res/android"
    xmlns:tools="http://schemas.android.com/tools"
    android:layout_width="match_parent"
    android:layout_height="match_parent"
    tools:context="com.baidu.myapplication.MainActivity">
    <ImageView
        android:id="@+id/iv"
        android:layout_width="match_parent"
        android:layout_height="match_parent"
        android:scaleType="fitCenter"
```

```
    android:src="@mipmap/ic_launcher"/>
</RelativeLayout>
```

android:src="@mipmap/ic_launcher" 指的是显示 res/mipmap/ic_launcher 这张图片。

scaleType 是缩放的方式，默认就是 **fitCenter**，表示图片会填充控件，不会让图片变形，图片居中显示，如图 3-6 所示。

android:scaleType="fitXY" 表示图片填充控件，但是允许图片拉伸，如图 3-7 所示。

▲图 3-6　fitCenter　　　　　　　　▲图 3-7　fitXY

android:scaleType="centerCrop" 以填满整个 ImageView 为目的，将原图的中心对准 ImageView 的中心，等比例放大原图，直到填满 ImageView 为止（ImageView 的宽和高都要填满），原图超过 ImageView 的部分做裁剪处理，如图 3-8 所示。

android:scaleType="center" 保持原图的大小，显示在 ImageView 的中心。当原图的 size 大于 ImageView 的 size 时，对超过部分做裁剪处理。

android:scaleType="matrix" 不改变原图的大小，从 ImageView 的左上角开始绘制原图，原图超过 ImageView 的部分做裁剪处理。

android:scaleType="fitEnd" 把原图按比例扩大（缩小）到 ImageView 的高度，显示在 ImageView 的下部分位置。

android:scaleType="fitStart" 把原图按比例扩大（缩小）到 ImageView 的高度，显示在 ImageView 的上部分位置。

android:scaleType="centerInside" 以原图完全显示为目的，将图片的内容完整居中显示，通过按比例缩小原图的 size 宽（高）等于或小于 ImageView 的宽（高）。如果原图的 size 本身就小于 ImageView 的 size，则原图的 size 不做任何处理，居中显示在 ImageView。

我们不仅可以在布局文件中引入图片，同样可以在代码中动态设

▲图 3-8　centerCrop

置图片:

```
@Override
protected void onCreate(Bundle savedInstanceState) {
  super.onCreate(savedInstanceState);
  setContentView(R.layout.activity_main);
  ImageView iv= (ImageView) findViewById(R.id.iv);
  // 设置图片
  iv.setImageResource(R.mipmap.ic_launcher);
}
```

3.3.5　ProgressBar

ProgressBar 用于界面上显示一个进度条，表示程序正在加载数据，它的用法非常简单：

```
<RelativeLayout
    xmlns:android="http://schemas.android.com/apk/res/android"
    xmlns:tools="http://schemas.android.com/tools"
    android:layout_width="match_parent"
    android:layout_height="match_parent"
    tools:context="com.demo.myapplication.MainActivity">
    <ProgressBar
        android:id="@+id/progressBar"
        android:layout_centerInParent="true"
        android:layout_width="wrap_content"
        android:layout_height="wrap_content"/>
</RelativeLayout>
```

运行程序就会发现屏幕中间有一个圆形进度条正在旋转，如图 3-9 所示。

一般加载数据中进度条会显示，数据加载完进度条应该隐藏了。如何让控件隐藏呢？这时候需要给大家介绍新的属性 android:visibility。可选值有 3 种，分别为 visible、invisible 和 gone，默认是 visible。

android:visibility="visible"

● visible：表示控件可见。

● invisible：表示控件不可见，但是还是占据着布局中的位置和大小。

● gone：表示控件不仅不可见，而且还不占用任何屏幕空间。

除了通过 XML 布局属性，我们还可以通过代码来设置控件的可见性，使用 setVisibility()方法，任何控件都可以调用该方法，动态控制控件的显示状态，可以传入 View.VISIBLE、View.INVISIBLE 和 View.GONE 三种值。参考代码：

▲图 3-9　进度条

```
ProgressBar progressBar;
Button button;
@Override
protected void onCreate(Bundle savedInstanceState) {
  super.onCreate(savedInstanceState);
  setContentView(R.layout.activity_main);
```

```
progressBar= (ProgressBar) findViewById(R.id.progressBar);
button= (Button) findViewById(R.id.button);
// 按钮点击的时候隐藏进度
button.setOnClickListener(new View.OnClickListener() {
  @Override
  public void onClick(View v) {
    // 隐藏进度
    progressBar.setVisibility(View.GONE);
  }
});
```

控件的写法非常类似，这里先介绍这几个控件。接下来介绍控件的容器——布局。

3.4 布局的介绍

视频地址：http://v.youku.com/v_show/id_XMTM2NjE0MTg2OA==.html，建议采用超清模式观看。

介绍完了常用控件，下面再来介绍一下布局。布局可以简单理解为控件的容器。

如图 3-10 所示，Android 的图形用户界面是由多个 View 和 ViewGroup 构建出来的。ViewGroup 也是 View 的子类，是一个特殊的 View。View 是通用的 UI 窗体小组件，比如按钮（Button）或者文本框（TextView），而 ViewGroup 是不可见的，是用于定义子 View 布局方式的容器，比如网格部件（grid）和垂直列表部件（list）。

常见的布局包括：

- LinearLayout（线性布局）
- RelativeLayout（相对布局）
- FrameLayout（帧布局）
- GridLayout（网格布局，Android4.0 引入的）
- CoordinatorLayout（材料设计引入的）
- ConstraintLayout（约束布局）

不常见的布局：

- Tablelayout（表格布局）
- AbsoluteLayout（绝对布局，废弃了）

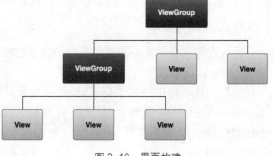

▲图 3-10 界面构建

3.4.1 LinearLayout（线性布局）

线性布局，即一行展开或者一列展开，也可以嵌套。

重要的属性 android：orentation 方向，可选值包括 Vertical（垂直）和 horizontal 水平，如图 3-11 所示。

我们就来实现下上面图片的效果，不难发现，可以通过一个垂直的线性布局里面嵌套着水平方向的线性布局实现。

3.4 布局的介绍

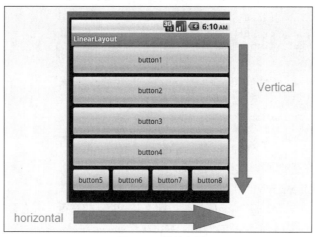

▲图 3-11 线性布局

参考 XML 代码：

```xml
<LinearLayout xmlns:android="http://schemas.android.com/apk/res/android"
    xmlns:tools="http://schemas.android.com/tools"
    android:layout_width="match_parent"
    android:layout_height="match_parent"
    android:orientation="vertical"
    tools:context=".MainActivity">
    <Button
        android:layout_width="match_parent"
        android:layout_height="wrap_content"
        android:text="button1" />
    <Button
        android:layout_width="match_parent"
        android:layout_height="wrap_content"
        android:text="button2" />
    <Button
        android:layout_width="match_parent"
        android:layout_height="wrap_content"
        android:text="button3" />
    <Button
        android:layout_width="match_parent"
        android:layout_height="wrap_content"
        android:text="button4" />
    <LinearLayout
        android:layout_width="match_parent"
        android:layout_height="wrap_content"
        android:orientation="horizontal"
        android:weightSum="4">
        <!--layout_weight  比重-->
        <Button
            android:layout_width="0dp"
            android:layout_height="wrap_content"
            android:layout_weight="1"
            android:text="button5" />
        <Button
            android:layout_width="0dp"
            android:layout_height="wrap_content"
            android:layout_weight="1"
            android:text="button6" />
```

```xml
    <Button
      android:layout_width="0dp"
      android:layout_height="wrap_content"
      android:layout_weight="1"
      android:text="button7" />
    <Button
      android:layout_width="0dp"
      android:layout_height="wrap_content"
      android:layout_weight="1"
      android:text="button8" />
  </LinearLayout>
</LinearLayout>
```

看到上面的代码，需要给大家介绍 *layout_weight* 属性。

- 默认只在 Linearlayout 中 *layout_weight* 属性才有效。
- 一旦 View 设置了 *layout_weight* 属性，那么该 View 的宽度（或者高度）等于 *layout_width*（或者 *layout_height*）的值+剩余空间的占比。占比等于 *layout_weight* 值除以线性布局 *weightSum* 属性的值，如果线性布局没有定义 *weightSum* 属性，则 *weightSum* 的值默认为该线性布局里所有控件的 *layout_weight* 值的总和。

大家可以发现，横向的 4 个按钮，每个按钮的 *layout_width* 为 0dp，剩余空间则为整个屏幕宽度。每个按钮又分别定义了 weight 值为 1，相当于每个按钮占比为 25%，所以最终每个按钮都一样宽，都占屏幕宽度的 25%。

layout_weight 是一个非常好用的属性，能够很好地帮助开发者进行屏幕适配，一定要多加运用。

3.4.2 RelativeLayout（相对布局）

本节视频地址：http://v.youku.com/v_show/id_XMTM2NjE0MjIwNA==.html，建议采用超清模式观看。

相对布局，顾名思义，控件摆放的位置可以相对于其他布局或者控件。

常见的属性：

android:layout_centerHrizontal 水平居中

android:layout_centerVertical 垂直居中

android:layout_centerInparent 相对于父元素完全居中

android:layout_alignParentBottom 贴紧父元素的下边缘

android:layout_alignParentLeft 贴紧父元素的左边缘

android:layout_alignParentRight 贴紧父元素的右边缘

android:layout_alignParentTop 贴紧父元素的上边缘

android:layout_below 在某元素的下方

android:layout_above 在某元素的上方

android:layout_toLeftOf 在某元素的左边

android:layout_toRightOf 在某元素的右边

android:layout_alignTop 本元素的上边缘和某元素的上边缘对齐

android:layout_alignLeft 本元素的左边缘和某元素的左边缘对齐

android:layout_alignBottom 本元素的下边缘和某元素的下边缘对齐

android:layout_alignRight 本元素的右边缘和某元素的右边缘对齐

其中，在 API16 版本以上，Left 可以改成 Start，Right 改成 End，效果对我们而言是一样的。为什么要改呢？

因为有些国家的文字是从右向左的（中国古代的文字也是从右向左的）。使用 android:layout_alignStart/End 就可以解决这种本地化的情况了。

当我们实现下图的界面时，采用相对布局要方便很多（见图 3-12）。

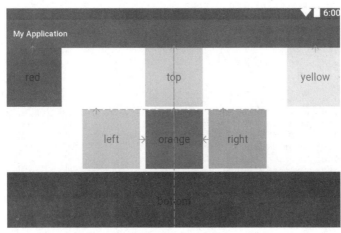

▲图 3-12　相对布局

参考代码：

```xml
<?xml version="1.0" encoding="utf-8"?>
<RelativeLayout xmlns:android="http://schemas.android.com/apk/res/android"
    android:layout_width="match_parent"
    android:layout_height="match_parent"
    android:orientation="vertical">
    <!--red green blue-->
    <TextView
        android:layout_alignParentTop="true"
        android:layout_alignParentLeft="true"
        android:layout_width="100dp"
        android:layout_height="100dp"
        android:background="#cc0000"
        android:text="red"
        android:textSize="18dp"
        android:gravity="center"
        />
    <TextView
        android:layout_alignParentTop="true"
        android:layout_alignParentRight="true"
        android:layout_width="100dp"
        android:layout_height="100dp"
        android:background="#ffff00"
        android:text="yellow"
        android:textSize="18dp"
```

```xml
      android:gravity="center"
      />
  <TextView
      android:layout_alignParentTop="true"
      android:layout_centerHorizontal="true"
      android:layout_width="100dp"
      android:layout_height="100dp"
      android:background="#cccccc"
      android:text="top"
      android:textSize="18dp"
      android:gravity="center"
      />
  <TextView
      android:id="@+id/tv_center"
      android:layout_centerInParent="true"
      android:layout_width="100dp"
      android:layout_height="100dp"
      android:background="#ff1100"
      android:text="orange"
      android:textSize="18dp"
      android:gravity="center"
      />
  <TextView
      android:layout_alignTop="@+id/tv_center"
      android:layout_toLeftOf="@+id/tv_center"
      android:layout_width="100dp"
      android:layout_marginRight="10dp"
      android:layout_height="100dp"
      android:background="#88ff00"
      android:text="left"
      android:textSize="18dp"
      android:gravity="center"
      />
  <TextView
      android:layout_alignTop="@+id/tv_center"
      android:layout_toRightOf="@+id/tv_center"
      android:layout_width="100dp"
      android:layout_height="100dp"
      android:background="#ff8800"
      android:textSize="18dp"
      android:layout_marginLeft="10dp"
      android:text="right"
      android:gravity="center"
      />
  <TextView
      android:layout_alignParentBottom="true"
      android:layout_width="match_parent"
      android:layout_height="100dp"
      android:background="#771122"
      android:textSize="18dp"
      android:text="bottom"
      android:gravity="center"
      />
</RelativeLayout>
```

android:background 属性用于设置背景颜色。

特别注意

使用相对布局要避免一种被称为"circular dependency"（循环依赖）的情况！通俗地讲就是，RelativeLayout 的尺寸与里面子元素的位置不能有相互依赖的关系。例如，不能把 RelativeLayout 的高

3.4 布局的介绍

设为 WRAP_CONTENT，又把它里面的子元素的位置设为 android:layout_alignParentBottom="true"。

这就会产生类似下面的情况：

RelativeLayout 领导："活动场地定多大啊？"

TextView 下层："听领导的，我坐最后一排就行啦。"

RelativeLayout 领导："我还是看你们的意思定吧。"

……

最后就是"你眼望我眼"，两边都不合适。

3.4.3 FrameLayout（帧布局）

本节视频地址：http://v.youku.com/v_show/id_XMTM2NjE0MjU3Ng==.html，建议采用超清模式观看。

帧布局，是所有布局容器中最简单的一种，控件定义在 FrameLayout 中，默认放置在左上角，定义在后面的控件会层叠在前面定义的控件之上，所以才会被称为帧布局。

FramLayout 主要用于比较简单的布局，最常见的一个应用场景就是"功能引导页"，就是在布局最外层遮罩一层半透明的视图，类似图 3-13 这种效果。

我们先练习搭建一个简单的界面，试试 Framelayout 布局。

如图 3-14 所示，大家应该能够发现，TextView 上面有一个 ProgressBar（进度条控件）。进度条也是一个常用的控件，写法和其他控件区别不大：

▲图 3-13 图片来自网络

▲图 3-14 Framelayout

```
<?xml version="1.0" encoding="utf-8"?>
<FrameLayout xmlns:android="http://schemas.android.com/apk/res/android"
  android:orientation="vertical" android:layout_width="match_parent"
  android:layout_height="match_parent"
  >
  <TextView
    android:layout_width="match_parent"
    android:layout_height="match_parent"
    android:text="textView"
```

```
          />
    <ProgressBar
        android:layout_width="wrap_content"
        android:layout_height="wrap_content"
        android:id="@+id/progressBar"
        android:layout_gravity="left|top" />

</FrameLayout>
```

在 FrameLayout 内部，写在后面的控件默认会显示在之前控件的上面。Android 5.0（对应的版本号是 21）以后，如果有按钮控件，按钮无论写在前面还是写在后面，默认都是显示在最前面，因为按钮就是用来与用户直接交互的控件，不允许被遮挡。

3.4.4 GridLayout（网格布局）

本节视频地址：http://v.youku.com/v_show/id_XMTM2NjE3OTMxNg==.html，建议采用超清模式观看。

网格布局，是 Android 4.0 之后的 API 才提供的，算是一个相对新的布局容器，它的用法也很简单，类似 LinearLayout 可以指定方向，也可以指定控件占用多少行或列的空间。GridLayout 完全可以取代 TableLayout。

下面来看看 GridLayout 的应用场景。

如图 3-15 所示，这是一个计算器界面（我面试实习生的时候，一般都让其上机搭建这个界面），这个界面如果用 GridLayout 搭建就非常方便。

▲图 3-15 GridLayout

参考代码：

```xml
<?xml version="1.0" encoding="utf-8"?>
<GridLayout xmlns:android="http://schemas.android.com/apk/res/android"
    android:layout_width="wrap_content"
    android:layout_height="wrap_content"
    android:columnCount="4"
    android:orientation="horizontal"
    android:rowCount="5">
    <Button
        android:id="@+id/one"
        android:text="1" />
    <Button
        android:id="@+id/two"
        android:text="2" />
    <Button
        android:id="@+id/three"
        android:text="3" />
    <Button
        android:id="@+id/devide"
        android:text="/" />
    <Button
        android:id="@+id/four"
        android:text="4" />
    <Button
        android:id="@+id/five"
        android:text="5" />
```

```xml
    <Button
        android:id="@+id/six"
        android:text="6" />
    <Button
        android:id="@+id/multiply"
        android:text="×" />
    <Button
        android:id="@+id/seven"
        android:text="7" />

    <Button
        android:id="@+id/eight"
        android:text="8" />

    <Button
        android:id="@+id/nine"
        android:text="9" />

    <Button
        android:id="@+id/minus"
        android:text="-" />

    <Button
        android:id="@+id/zero"
        android:layout_columnSpan="2"
        android:layout_gravity="fill"
        android:text="0" />

    <Button
        android:id="@+id/point"
        android:text="." />

    <Button
        android:id="@+id/plus"
        android:layout_gravity="fill"
        android:layout_rowSpan="2"
        android:text="+" />

    <Button
        android:id="@+id/equal"
        android:layout_columnSpan="3"
        android:layout_gravity="fill"
        android:text="=" />
</GridLayout>
```

属性解释如下。

首先它与 LinearLayout 布局一样，也分为水平和垂直两种方式。默认是水平布局就是一个控件挨着一个控件从左到右依次排列。

但是通过指定 android:columnCount 设置列数的属性后，控件会自动换行进行排列。另一方面，对于 GridLayout 布局中的子控件，默认按照 wrap_content 的方式设置其显示，这只需要在 GridLayout 布局中显式声明即可。

其次，若要指定某控件显示在固定的行或列，只需设置该子控件的 android:layout_row 和 android:layout_column 属性即可，但是需要注意：android:layout_row="0" 表示从第一行开始，android:layout_column="0" 表示从第一列开始，这与编程语言中一维数组的赋值情况类似。

最后，如果需要设置某控件跨越多行或多列，只需将该子控件的 android:layout_rowSpan 或者

layout_columnSpan 属性设置为数值，再设置其 layout_gravity 属性为 fill 即可，前一个设置表明该控件跨越的行数或列数，后一个设置表明该控件填满所跨越的整行或整列。

要注意的是，在 GridLayout 布局中，已经不需要使用 layout_width 和 layout_height 等属性了。只需要根据上面属性告诉控件在哪个格子里就可以。

GridLayout 优势非常明显，它可以有效地避免布局嵌套，布局嵌套非常耗费 CPU 资源。下面再来看一个比较常用的例子——登录界面，如图 3-16 所示。

登录界面用得比较多，如果这个界面用线性布局写，需要用垂直的线性布局嵌套两个水平的线性布局，如果用 GridLayout 就非常方便了。

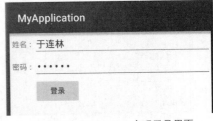

▲图 3-16 GridLayout 实现登录界面

参考代码：

```xml
<?xml version="1.0" encoding="utf-8"?>
<GridLayout xmlns:android="http://schemas.android.com/apk/res/android"
    android:layout_width="match_parent"
    android:layout_height="match_parent"
    android:columnCount="4"
    android:orientation="horizontal"
    android:rowCount="4"
    >
  <TextView
    android:layout_gravity="center"
    android:layout_marginLeft="5dp"
    android:text="姓名："/>
  <EditText
    android:layout_columnSpan="3"
    android:layout_gravity="fill"
    android:text="于连林"
  />
  <TextView
    android:layout_gravity="center"
    android:layout_marginLeft="5dp"
    android:text="密码："/>
  <EditText
    android:layout_columnSpan="3"
    android:layout_gravity="fill"
    android:inputType="textPassword"
    android:text="111111"
  />
  <Button
    android:layout_column="1"
    android:text="登录"
  />
</GridLayout>
```

3.4.5　CoordinatorLayout

在 2015 年的谷歌开发者大会上，谷歌引入了 Android Design Support Library（后面简称 ADSL）来帮助码农在 APP 中使用 Material Design（材料设计）。ADSL 中包含了一些非常重要的 Material Design 构建模块，并且兼容 API 7 及更高版本。

ADSL 引入的众多模块中，最有意思的是一个新的更强大的 FrameLayout——CoordinatorLayout。

3.4 布局的介绍

从 Layout 的名字可以看出，CoordinatorLayout 的强大之处在于可以处理各子 view 之间的相互依赖关系。

CoordinatorLayout 的用法非常简单，和 Framelayout 相似，我们要做的仅仅是将各个 view 放到 CoordinatorLayout 里面。

要想使用 CoordinatorLayout，必须在项目中依赖 Android Design Support Library。添加方法如下：

如图 3-17 所示，首先打开工程配置界面，选择当前 Modules app，切换到 Dependencies 标签，单击左下角 "+" 添加依赖，选择 Library dependency。

▲图 3-17 添加依赖

然后选中 design 包，点击 OK，如图 3-18 所示。

这时候，相当于在工程中引入了 Google 工程师开发好的 Design 兼容包，其实这样的做法就相当于在 app/build.gradle 添加一句依赖：

```
dependencies {
  //...
  compile 'com.android.support:design:25.1.0'
}
```

让我们看个简单的例子：CoordinatorLayout 中包含一个 FloatingActionButton（也是 ASDL 中发布的，后面会介绍）：

```
<?xml version="1.0" encoding="utf-8"?>
<android.support.design.widget.CoordinatorLayout
  xmlns:android="http://schemas.android.com/apk/res/android"
  android:layout_width="match_parent"
  android:layout_height="match_parent">
```

```
    <android.support.design.widget.FloatingActionButton
        android:id="@+id/fab"
        android:layout_width="wrap_content"
        android:layout_height="wrap_content"
        android:layout_gravity="end|bottom"
        android:layout_margin="16dp"
        android:src="@android:drawable/ic_input_add" />

</android.support.design.widget.CoordinatorLayout>
```

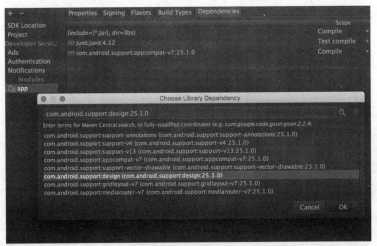

▲图 3-18　添加依赖

在 XML 文件中使用的控件只要不是 Android SDK 内置的控件，必须使用全类名（也就是需要写上所在的包名）。由于 CoordinatorLayout 和 FloatingActionButton 是依赖包中提供的控件，因此上面代码中的两个控件需要使用全类名。

实现效果如图 3-19 所示。

▲图 3-19　CoordinatorLayout

3.4.6 ConstraintLayout（约束布局）

约束布局是和 Android Studio2.2 同时推出的，这个布局比较强大，也比较麻烦，不建议新手现在学习。该布局将在新特性章节中介绍，建议大家学习完了前面的章节，再去学习。

3.5 提示信息 Toast 和 Snackbar

3.5.1 Toast 使用详解

Android 中提供一种简单的 Toast 消息提示框机制，可以在用户点击了某些按钮后，提示用户一些信息，提示的信息不能被用户点击，Toast 的提示信息在用户设置的显示时间后自动消失。Toast 直接翻译就是吐司——面包的一种。因为 Toast 在界面中显示的样子就像吐司面包，所以将 API 命名为 Toast。

Toast 的提示信息可以在调试程序的时候方便地显示某些想显示的内容，或者给用户提供友好的界面显示效果。如图 3-20 所示，当用户点击登录的时候，可以弹出 Toast。

如何创建 Toast 呢？

有两种方式可以创建并且显示 Toast。

（1）Toast.makeText(Context context, CharSequence text, int duration)。

（2）Toast.makeText(Context context, int resId, int duration)。

Context 为上下文环境，通常为当前 activity，上下文里面保留了当前应用的环境信息，很多地方都需要上下文。

CharSequence 为要显示的字符串，resId 是 string 字符串的 id，duration 为显示的时间，可以选择 Toast.LENGTH_SHORT（短时间显示）或 Toast.LENGTH_LONG（长时间显示）。

▲图 3-20　Toast

使用方法：

```
Toast.makeText(this, "this is string", Toast.LENGTH_SHORT).show();
```

或者在 res/values/string.xml 中定义字符串信息：

```
<resources>
    <string name="app_name">My Application</string>
    <string name="toast_str">this is toast</string>
</resources>
```

然后：

```
Toast.makeText(this, R.string.toast_str, Toast.LENGTH_SHORT).show();
```

例子：

我们先简单搭建一个带按钮的界面，当点击按钮的时候弹出 Toast。

布局代码：

```xml
<?xml version="1.0" encoding="utf-8"?>
<RelativeLayout
  xmlns:android="http://schemas.android.com/apk/res/android"
  xmlns:tools="http://schemas.android.com/tools"
  android:layout_width="match_parent"
  android:layout_height="match_parent"
  tools:context="com.demo.myapplication.MainActivity">
  <Button
    android:layout_centerInParent="true"
    android:id="@+id/btn_show_toast"
    android:layout_width="wrap_content"
    android:layout_height="wrap_content"
    android:text="弹出 Toast"/>
</RelativeLayout>
```

Java 代码：

```java
@Override
protected void onCreate(Bundle savedInstanceState) {
  super.onCreate(savedInstanceState);
  setContentView(R.layout.activity_main);
  Button btn= (Button) findViewById(R.id.btn_show_toast);
  assert btn != null;   // 断言 btn 对象不为空 这句代码不加也行
  btn.setOnClickListener(new View.OnClickListener() {
    @Override
    public void onClick(View v) {
      Toast.makeText(MainActivity.this,"this is toast",Toast.LENGTH_LONG).show();
    }
  });
}
```

运行效果如图 3-21 所示。

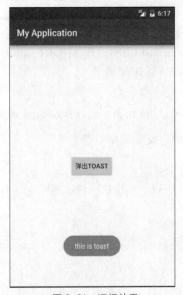

▲图 3-21　运行效果

3.5.2 修改 Toast 位置

如果需要修改 Toast 显示的位置,有两种方法。

方法一:

setGravity(int gravity、int xOffset、int yOffset)3 个参数分别表示(起点位置,水平偏移量,垂直偏移量)。

方法二:

setMargin(float horizontalMargin, float verticalMargin)

以横向和纵向的百分比设置显示位置,参数均为 float 类型(水平位移为正数向右移动,为负数向左移动,竖直位移正上负下)。

接下来我们把上面的示例代码改成如下代码:

```
Toast toast = Toast.makeText(MainActivity.this, "toast", Toast.LENGTH_SHORT);
// 设置在右下角,相对右下角 x,y 的偏移量为 0
toast.setGravity(Gravity.BOTTOM| Gravity.END, 0, 0);
// 必须调用 show 方法,否则不显示
toast.show();
```

运行效果如图 3-22 所示。

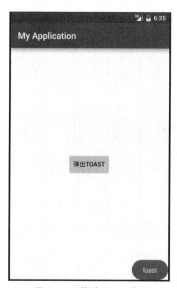

▲图 3-22　修改 Toast 位置

3.5.3 自定义 Toast 布局

如果你认为默认的 Toast 效果不是很好看,可以自定义 Toast 的布局:

```
private void showToast() {
    Toast toast = new Toast(this);
    // 定义一个 ImageView
    ImageView imageView = new ImageView(this);
    // 设置 ImageView 的图片
```

```
    imageView.setImageResource(R.mipmap.ic_launcher);
    // 定义一个 Layout，这里是 Layout
    LinearLayout Layout = new LinearLayout(this);
    // 设置线性布局的方向
    Layout.setOrientation(LinearLayout.HORIZONTAL);
    // 将 ImageView 放到 Layout 中
    Layout.addView(imageView);
    // 设置 Toast 显示的视图
    toast.setView(Layout);
    //设置显示时间，单位是毫秒
    toast.setDuration(Toast.LENGTH_LONG);
    toast.show();
}
```

上面代码直接创建了 ImageView，并把 ImageView 添加到创建的线性布局中。然后设置 Toast 显示的视图为该线性布局。这是我们第一次通过代码创建 View，以前我们都是通过 XML 创建，其实 XML 能创建的，代码都能创建，XML 只是辅助代码的。

如果换成 XML 创建也是可以的，首先创建 */layout/custom_toast.xml*：

```
<?xml version="1.0" encoding="utf-8"?>
<LinearLayout xmlns:android="http://schemas.android.com/apk/res/android"
        android:orientation="vertical"
        android:layout_width="match_parent"
        android:layout_height="match_parent">
    <ImageView
        android:layout_width="wrap_content"
        android:layout_height="wrap_content"
        android:src="@mipmap/ic_launcher"/>
</LinearLayout>
```

然后修改代码：

```
private void showToast() {
    Toast toast = new Toast(this);
    // 布局填充器，可以把 XML 转换成 Java 对象
    LayoutInflater inflater = getLayoutInflater();
    //参数 1 布局的 id，参数 2 挂载的根布局，这个位置可以不传
    View layout = inflater.inflate(R.layout.custom_toast,null);
    // 设置 Toast 显示的 View
    toast.setView(layout);
    //设置显示时间，单位是毫秒
    toast.setDuration(Toast.LENGTH_LONG);
    toast.show();
}
```

上面的代码使用了 LayoutInflater，这个类主要用来把 XML 布局文件转换成 Java 对象。

接下来修改按钮的点击事件：

```
btn.setOnClickListener(new View.OnClickListener() {
    @Override
    public void onClick(View v) {
        showToast();
    }
});
```

效果如图 3-23 所示。

3.5 提示信息 Toast 和 Snackbar

▲图 3-23 自定义 Toast

3.5.4 避免内存泄露

下列这段简单的代码，可能会出现内存泄露！一定要注意：

```
Toast.makeText(MainActivity.this, "Hello", Toast.LENGTH_SHORT).show();
```

什么是内存泄露呢？就是该回收的内存由于种种原因没有被回收，还驻留在内存中。

内存泄露一定要尽量避免，可能一处小小的内存泄露就会导致整个应用卡顿，甚至崩溃。

为什么上面的代码会导致内存泄露呢？

原因在于：如果在 Toast 消失之前，Toast 持有了当前 Activity，而此时，用户点击了返回键，导致 Activity 无法被 GC 销毁，这个 Activity 就引起了内存泄露。

一个很简单的解决方法：所有和当前 Activity 无关的 Context 都可以传入，避免内存泄露的方法同样适用其他需要传入 Context 的地方。就像这样：

```
Toast.makeText(getApplicationContext(), "Hello", Toast.LENGTH_SHORT).show();
```

getApplicationContext()是整个应用的上下文，不会持有 Activity 对象。

3.5.5 Snackbar

Material Design 之前，Android 的很多提示工作都是由 Toast 来完成的，Toast 的缺点在于不能提供交互，而 Material Design 包中的 SnackBar 完美地解决了这个问题。

先来看看效果，如图 3-24 所示，底部就是 Snackbar。

要想使用 Snackbar，必须在你的项目中依赖 com.android.support:design，版本号优先选最新的。

▲图 3-24　Snackbar

在 app/build.gradle 添加一句依赖：

```
dependencies {
  //...
  compile 'com.android.support:design:25.1.0'
}
```

Snackbar 的使用方法其实和 Toast 非常相似，其实就是一句代码：

```
Snackbar.make(view,"消息已发出",Snackbar.LENGTH_SHORT).show();
```

但是有几个注意点，make 方法的第一个参数是 view，而不是上下文了，任何一个 View 都可以。但是官方推荐使用 CoordinatorLayout（参考 3.4.5），有以下两个好处。

（1）用户可以滑动（右滑）消除掉 Snackbar。

（2）当 Snackbar 出现的时候，布局会移动一些 UI 元素，比如，右下角的悬浮按钮会自动上移。

View 不一定直接就是 CoordinatorLayout，该方法触发的时候，会一级一级地向上找有没有 CoordinatorLayout，如果找到顶层还没找到就停止找。所以，建议直接使用 CoordinatorLayout 来当做这个参数，而不用系统浪费力气去找。

如果布局已经写好了，没有 CoordinatorLayout，那么可以在最外面一层镶嵌上 CoordinatorLayout，CoordinatorLayout 就相当于一个超级 FrameLayout。

Snackbar 的显示是一个接一个的，不能同时显示很多。说到这里，我想起了一个问题，如果同时或者短时间内显示很多个 Toast，界面会一直跳啊跳的，很烦的！

如图 3-25 所示，我们来看如何添加加那个按钮（Action），即图片上的 UNDO。

3.5 提示信息 Toast 和 Snackbar

▲图 3-25　Snackbar 按钮

其实非常简单，给 Snackbar 设置 Action 就可以了：

```
Snackbar
  .make(layout, "1 item removed", Snackbar.LENGTH_SHORT)
  .setAction("undo", new View.OnClickListener() {
    @Override
    public void onClick(View v) {
      // 点击 UNDO 时触发的回调代码
    }
}).show();
```

例子：

下面来实现一个效果，当点击 FloatingActionButton 时弹出 Snackbar。

布局代码 *demo_coordinator.xml*：

```xml
<?xml version="1.0" encoding="utf-8"?>
<android.support.design.widget.CoordinatorLayout
  xmlns:android="http://schemas.android.com/apk/res/android"
  android:layout_width="match_parent"
  android:layout_height="match_parent">

  <android.support.design.widget.FloatingActionButton
    android:id="@+id/fab"
    android:layout_width="wrap_content"
    android:layout_height="wrap_content"
    android:layout_gravity="end|bottom"
    android:layout_margin="16dp"
    android:src="@android:drawable/ic_input_add" />

</android.support.design.widget.CoordinatorLayout>
```

Java 代码：

```java
@Override
protected void onCreate(Bundle savedInstanceState) {
  super.onCreate(savedInstanceState);
  setContentView(R.layout.demo_coordinator);
  FloatingActionButton fab= (FloatingActionButton) findViewById(R.id.fab);
  fab.setOnClickListener(new View.OnClickListener() {
    @Override
    public void onClick(View v) {
      Snackbar
          .make(v ,"1 item removed", Snackbar.LENGTH_SHORT)
```

```
                .setAction("undo", new View.OnClickListener() {
                    @Override
                    public void onClick(View v) {
                        // 想干点什么就整点什么吧
                    }
                }).show();
            }
        });
    }
```

实现效果如图 3-26 所示。

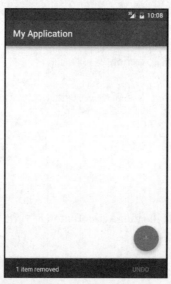

▲图 3-26 实现效果

3.6 点击事件三种写法

本节视频地址：http://v.youku.com/v_show/id_XMTM2NjU0OTk2NA==.html，建议采用超清模式观看。

前面简单学习了布局和提示信息，接下来给大家补充下按钮点击事件的写法，点击事件不只是 Button 特有的，所有的控件都可以处理点击事件，Button 相对而言比较方便点。下面就以 Button 举例说明点击事件的写法。

3.6.1 通过匿名内部类或内部类实现

匿名内部类写法比较简单，可以用上面弹出 Toast 的代码来演示（和视频不太一致，方法是一样的）：

```
@Override
protected void onCreate(Bundle savedInstanceState) {
  super.onCreate(savedInstanceState);
  setContentView(R.layout.activity_main);
```

```java
    Button btn= (Button) findViewById(R.id.btn_show_toast);
    assert btn != null;    // 断言 btn 对象不为空,这句代码不加也行
    btn.setOnClickListener(new View.OnClickListener() {
        @Override
        public void onClick(View v) {
            Toast.makeText(MainActivity.this,"this is toast",Toast.LENGTH_LONG).show();
        }
    });
}
```

内部类的写法和以上代码在本质上没有任何差别:

```java
class MyOnClickListener implements View.OnClickListener {
    @Override
    public void onClick(View v) {
        Toast.makeText(MainActivity.this, "toast", Toast.LENGTH_SHORT).show();
    }
}
protected void onCreate(Bundle savedInstanceState) {
    super.onCreate(savedInstanceState);
    setContentView(R.layout.activity_main);
    Button btn = (Button) findViewById(R.id.btn_show_toast);
    assert btn != null;    // 断言 btn 对象不为空,这句代码不加也行

    // 内部类
    btn.setOnClickListener(new MyOnClickListener());

}
```

3.6.2 让类实现接口

步骤 1:让 Activity 类实现 OnClickListener 接口:

```java
public class MainActivity extends AppCompatActivity implements View.OnClickListener
```

步骤 2:覆写接口定义的 onClick 方法:

```java
@Override
public void onClick(View v) {
    switch (v.getId()){
        case R.id.btn_show_toast:
            Toast.makeText(MainActivity.this, "toast", Toast.LENGTH_SHORT).show();
            break;
    }
}
```

步骤 3:直接使用 this 为控件注册事件:

```java
protected void onCreate(Bundle savedInstanceState) {
    super.onCreate(savedInstanceState);
    setContentView(R.layout.activity_main);
    Button btn = (Button) findViewById(R.id.btn_show_toast);
    assert btn != null;    // 断言 btn 对象不为空,这句代码不加也行
    btn.setOnClickListener(this);
}
```

3.6.3 在布局文件中注册事件

步骤 1：在布局文件中添加 android:onClick 属性：

```
<Button
    android:layout_centerInParent="true"
    android:id="@+id/btn_show_toast"
    android:layout_width="wrap_content"
    android:onClick="show"
    android:layout_height="wrap_content"
    android:text="弹出 Toast"/>
```

步骤 2：在布局对应的 Activity 中定义方法，该方法的形参必须为 View 对象，且只能有一个，方法名为 onClick 属性对应的值，当前为 show，方法必须用 public 修饰。一旦定义 android:onClick 属性，必须声明对应的方法，否则点击就会报错：

```
public void show(View v){
    Toast.makeText(MainActivity.this, "toast", Toast.LENGTH_SHORT).show();
}
```

3.7 使用 Lambda 表达式代替匿名内部类

上一节介绍了点击事件可以通过匿名内部类方式实现。由于编程语言一直在进化，JDK 8 语法出现了 Lambda 表达式，可以简化代码书写。Lambda 表达式取代了匿名类，取消了模板，允许用函数式风格编写代码。

3.7.1 什么是 lambda 呢

Lambda，是不是听着很熟悉，没错，在高等数学中我们经常和它打交道。这是一个希腊字母，排名第十一，大写是 Λ，小写是 λ，当然我们经常见的还是小写。

下面主要学习 Lambda 表达式。

该表达式允许我们把行为传到函数里。之前把行为传到函数里采用的是匿名内部类，该方法导致行为最重要的方法夹杂在中间，不够突出。如下：

```
btn.setOnClickListener(new View.OnClickListener() {
    @Override
    public void onClick(View v) {
        showToast();
    }
});
```

改成 Lambda 表达式后，再来瞧一瞧：

```
btn.setOnClickListener(v -> showToast());
```

没错，你绝对没有看错，代码就变成一行了。

Lambda 的基本格式是：() -> {}。

有下面 3 种具体表达。

（1）(params)→expression。
（2）(params)→statement。
（3）(params)→{statement}。

这个新的特性是激动人心的，那么，这个特性应该怎么用？问题的关键是：用，得用，还得会用。

3.7.2 使用 Lambda 表达式

要使用 Lambda，首先必须配置编译环境，这里使用的是 Android Studio，Android Studio 默认的 JDK 版本是 1.6，修改成 1.8 即可使用，这里确保系统安装了 JDK1.8。还需要用到下面的插件：https://github.com/evant/gradle-retrolambda。

配置方式有两种。

方式一：

在 app/build.gradle 脚本中添加如下代码：

```
android {
  compileOptions {
    sourceCompatibility 1.8
    targetCompatibility 1.8
  }
}
```

当然写成下面的样子也是可以的：

```
android {
  compileOptions {
    sourceCompatibility JavaVersion.VERSION_1_8
    targetCompatibility JavaVersion.VERSION_1_8
  }
}
```

记得点击 gradle 同步按钮 进行同步。

方式二：

其实方式二和方式一本质上是一样的，方式二只是通过项目结构设置按钮 在图形界面中进行设置的。

按快捷键 Ctrl+Shift+Alt+S 进入项目结构设置，把 APP 的 JDK 版本修改成 1.8。注意，如果下拉菜单里没有 1.8 的选项，手动输入 1.8 即可，如图 3-27 所示。

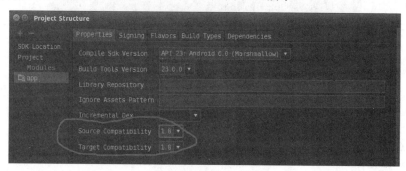

▲图 3-27 选择 JDK 版本

设置完成后，会在 build.gradle 文件中生成和方式一同样的代码，如图 3-28 所示。

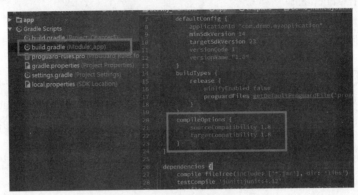

▲图 3-28　配置 JDK1.8

Android Studio2.2 之后，需要在 app/build.gradle 中额外配置：

```
android {
  defaultConfig {
    jackOptions {
       // 打开 jack 编译器
       enabled true
    }
  }

  // 编译支持 Java8
  compileOptions {
    sourceCompatibility JavaVersion.VERSION_1_8
    targetCompatibility JavaVersion.VERSION_1_8
  }
}
```

配置完成以后，就可以使用 Lambda 表达式了。

使用 Lambda 表达式也非常简单，当把鼠标放到匿名内部类上时，就会提示我们使用 Lambda，如图 3-29 所示。

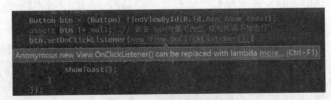

▲图 3-29　Lambda 使用图例 1

然后我们按快捷键 Alt+Enter，如图 3-30 所示。

选择第一个，就自动转换成 Lambda 表达式了，是不是十分方便？

注意事项，当引入其他 library 的时候，单纯地执行上面的操作可能会报错，常见的错误如图 3-31 所示。

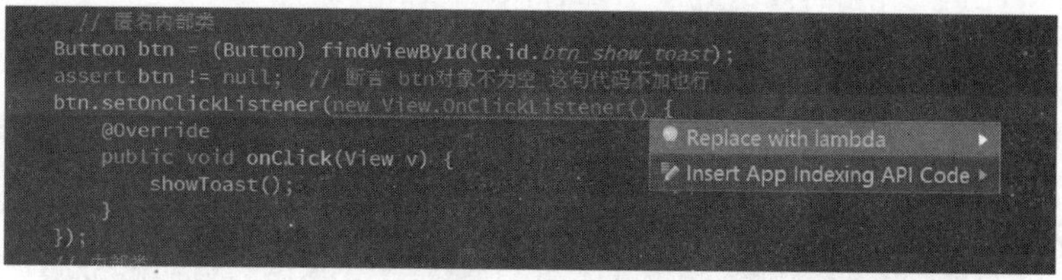

▲图 3-30　Lambda 使用图例 2

▲图 3-31　错误

这时候我们需要借助 gradle 插件。

首先在项目的 build.gradle 添加如下配置：

```
buildscript {
  repositories {
    jcenter()
  }
  dependencies {
    classpath 'com.android.tools.build:gradle:2.1.0'
    classpath 'me.tatarka:gradle-retrolambda:3.1.0'
  }
}
```

然后在 app/build.gradle 添加插件：

```
apply plugin: 'me.tatarka.retrolambda'
```

这样就不会发生上面的错误了。

'me.tatarka:gradle-retrolambda:3.1.0' 不是最新版本，但是比较稳定。

如果代码需要混淆，需要在 proguard-rules.pro 文件中添加如下配置，否则混淆没法通过：

```
-dontwarn java.lang.invoke.**
-keep class java.lang.invoke.**{*;}
```

3.8　AlertDialog 提示对话框

　　AlertDialog 也是 Android 常见的交互方式。常见的有两到三个按钮，样子如图 3-32 所示。

　　Android 中的 AlertDialog 可以简单分为 5 类：一般对话框、列表对话框、单选按钮对话框、多选对话框、自定义对话框。

▲图 3-32　Dialog

为了方便演示，创建一个新的 Activity——DialogDemoActivity。

如图 3-33 所示，右键点击工程，选择 new→Activity→Empty Activity。

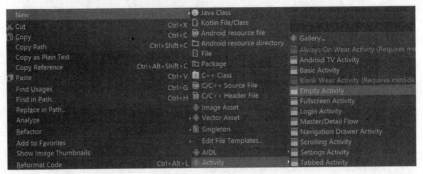

▲图 3-33　创建新的 Activity

目前程序默认还是启动 MainActivity，如果想启动 DialogDemoActivity，需要修改一下清单文件（AndroidManifest.xml）中的配置：

```
<application
  ...>
    <activity android:name=".MainActivity">
    </activity>
    <activity android:name=".DialogDemoActivity">
      <!--该配置表示默认首次启动的Activity-->
      <intent-filter>
        <action android:name="android.intent.action.MAIN"/>

        <category android:name="android.intent.category.LAUNCHER"/>
      </intent-filter>
    </activity>
</application>
```

如图 3-34 所示，在布局中添加几个按钮，分别定义点击事件方法，分别给大家演示下弹出不同的 Dialog。

▲图 3-34　对话框

3.8 AlertDialog 提示对话框

参考代码：

```xml
<?xml version="1.0" encoding="utf-8"?>
<LinearLayout
  xmlns:android="http://schemas.android.com/apk/res/android"
  xmlns:tools="http://schemas.android.com/tools"
  android:layout_width="match_parent"
  android:layout_height="match_parent"
  android:orientation="vertical"
  tools:context="com.demo.myapplication.DialogDemoActivity">

  <Button
    android:layout_width="wrap_content"
    android:layout_height="wrap_content"
    android:text="一般对话框"
    android:onClick="normalDialog"
  />
  <Button
    android:layout_width="wrap_content"
    android:layout_height="wrap_content"
    android:text="列表对话框"
    android:onClick="listDialog"
   />
  <Button
    android:layout_width="wrap_content"
    android:layout_height="wrap_content"
    android:text="单选对话框"
    android:onClick="singleDialog"
  />
  <Button
    android:layout_width="wrap_content"
    android:layout_height="wrap_content"
    android:text="多选对话框"
    android:onClick="mulDialog"
  />
  <Button
    android:layout_width="wrap_content"
    android:layout_height="wrap_content"
    android:text="自定义对话框"
    android:onClick="customDialog"
  />
</LinearLayout>
```

3.8.1 一般对话框

我们先来演示下如何创建一般对话框，代码如下：

```java
// 一般对话框
public void normalDialog(View v) {
    //先得到构造器
    AlertDialog.Builder builder = new AlertDialog.Builder(this);
    //设置标题
    builder.setTitle("提示");
    builder.setMessage("是否确认退出");    //设置内容
    builder.setIcon(R.mipmap.ic_launcher); //自定义图标
    builder.setCancelable(false);           //设置是否能点击,对话框的其他区域取消
    //设置其确认按钮和监听事件
    builder.setPositiveButton("确认", new DialogInterface.OnClickListener() {
       @Override
```

```
      public void onClick(DialogInterface dialog, int which) {
        dialog.dismiss();
      }
    });
    //设置其取消按钮和监听事件
    builder.setNegativeButton("取消", new DialogInterface.OnClickListener() {
      @Override
      public void onClick(DialogInterface dialog, int which) {
        dialog.dismiss();
      }
    });
    //设置其忽略按钮和监听事件
    builder.setNeutralButton("忽略", new DialogInterface.OnClickListener() {
      @Override
      public void onClick(DialogInterface dialog, int which) {
        dialog.dismiss();
      }
    });
    // 下面两行代码可以合成一行 builder.show()
    Dialog dialog=builder.create();          //创建对话框
    dialog.show();              //显示对话框
  }
```

可以看到首先创建了 AlertDialog.Builder，通过 Builder 可以设置标题、内容和是否可取消，默认还可以设置最多 3 个按钮，分别指定点击事件。

● setPositiveButton()：设置积极的按钮，推荐设置确定之类的按钮。

● setNegativeButton()：设置消极的按钮，推荐设置取消之类的按钮。

● setNeutralButton()：设置中立的按钮，推荐设置忽略之类的按钮。

来看看运行结果，如图 3-35 所示。

一定要注意的是，创建 builder 需要传递 Context（上下文）类型的参数，该参数只能传递 Activity，不能传递其他类型的上下文（包括 getApplicationContext()），否则程序直接崩溃。Dialog 比较特殊，必须告诉它要挂载到哪个 Activity，所以上下文必须传递 Activity 对象。上面代码中的 this 就代表当前类的对象，也就是 Activity 对象。

▲图 3-35 运行结果

3.8.2 Material Design 风格的对话框

细心的读者可能会发现，在使用 AlertDialog 导包的时候，会提示两个选择，一个是 android.app.AlertDialog，另一个是 android.support.v7.app.AlertDialog。

在 Android 5.0 版本以后，谷歌推出了 Material Design（材料设计），界面设计有了大幅的提升。谷歌发布了 Material Design 设计之后，很多 Material 风格的控件也随之加入到了 V7 兼容包中，android.support.v7.app.AlertDialog 就是其中之一。

android.app.AlertDialog，使用这个包中的 AlertDialog，在 Android 5.0 以下就是原始风格，Android 5.0 以上为 Material 风格。

如图 3-36 所示，左边为 4.4，右边为 5.1。

3.8 AlertDialog 提示对话框

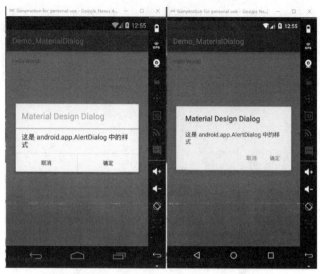

▲图 3-36 Android 5.0 以下和 5.0 以上对比（1）

android.support.v7.app.AlertDialog，使用这个包的 AlertDialog 就不会有上面风格不统一的窘境，这个 V7 包中的 AlertDialog 在 Android 2.1 以上可以提供兼容性的 Material 风格 Dialog。也就是说，使用这个包中的 AlertDialog 的话，从 2.1 到 6.0 都是 Material 风格的 Dialog。

当使用这个包中的 AlertDialog 时，如图 3-37 所示，左边为 4.4，右边为 5.1。

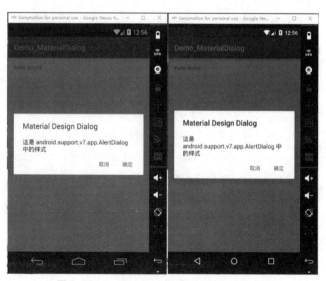

▲图 3-37 Android 5.0 以下和 5.0 以上对比（2）

在选择导入包的时候决定了这个包是否兼容低版本，因为 Android 碎片化的原因，强烈推荐使用 V7 包中的 AlertDialog 达到高低版本统一样式的效果。

需要留意的是，使用 android.support.v7.app.AlertDialog 这个控件必须保证引入了 appcompat-v7 包

（这个包默认就引入，已经是标配了），还必须保证 appcompat-v7 版本大于 22.1，因为 Android Support Library v22.1 开始提供了 Material 风格的 Dialog 控件：

```
dependencies {
    ...
     compile 'com.android.support:appcompat-v7:25.1.0'
}
```

3.8.3 列表对话框

先来看看效果，如图 3-38 所示。

▲图 3-38 列表对话框

参考代码：

```
public void listDialog(View v){
  final String items[] = {"AAA","BBB","CCC"};
  AlertDialog.Builder builder = new AlertDialog.Builder(this);
  builder.setTitle("提示"); //设置标题
  builder.setIcon(R.mipmap.ic_launcher);//设置图标、图片id即可
  //设置列表显示，注意设置了列表显示就不要设置builder.setMessage()了，否则列表不起作用
  builder.setItems(items,new DialogInterface.OnClickListener() {
    @Override
    public void onClick(DialogInterface dialog, int which) {
      dialog.dismiss();
      Toast.makeText(getApplicationContext(), items[which], Toast.LENGTH_SHORT).show();
    }
  });
  builder.setPositiveButton("确定",new DialogInterface.OnClickListener() {
    @Override
    public void onClick(DialogInterface dialog, int which) {
      dialog.dismiss();
      Toast.makeText(getApplicationContext(), "确定", Toast.LENGTH_SHORT).show();
    }
  });
  builder.create().show();
}
```

显示列表对话框，就不要使用 builder.setMessage()方法了，否则列表就不起作用了。通过 builder.setItems()可以设置条目显示的内容和条目点击事件，第一个参数是 String 类型的数组，具体点击的是哪个条目可以通过 which 字段判断，一定要记得数数要从 0 开始，第一个条目 which

等于 0。以后想培养你的孩子当程序员，应该让他从小就从 0 开始数数。

3.8.4 单选按钮对话框

接下来完成单选对话框：

```
// 单选按钮对话框
public void singleDialog(View v){
  final String items[]={"男","未知","女"};
  AlertDialog.Builder builder=new AlertDialog.Builder(this);
  //设置标题
  builder.setTitle("提示");
  //设置图标、图片 id 即可
  builder.setIcon(R.mipmap.ic_launcher);
  //设置单选按钮
  //   items      为列表项
  //   0 为默认选中第一个
  //   第三个参数是监听器
  builder.setSingleChoiceItems(items,0,new DialogInterface.OnClickListener() {
    @Override
    public void onClick(DialogInterface dialog, int which) {
      Toast.makeText(getApplicationContext(), items[which], Toast.LENGTH_SHORT).show();
    }
  });
  //  设置监听器
  builder.setPositiveButton("确定",new DialogInterface.OnClickListener() {
    @Override
    public void onClick(DialogInterface dialog, int which) {
      dialog.dismiss();
      Toast.makeText(getApplicationContext(), "确定", Toast.LENGTH_SHORT).show();
    }
  });
  builder.create().show();
}
```

▲图 3-39　单选对话框

单选对话框主要是通过 builder.setSingleChoiceItems()方法实现的，第一个参数为列表项，第二个参数表示默认选中是哪一个，0 代表第一个，-1 表示没有默认选中的，最后一个参数就是监听器，通过 which 可以判断选中的哪一个。

运行结果如图 3-39 所示。

3.8.5 多选按钮对话框

多选框如图 3-40 所示。

▲图 3-40　多选框

参考代码：

```java
public void mulDialog(View v){
    final String items[]={"篮球","足球","排球"};
    final boolean selected[]={true,false,true};
    AlertDialog.Builder builder=new AlertDialog.Builder(this);   //先得到构造器
    builder.setTitle("爱好");  //设置标题
    builder.setIcon(R.mipmap.ic_launcher);//设置图标、图片id即可

    //   参数一：列表项
    //   参数二：默认打勾的
    //   参数三：监听器
    builder.setMultiChoiceItems(items,selected,
        new DialogInterface.OnMultiChoiceClickListener() {
        @Override
        public void onClick(DialogInterface dialog, int which, boolean isChecked) {
            // dialog.dismiss();
            Toast.makeText(getApplicationContext(),
                items[which]+isChecked, Toast.LENGTH_SHORT).show();
        }
    });
    //   确认按钮
    builder.setPositiveButton("确定",new DialogInterface.OnClickListener() {
        @Override
        public void onClick(DialogInterface dialog, int which) {
            dialog.dismiss();
            Toast.makeText(getApplicationContext(), "确定", Toast.LENGTH_SHORT).show();
            //Android会自动根据选择改变selected数组的值
            for (int i=0;i<selected.length;i++){
                Log.i("mulDialog",""+selected[i]);
            }
        }
    });
    builder.create().show();
}
```

多选框和之前的单选框写法差不太多，通过 builder.setMultiChoiceItems()方法实现，由于多选框默认可以选择多个，所以第二个参数要求传递 boolean 类型的数组，数组长度和条目数保持一致，分别按顺序指定每个条目默认是否被选中。Android会自动根据你的选择改变该数组的值。

3.8.6 自定义 AlertDialog

如果上面的几种样式都不能满足需求，不妨尝试自定义 AlertDialog。核心方法就是通过 builder.setView()设置自定义的 View，如图 3-41 所示。

对话框里的很多东西都是可以自定义的，包括图标内容甚至整个布局，首先需要搭建自定义布局 layout/dialog_custom.xml：

▲图 3-41 自定义 Dialog

```xml
<?xml version="1.0" encoding="utf-8"?>
<LinearLayout xmlns:android="http://schemas.android.com/apk/res/android"
    android:layout_width="match_parent"
    android:layout_height="match_parent"
    android:orientation="vertical">

    <EditText
```

```xml
    android:id="@+id/editText_name"
    android:layout_width="match_parent"
    android:layout_height="wrap_content"
     android:layout_gravity="center_horizontal"
    android:ems="10"
    android:gravity="center"
    android:hint="输入用户名"
    android:inputType="textPersonName"/>

  <EditText
    android:id="@+id/editText_password"
    android:layout_width="match_parent"
    android:layout_height="wrap_content"
    android:layout_gravity="center_horizontal"
    android:ems="10"
    android:gravity="center"
    android:hint="输入密码"
    android:inputType="textPassword"/>
</LinearLayout>
```

然后把 XML 文件转换成 View 对象设置到 Dialog 中：

```java
// 自定义对话框
public void customDialog(View v){
  AlertDialog.Builder builder=new AlertDialog.Builder(this);
  //设置标题
  builder.setTitle("自定义 Dialog");
  //设置图标、图片 id 即可
  builder.setIcon(R.mipmap.ic_launcher);
  //  载入布局
  LayoutInflater inflater = getLayoutInflater();
  View layout = inflater.inflate(R.layout.dialog_custom,null);
  builder.setView(layout);
  //  初始化自定义布局中的控件，因为控件在自定义 layout 中，必须用 layout.findViewByID
  EditText editText_name = (EditText) layout.findViewById(R.id.editText_name);
  EditText editText_password = (EditText) layout.findViewById(R.id.editText_password);
  //  确认按钮
  builder.setPositiveButton("确定",new DialogInterface.OnClickListener() {
    @Override
    public void onClick(DialogInterface dialog, int which) {
      dialog.dismiss();
    }
  });
  //  显示
  builder.create().show();
}
```

LayoutInflater 通过 inflate()方法可以把布局文件转换成 View 对象，方便 Java 代码使用。

3.9 ProgressDialog

ProgressDialog 和 AlertDialog 有点类似，都可以在界面上弹出一个对话框，都具备屏蔽其他控件的交互能力。不同的是，ProgressDialog 会在对话框中显示一个进度条，一般表示当前操作比较耗时，让用户耐心等待，写法和 AlertDialog 类似。常用的样式有两种，一种就是没有进度的圆形进度条，另一种就是有进度的水平的进度条，默认样式是圆形的。下面分别来看看如何实现。

首先在布局文件中添加两个新的按钮，定义点击事件方法：

```xml
<LinearLayout
  ...>
  ...

  <Button
    android:layout_width="wrap_content"
    android:layout_height="wrap_content"
    android:text="圆形进度条对话框"
    android:onClick="showProgressDialog"
    />
  <Button
    android:layout_width="wrap_content"
    android:layout_height="wrap_content"
    android:text="水平进度条对话框"
    android:onClick="showHorizontalProgressDialog"
    />
</LinearLayout>
```

然后分别实现 showProgressDialog() 和 showHorizontalProgressDialog()，代码如下：

```java
// 圆形进度条
public void showProgressDialog(View v){
  // 参数必须也是Activity对象
  ProgressDialog progressDialog = new ProgressDialog(this);
  progressDialog.setMessage("正在加载，请稍后...");
  progressDialog.setCancelable(true);//设置是否能取消加载
  progressDialog.show(); //显示进度条
}
// 水平进度条
public void showHorizontalProgressDialog(View v) {
  ProgressDialog progressDialog = new ProgressDialog(this);
  progressDialog.setMessage("正在加载，请稍后...");
  //设置进度条的风格（水平）
  progressDialog.setProgressStyle(ProgressDialog.STYLE_HORIZONTAL);
  progressDialog.setCancelable(true);//设置是否能取消加载
  progressDialog.setMax(100);//设置最大进度，默认就是100
  progressDialog.show(); //显示进度条
  progressDialog.setProgress(50);//设置默认进度
}
```

创建 ProgressDialog 传入的对象必须是 Activity，和 AlertDialog 类似。其他类型的上下文会报错。

分别来看看运行结果，如图 3-42 和图 3-43 所示。

▲图 3-42　圆形进度

▲图 3-43　水平进度

ProgressDialog 就先介绍到这了，后面网络编程章节会介绍 ProgressDialog 的应用场景。

总结

这一章，我们熟悉了常见控件和布局，通过 XML 搭建界面是 Android 开发者要掌握的最基本要求。我们还了解了 Toast 和 Snackbar 的使用、按钮的点击事件、Lambda 表达式和 Dialog。建议新手多加练习，切记不要眼高手低。

本章代码下载地址：https://github.com/yll2wcf/book。项目名称：Chapter3。

欢迎关注微信公众账号——于连林，搜索关键字：likeDev。

舌头因为说话太多而生锈，眼镜由于梦想太少而生锈——阿多尼斯

第 4 章 Activity 介绍

通过上一章的学习，我们已经熟悉了界面中的布局和控件，而 Activity 是用来承载界面的容器。

Activity 是 Android 四大组件之一，用于展示界面。Activity 是一个应用程序组件，可以简单认为 Activity 提供了一个屏幕，用户可以用来交互以完成某项任务。Activity 中所有操作都与用户密切相关，是一个负责与用户交互的组件，可以通过 setContentView（View）来显示指定控件。在一个 Android 应用中，一个 Activity 通常就是一个单独的屏幕，它上面可以显示一些控件，也可以监听并处理用户的事件做出响应。

4.1 Activity 之间的跳转

一个应用程序肯定不只有一个界面，如何切换到其他界面，这时候就需要启动其他的 Activity。启动 Activity 有多种方式。Activity 之间通过 Intent（意图）进行通信。学习开启其他的 Activity，首先需要了解 Intent（意图）。

Intent 意图是什么？

Intent 是在不同组件中（比如两个 Activity）提供运行时绑定的对象。Intent 代表一个应用"想去做什么事"，可以用它做各种各样的任务。

一般有如下 3 个基本用法。

（1）启动 Activity。

（2）启动服务（Service）。

（3）发送广播（Broadcast）。

我们目前主要通过 Intent 启动 Activity，其他的后面会介绍到。Intent 又可以细分成显示意图和隐式意图。

4.1.1 显示意图

本节视频地址：http://v.youku.com/v_show/id_XMTM2NjU1Nzg2OA==.html，建议采用超清模式观看。

如图 4-1 所示，显示意图顾名思义，其实就是把要开启的 Activity 的名字赤裸裸地写在代码中。

我们需要先在工程中创建另一个 Activity——Demo2Activity。

4.1 Activity 之间的跳转

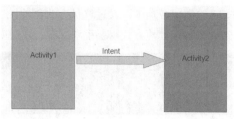

▲图 4-1 显示意图

步骤一

右键点击工程代码，选择创建 Activity，建议新手创建 Empty Activity，如图 4-2 所示。

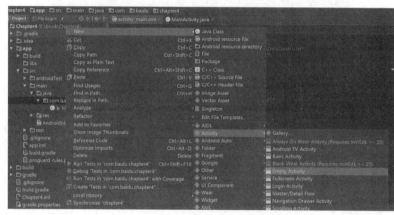

▲图 4-2 创建 Activity

步骤二

设置 Activity 名字，如图 4-3 所示。

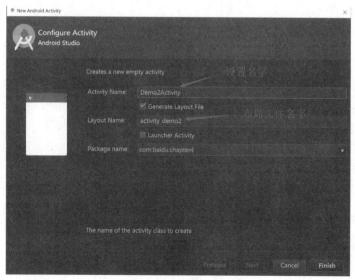

▲图 4-3 步骤二创建 Activity

点击 Finish，Demo2Activity 就创建成功了。通过这种方式创建的 Activity 会自动在清单文件中（AndroidManifest.xml）配置该 Activity，其他方式需要手动配置。我们来看一看配置，如图 4-4 所示。

▲图 4-4　清单文件中的配置

需要注意的是，要启动的 Activity 必须要在清单文件（AndroidManifest.xml）中进行配置，否则报错。

Activity 创建好了，接下来就正式研究下如何在 MainActivity 中跳转到 Demo2Activity。

首先，在 MainActivity 布局中添加一个按钮，在代码中通过 findViewById 进行初始化。（参考上一章）

然后，在 Button 点击事件中通过显示意图进行跳转：

```
protected void onCreate(Bundle savedInstanceState) {
  super.onCreate(savedInstanceState);
  setContentView(R.layout.activity_main);
  Button btn= (Button) findViewById(R.id.button);
  assert btn != null;
  btn.setOnClickListener(new View.OnClickListener() {
    @Override
    public void onClick(View v) {
      // 声明 Button 的点击事件，跳转到 Demo2Activity
      // 参数 1 上下文、参数 2 跳转 Activity 的字节码
      Intent intent = new Intent(getApplicationContext(), Demo2Activity.class);
      startActivity(intent);
    }
  });
}
```

当点击按钮的时候，界面就会跳转到 Demo2Activity。

我们可以清楚地看到，创建 Intent 时传入了上下文和要跳转的 Activity 的字节码两个参数，我们很明显就能发现当前就是跳转到 Demo2Activity，意图非常明显，所以叫做显示意图。

显示意图启动 Activity 的速度略快，不过有些局限性，就是只能开启自己程序中的 Activity。

4.1.2　隐式意图

本节视频地址：http://v.youku.com/v_show/id_XMTM2NjU2NDc2MA==.html，建议采用超清模式观看。

介绍了显式调用，读者应该能猜到，隐式调用就是没有明确地指出组件信息，而是通过

IntentFilter 去过滤出需要的组件。

IntentFilter 的意思就是意图过滤器，当我们隐式地启动系统组件的时候，就会根据 IntentFilter 来筛选出合适的组件进行启动。

每个 Activity 在清单文件中进行配置时可以设置 IntentFilter，IntentFilter 中可以包括 action、category、data 等。不含 IntentFilter 的 Activity 是不能被隐式启动的。接下来我们在清单文件中给 Demo2Activity 设置 IntentFilter。代码如下：

```xml
<activity android:name=".Demo2Activity">
  <intent-filter>
    <action android:name="aaa.bbb.ccc"/>
    <category android:name="android.intent.category.DEFAULT"/>
  </intent-filter>
</activity>
```

我们只是设置了 action（动作）和 category（分组），这就足够了。但是值得注意的是，一个组件可以有多个 IntentFilter，在过滤的时候只要有一个符合要求的，就会被视为过滤通过。

IntentFilter 配置完成，来看看如何通过隐式意图打开 Demo2Activity：

```java
btn.setOnClickListener(new View.OnClickListener() {
  @Override
  public void onClick(View v) {
    // 声明 Button 的点击事件，跳转到 Demo2Activity
    // 参数1 上下文、参数2 跳转 Activity 的字节码
    // Intent intent = new Intent(getApplicationContext(), Demo2Activity.class);
    // startActivity(intent);
    Intent intent = new Intent();
    intent.setAction("aaa.bbb.ccc");
    intent.addCategory("android.intent.category.DEFAULT");
    startActivity(intent);
  }
});
```

其实，每个 Activity 要想能被开启，都需要在清单文件（AndroidManifest.xml）中进行配置，当配置完成、程序部署到手机的时候，该 Activity 会加入到系统的列表中。在配置的时候，我们可以对 Activity 进行一些描述（过滤条件 action、category 等），另一个 Activity 通过这些过滤条件就可以开启这个 Activity，如图 4-5 所示。

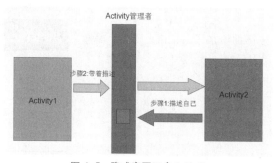

▲图 4-5 隐式意图开启 Activity

隐式意图不仅可以开启自己程序的 Activity，还可以开启其他程序的 Activity，一般的原则是开启自己程序的 Activity 时多用显示意图。

4.1.3　隐式意图的常见操作

本节视频地址：http://v.youku.com/v_show/id_XMTM2NjU2ODM2MA==.html，建议采用超清模式观看。

通过隐式意图可以开启其他程序的界面，比如拨号界面、浏览器等。

为了方便观察，在 Demo2Activity 的布局文件——activity_demo2.xml 中添加按钮，代码如下：

```xml
<?xml version="1.0" encoding="utf-8"?>
<RelativeLayout
    xmlns:android="http://schemas.android.com/apk/res/android"
    xmlns:tools="http://schemas.android.com/tools"
    android:layout_width="match_parent"
    android:layout_height="match_parent"
    tools:context="com.baidu.chapter4.Demo2Activity">
    <Button
        android:layout_width="wrap_content"
        android:layout_height="wrap_content"
        android:text="打开浏览器"
        android:id="@+id/button1"
        android:onClick="goToBrowser"
        android:layout_alignParentLeft="true"
        android:layout_alignParentStart="true"/>

    <Button
        android:layout_below="@+id/button1"
        android:layout_width="wrap_content"
        android:layout_height="wrap_content"
        android:text="拨打电话"
        android:id="@+id/button2"
        android:layout_alignParentLeft="true"
        android:layout_alignParentStart="true"
        android:onClick="dial"/>

    <Button
        android:layout_below="@id/button2"
        android:layout_width="wrap_content"
        android:layout_height="wrap_content"
        android:text="分享"
        android:id="@+id/button3"
        android:onClick="share"
        />
</RelativeLayout>
```

需要注意的是，每个按钮都添加了 onClick 属性，属性对应点击事件方法的名字。

效果图如图 4-6 所示。

Java 代码如下：

```java
/**
 * 打开浏览器
 */
public void goToBrowser(View v){
    Intent intent=new Intent();
    intent.setAction(Intent.ACTION_VIEW);
    intent.setData(Uri.parse("http://www.baidu.com"));
    startActivity(intent);
}
```

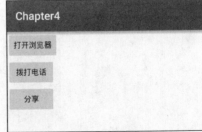

▲图 4-6　效果图

```
/**
 * 拨打电话
 */
public void dail(View v){
    Intent intent=new Intent();
    intent.setAction(Intent.ACTION_CALL);
    intent.setData(Uri.parse("tel:13333333333"));
    startActivity(intent);
}
```

拨打电话侵犯了用户利益,必须在清单文件(AndroidManifest.xml)中声明拨打电话的权限。配置如下:

```
<manifest package="com.baidu.chapter4"
    xmlns:android="http://schemas.android.com/apk/res/android">
    <!--拨打电话的权限-->
    <uses-permission android:name="android.permission.CALL_PHONE" />
    ...
</manifest>
```

实际在开发的过程中,可能需要申请若干权限,比如联网权限、定位权限、读取 SD 卡权限等,声明方式类似。如果不声明相关权限是无法进行相关操作的。还需要注意的是 Android6.0,也就是 API23 版本以后不能直接简单地声明权限了。具体信息参考 4.3 节:

```
/**
 * 分享
 */
public void share(View v){
    Intent intent=new Intent();
    intent.setAction(Intent.ACTION_SEND);
    // 指定参数的类型
    intent.setType("text/plain"); // "image/png"
    // 设置要分享的文本
    intent.putExtra(Intent.EXTRA_TEXT,"于连林很帅");
    startActivity(intent);
}
```

4.1.4 IntentFilter 匹配规则

了解了隐式意图,我们知道了 Intent 启动的时候对应设置 Action、Category、DataAndType,这里的设置是为了过滤的时候对应 IntentFilter 匹配 action、category、data。

下面来看看系统浏览器中的 Activity 的配置:

```
<activity android:name="BrowserActivity"
        android:label="@string/application_name"
        android:launchMode="singleTask"
        android:alwaysRetainTaskState="true"
        android:configChanges="orientation|keyboardHidden"
        android:theme="@style/BrowserTheme"
        android:windowSoftInputMode="adjustResize" >
    <intent-filter>
        <action android:name="android.speech.action.VOICE_SEARCH_RESULTS" />
        <category android:name="android.intent.category.DEFAULT" />
    </intent-filter>
    <!-- For these schemes were not particular MIME type has been
        supplied, we are a good candidate. -->
    <intent-filter>
        <action android:name="android.intent.action.VIEW" />
```

```xml
            <category android:name="android.intent.category.DEFAULT" />
            <category android:name="android.intent.category.BROWSABLE" />
            <data android:scheme="http" />
            <data android:scheme="https" />
            <data android:scheme="about" />
            <data android:scheme="javascript" />
        </intent-filter>
        <!-- For these schemes where any of these particular MIME types
             have been supplied, we are a good candidate. -->
        <intent-filter>
            <action android:name="android.intent.action.VIEW" />
            <category android:name="android.intent.category.BROWSABLE" />
            <category android:name="android.intent.category.DEFAULT" />
            <data android:scheme="http" />
            <data android:scheme="https" />
            <data android:scheme="inline" />
            <data android:mimeType="text/html"/>
            <data android:mimeType="text/plain"/>
            <data android:mimeType="application/xhtml+xml"/>
            <data android:mimeType="application/vnd.wap.xhtml+xml"/>
        </intent-filter>
        <!-- We are also the main entry point of the browser. -->
        <intent-filter>
            <action android:name="android.intent.action.MAIN" />
            <category android:name="android.intent.category.DEFAULT" />
            <category android:name="android.intent.category.LAUNCHER" />
            <category android:name="android.intent.category.BROWSABLE" />
        </intent-filter>
        <!-- The maps app is a much better experience, so it's not
             worth having this at all... especially for a demo!
        <intent-filter android:label="Map In Browser">
            <action android:name="android.intent.action.VIEW" />
            <category android:name="android.intent.category.DEFAULT" />
            <data android:mimeType="vnd.android.cursor.item/postal-address" />
        </intent-filter>
        -->
        <intent-filter>
            <action android:name="android.intent.action.WEB_SEARCH" />
            <category android:name="android.intent.category.DEFAULT" />
            <category android:name="android.intent.category.BROWSABLE" />
            <data android:scheme="" />
            <data android:scheme="http" />
            <data android:scheme="https" />
        </intent-filter>
        <intent-filter>
            <action android:name="android.intent.action.MEDIA_SEARCH" />
            <category android:name="android.intent.category.DEFAULT" />
        </intent-filter>
        <intent-filter>
            <action android:name="android.intent.action.SEARCH" />
            <category android:name="android.intent.category.DEFAULT" />
        </intent-filter>
        <meta-data android:name="android.app.searchable"
            android:resource="@xml/searchable" />
</activity>
```

接下来看看是怎样过滤的，首先我们应该明白一个大的思路：当我们隐式地启动一个组件的时候，就会一个一个地去过滤对应组件的全部（例如隐式地启动一个 Activity，就会一个一个地在全部 Activity 中筛选），然后根据 Intent 所设置的 action、category、data 去比较 IntentFilter 所设置的这三个属性，相同的话就过滤留下来。

一个组件可以有多个 IntentFilter，在过滤的时候只要有一个符合要求的，就会被视为过滤通过。

1. action 的匹配

action 的匹配要求 Intent 中的 action 存在且必须和过滤规则中的其中一个 action 相同。

首先，action 是一个字符串，匹配是指两个 action 的字符串完全相同（Intent 和 IntentFilter 中的 action）。下面看看具体的匹配方法。

- 如果 IntentFilter 中有 action，Intent 中必须有 action。
- Intent 中的 action 必须在相应 IntentFilter 中存在。
- Intent 中只需要有一个 action 和 IntentFilter 中相同即可。

IntentFilter 中可以设置多个 action，Intent 中也可以设置多个 action，Intent 中的 action 必须存在于 IntentFilter 中，但是 Intent 中不必包括 IntentFilter 中全部的 action，但是至少包括一个。

2. category 的匹配

category 要求 Intent 中可以没有 category，但是一旦有 category，不管几个，每个都要和 IntentFilter 中的 category 相同。

这里我们说 Intent 中可以没有 category，其实不然，只是在我们启动组件（startActivity( )）的时候，默认给 Intent 加了一个 category("android.intent.category.DEFAULT")。

这样，category 的匹配和 action 类似，即 Intent 中的 category 必须在 IntentFilter 中存在。这里需要注意，Intent 中都会包括默认的 category，并且如果想隐式启动某个组件，就得在 IntentFilter 中添加 android.intent.category.DEFAULT 这一 category 才行。

3. data 的匹配

如果 IntentFilter 中定义了 data，那么 Intent 中也必须含有 data（数据），并且 data（数据）能够完全匹配 IntentFilter 中某一个 data。

通过上面的两个匹配规则，可以发现其中是很有规律的。其实，data 的匹配与前两个匹配相似，只是 data 的结构要复杂些。

一个 data 主要包括一个 URI 和 mimeType。mimeType 就是媒体类型，例如 "text/plain"，可以表示 data 是图片、文本、视频等。其他的就是 URI 的了，简单点说，就除了 mimeType，剩下的全部都是属于 URI 的，它们组成了 URI。而 URI 中的属性就特别容易懂了，就像 host 指的是主机名、Scheme 指的是 URI 的模式、Port 指的端口号一样。

在 Intent 中，我们通过 setDataAndType(Uri data, String type)方法对 data 进行设置。这个方法接受两个参数，第一个是 URI，第二个就是 String 类型的 mimeType。通过这一方法，我们就可以给 Intent 设置 data 了。

上面的配置代码包含 android:scheme 属性：

```
<data android:scheme="http" />
<data android:scheme="https" />
```

scheme 的作用是约束 url，上面配置的意思是 url 必须以 http 或者 https 开头。

结合上面的解释，大家再参考上一节打开浏览器的代码，可以很明显地找到具体匹配了浏览器 Activity 的哪个意图过滤器。

我们回过头再来看看分享文本的代码:

```
/**
 * 分享
 */
public void share(View v){
  Intent intent=new Intent();
  intent.setAction(Intent.ACTION_SEND);
  // 指定参数的类型
  intent.setType("text/plain"); // "image/png"
  // 设置要分享的文本
  intent.putExtra(Intent.EXTRA_TEXT,"于连林很帅");
  startActivity(intent);
}
```

如果想让程序具备分享其他程序文本的功能,需要在想要分享的 Activity 中添加如下配置:

```xml
<activity
  android:name=".MainActivity"
  >
    <intent-filter>
      <action android:name="android.intent.action.SEND" />
      <data android:mimeType="text/plain" />
      <category android:name="android.intent.category.DEFAULT" />
    </intent-filter>
</activity>
```

4.2 Activity 之间传递数据

4.2.1 通过 Intent 传递数据

本节视频地址: http://v.youku.com/v_show/id_XMTM2NjU3MTY3Mg==.html,建议采用超清模式观看。

Activity 之间传递数据是很常见的操作,传递数据的核心方法就是通过 Intent 的 putExtra 方法传递,可以传递的类型包括八大基本类型、字符串和实现 Serializable 或 Parcelable 接口的对象,也可以传递 ArrayList 集合(集合里对类型有约束,允许的类型包括 String、Parcelable)。

其写法和使用 map 集合添加数据一样,需要用到 key-value 键值对。

在工程中单独创建两个 Activity——SendDataActivity 和 RDataActivity,用来演示。

在 SendDataActivity 布局文件 activity_send_data.xml 中定义一个按钮,并添加点击事件:

```xml
<?xml version="1.0" encoding="utf-8"?>
<RelativeLayout xmlns:android="http://schemas.android.com/apk/res/android"
  xmlns:tools="http://schemas.android.com/tools"
  android:layout_width="match_parent"
  android:layout_height="match_parent"
  tools:context="com.baidu.chapter4.SendDataActivity">
    <Button
      android:onClick="sendData"
      android:layout_width="wrap_content"
      android:layout_height="wrap_content"
      android:text="传递数据"
      android:layout_alignParentTop="true"
      android:layout_alignParentLeft="true"
```

```
        android:layout_alignParentStart="true" />
</RelativeLayout>
```

下面是 RDataActivity.java 中接受数据的代码:

```
@Override
protected void onCreate(Bundle savedInstanceState) {
    super.onCreate(savedInstanceState);
    setContentView(R.layout.activity_rdata);
    // 获取到开启当前 Activity 的意图
    Intent intent =getIntent();
    // Value 就是我们接受的数据
    String  value=intent.getStringExtra("key");
    Toast.makeText(this,value,Toast.LENGTH_LONG).show();
}
```

需要注意的是,两个 Activity 的 key (就是代码中 "key") 必须保持一致,但是这种写法有一个潜在的问题。

在实际开发的过程中,往往同时有多个程序员编写不同的 Activity,因此经常会出现传递数据的 Activity 和接受数据的 Activity 出自不同程序员之手这种情况。为了保持 key 统一,就需要两个程序员进行沟通,这样大大提高了程序的耦合性,程序变得不容易维护。怎样才能解决呢?看下一小节。

4.2.2 静态工厂设计模式传递数据

本节视频地址:http://v.youku.com/v_show/id_XMTM2NjU3NzcxMg==.html,建议采用超清模式观看。

Android 中的基本问题之一就是对键/值对的持有。因为 bundle 需要键/值对,所以总是需要一个 key。然而问题是在哪里保存这些 key?

与其创建另一个类的对象,不如让对应的类自己创建对象。

接下来修改一下 RDataActivity 的代码,添加一个静态方法,其余不变。让 RDataActivity 自己创建自己的 Intent:

```
public static Intent newIntent(Context context,String value){
    Intent intent=new Intent(context,RDataActivity.class);
    intent.putExtra("key",value);
    return intent;
}
```

调用者类无需知道 Intent 以及 key 的任何信息。SendDataActivity 只需告诉 RDataActivity:"嘿,我需要一个带有这个数据的 Intent。"仅此而已,RDataActivity 会完成其他的事情。接下来在 SendDataActivity.java 中定义按钮的点击事件——sendData 方法,并传递数据给 RDataActivity:

```
public void sendData(View v){
    Intent intent=RDataActivity.newIntent(this,"value");
    startActivity(intent);    // 开启 RDataActivity
}
```

这样修改后的代码就变得容易维护了。

4.2.3 返回数据给之前的 Activity

本节视频地址:http://v.youku.com/v_show/id_XMTM2NjU4MDE4NA==.html,建议采用

超清模式观看。

上一节我们接受了 SendDataActivity 传递数据给 RDataActivity。我们有时候还会有这样的需求，就是当 RDataActivity 退出的时候把相应的数据返回给 SendDataActivity，如图 4-7 所示。

这时候就用到两个核心的方法。

（1）startActivityForResult()。

（2）onActivityResult()。

开启 Activity 要使用 startActivityForResult，将上面 SendDataActivity 中的代码进行改写，startActivity()方法改成 startActivityForResult()方法：

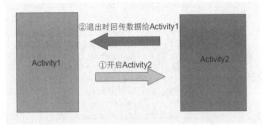

▲图 4-7　返回数据给之前的 Activity

```
//  SendDataActivity 传递数据给 RDataActivity
public void sendData(View v){
  Intent intent=RDataActivity.newIntent(this,"value");
  // 修改开启 Activity 的方法
  startActivityForResult(intent,0);   //参数 2 是 requestCode 请求码
}
```

在 RDataActivity 中添加按钮和代码，activity_rdata.xml 布局文件中，定义按钮，并声明点击事件为 exit()方法：

```xml
<?xml version="1.0" encoding="utf-8"?>
<RelativeLayout xmlns:android="http://schemas.android.com/apk/res/android"
    xmlns:tools="http://schemas.android.com/tools"
    android:layout_width="match_parent"
    android:layout_height="match_parent"
    tools:context="com.demo.myapplication.RDataActivity">
    <Button
      android:layout_width="wrap_content"
      android:layout_height="wrap_content"
      android:text="exit"
      android:onClick="exit"
    />
</RelativeLayout>
```

在 RDataActivity.java 中实现 exit()方法，当点击按钮的时候，退出当前界面并通过 setResult()方法把数据返回给之前的 Activity：

```
public void exit(View v){
  Intent  intent=new Intent();
  intent.putExtra("result","resultData");
  setResult(0, intent);  //参数 1:resultCode，参数 2:意图数据
  finish();   // 主动关闭当前 Activity
}
```

当 RDataActivity 退出时就会调用 SendDataActivity 的 onActivityResult()方法：

```
@Override
// requestCode 请求码，resultCode 结果码   data 传递的数据
 protected void onActivityResult(int requestCode, int resultCode, Intent data) {
    super.onActivityResult(requestCode, resultCode, data);
    if(resultCode==0&&data!=null){
        String result=data.getStringExtra("result");
        Toast.makeText(this,result,Toast.LENGTH_LONG).show();
```

      }
    }

备注：如果大家需要监听用户是否点击返回按钮，可以使用 onBackPressed()：

```
// ----
// 当点击返回按钮的时候默认调用该方法
@Override
public void onBackPressed() {
  super.onBackPressed();
}
```

4.3 Android6.0 权限的管理

本节视频地址：http://v.youku.com/v_show/id_XMTM2NzE1OTUwMA==.html，建议采用超清模式观看。

4.1 节介绍了通过隐式意图拨打电话，在 AndroidManifest.xml 文件中添加了权限：

```
<uses-permission android:name="android.permission.CALL_PHONE"/>
```

接下来单独写一个拨打电话的代码，添加好权限，并部署到 Android 6.0 或之后版本的模拟器上，如图 4-8 所示。需要注意一个小细节，app/build.gradle 的配置为：

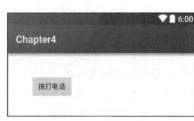

▲图 4-8　拨打电话

```
android {
  compileSdkVersion 22    //改成 23 版本以下
  buildToolsVersion "23.0.3"

  defaultConfig {
    applicationId "com.baidu.chapter4"
    minSdkVersion 14
    targetSdkVersion 22
    versionCode 1
     versionName "1.0"
  }
```

需要注意的是 targetVersion 22 代表目标版本是 Android5.1，并不是 Android6.0 及以上。我们先来看看运行结果，当点击拨打电话时，可以正常运行，并没有任何问题。

代码与之前的相同：

```
public void callPhone(View view) {

  Intent intent = new Intent();
  intent.setAction(Intent.ACTION_CALL);
  intent.setData(Uri.parse("tel:" + 133333338));
  startActivity(intent);
}
```

然而，这并不是重点，重点是：上面的代码目标版本是 Android5.1，接下来把 targetSdkVersion 改成 23 或者 23 版本以上，前提是 SDK 里面有这个版本：

```
android {
  compileSdkVersion 25 //改成 23 版本或以上
  buildToolsVersion "25.0.2"
```

```
defaultConfig {
  applicationId "com.baidu.chapter4"
  minSdkVersion 14
  targetSdkVersion 25
  versionCode 1
  versionName "1.0"
}
```

把改后的代码重新装到 23 版本或 23 版本以上的模拟器中，这时候点击拨打电话，发现程序崩溃了。仅仅修改了一处地方，就会带来如此之大的变化。是不是出乎意料，到底出了什么问题呢？我们先来看看 Android6.0 的重要变化。

4.3.1　Android 6.0 新的权限机制

Android 在不断发展，Android 的权限系统一直是首要的安全概念，因为这些权限只在安装的时候被询问一次。一旦安装了，APP 可以在用户毫不知晓的情况下访问权限内的所有信息。（国内某些定制系统除外）

难怪一些不法分子可以利用这个缺陷恶意收集用户数据并进行违法活动！

Android 小组意识到这一问题后，权限系统终于被重新设计了。在 Android6.0 系统中，应用将不会在安装的时候授予权限。取而代之的是，应用不得不在运行时一个一个地询问用户是否授予权限，如图 4-9 所示。

注意权限询问对话框不会自己弹出来，开发者只能自己调用。如果开发者要调用的一些函数需要某权限而用户又拒绝授权的话，函数将抛出异常，直接导致程序崩溃。

另外，用户也可以随时在设置里取消已经授权的权限。

如果你是一个 Android 开发者，这意味着你要完全改变自己的程序逻辑。你不能像以前那样直接调用方法了，应在每个需要权限的代码中，检查一下程序是否具有该权限，否则应用程序就崩溃了！

尽管这对用户来说是一件好事，但是对开发者来说就是噩梦。我们不得不修改编码，否则不论短期还是长远来看，这都是潜在的问题。

▲图 4-9　申请权限

这个新的运行时权限仅当我们设置 targetSdkVersion 23/23+（这意味着你已经在 23 版本上测试通过了）才起作用，当然还要求手机是 6.0/6.0+ 系统。应用在 6.0 之前的设备上依然使用旧的权限系统。

这就可以解释上面的例子，如果代码 targetSdkVersion 是小于 23 的，Android 系统默认采取低版本的权限规则，如果是 targetSdkVersion=23 或 23 以上，系统就会认为程序是经历过 23 版本测试的，就会采用新的权限管理机制。所以如果大家的程序没有适配好 6.0，不要轻易改成 targetSdkVersion=23 或 23 以上。

之前的 App 如果没有兼容 6.0，也可以在 6.0 系统上运行，这不会有问题，但是用户是可以关闭授权的，这会影响用户的正常体验。那么我们如何在 6.0 上申请权限呢？

4.3.2　申请权限

权限分为两种。第一种就是危害不大的，例如手机振动权限，这种权限是用户在安装程序的

4.3 Android6.0 权限的管理

时候添加的,和之前的请求权限一样,没有任何变化,只是在清单文件中添加相关的权限(没见过不要紧,具体用的时候会告诉大家)。下面简单地列出了这些权限:

```
android.permission.ACCESS_LOCATION_EXTRA_COMMANDS
android.permission.ACCESS_NETWORK_STATE
android.permission.ACCESS_NOTIFICATION_POLICY
android.permission.ACCESS_WIFI_STATE
android.permission.ACCESS_WIMAX_STATE
android.permission.BLUETOOTH
android.permission.BLUETOOTH_ADMIN
android.permission.BROADCAST_STICKY
android.permission.CHANGE_NETWORK_STATE
android.permission.CHANGE_WIFI_MULTICAST_STATE
android.permission.CHANGE_WIFI_STATE
android.permission.CHANGE_WIMAX_STATE
android.permission.DISABLE_KEYGUARD
android.permission.EXPAND_STATUS_BAR
android.permission.FLASHLIGHT
android.permission.GET_ACCOUNTS
android.permission.GET_PACKAGE_SIZE
android.permission.INTERNET
android.permission.KILL_BACKGROUND_PROCESSES
android.permission.MODIFY_AUDIO_SETTINGS
android.permission.NFC
android.permission.READ_SYNC_SETTINGS
android.permission.READ_SYNC_STATS
android.permission.RECEIVE_BOOT_COMPLETED
android.permission.REORDER_TASKS
android.permission.REQUEST_INSTALL_PACKAGES
android.permission.SET_TIME_ZONE
android.permission.SET_WALLPAPER
android.permission.SET_WALLPAPER_HINTS
android.permission.SUBSCRIBED_FEEDS_READ
android.permission.TRANSMIT_IR
android.permission.USE_FINGERPRINT
android.permission.VIBRATE
android.permission.WAKE_LOCK
android.permission.WRITE_SYNC_SETTINGS
com.android.alarm.permission.SET_ALARM
com.android.launcher.permission.INSTALL_SHORTCUT
com.android.launcher.permission.UNINSTALL_SHORTCUT
```

第二种权限就是涉及到用户隐私之类的权限,这类权限需要在代码中动态请求用户批准。这些权限的分组如图 4-10 所示。

同一组的任何一个权限被授权了,其他权限也会自动被授权。例如,一旦 WRITE_CONTACTS 被授权了,应用程序也得到了 READ_CONTACTS 和 GET_ACCOUNTS 的授权。

源码中被用来检查和请求权限的方法分别是 Activity 的 checkSelfPermission 和 requestPermissions。这些方法在 ApI23 时引入。

接下来对上面的例子进行修改:

```java
public void callPhone(View view) {
    // 检查是否有授权
    int i = checkSelfPermission(Manifest.permission.CALL_PHONE);
    if(i!= PackageManager.PERMISSION_GRANTED){    // 当没有授权的时候调用
        // 参数1请求的授权,可以同时请求多个授权,参数2为请求码
        requestPermissions(new String[]{Manifest.permission.CALL_PHONE},1);
```

```
        return;
    }
    // 如果有授权直接拨打电话
    Intent intent = new Intent();
    intent.setAction(Intent.ACTION_CALL);
    intent.setData(Uri.parse("tel:" + 13333333333));
    startActivity(intent);
}
```

Permission Group	Permissions
android.permission-group.CALENDAR	• android.permission.READ_CALENDAR
	• android.permission.WRITE_CALENDAR
android.permission-group.CAMERA	• android.permission.CAMERA
android.permission-group.CONTACTS	• android.permission.READ_CONTACTS
	• android.permission.WRITE_CONTACTS
	• android.permission.GET_ACCOUNTS
android.permission-group.LOCATION	• android.permission.ACCESS_FINE_LOCATION
	• android.permission.ACCESS_COARSE_LOCATION
android.permission-group.MICROPHONE	• android.permission.RECORD_AUDIO
android.permission-group.PHONE	• android.permission.READ_PHONE_STATE
	• android.permission.CALL_PHONE
	• android.permission.READ_CALL_LOG
	• android.permission.WRITE_CALL_LOG
	• com.android.voicemail.permission.ADD_VOICEMAIL
	• android.permission.USE_SIP
	• android.permission.PROCESS_OUTGOING_CALLS
android.permission-group.SENSORS	• android.permission.BODY_SENSORS
android.permission-group.SMS	• android.permission.SEND_SMS
	• android.permission.RECEIVE_SMS
	• android.permission.READ_SMS
	• android.permission.RECEIVE_WAP_PUSH
	• android.permission.RECEIVE_MMS
	• android.permission.READ_CELL_BROADCASTS
android.permission-group.STORAGE	• android.permission.READ_EXTERNAL_STORAGE
	• android.permission.WRITE_EXTERNAL_STORAGE

▲图 4-10 需要动态申请的权限

当调用 requestPermissions() 方法时，用户就会看到请求授权的对话框，当用户点击对话框的时候就会调用 Activity 的 onRequestPermissionsResult 方法。接下来在这个方法中实现拨打电话：

```
@Override
public void onRequestPermissionsResult(int requestCode, String[] permissions, int[] grantResults) {
    if(requestCode==1){
        if(grantResults[0]==PackageManager.PERMISSION_GRANTED){
            // 权限通过
            Intent intent = new Intent();
            intent.setAction(Intent.ACTION_CALL);
```

```
        intent.setData(Uri.parse("tel:" + 13333333333));
        startActivity(intent);
    }else{
        // 权限拒绝
    }
    super.onRequestPermissionsResult(requestCode, permissions, grantResults);
}
```

上面的代码存在一个问题,就是当程序部署到 6.0 以下的设备上的时候会报错,因为之前版本没有 checkSelfPermission 和 requestPermissions 方法。粗暴的方法就是直接检查版本:

```
if (Build.VERSION.SDK_INT >= 23) {
    // 6.0 之后的操作
} else {
    // 6.0 之前的操作
}
```

其实我们可以借助 v7 包里的 API:

ContextCompat.checkSelfPermission()

被授权函数返回 PERMISSION_GRANTED,否则返回 PERMISSION_DENIED,所有版本都是如此:

ActivityCompat.requestPermissions()

这个方法在 6.0 之前版本调用,OnRequestPermissionsResultCallback 直接被调用,带着正确的 PERMISSION_GRANTED 或者 PERMISSION_DENIED:

ActivityCompat.shouldShowRequestPermissionRationale()

这个方法在 6.0 之前版本调用,永远返回 false。

用 v7 包的这 3 个方法,可以完美兼容所有版本!这个方法需要额外的参数——Context or Activity。下面是完整代码:

```java
public class CallPhoneActivity extends AppCompatActivity {
    @Override
    protected void onCreate(Bundle savedInstanceState) {
        super.onCreate(savedInstanceState);
        setContentView(R.layout.activity_call_phone);
    }
    public void callPhone(View v) {
        // 检查程序具备拨打电话的授权
        int i = ContextCompat.checkSelfPermission(this, Manifest.permission
            .CALL_PHONE);
        if (i != PackageManager.PERMISSION_GRANTED) {
            // 如果发现没有授权,申请授权
            ActivityCompat.requestPermissions(this, new String[]{Manifest
                .permission.CALL_PHONE},
                1); // 请求码为 1
            return;
        }
        Intent intent = new Intent();
        intent.setAction(Intent.ACTION_CALL);
        intent.setData(Uri.parse("tel:13333333333"));
        startActivity(intent);
```

```java
    }
    // 当用户选择是否允许
    @Override
    public void onRequestPermissionsResult(
        int requestCode, String[] permissions, int[] grantResults) {
      super.onRequestPermissionsResult(requestCode, permissions,
          grantResults);
      if (requestCode == 1) {
        // 证明申请到了权限
         if (grantResults[0] == PackageManager.PERMISSION_GRANTED) {
            Intent intent = new Intent();
            intent.setAction(Intent.ACTION_CALL);
        intent.setData(Uri.parse("tel:13333333333"));
            startActivity(intent);
          }
      }
    }
}
```

如果大家觉得上面的代码比较繁琐，可以使用第三方库 RxPermissions。

4.3.3　第三方库 RxPermissions

RxPermissions 是参考 RxJava 设计的，RxJava 非常强大，本书无法进行全面介绍，有兴趣的同学可以自行搜索相关知识，本书后面还会介绍相关用法。

RxPermissions，项目地址：https://github.com/tbruyelle/RxPermissions。

使用第三方库的方式基本相同，忘记的读者可以参考第 2 章 Logger 的使用。这个库的使用方法与其他类似，首先在 app/build.gradle 目录中添加依赖：

```gradle
dependencies {
  ...
  compile 'com.tbruyelle.rxpermissions:rxpermissions:0.7.0@aar'
  compile 'io.reactivex:rxjava:1.1.6' //需要引入 RxJava
}
```

然后同步 Gradle 就完成了。

可以看到，使用该框架需要额外引入 Rxjava，Rxjava 是非常有用的类库，它的使用不仅限于此处，非常广泛，后面会详细介绍。

那么应该怎样使用呢？非常简单。直接看代码：

```java
RxPermissions.getInstance(this)
    // 申请权限
    .request(Manifest.permission.CALL_PHONE)
    .subscribe(new Action1<Boolean>() {
       @Override
       public void call(Boolean granted) {
         if(granted){
           //请求成功
           Intent intent = new Intent();
           intent.setAction(Intent.ACTION_CALL);
           intent.setData(Uri.parse("tel:5333548"));
           startActivity(intent);
         }else{
           // 请求失败
         }
```

    }
  });
```

## 4.4 Activity 生命周期

掌握 Activity 生命周期对开发者来说非常重要，深入理解 Activity 生命周期之后，可以更容易理解程序运行的原理，写出更流畅的应用，更加合理地分配资源，这样编写的程序将会有更好的用户体验。

### 4.4.1 生命周期的方法

本节视频地址：http://v.youku.com/v_show/id_XMTM2NzAzNzE4MA==.html，建议采用超清模式观看。

首先回忆一下程序的**启动原理**。

当用户从主界面点击程序图标时，系统会调用 APP 中被声明为"launcher"(or "main") activity 中的 onCreate() 方法。这个 Activity 被用来当作程序的主要进入点，会在清单文件中有如下配置：

```
<activity
  android:name=".MainActivity"
  android:label="@string/app_name" >
  <intent-filter>
    <action android:name="android.intent.action.MAIN" />
    <category android:name="android.intent.category.LAUNCHER" />
  </intent-filter>
</activity>
```

onCreate() 方法就是 Activity 生命周期的第一个方法。Activity 的生命周期如图 4-11 所示。其中 Created（创建状态）、Started（可见状态）、Resumed（运行状态）、Paused（暂停状态）、Stopped（停止状态）、Destroyed（销毁状态）分别表示 Activity 的几种不同状态。

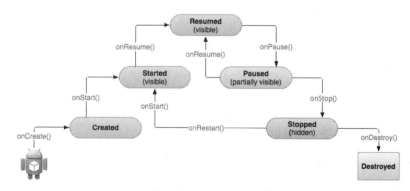

▲图 4-11 Activity 生命周期

从图 4-11 中可以看到，Activity 具有几种**不同的状态**。

Resumed（运行状态）：该状态下，Activity 处在前台，用户可以与它进行交互。（通常也被理
```

解为"running"状态）

Paused（暂停状态）：该状态下，Activity 的部分被另外一个 Activity 所遮盖，另外的 Activity 来到前台，但是半透明的，不会覆盖整个屏幕。被暂停的 Activity 不再接受用户的输入且不再执行任何代码。

Stopped（停止状态）：该状态下，Activity 完全被隐藏，对用户不可见，可以认为是在后台。当 Stopped，Activity 实例与它的所有状态信息（如成员变量等）都会被保留，但 Activity 不能执行任何代码。

其他状态（Created 与 Started）都是短暂的，系统快速地执行那些回调函数并通过执行下一阶段的回调函数移动到下一个状态。也就是说，在系统调用 onCreate()后会迅速调用 onStart()，之后再迅速执行 onResume()。以上就是基本的 Activity 生命周期。

生命周期的方法

- onCreate()：表示 Activity 正在创建中，初始化工作，例如调用 setContentView 加载布局资源、初始化 Activity 所需的数据。
- onRestart()：表示 Activity 正在重新启动，从不可见状态变为可见状态时调用。
- onStart()：表示 Activity 正在被启动，即将开始，已经后台可见，前台不可见。理解为 Activity 已经显示出来了但是我们看不到。
- onResume()：表示 Activity 已经在前台显示出来并且可以操作了。
- onPause：表示 Activity 正在停止，一般情况下紧接着将会调用 onStop。在特定情况下，如果这个时候快速回到当前 Activity，那么 onResume 会被调用。可以在 onPause 中存储一些数据，但是不能进行耗时操作，因为新的 Activity 必须等前一个 Activity 调用完 onPause 方法后才会调用 onResume 方法，并显示出来。
- onStop：表示 Activity 即将停止，可以做一些稍微重量级的回收工作，但也不能太耗时。
- onDestroy：表示 Activity 即将被销毁，可以在其中做一些回收工作和最终的资源释放。

在特定的使用场景下分析 Activity 的生命周期。

- 首次启动
- onCreate→onStart→onResume
- 按下返回按键
- onPause→onStop→onDestroy
- 启动的时候按 Home 键
- onPause→onStop
- 再次打开
- onRestart→onStart→onResume

4.4.2 Activity 销毁时保存数据

本节视频地址：http://v.youku.com/v_show/id_XMTM2NzEwODI1Ng==.html，建议采用超清模式观看。

如图 4-12 所示，当 Activity 异常退出的时候会调用 onSaveInstanceState()保存数据，当重新打开的时候会调用 onRestoreInstanceState()：

4.4 Activity 生命周期

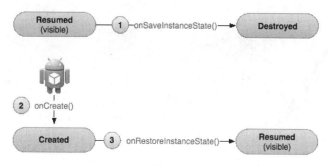

▲图 4-12 销毁时保存数据

```
// 当 Activity 异常退出的时候调用
@Override
protected void onSaveInstanceState(Bundle outState) {
    super.onSaveInstanceState(outState);
    Log.e(TAG, "onSaveInstanceState");
    //保存了临时的数据
    outState.putString("key","value");
}
// 异常退出重新打开的时候调用
@Override
protected void onRestoreInstanceState(Bundle savedInstanceState) {
    super.onRestoreInstanceState(savedInstanceState);
    Log.e(TAG, "onRestoreInstanceState");
    // 取出临时的数据
    String value=savedInstanceState.getString("key");
    Toast.makeText(getApplicationContext(),value,Toast.LENGTH_SHORT).show();
}
```

其实 onRestoreInstanceState 可以不用写，当程序异常退出时，有保存的数据，还可以在 onCreate 方法中取出来：

```
protected void onCreate(Bundle savedInstanceState) {
    super.onCreate(savedInstanceState);
    //如果之前保存过数据，取出来
    if(savedInstanceState!=null){
        String value=savedInstanceState.getString("key");
        Toast.makeText(getApplicationContext(),value,Toast.LENGTH_SHORT).show();
    }
    Log.e(TAG, "onCreate");
    setContentView(R.layout.activity_life);
}
```

默认情况下，当手机横竖屏切换的时候，首先会销毁 Activity，然后重新创建 Activity，这时候 Activity 就被认为异常退出。

4.4.3 锁定横竖屏

本节视频地址：http://v.youku.com/v_show/id_XMTM2NzE0MjgyMA==.html，建议采用超清模式观看。

怎样保证 Activity 横竖屏切换的时候不会销毁并重新创建呢？
我们需要在清单文件中对相应的 Activity 进行配置，添加 android:configChanges 配置，如下：

```
<activity android:name=".LifeActivity"
 android:configChanges="orientation|keyboardHidden|screenSize"
 >
</activity>
```

对 android:configChanges 属性，一般认为有以下几点。

（1）不设置 Activity 的 android:configChanges 时，切屏会重新调用各个生命周期，切横屏时会执行一次，切竖屏时会执行两次，测试的时候发现在高版本并不会调用多次。

（2）设置 Activity 的 android:configChanges="orientation"时，切屏还是会重新调用各个生命周期，切横、竖屏时只会执行一次。

（3）设置 Activity 的 android:configChanges="orientation|keyboardHidden"时，切屏不会重新调用各个生命周期，只会执行 onConfigurationChanged 方法。

但是，自从 Android 3.2（API 13）设置 Activity 的 android:configChanges="orientation|keyboardHidden"后，还是一样会重新调用各个生命周期。因为 screenSize 也开始跟着设备的横竖切换而改变。所以，在 AndroidManifest.xml 里设置的 MiniSdkVersion 和 TargetSdkVersion 属性大于等于 13 的情况下，如果想阻止程序在运行时重新加载 Activity，除了设置"orientation"，还必须设置"screenSize"。

如果当前程序不允许横竖屏切换，可以加上 android:screenOrientation 配置，其中 portrait 是锁定竖屏，landscape 是横屏：

```
<activity android:name=".LifeActivity"
    android:screenOrientation="portrait"
    >
</activity>
```

4.4.4 开发时注意事项

前面学习了 Activity 生命周期和销毁时保存数据的一些知识，我们要合理使用这些知识。开发程序的时候要注意以下几点。

（1）使用 APP 的时候，不会因为有来电通话或者切换到其他 APP 而导致程序 crash。
（2）用户没有激活某个组件时不会消耗宝贵的系统资源。
（3）离开 APP 并且一段时间后返回，不会丢失用户的使用进度。
（4）设备发生屏幕旋转时不会 crash 或者丢失用户的使用进度。

4.5 Activity 任务栈

Activity 是由任务栈管理的，一般情况下，一个应用程序只有一个任务栈。

本节视频地址：http://v.youku.com/v_show/id_XMTM2OTM4NDk2MA==.html，建议采用超清模式观看。

什么是任务栈

首先需要了解什么是栈？

栈是一种常用的数据结构，栈只允许访问栈顶的元素，栈就像一个杯子，每次都只能取杯子顶上的东西。

栈的特点是先进后出，与栈截然相反的是队列，队列的特点是先进先出（见图4-13）。

（1）Activity 是采用栈结构进行管理的，先打开的 Activity 是最后退出的。

（2）应用程序一旦被开启，系统就给它分配一个任务栈，当所有的 Activity 都退出时，任务栈就清空了。

（3）任务栈的 id 是一个 Integer 的数据类型，是自增长的。

（4）在 Android 操作系统里会存在多个任务栈，一般一个应用程序对应一个任务栈。

（5）桌面应用和一般的应用程序是一样的，任务栈的行为也是一样的。

（6）默认情况下，关闭一个应用程序，清空了这个应用程序的任务栈，应用程序的进程还会保留。

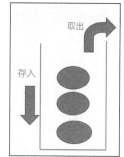

▲图4-13 栈结构

4.6 Activity 启动模式

本节视频地址：http://v.youku.com/v_show/id_XMTM2OTM4NTM4NA==.html，建议采用超清模式观看。

Android 系统中的 Activity 可以说是一个很棒的设计，它在内存管理上的良好设计使得多任务管理在 Android 系统中运行游刃有余。但是 Activity 绝非启动展示在屏幕而已，其启动方式也大有学问。本节将具体介绍 Activity 的启动模式的诸多细节，纠正一些开发中可能错误的观点，帮助大家深入理解 Activity。

Activity 有 4 种启动模式，一般采用默认的启动模式，如何使用其他的启动模式？非常简单，只需要在清单文件 Activity 节点下加上 android:launchMode 配置即可。代码如下：

```
<activity
  android:launchMode="singleTop"
  android:name=".section5.Task1Activity"
  android:label="task1" >
</activity>
```

4 种启动模式分别为：

（1）standard。

（2）singleTop。

（3）singleTask。

（4）singleInstance。

4.6.1 standard

默认标准的启动模式，每次 startActivity 都是创建一个新的 Activity 的实例，适用于绝大多数情况。如图 4-14 所示，当前程序已经打开 1、2、3 三个 Activity，这时候再启动 Activity 3，就会在程序的任务栈顶添加 3。

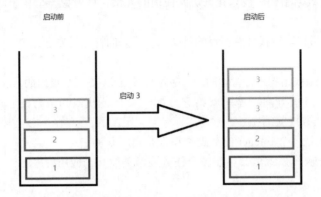

▲图 4-14 standard 启动模式

4.6.2 singleTop

单一顶部，如果要开启的 Activity 在任务栈的顶部已经存在，就不会创建新的实例，而是调用 onNewIntent()方法。如图 4-15 所示，设定 Activity 3 是 singleTop 启动模式，当前程序已经打开 1、2、3 三个 Activity，这时候再启动 Activity 3。由于 Activity 3 是 singleTop 启动模式，就不会在栈顶添加新的 Activity。

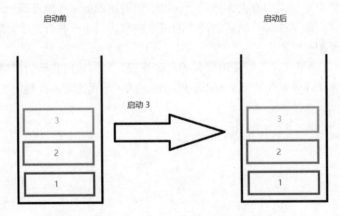

▲图 4-15 singleTop 启动模式

4.6.3 singleTask

单一任务栈，Activity 只会在任务栈里面存在一个实例。如果要激活的 Activity 在任务栈里面已经存在，就不会创建新的 Activity，而是复用这个已经存在的 Activity，调用 onNewIntent()方法，并且清空当前 Activity 任务栈上所有的 Activity。如图 4-16 所示，当前程序已经打开 1、2、3 三个 Activity，这时候再启动 Activity 1，由于 Activity 1 是 singleTask 启动模式，这时候任务栈中恰好有 Activity 1，程序就会把任务栈中 Activity 1 上所有的 Activity 移出任务栈。

4.6 Activity 启动模式

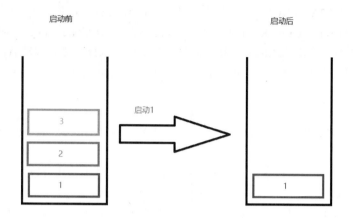

▲图 4-16 singleTask 启动模式

4.6.4 singleInstance

Activity 在单独的任务栈中，单一实例，整个手机操作系统里面只有一个实例存在。如图 4-17 所示，设定 Activity 4 是 singleInstance 启动模式，当启动 Activity 4 的时候，会创建新的任务栈存放 Activity 4。

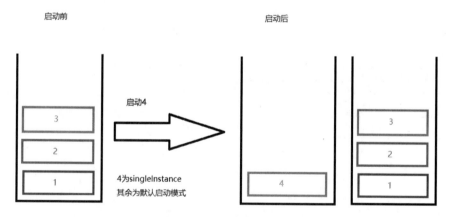

▲图 4-17 singleInstance

除了通过清单文件（AndroidManifest.xml）配置启动模式，还可以通过给 Intent 设置标记（Flag）实现相同的效果：

```
// 对 Intent 进行设置
Intent intent = new Intent();
// 如果不在 Activity 环境中启动 Activity，必须设置该标签。后面会介绍到
intent.setFlags(Intent.FLAG_ACTIVITY_NEW_TASK);
```

重要的 Flag：

- FLAG_ACTIVITY_NEW_TASK，启动的 Activity 在新的 Task 中；

- FLAG_ACTIVITY_SINGLE_TOP，相当于 andro;d:launchMode="singleTop"；
- FLAG_ACTIVITY_CLEAR_TOP，相当于 andro;d:launchMode="singleTask"；
- FLAG_ACTIVITY_EXCLUDE_FROM_RECENTS，当以此种模式启动 A，A 再启动 B 时，A 会被销毁。等同于在清单文件 Activity 节点下配置 android:excludeFromeRecents="true"。

4.6.5 统一管理 Activity

本节视频地址：http://v.youku.com/v_show/id_XMTM3MDI4ODAxNg==.html，建议采用超清模式观看。

一般情况下，一个程序要有多个 Activity，Activity 多了，就需要进行好好管理。这时候需要在代码中创建 BaseActivity，让所有的 Activity 继承 BaseActivity。

继承 BaseActivity 有一个好处就是，如果需要在每一个 Activity 生命周期的方法中添加响应的代码，不需要写多份，只需要在 BaseActivity 中写一份就可以了。类似的模板代码都可以采用这种方式。

我们可能还有其他需求，例如在程序的某一个界面点击按钮一键退出整个程序。如果这时候只打开过一个界面，可以直接在 Activity 中调用 finish()方法。这个方法就是用来结束当前 Activity 的；如果开启的界面比较多，就需要每一个 Activity 都调用 finish 方法。这时候最好在 BaseActivity 中操作：

```java
public class BaseActivity extends AppCompatActivity {
    // 用来记录所有运行的 Activity 的集合
    protected static final List<BaseActivity> mActivities = new LinkedList<>();

    @Override
    protected void onCreate(@Nullable Bundle savedInstanceState) {
        super.onCreate(savedInstanceState);
        // log 输出当前运行的 Activity
        Log.i("BaseActivity", getClass().getSimpleName());
        //如果 Activity 调用 onCreate 方法，证明打开了当前 Activity，添加到集合中
        synchronized (mActivities) {  //  最好加一把同步锁
            mActivities.add(this);
        }
    }

    @Override
    protected void onDestroy() {
        super.onDestroy();
        //如果执行了 onDestroy，当前 Activity 已经销毁了，在集合中移除
        synchronized (mActivities) {  //  最好加一把同步锁
            mActivities.remove(this);
        }
    }
    /**
     * 退出整个应用程序
     */
    public static void exitApp() {
        //  把所有 Activity 全部 finish
        List<BaseActivity> copy;
        synchronized (mActivities) {  //  最好加一把同步锁
            // 把运行的 Activity 复制到新的数组
            // 调用 activity.finish()，就会执行 onDestroy，然后会把 Activity 在集合中移除
```

```
            // 集合在遍历的过程中是不能移除或者添加元素的，所以需要复制到新的集合中
            copy = new ArrayList<>(mActivities);
        }
        for (BaseActivity activity : copy) {
            activity.finish();
        }
    }
}
```

这样，如果想在程序的任何界面退出程序，只需要调用 BaseActivity.exitApp()就可以了。

4.7 Toolbar 和 Navigation Drawer

学习完上面 Activity 的知识后，编写一个简单的界面对大家来说已经游刃有余了。当然还需要给大家简单补充点知识，其中包括 Toolbar 和侧拉框 Navigation Drawer 的使用，它们在项目中使用的地方比较多。

学习 Toolbar 前，首先要了解一下 AppBar。

4.7.1 AppBar 的简介

本节视频地址：http://v.youku.com/v_show/id_XMTM4ODk2MTU2MA==.html，建议采用超清模式观看。

AppBar 泛指程序顶部的标题栏，大部分程序都具备这个标题栏。不过 Android5.0 之前一般不这样称呼，在 design 包（之前讲 Coordinatelayout 的时候介绍过这个包）引入了 AppBarLayout 这个控件后，（这一节还不涉及这个控件，后面会介绍到）才习惯了这个称呼。AppBar 作为 Android5.0 的重要动画效果，拥有非常绚丽的 UI，通过内容驱动可以减少页面的访问，更加便捷地传递主题思想，如图 4-18 所示。

AppBar 里面最重要的控件非 Toolbar 莫属。介绍 Toolbar 之前首先需要了解 ActionBar，两者的使用方法基本一致。

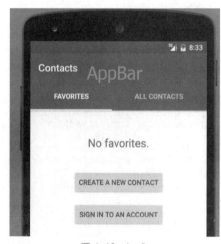

▲图 4-18 AppBar

Android 3.0 引入了 ActionBar 这个控件，而到了 2013 年，Google 开始大力地推动所谓的 Android Style，想要逐渐改善过去 Android 纷乱的界面设计，希望终端使用者尽可能在 Android 手机上有一个一致的操作体验。

下面来看看 ActionBar 的界面，如图 4-19 所示。

▲图 4-19 ActionBar

ActionBar 里面包含 logo、标题、菜单等，怎样给应用程序添加 ActionBar 呢？

ActionBar 存在两个不同包下的类，分别为兼容低版本的 android.support.v7.app.ActionBar 和不兼容低版本的 android.app.ActionBar。两者使用起来基本没有区别，一般

情况都是采用兼容低版本的，所有大家记得一定不要导错包。

使用时首先修改应用程序主题包含 ActionBar，然后让 Activity 继承 AppCompatActivity，这样就可以看到 ActionBar 了。

在这里给大家介绍下如何设置主题。

每个程序都有主题样式，在清单文件（AndroidManifest.xml）application 节点下配置，如图 4-20 所示。

▲图 4-20　应用程序设置

android:theme 就是设置程序的主题样式，icon 和 lable 是应用程序的图标和名称，这三个属性还可以设置在 Activity 节点下，表示作用范围是当前 Activity。

@style/AppTheme 表示引入当前程序的样式，这个样式默认在 res/value 目录下的 styles.xml 文件中。文件内容如下：

```xml
<!--主题-->
<style name="AppTheme" parent="Theme.AppCompat.Light.DarkActionBar">
...
</style>
```

我们采用的 ActionBar 就是 DarkActionBar（黑颜色的 ActionBar）。运行程序就会看到 ActionBar。

通过 getSupportActionBar()就可以获取兼容低版本的 ActionBar，然后就可以进行一系列设置。比如设置标题 setTiTle 之类的：

```java
@Override
protected void onCreate(Bundle savedInstanceState) {
  super.onCreate(savedInstanceState);
  setContentView(R.layout.activity_app_bar);
  //获取兼容低版本的 ActionBar
  ActionBar supportActionBar = getSupportActionBar();
  supportActionBar.setTitle("我是 ActionBar");//设置标题
  supportActionBar.setSubtitle("good");  //设置子标题
}
```

完成后的效果如图 4-21 所示。

▲图 4-21　ActionBar

4.7.2 创建菜单

本节视频地址：http://v.youku.com/v_show/id_XMTM5MDc2MjYxMg==.html，建议采用超清模式观看。

Android 高版本菜单键默认已经不弹出菜单了，而是弹出最近任务列表，菜单列表集成到了 ActionBar 的右上角，可以隐藏到列表里，也可以显示到外面。

通过 onCreateOptionsMenu 方法加载菜单：

```java
public boolean onCreateOptionsMenu(Menu menu) {
    getMenuInflater().inflate(R.menu.menu_app_bar, menu);
    return true;
}
```

同时需要在 res 目录下创建 menu 文件夹，创建 menu_app_bar.xml 文件，如图 4-22 所示，该文件可以当做菜单的配置文件。

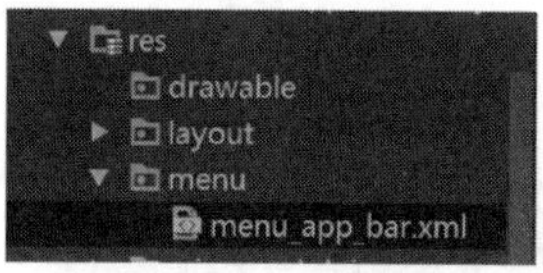

menu_app_bar.xml 文件里的内容如下：

```xml
<menu xmlns:android="http://schemas.android.com/apk/res/android"
    xmlns:app="http://schemas.android.com/apk/res-auto"
    xmlns:tools="http://schemas.android.com/tools"
    tools:context=".section6.AppBarActivity">
    <item
        android:id="@+id/action_settings"
        android:orderInCategory="100"
        android:title="@string/action_settings"
        app:showAsAction="never"/>
    <!--showAsAction 表示显示的位置，
    never 表示不显示外层，
    always 表示永远显示在外面，
    ifRoom 表示空间允许显示出来，
    withText 表示显示图标的时候同时显示菜单标题，部分机型不会显示
    -->
    <!--orderInCategory 显示优先级，orderInCategory 值越大优先级越低   -->

    <item
        android:id="@+id/action_1"
        android:orderInCategory="100"
        android:title="按钮 1"
        android:icon="@mipmap/ic_launcher"
        app:showAsAction="ifRoom|withText"/>
    <item
        android:id="@+id/action_2"
        android:orderInCategory="100"
        android:title="按钮 2"
        android:icon="@mipmap/ic_launcher"
        app:showAsAction="always"/>
</menu>
```

▲图 4-22　创建菜单

下面重点介绍下几个属性：

android:title 为菜单标题；

android:icon 为菜单图标；

android:orderInCategory 表示显示的优先级；

app:showAsAction 表示显示的方式，其中，never 表示从不显示到外面，always 一直显示到

ActionBar 上面，ifRoom 如果 ActionBar 空间足够就显示到上面，空间不够隐藏到 overflow 里面（就是图 4-23 中 3 个点的图片，点击弹出列表）。

运行效果如图 4-23 所示。

如何处理菜单按钮点击事件呢？

需要借助 onOptionsItemSelected 处理菜单的点击事件，在 Activity 中重写该方法：

▲图 4-23 菜单

```
// 当菜单条目被点击了
@Override
public boolean onOptionsItemSelected(MenuItem item) {
  int id = item.getItemId();

  if (id == R.id.action_settings) {
     Toast.makeText(this,"我是设置按钮",Toast.LENGTH_SHORT).show();
     return true;
  }
  if(id==R.id.action_1){
     Toast.makeText(this,"按钮1",Toast.LENGTH_SHORT).show();
     return true;
  }
  if(id==R.id.action_2){
     Toast.makeText(this,"按钮2",Toast.LENGTH_SHORT).show();
     return true;
  }
  return super.onOptionsItemSelected(item);
}
```

4.7.3 Toolbar

本节视频地址：http://v.youku.com/v_show/id_XMTM5MjA2OTYzMg==.html，建议采用超清模式观看。

介绍完了 ActionBar，我们再来看看 Toolbar 的设计理念。

Android 5.0 推出 Material Design（材料设计），官方在某些程度上认为 ActionBar 限制了 Android APP 的开发与设计的弹性。

Toolbar 其实就是用来取代 ActionBar，因为 ActionBar 局限性太大，ToolBar 更利于扩展，但两者的使用方法很相似。

如何用 Toolbar 取代 ActionBar 呢？

1. 去掉 ActionBar

首先更改主题，改成 NoActionBar 样式，这样就保证当前应用程序不存在 ActionBar 了：

```
<style name="AppTheme" parent="Theme.AppCompat.Light.NoActionBar">
   ...
</style>
```

2. 布局文件中定义 ToolBar

```
<android.support.v7.widget.Toolbar
   android:id="@+id/toolbar"
```

4.7 Toolbar 和 Navigation Drawer

```
    android:layout_width="match_parent"
    android:layout_height="?attr/actionBarSize"
    android:background="?attr/colorPrimary"
/>
```

3. 代码中设置 ToolBar 取代 ActionBar

```
@Override
protected void onCreate(Bundle savedInstanceState) {
    super.onCreate(savedInstanceState);
    setContentView(R.layout.activity_app_bar);
    Toolbar toolbar= (Toolbar) findViewById(R.id.toolbar);
    setSupportActionBar(toolbar);   // 用 ToolBar 代替 ActionBar
}
```

Toolbar 具体怎样使用呢？

Toolbar 使用起来和 ActionBar 非常相似，菜单添加的方法都是一模一样的，如图 4-24 所示：

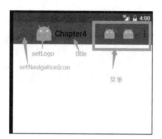

▲图 4-24　Toolbar

```
@Override
protected void onCreate(Bundle savedInstanceState) {
    super.onCreate(savedInstanceState);
    setContentView(R.layout.activity_app_bar);
    Toolbar toolbar= (Toolbar) findViewById(R.id.toolbar);
    setSupportActionBar(toolbar);
    toolbar.setNavigationIcon(R.mipmap.back);
    toolbar.setNavigationOnClickListener(new View.OnClickListener() {
        @Override
        public void onClick(View v) {
            //Navigation 点击事件
        }
    });
    toolbar.setLogo(R.mipmap.ic_launcher);
}
```

Toolbar 标题居中

我们可能会有需求，就是让 Toolbar 显示的标题居中，如图 4-25 所示。

操作起来也比较简单，Toolbar 非常灵活，可以在里面添加 TextView：

▲图 4-25　文字居中

```
<android.support.v7.widget.Toolbar
    android:id="@+id/toolbar"
```

```
    android:layout_width="match_parent"
    android:layout_height="?attr/actionBarSize"
    android:background="?attr/colorPrimary"
    >
    <!--gravity 文字在控件中居中-->
    <!--layout_gravity  控件在父容器的位置-->
    <TextView
        android:layout_width="wrap_content"
        android:layout_height="wrap_content"
        android:gravity="center"
        android:layout_gravity="center"
        android:layout_centerInParent="true"
        android:text="我是标题"
        android:textSize="20sp"/>

</android.support.v7.widget.Toolbar>
```

但是还需要把 Toolbar 的标题设置为空，否则显示效果较差：

```
toolbar.setTitle(" ");
```

其中，gravity 和 layout_gravity 这两个属性单独介绍下：

● android:gravity="center"控件里的元素相对于当前控件居中显示，在 TextView 中相当于里面的文字居中显示；

● android:layout_gravity="center"控件在父容器的中间。

4.7.4 Toolbar 遇上 Navigation Drawer

Navigation + DrawerLayout 是 Google 推荐的一种抽屉式导航，效果图如图 4-26 所示。

▲图 4-26 Navigation + DrawerLayout

4.7 Toolbar 和 Navigation Drawer

我们可以通过简单方式创建，创建 Activity 时可以选择 Android Studio 提供的模板。如图 4-27 所示，选择 Navigation Drawer Activity 模板，创建 NavigationDrawerActivity，自动生成布局。

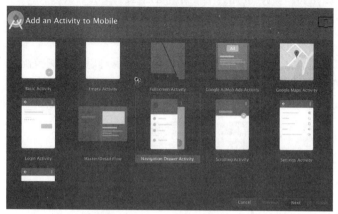

▲图 4-27　选择模板

这样创建的 Activity 自动就带抽屉了。

主要的代码如下。

首先添加依赖：

```
dependencies {
  //...
  compile 'com.android.support:appcompat-v7:25.1.0'
  compile 'com.android.support:design:25.1.0'
}
```

然后看布局文件，其中布局里面用到了 include 标签，这个标签的主要功能就是方便管理布局文件，把一个庞大的布局文件拆分成多个小文件。include 就是把其他的布局文件引入到了当前布局文件中。布局文件默认生成 3 个。

其中，activity_navigation_drawer.xml 是根布局，用到了 DrawerLayout 和 NavigationView 控件：

```xml
<?xml version="1.0" encoding="utf-8"?>
<android.support.v4.widget.DrawerLayout xmlns:android="http://schemas.android.com/apk/res/android"
  xmlns:app="http://schemas.android.com/apk/res-auto"
  xmlns:tools="http://schemas.android.com/tools"
  android:id="@+id/drawer_layout"
  android:layout_width="match_parent"
  android:layout_height="match_parent"
  android:fitsSystemWindows="true"
  tools:openDrawer="start">
  <!--布局中引入其他布局-->
  <include
    layout="@layout/app_bar_navigation_drawer"
    android:layout_width="match_parent"
    android:layout_height="match_parent" />

  <android.support.design.widget.NavigationView
    android:id="@+id/nav_view"
    android:layout_width="wrap_content"
```

```
        android:layout_height="match_parent"
        android:layout_gravity="start"
        android:fitsSystemWindows="true"
        app:headerLayout="@layout/nav_header_navigation_drawer"
        app:menu="@menu/activity_navigation_drawer_drawer" />

</android.support.v4.widget.DrawerLayout>
```

DrawerLayout 就是抽屉控件，既可以在左侧拉出，也可以在右侧拉出（不推荐这种设计）。其中，NavigationView 用来指定侧拉出的菜单。

headerlayout 属性对应的布局表示图 4-28 框中的部分，menu 对应图 4-28 框下面的部分。

▲图 4-28　NavigationView

layout_gravity="start"表示在左侧拉出的菜单，如果这个值等于 end，菜单就变成了右侧拉出。上面代码 include 的标签引入了一个布局，布局代表菜单出来之前显示的内容。

app_bar_navigation_drawer.xml 如下：

```xml
<?xml version="1.0" encoding="utf-8"?>
<android.support.design.widget.CoordinatorLayout xmlns:android="http://schemas.android.com/apk/res/android"
    xmlns:app="http://schemas.android.com/apk/res-auto"
    xmlns:tools="http://schemas.android.com/tools"
    android:layout_width="match_parent"
    android:layout_height="match_parent"
    android:fitsSystemWindows="true"
    tools:context=".section6.NavigationDrawerActivity">

    <android.support.design.widget.AppBarLayout
        android:layout_width="match_parent"
        android:layout_height="wrap_content"
        android:theme="@style/AppTheme.AppBarOverlay">
```

4.7 Toolbar 和 Navigation Drawer

```xml
    <android.support.v7.widget.Toolbar
      android:id="@+id/toolbar"
      android:layout_width="match_parent"
      android:layout_height="?attr/actionBarSize"
      android:background="?attr/colorPrimary"
      app:popupTheme="@style/AppTheme.PopupOverlay" />

  </android.support.design.widget.AppBarLayout>

  <include layout="@layout/content_navigation_drawer" />

  <android.support.design.widget.FloatingActionButton
    android:id="@+id/fab"
    android:layout_width="wrap_content"
    android:layout_height="wrap_content"
    android:layout_gravity="bottom|end"
    android:layout_margin="@dimen/fab_margin"
    android:src="@android:drawable/ic_dialog_email" />

</android.support.design.widget.CoordinatorLayout>
```

其中，include 中引入的布局 content_navigation_drawer.xml 是除了 Toolbar 和 FloatingActionButton 外显示的内容，这里就不贴出来了。

Java 代码：

```java
public class NavigationDrawerActivity extends AppCompatActivity
    implements NavigationView.OnNavigationItemSelectedListener {

  @Override
  protected void onCreate(Bundle savedInstanceState) {
    super.onCreate(savedInstanceState);
    setContentView(R.layout.activity_navigation_drawer);
    //设置 Toolbar
    Toolbar toolbar = (Toolbar) findViewById(R.id.toolbar);
    setSupportActionBar(toolbar);
    //FloatingActionButton 就是一个浮动的 Button
    FloatingActionButton fab = (FloatingActionButton) findViewById(R.id.fab);
    fab.setOnClickListener(new View.OnClickListener() {
      @Override
      public void onClick(View view) {
        Snackbar.make(view, "Replace with your own action", Snackbar.LENGTH_LONG)
          .setAction("Action", null).show();
      }
    });
    // 抽屉控件
    DrawerLayout drawer = (DrawerLayout) findViewById(R.id.drawer_layout);
    // 参数 1 "this" 代表当前 activity，参数 2" drawer "表示 抽屉对象 3 参数 3"toolbar"指的是
    Toolbar 对象， 参数 4 和 5 分别指的是打开/关闭抽屉时的描述
    ActionBarDrawerToggle toggle = new ActionBarDrawerToggle(
        this, drawer, toolbar, R.string.navigation_drawer_open, R.string.navigation_drawer_close);
        drawer.addDrawerListener(toggle);
    //Toolbar 按钮和抽屉同步状态
    toggle.syncState();
    // 菜单设置监听事件
    NavigationView navigationView = (NavigationView) findViewById(R.id.nav_view);
      navigationView.setNavigationItemSelectedListener(this);
  }
  // 当按返回键的时候，如果抽屉打开先收回抽屉
  @Override
```

```java
    public void onBackPressed() {
      DrawerLayout drawer = (DrawerLayout) findViewById(R.id.drawer_layout);
      if (drawer.isDrawerOpen(GravityCompat.START)) {
          drawer.closeDrawer(GravityCompat.START);
      } else {
          super.onBackPressed();
      }
    }

    //左侧菜单事件的处理
    @SuppressWarnings("StatementWithEmptyBody")
    @Override
    public boolean onNavigationItemSelected(MenuItem item) {
      // Handle navigation view item clicks here.
      int id = item.getItemId();

      if (id == R.id.nav_camera) {
          // Handle the camera action
      } else if (id == R.id.nav_gallery) {
      } else if (id == R.id.nav_slideshow) {
      } else if (id == R.id.nav_manage) {
      } else if (id == R.id.nav_share) {
      } else if (id == R.id.nav_send) {
      }
      // 关闭抽屉
      DrawerLayout drawer = (DrawerLayout) findViewById(R.id.drawer_layout);
      drawer.closeDrawer(GravityCompat.START);
      return true;
    }
}
```

4.8 主题样式设置

本节视频地址：http://v.youku.com/v_show/id_XMTM5MzEwNDg2OA==.html，建议采用超清模式观看。

主题样式还是很强大的，它可以控制整个应用的样式。

Toolbar 可以单独设置主题样式，也可以单独添加菜单颜色主题：

```xml
<android.support.v7.widget.Toolbar
    android:id="@+id/toolbar"
    android:theme=""          // Toolbar 主题
    android:popupTheme=""     // 菜单主题控制
    ....
  >

</android.support.v7.widget.Toolbar>
```

如果不单独给 Toolbar 设置主题，Toolbar 就会采用系统默认主题。

我们可以给系统主题添加一些条目，控制一些组件的颜色，如下面的主题就设置了三种颜色，根据不同的 name 会自动控制不同区域的颜色：

```xml
<style name="AppTheme" parent="Theme.AppCompat.Light.NoActionBar">
    <item name="colorPrimary">@color/colorPrimary</item>
    <item name="colorPrimaryDark">@color/colorPrimaryDark</item>
    <item name="colorAccent">@color/colorAccent</item>
</style>
```

4.8 主题样式设置

具体分别控制什么颜色呢？如图 4-29 所示。

（1）android:colorPrimaryDark：应用的主要暗色调，statusBarColor 默认使用该颜色。

（2）android:statusBarColor: 状态栏颜色，默认使用 colorPrimaryDark。

（3）android:colorPrimary：应用的主要色调，ActionBar 默认使用该颜色。

（4）android:windowBackground：窗口背景颜色。

（5）android:navigationBarColor：底部栏颜色。

（6）android:colorForeground：应用的前景色，ListView 的分割线，switch 滑动区默认使用该颜色。

（7）android:colorBackground：应用的背景色，popMenu 的背景默认使用该颜色。

（8）android:colorAccent：一般控件的选中效果默认采用该颜色。

（9）android:colorControlNormal：控件的默认色调。

（10）android:colorControlHighlight：控件按压时的色调。

（11）ndroid:colorControlActivated：控件选中时的颜色，默认使用 colorAccent。

（12）android:colorButtonNormal：默认按钮的背景颜色。

（13）android:textColor Button：textView 的文字颜色。

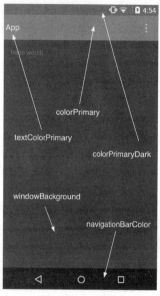

▲图 4-29 主题样式

（14）android:textColorPrimaryDisableOnly RadioButton checkbox 等控件的文字。

（15）android:textColorPrimary：应用的主要文字颜色，ActionBar 的标题文字默认使用该颜色。

其实针对主题还可以有很多操作，不仅仅可以控制主题颜色，还可以控制动画等，总之功能很强大。简单列举下，后面用到的会详细介绍。当在开发环境中输入时，会自动提示，如图 4-30 所示。

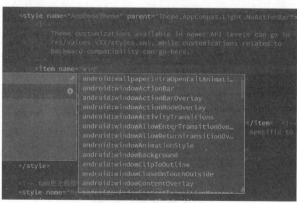

▲图 4-30 其他设置

（1）windowBackground：背景。

（2）windowNoTitle：是否有标题。

（3）windowFullscreen：是否为全屏。

（4）windowOverscan：是否要求窗体铺满整屏幕。

（5）windowIsFloating：是否浮在下层之上。
（6）windowContentOverlay：设置覆盖内容背景。
（7）windowShowWallpaper：是否显示壁纸。
（8）windowTitleStyle：标题栏 Style。
（9）windowTitleSize：窗体文字大小。
（10）windowTitleBackgroundStyle：标题栏背景 Style。
（11）windowAnimationStyle：切换时的动画样式。
（12）windowSoftInputMode：在使用输入法时窗体的适配。
（13）windowActionBar：是否打开 ActionBar。
（14）windowActionModeOverlay：是否覆盖 action。
（15）windowCloseOnTouchOutside：是否在点击外部时可关闭。
（16）windowTranslucentStatus：是否半透明状态。
（17）windowTranslucentNavigation：是否使用半透明导航。
（18）windowDrawsSystemBarBackgrounds：是否绘制系统导航栏背景。
（19）statusBarColor：状态栏颜色。
（20）navigationBarColor：导航栏颜色。
（21）windowActionBarFullscreenDecorLayout：全屏时的布局。
（22）windowContentTransitions：内容是否转换。
（23）windowActivityTransitions：活动时转换。

总结

这一章，我们主要学习了 Activity，包括 Activity 跳转和数据传递、生命周期和启动模式。其中，还学习了 Android 6.0 权限管理和 Toolbar 的使用。

这一章相对来讲比较重要，学起来可能会比较困难。学习完这些 Android 已经算入门了，但代码的编写还是要多加练习。

本章代码下载地址：https://github.com/yll2wcf/book，项目名称：Chapter4。

欢迎关注微信公众账号——于连林，搜索关键字：likeDev。

迷失的时候，选择更艰辛的那条路。——松浦弥太郎

第 5 章　数据存储

任何一个程序，其实说白了就是在不停地和数据打交道，数据持久化就是指将那些内存中的瞬时数据保存到存储设备中，保证即使手机关机的情况下，这些数据仍然不会丢失。

Android 中有 5 种存储方式。

（1）使用 SharedPreferences 存储数据。

（2）文件存储数据。

（3）SQLite 数据库存储数据。

（4）使用 ContentProvider 存储数据。

（5）网络存储数据。

这一章主要讲解前 3 种。

5.1 SharedPreference

本节视频地址：http://v.youku.com/v_show/id_XMTM5NDE0NjQyMA==.html，建议采用超清模式观看。

适用范围：保存少量的数据，且这些数据的格式非常简单——字符串型、基本类型的值。如应用程序的各种配置信息（如是否打开音效、是否使用震动效果、小游戏的玩家积分等），解锁口令密码等。

核心原理：保存基于 XML 文件存储的 key-value 键值对数据，通常用来存储一些简单的配置信息。

在 Android 系统中，该文件保存在：/data/data/PACKAGE_NAME/shared_prefs 目录下。

创建 SharedPreferences 的方法如下。

（1）Context 类中的方法 getSharedPreferences()，如果需要多个通过名称参数来区分的 shared preference 文件，名称可以通过第一个参数来指定。可在 APP 中通过任何一个 Context 执行该方法。（常用的方式）

（2）Activity 类中的方法 getPreferences()，当 Activity 仅需要一个 shared preference 文件时。因为该方法会检索 Activity 下默认的 shared preference 文件，并不需要提供文件名称。

（3）PreferenceManager 类中的方法 getDefaultSharedPreference()，类似第一种方式，使用默认文件名字的 shared preference。

SharedPreferences 的使用方法如下。

（1）edit()开始编辑。

（2）apply()和 commit()提交数据，其中，apply()效率快，但是线程不安全，不适合多线程中操作；edit.commit()线程安全，但是效率慢，推荐使用 apply()。

（3）getXXX()获取数据。

▲图 5-1 记住输入框的内容

直接看下面的例子：

程序经常需要记住输入框之前输入的内容，通过 SharedPreferences 非常简单，如图 5-1 所示。

创建新工程，修改 MainActivity.java：

```java
private EditText editText;
    // sp 保存数据
    SharedPreferences config;
    @Override
    protected void onCreate(Bundle savedInstanceState) {
        super.onCreate(savedInstanceState);
        setContentView(R.layout.activity_main);
        // 创建 SP
        config = getSharedPreferences("config", MODE_PRIVATE);
        editText = (EditText) findViewById(R.id.editText);
        // 读取保存的数据，写入到 editText
        // 取数据，参数 2 为如果找不到 "data" key 值默认返回的数据
        String data=config.getString("data","");
        editText.setText(data);
    }
    /**按钮点击事件*/
    public void saveData(View v) {
        // 1 获取输入的内容
        String data = editText.getText().toString();
        // 2 获取到了编辑器
        SharedPreferences.Editor edit = config.edit();
        // 3 保存数据  key-value
        edit.putString("data",data);
        //4 保存到文件中
        //edit.commit(); // 效率慢，线程安全
        edit.apply();   // 效率快，线程不安全
    }
```

看到上面的代码，我们就可以做保存密码的实际案例了，如图 5-2 所示，大家可以参考上面的代码进行相应的练习。

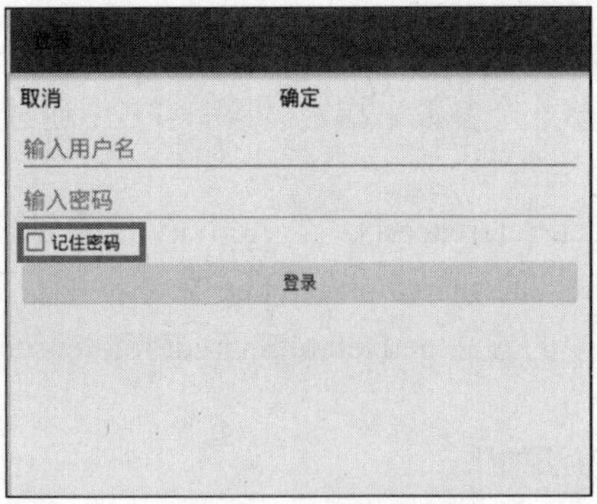

▲图 5-2 记住密码

具体代码这里就不贴出来了，如果新手不会写的话，可以直接看视频。
http://v.youku.com/v_show/id_XMTM5NjgwNzk4NA==.html

5.2 MD5 加密

本节视频地址：http://v.youku.com/v_show/id_XMTM5NDE0NjQyMA==.html，建议采用超清模式观看。

上面的练习中保存了密码，一般在实际开发的过程中，密码千万不要保存成明文，很容易被别人窃取，一般都对密码进行加密。

常见的密码加密方式为 MD5 加密。

下面就是标准的 MD5 加密的代码：

```java
public class MD5Utils {
  /**
   * 对密码进行加密
   * @param password 要加密的密码
   * @return 密文
   */
  public static String digest(String password){
    try {
      //加密方式为 MD5 加密
      MessageDigest digest=MessageDigest.getInstance("MD5");
      // 把一个 byte 数组转换成加密后 byte 数组
      byte[] bytes = digest.digest(password.getBytes());
      StringBuilder sb=new StringBuilder();
      for(byte b:bytes){
        // 去掉负数
        int c=b&0xff;   // 负数转换成正数
        String result=Integer.toHexString(c);// 把十进制的数转换成十六进制的数
        if(result.length()<2){
          sb.append("0");// 让十六进制数全部都是两位数
        }
        sb.append(result);
      }
      return sb.toString();   // 返回加密后的密文

    } catch (NoSuchAlgorithmException e) {
      e.printStackTrace();
      // can't reach 不会发生的错误
      return "";
    }
  }
}
```

MD5 加密是不可逆的加密算法，只能由明文转换成密文，密文是不能转换成明文的，但是有人把一些明文和对应的密文存储到了数据库中进行查询解密（参考：http://www.cmd5.com/）。防止这种方式的解密就需要把密码设置得复杂些，进行多次加密。

Tip：银行卡密码都是采用 MD5 加密的，但是银行卡密码都是用 MD5 加密后的密文再进行加密，反复几十次，保证密码非常安全。

123

5.3 文件存储数据

Android 存储到文件和在电脑上保存一个文件的原理是一模一样的。
Android 使用与其他平台类似的基于磁盘的文件系统（disk-based file systems）。
而根据文件保存的路径又可以分为。
（1）手机内存。
（2）SD 卡存储，SD 卡又分为内置 SD 卡和外置 SD 卡。

所有的 Android 设备均有两个文件存储区域："internal"与"external"，即手机内存和 SD 卡内存。这两个名称来自于早先的 Android 系统，当时大多设备都内置了不可变的内存（internal storage）及一个类似于 SD card（external storage）这样的可卸载的存储部件。之后有一些设备将"internal"与"external"都做成了不可卸载的内置存储，虽然如此，但是这一整块还是从逻辑上划分为"internal"与"external"。只是现在不再以是否可卸载进行区分了。下面列出了两者的区别。

Internal storage：
● 总是可用的；
● 这里的文件默认只能被我们的 App 所访问；
● 当用户卸载 App 的时候，系统会把 Internal 内该 App 相关的文件都清除干净；
● Internal 是我们在想确保不被用户与其他 App 访问的最佳存储区域。

External storage：
● 并不总是可用的，因为用户有时会通过 USB 存储模式挂载外部存储器，当取下挂载的这部分后，就无法对其进行访问了；
● 大家都可以访问，因此保存在这里的文件可能被其他程序访问；
● 当用户卸载我们的 App 时，系统仅仅会删除 External 根目录（getExternalFileDir()）下的相关文件；
● External 是在不需要严格的访问权限并且希望这些文件能够被其他 App 所共享或者是允许用户通过电脑访问时的最佳存储区域。

当你买了一款 16GB 或者其他容量的手机时，这里面的 16GB 其实是两部分内存相加的，如图 5-3 所示。

▲图 5-3　手机内存和 SD 卡内存

5.3.1　保存到手机内存（Internal Storage）

本节视频地址：http://v.youku.com/v_show/id_XMTQwMzQwMzMyMA==.html，建议采用超清模式观看。

保存到文件需要用到 Java IO 流相关的知识，原理就是读取要保存的内容，写入到文件中。

图 5-4 列出来了 Java 中的字节流和字符流，大家参照回忆下相关知识点。

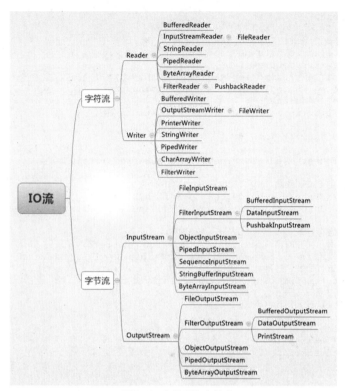

▲图 5-4　字节流和字符流

只要是处理纯文本数据，就优先考虑使用字符流，除此之外都使用字节流。

上面简单回忆了 IO 流，下面再来介绍获取到手机文件的路径的 API。

- context.getFilesDir()，对应路径：/data/data/包名/file/。
- context.getCacheDir()，对应路径：/data/data/包名/cache/。
- openFileOutput，对应路径：/data/data/包名/file/，直接获取写入文件的流对象。
- openFileInput，对应路径：/data/data/包名/file/，直接获取读取文件的流对象。

其中，cache 目录会在系统内存不充足的情况下自动清除，适合缓存些不重要的文件，而 file 目录不会清除，适合缓存些重要的文件。

下面我们直接写一段话，通过点击按钮保存到文件中，效果图如图 5-5 所示。

▲图 5-5　保存到手机内存

创建 FileActivity.java，把 FileActivity 改成程序启动的页面，修改里面的代码：

```java
EditText editText;
@Override
protected void onCreate(Bundle savedInstanceState) {
  super.onCreate(savedInstanceState);
  setContentView(R.layout.activity_file);
  editText= (EditText) findViewById(R.id.editText);
  Button button = (Button) findViewById(R.id.button);
  assert button != null;
  button.setOnClickListener(new View.OnClickListener() {
    @Override
    public void onClick(View v) {
      // 保存数据
      String content = editText.getText().toString().trim();
      try {
        // 写入到 file 目录
        // /data/data/com.baidu.chapter5/file/save.txt
        //  FileOutputStream fos= openFileOutput("save.txt",MODE_PRIVATE);

        // 写入缓存目录
        // 获取写入文件的流 /data/data/com.baidu.chapter5/cache/cache.txt
        FileOutputStream fos= new FileOutputStream(new File(getCacheDir(),"cache.txt"));
        // 对流进行包装，提高写入效率
        PrintStream printStream = new PrintStream(fos);
        // 写入对应的文字
        printStream.print(content);
        // 关流
        fos.close();
      } catch (IOException e) {
        e.printStackTrace();
      }
    }
  });
}
```

我们可以使用模拟器工具验证是否有这个文件。

在 Android Studio 新版本中点击 Tools→Android→Android Device Monitor，如图 5-6 所示。旧版本的 Android Studio 在导航栏就有直接打卡的按钮，如图 5-7 所示，打开以后可以查看对应的文件。

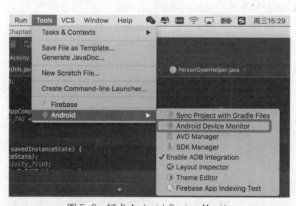

▲图 5-6　打卡 Android Device Monitor

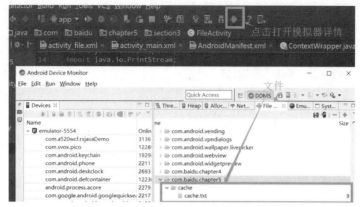

▲图 5-7　查找对应的文件

5.3.2　SD 卡存储（External Storage）

1. 权限声明

为了写数据到 External Storage，必须在清单文件（AndroidManifest.xml）中声明 WRITE_EXTERNAL_STORAGE 权限：

```
<manifest ...>
  <uses-permission android:name="android.permission.WRITE_EXTERNAL_STORAGE" />
  ...
</manifest>
```

实际上所有的 APP 都可以在不指定某个专门的权限下做读 External Storage 的动作。但是 Google 工程师提醒我们，如果我们的 APP 只需要读的权限（不是写），那么将需要声明 READ_EXTERNAL_STORAGE 权限。为了确保 APP 能持续地正常工作，我们在编写程序时就需要声明读权限：

```
<manifest ...>
  <uses-permission android:name="android.permission.READ_EXTERNAL_STORAGE" />
  ...
</manifest>
```

但是，如果我们的程序声明了 WRITE_EXTERNAL_STORAGE 权限，那么就默认有了读的权限。当然别忘了 Android6.0 需要运行时动态申请权限。

2. 检查 SD 卡是否可用

由于 External Storage 可能是不可用的，例如遇到 SD 卡被拔出等情况时，因此在访问之前应对其可用性进行检查。我们可以通过执行 getExternalStorageState()来查询 SD 卡的状态。若返回状态为 MEDIA_MOUNTED，则可以读写。示例如下：

```
public class ExternalStorageUtils {
  /** 检查 SD 卡是否可写 */
  public static boolean isExternalStorageWritable() {
```

```
    String state = Environment.getExternalStorageState();
    if (Environment.MEDIA_MOUNTED.equals(state)) {
        return true;
    }
    return false;
}
/** 检查SD卡是否可读 */
public static boolean isExternalStorageReadable() {
    String state = Environment.getExternalStorageState();
    if (Environment.MEDIA_MOUNTED.equals(state) ||
        Environment.MEDIA_MOUNTED_READ_ONLY.equals(state)) {
      return true;
    }
    return false;
}
```

3. 公有和私有的文件路径

尽管 External Storage 对于用户与其他 APP 是可修改的，我们可能会保存下面两种类型的文件。

- Public files：这些文件对用户与其他 APP 来说是公共的，当用户卸载我们的程序时，这些文件应该保留。例如，那些被我们的程序拍摄的图片或者下载的文件。
- Private files：这些文件完全被我们的 APP 所私有，它们应该在 APP 被卸载时删除。尽管存储在 SD 卡中，那些文件从技术上而言可以被用户与其他程序所访问，但实际上那些文件对于其他 APP 没有任何意义。因此，当用户卸载我们的 APP 时，系统会删除其下的 private 目录，例如那些被我们的 APP 下载的缓存文件。

想要将文件以公共形式保存在 SD 卡中，官方建议使用 **getExternalStoragePublicDirectory()** 方法来获取一个 File 对象，该对象表示保存在外部存储的目录。这个方法需要带有一个特定的参数来指定这些公有文件的文件类型，以便于与其他公有文件进行分类。参数类型包括 DIRECTORY_MUSIC（用来存储音乐）或者 DIRECTORY_PICTURES（用来存储图片）。代码如下：

```
public File getAlbumStorageDir(String albumName) {
    // 获取保存图片的文件夹
    File file = new File(Environment.getExternalStoragePublicDirectory(
        Environment.DIRECTORY_PICTURES), albumName);
    if (!file.mkdirs()) {
        Log.e(LOG_TAG, "Directory not created");
    }
    return file;
}
```

文件类型还有很多，包括：DIRECTORY_DOWNLOADS（下载的文件）、DIRECTORY_MOVIES（视频文件）、DIRECTORY_MUSIC（音乐文件）、DIRECTORY_DOCUMENTS（文档文件）等，这些都在 Environment 类中以常量的形式定义了。

想要将文件以 private 形式保存在 SD 卡内存中，可以通过执行 **getExternalFilesDir()** 来获取相应的目录（目录和包名有关系），并且传递一个指示文件类型的参数。每一个以这种方式创建的目录都会被添加到 External Storage 封装我们 APP 目录的参数文件夹下（如下则是 albumName）。下面的文件会在用户卸载我们的 APP 时被系统删除，如下示例：

5.3 文件存储数据

```java
public File getAlbumStorageDir(Context context, String albumName) {
    // 获取应用程序，保存图片的私有文件夹
    File file = new File(context.getExternalFilesDir(
        Environment.DIRECTORY_PICTURES), albumName);
    if (!file.mkdirs()) {
        Log.e(LOG_TAG, "Directory not created");
    }
    return file;
}
```

如果刚开始的时候，没有预定义的子目录存放我们的文件，可以在 getExternalFilesDir()方法中传递 null，它会返回 APP 在外部存储设备下的 private 的根目录。

请记住，getExternalFilesDir()方法创建的目录会在 APP 被卸载时被系统删除。如果想让我们的文件在程序被删除时仍然保留，请使用 getExternalStoragePublicDirectory()。

无论是使用 getExternalStoragePublicDirectory()来存储可以共享的文件，还是使用 getExternalFilesDir()来储存那些对于我们的应用程序来说是私有的文件，有一点很重要，那就是要使用那些类似 DIRECTORY_PICTURES 的 API 的常量。这些参数不仅可以代表不同目录，还能方便系统区分文件类型，从而确保文件被系统正确地对待。例如，那些以 DIRECTORY_RINGTONES 类型保存的文件就会被系统的多媒体扫描，被认为是手机铃声而不是音乐。

如果想获取 SD 卡根目录，可以用 Environment.getExternalStorageDirectory()。

下面就是完整的保存到 SD 卡的例子，其中，saveToSD 方法用于处理［保存到 SD 卡］按钮的点击事件：

```java
// 按钮点击事件
public void saveToSD(View v){
    if(ExternalStorageUtils.isExternalStorageWritable()) {
        final String content = editText.getText().toString().trim();
        Toast.makeText(this, "SD卡可用", Toast.LENGTH_SHORT).show();
        RxPermissions.getInstance(this)
            // 申请权限
            .request(Manifest.permission.WRITE_EXTERNAL_STORAGE)
            .subscribe(new Action1<Boolean>() {
                @Override
                public void call(Boolean granted) {
                    if (granted) {
                        //权限通过了，保存内容到 SD
                        saveToSDFile(content);
                    }
                }
            });
    }
}
//保存内容到 SD
private void saveToSDFile(String content) {
    File file = new File(Environment.getExternalStorageDirectory(), "cache.text");
    FileOutputStream fos = null;
    try {
        fos = new FileOutputStream(file);
        // 对流进行包装，提高写入效率
        PrintStream printStream = new PrintStream(fos);
        // 写入对应的文字
        printStream.print(content);
        // 关流
        fos.close();
```

```java
        } catch (IOException e) {
            e.printStackTrace();
        }
    }
```

虽然上面的例子直接把文件保存到 SD 卡的根目录，但是实际开发中并不建议直接保存到根目录下，可以根据要保存文件的类型和是否公有选择不同的 API，就是一开始我们介绍到的知识点。当然我们也可以完全自定义目录进行保存，如果想这样做，下面的工具类比较合适：

```java
public class FileUtils {
    // 缓存的文件
    public static final String CACHE_DIR = "cache";
    // 保存图片的路径
    public static final String ICON_DIR = "icon";
    // 下载文件的路径
    public static final String DOWNLOAD_DIR = "download";
    // 保存到 SD 卡的根目录
    private static final String ROOT_DIR = "likeDev";
    public static String getCacheDir(Context context) {
        return getDir(context,CACHE_DIR);
    }
    public static String getIconDir(Context context) {
        return getDir(context,ICON_DIR);
    }
    public static String getDownloadDir(Context context) {
        return getDir(context,DOWNLOAD_DIR);
    }
    public static String getDir(Context context,String name) {
        StringBuilder sb = new StringBuilder();
        if (isSDCardAvailable()) {
            sb.append(getExternalStoragePath());
        } else {
            sb.append(getCachePath(context));
        }
        sb.append(name);
        sb.append(File.separator);
        String path = sb.toString();
        if (createDirs(path)) {
            return path;
        } else {
            return null;
        }
    }
    // 返回 SD 卡路径
    private static String getExternalStoragePath() {
        return Environment.getExternalStorageDirectory().getAbsolutePath() +
            File.separator +
            ROOT_DIR +
            File.separator;
    }

    /**
     * 判断 SD 卡是否挂载
     */
    public static boolean isSDCardAvailable() {
      return Environment.MEDIA_MOUNTED.equals(Environment
          .getExternalStorageState());
    }
    // 创建文件夹
    private static boolean createDirs(String path) {
        File file = new File(path);
```

```
        return !(!file.exists() || !file.isDirectory()) || file.mkdirs();
    }
    private static String getCachePath(Context context) {
        File f = context.getCacheDir();
        return f.getAbsolutePath() + File.separator;
    }
}
```

上面的工具类主要用来保存缓存文件、图片文件、下载文件。getCacheDir、getIconDir、getDownloadDir 三个方法分别可以获取到对应文件夹对应的路径，如果 SD 卡可用就保存到 SD 中，如果不可用就保存到手机内存中的 cacheDir。工具类仅仅是参考，大家可以根据自己的偏好和项目的逻辑封装自己的工具类。

4. 查询剩余空间

如果事先知道想要保存的文件大小，可以通过执行 getFreeSpace()或者 getTotalSpace()来判断是否有足够的空间来保存文件，从而避免发生异常。getFreeSpace()方法提供了当前可用的空间，getTotalSpace()可以查询存储系统的总容量。

如果查询的剩余容量比文件的大小多几 MB，或者说文件系统使用率还不足 90%，这样则可以继续进行写的操作，否则最好不要写进去。

并没有强制要求在写文件之前要检查剩余容量。我们可以尝试先做写的动作，然后捕获 IOException。这种做法仅适合于事先并不知道想要写的文件的确切大小。例如，在把 PNG 图片转换成 JPEG 之前，我们并不知道最终生成的图片大小是多少。

查询可用容量的代码：

```
TextView textView;
@Override
protected void onCreate(Bundle savedInstanceState) {
    super.onCreate(savedInstanceState);
    setContentView(R.layout.activity_file);
    textView= (TextView) findViewById(R.id.textView);
    // 获取可用空间，单位是字节
    long freeSpace = Environment.getExternalStorageDirectory().getFreeSpace();
    //借助 android.text.format.Formatter 格式化显示，可以把字节转换成正常的文本显示
    String freeSize=Formatter.formatFileSize(getApplicationContext(),freeSpace);
    textView.setText("SD 卡剩余空间:"+freeSize);
// ...
}
```

运行结果如图 5-8 所示。

5. 删除文件

在不需要使用某些文件的时候应删除该文件。删除文件最直接的方法是执行文件的 delete()方法：

```
myFile.delete();
```

如果文件保存在 Internal Storage，可以通过 Context 来访问，

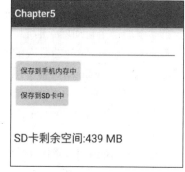

▲图 5-8 SD 卡容量

并通过执行 deleteFile()进行删除：

```
myContext.deleteFile(fileName);
```

当用户卸载我们的 APP 时，Android 系统会自动删除以下文件。
- 所有保存到 Internal Storage 的文件。
- 所有使用 getExternalFilesDir()方式保存在 External Storage 的文件。

然而，通常来说，我们应该手动删除所有通过 getCacheDir()方式创建的缓存文件，以及那些不会再用到的文件。

5.4 SQLite 存储

SQLite 是一款轻量型的数据库，是遵守 ACID（原子性、一致性、隔离性、持久性）的关联式数据库管理系统，多用于嵌入式开发。

Android 系统集成了开源的 SQLite 数据库，我们可以在程序中直接使用。

SQLite 数据库是无类型的，可以向一个 integer 的列中添加一个字符串，但它又支持常见的类型，如 NULL、VARCHAR、TEXT、INTEGER、BLOB、CLOB 等。唯一的例外——integer primary key，此字段只能存储 64 位整数。

Android 提供了操控数据库封装类，封装了 CRUD（添加（Create）、查询（Retrieve）、更新（Update）和删除（Delete）操），让不会写 SQL 语句的人也能轻松地操作数据库。

5.4.1 创建数据库

我们先通过一个例子来演示数据库的创建。比如创建一个表，可以保存人的信息，如姓名和年龄。

先来看看 SQL 语句的写法：

```
create table person_info(
  id integer primary key autoincrement,
  person_name varchar(20),
  age integer(10));
```

id 是主键（primary key），主键不能有重复的信息，就像每个人都有不同的身份证信息一样，是每条数据的唯一标示，autoincrement 是自增长的意思，插入数据的时候可以不指定 id，SQLite 会自动添加一个自动增长的 id。

person_name 对应的是人的姓名，是文本信息，可以用 text 类型，也可以用 varchar 类型，效果是一样的。varchar(20)括号里面对应该数据的长度，长度不够用时会自动扩展。

age 对应的是年龄，类型是整数类型（integer）。

上面的 SQL 语句执行的结果就是创建一个名字为 person 的表，表结构里包括 id、person_name、age 列。

如何在 Android 中创建这样一个表呢？

在 Android 系统中，提供了一个 SQLiteOpenHelper 抽象类，该类用于对数据库版本进行管理。

5.4 SQLite 存储

该类中常用的方法：

（1）onCreate——数据库创建时执行（第一次连接获取数据库对象时执行）；

（2）onUpgrade——数据库更新时执行（版本号改变时执行）；

（3）onOpen——数据库每次打开时执行（每次打开数据库时调用，在 onCreate、onUpgrade 方法之后）。

由于 SQLiteOpenHelper 是一个抽象类，所以在使用的时候可以自定义一个 SQLiteOpenHelper 类的子类来对数据库进行操作。

我们需要创建一个 PersonOpenHelper 类，继承 SQLiteOpenHelper 抽象类，由于 onCreate 和 onUpgrade 是抽象方法，我们需要实现这两个方法。代码如下：

```java
public class PersonOpenHelper extends SQLiteOpenHelper{
    /**创建 Person 表的 SQL 语句*/
    public static final String CREATE_PERSON="create table person_info(" +
        " id integer primary key autoincrement," +
        " person_name varchar(20)," +
        " age integer(10));";
    /**
     * @param context 上下文对象
     * @param name    数据库名称
     * @param factory 游标结果集工厂，如果使用则需要自定义结果集工厂，null 值代表使用默认结果集工厂
     * @param version 数据库版本号，必须大于等于 1
     */
    public PersonOpenHelper(Context context, String name,
                SQLiteDatabase.CursorFactory factory, int version) {
        super(context, name, factory, version);
    }

    @Override
    public void onCreate(SQLiteDatabase db) {
        // 数据库创建时执行，一般只执行一次
        db.execSQL(CREATE_PERSON); // 执行创建表的 SQL 语句
    }
    /**
     * 数据库更新的时候调用该方法
     * @param db 当前操作的数据库对象
     * @param oldVersion 老版本号
     * @param newVersion 新版本号
     */
    @Override
    public void onUpgrade(SQLiteDatabase db, int oldVersion, int newVersion) {
        // 数据库更新时执行
    }
}
```

可以看到，当数据库创建的时候调用了 SQLiteDatabase 的 exeSQL()方法执行了建表的 SQL 语句。

接下来我们就创建一个界面（SQLiteActivity），使用 PersonOpenHelper：

```java
public class SQLiteActivity extends AppCompatActivity implements View.OnClickListener {

    @Override
    protected void onCreate(Bundle savedInstanceState) {
        super.onCreate(savedInstanceState);
        setContentView(R.layout.activity_sqlite);
```

```
        Button createDB= (Button) findViewById(R.id.button);
        assert createDB != null;
        createDB.setOnClickListener(this);
    }
    @Override
    public void onClick(View v) {
        PersonOpenHelper openHelper=new PersonOpenHelper(this,"person.db",null,1);
        // 创建数据库
        openHelper.getWritableDatabase();
        Toast.makeText(this,"数据库创建成功",Toast.LENGTH_SHORT).show();
    }
}
```

PersonOpenHelper 中有 4 个参数的构造方法，第一个参数是上下文，必须有这个参数才能创建数据库；第二个参数就是创建数据库的名字；第三个参数允许我们在查询数据库的时候返回一个自定义的游标（Cursor），一般都是传入 null；第四个参数表示当前数据库的版本号，可用于对数据库进行升级操作。

构建出了 PersonOpenHelper 实例之后，再调用 getWritableDatabase()就能够创建数据库了。除了 getWritableDatabase()，还有 getReadableDatabase()。两个方法都用于获取数据库的读写对象，并不是字面上一个获取写数据库的对象，另一个获取读数据库的对象。两个方法的区别。

（1）两个方法都返回读写数据库的对象，但是当磁盘已经满时，getWritableDatabase 会抛异常，而 getReadableDatabase 不会报错，它此时不会返回读写数据库的对象，而仅仅返回一个读数据库的对象。

（2）getReadableDatabase 会在问题修复后继续返回一个读写的数据库对象。

点击上面的创建数据库按钮后，调用了 getWritableDatabase()，程序就会检测当前程序没有 Person.db 这个数据库，于是就会调用 PersonOpenHelper 中的 onCreate()方法，这样 person_info 这个表就得到了创建。通过 DDMS，可以查看/data/data/com.baidu.chapter5/databases 目录，如图 5-9 所示。

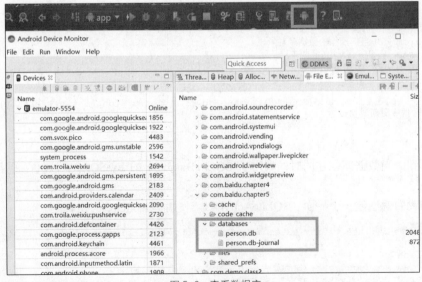

▲图 5-9 查看数据库

发现产生了两个文件——person.db 和 person.db-journal。其中第一个文件就是我们的数据库文件。第一次操作数据库时，person.db-journal 文件会被自动创建，该文件是 SQLite 的一个临时的日志文件，主要用于 SQLite 数据库的事务回滚操作。但是 Android 系统中将该文件永久保存在磁盘中，不会被自动清除，如果没有操作异常或者不需要事务回滚时，此文件的大小为 0。这种机制避免了每次生成和删除 person.db-journal 文件的开销。

5.4.2 升级数据库

如果大家足够细心，就会发现上面 PersonOpenHelper 类中有一个空方法 onUpgrade()，这个方法用于对数据库升级，不能忽略，如想改造下之前 person_info 的表结构，想插入一列用于存储人的手机号，SQL 语句如下：

```
create table person_info(
  id integer primary key autoincrement,
  person_name varchar(20),
  age integer(10),
  phone varchar(20));
```

如果只修改执行的 SQL 语句，其他地方不变，如下：

```
/**创建 Person 表的 SQL 语句*/
public static final String CREATE_PERSON="create table person_info(" +
    " id integer primary key autoincrement," +
    " person_name varchar(20)," +
    " age integer(10)," +
    " phone varchar(20));";

@Override
public void onCreate(SQLiteDatabase db) {
    // 数据库创建时执行，一般只执行一次
    db.execSQL(CREATE_PERSON); // 执行创建表的 SQL 语句
}
```

这样大家可以思考下，数据库是不会刷新的，因为 onCreate 方法只会在数据库第一次创建的时候执行，而程序已经创建过数据库了，除非卸载程序，而每次为了修改数据库而卸载程序是万万不可取的。所以，我们可以借助 onUpgrade()方法，这个方法在数据库升级的时候调用。

首先需要把创建的数据库版本改成高的版本。之前 PersonOpenHelper 构造方法的最后一个参数是 1，现在改成 2 了，只要比以前的版本高就会触发 onUpgrade()：

```
public void onClick(View v) {
    // 升级数据库时，最后一个参数改成 2
    PersonOpenHelper openHelper=new PersonOpenHelper(this,"person.db",null,2);
    // 创建数据库
    openHelper.getWritableDatabase();
    Toast.makeText(this,"数据库创建成功",Toast.LENGTH_SHORT).show();
}
```

然后在 onUpgrade()中进行处理：

```
/**
 * 数据库更新的时候调用该方法
```

```
 * @param db 当前操作的数据库对象
 * @param oldVersion 老版本号
 * @param newVersion 新版本号
 */
@Override
public void onUpgrade(SQLiteDatabase db, int oldVersion, int newVersion) {
    // 删除之前的 person_info 表
    db.execSQL("drop table if exists person_info");
    db.execSQL(CREATE_PERSON); // 执行创建表的 SQL 语句
}
```

上面的代码中,首先让数据库删除之前的表(drop table),然后再创建一个新的表。如果只是单纯地在之前的表中增加一列,可以执行下面的 SQL 语句:

```
<-- 改变 person_info 表,添加 phone 列,类型是 varchar-->
alter table person_info add column phone varchar(20)
```

代码为:

```
/**
 * 数据库更新的时候调用该方法
 * @param db 当前操作的数据库对象
 * @param oldVersion 老版本号
 * @param newVersion 新版本号
 */
@Override
public void onUpgrade(SQLiteDatabase db, int oldVersion, int newVersion) {
    if (oldVersion == 1 && newVersion == 2) {
        db.execSQL("alter table person_info add column phone varchar(20)");
    }
}
```

当我们再一次点击按钮的时候,数据库中的表结构就会发生变化。可以通过模拟器把数据库导出来,借助 SQLite Expert Professional 桌面工具(用百度可以直接搜到下载地址)预览表结构,其中 RecNo 是工具生成的,实际表结构没有这一列,如图 5-10 所示。

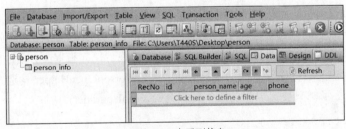

▲图 5-10 查看列信息

如果不想使用这个工具,可以通过指令查看。通过命令终端(Windows 快捷键 WIN+R,输入 cmd)或者 Android Studio 里面内置的 Terminal 输入 adb 指令,如图 5-11 所示。

需要把 adb 所在的文件夹 D:\Android\sdk\platform-tools(目录具体路径仅供参考,以实际为准)配置到 PATH 环境变量中。具体参考第 2 章。

输入 adb shell,这样就进入模拟器环境中了,如图 5-12 所示,因为 Android 是 Linux 内核,所以支持绝大多数 Linux 指令,也支持 SQLite 指令。

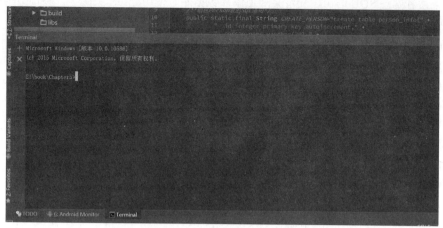

▲图 5-11 打开 Terminal

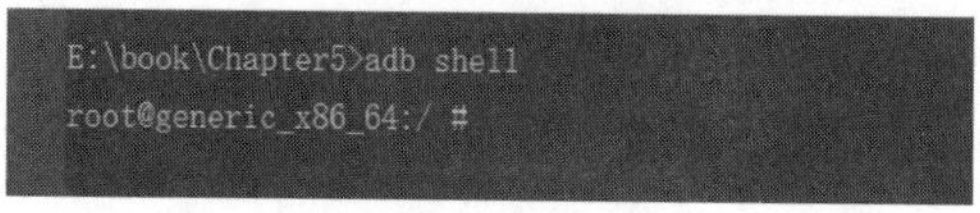

▲图 5-12 a db shell

然后输入 cd 指令，进入数据库文件所在的目录：

```
cd  /data/data/com.baidu.chapter5/databases
```

接下来通过 sqlite3 指令打开 person 数据库，这时就可以通过 SQL 语句操作数据库：

```
sqlite3 person.db
```

接下来可以通过.scheme 指令查询当前数据库的建表语句：

```
sqlite> .schema
```

根据图 5-13 所示，建表语句可以清楚地看到当前数据库中具体的列，同时证明升级功能起到了作用。

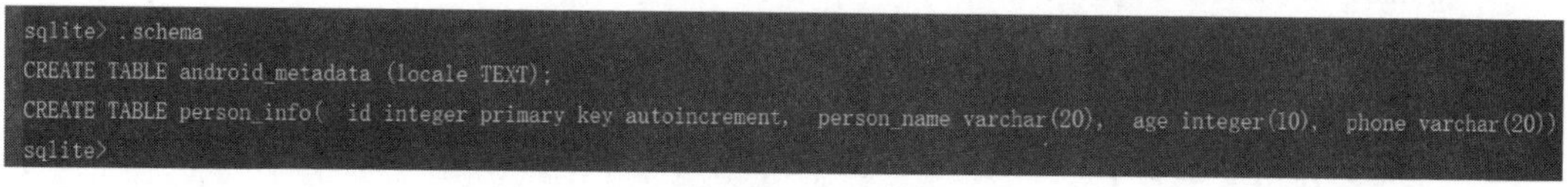

```
sqlite> .schema
CREATE TABLE android_metadata (locale TEXT);
CREATE TABLE person_info( id integer primary key autoincrement, person_name varchar(20), age integer(10), phone varchar(20))
sqlite>
```

▲图 5-13 .scheme

5.4.3 数据库增删改查（CURD）

创建数据库的时候，我们已经看到了 Android 提供了一个名为 SQLiteDatabase 的类。该类主要封装了一些操作数据库的 API，使用该类可以完成对数据进行添加（Create）、查询（Retrieve）、更新（Update）和删除（Delete）操作（这些操作简称为 CRUD）。每一种操作又对应了一种 SQL

第 5 章　数据存储

指令，如果读者熟悉 SQL 语句，一定会知道添加数据库时使用 insert 关键字，查询数据库时使用 select，更新数据库使用 update，删除时使用 delete。

SQLiteDatabase 提供了执行 SQL 语句的方法，如下。

（1）execSQL()：可以执行 insert、delete、update 和 CREATE TABLE 等有更改行为的 SQL 语句。

（2）rawQuery()：用于执行 select 语句。

考虑到了开发者的水平参差不齐，未必每一个人都会写 SQL 语句，Android 还提供了一系列辅助的方法，使得 Android 中即使不编写 SQL 语句，也能轻松完成所有的 CURD 操作。

（1）insert()添加。

（2）delete()删除。

（3）update()更新。

（4）query()查询。

接来下我们就再给程序依次添加 5 个按钮（增、改、查、删、查询全部），定义按钮点击事件。依次演示下这 4 个操作，修改 activity_sqlite.xml：

```xml
<?xml version="1.0" encoding="utf-8"?>
<RelativeLayout
    xmlns:android="http://schemas.android.com/apk/res/android"
    xmlns:tools="http://schemas.android.com/tools"
    android:layout_width="match_parent"
    android:layout_height="match_parent"
    tools:context="com.baidu.chapter5.section4.SQLiteActivity">
    <Button
        android:id="@+id/button"
        android:layout_width="wrap_content"
        android:layout_height="wrap_content"
        android:layout_alignParentLeft="true"
        android:layout_alignParentStart="true"
        android:layout_alignParentTop="true"
        android:text="创建数据库"/>
    <Button
        android:layout_width="wrap_content"
        android:layout_height="wrap_content"
        android:text="添加数据"
        android:onClick="insert"
        android:id="@+id/button1"
        android:layout_below="@+id/button"
        android:layout_alignParentLeft="true"
        android:layout_alignParentStart="true"/>

    <Button
        android:layout_width="wrap_content"
        android:layout_height="wrap_content"
        android:text="修改数据"
        android:onClick="update"
        android:id="@+id/button2"
        android:layout_below="@+id/button1"
        android:layout_alignParentLeft="true"
        android:layout_alignParentStart="true"/>
    <Button
        android:onClick="query"
        android:layout_width="wrap_content"
        android:layout_height="wrap_content"
        android:text="查询数据"
```

```
        android:id="@+id/button3"
        android:layout_below="@+id/button2"
        android:layout_alignParentLeft="true"
        android:layout_alignParentStart="true"/>
    <Button
        android:onClick="delete"
        android:layout_width="wrap_content"
        android:layout_height="wrap_content"
        android:text="删除数据"
        android:id="@+id/button4"
        android:layout_below="@+id/button3"
        android:layout_alignParentLeft="true"
        android:layout_alignParentStart="true"/>
    <Button
        android:onClick="queryAll"
        android:layout_width="wrap_content"
        android:layout_height="wrap_content"
        android:text="全部查询"
        android:id="@+id/button5"
        android:layout_below="@+id/button4"
        android:layout_alignParentLeft="true"
        android:layout_alignParentStart="true"/>
</RelativeLayout>
```

运行结果如图 5-14 所示。

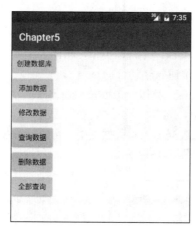

▲图 5-14　运行结果

添加（Create）

点击添加数据按钮时直接往数据库 person_info 表里插入数据，姓名为 zhangsan，年龄为 10，电话号码为 13333333333。先来看看 SQL 语句应该怎么写：

```
insert into person_info(person_name,age,phone) values ('zhangsan','10','13333333333')
```

实际插入的数据应该是根据具体的业务生成的，所以 SQL 语句中的 value 值最好不要写死了，可以使用 ? 占位符。来看具体的代码：

```
public SQLiteDatabase getDataBase() {
    PersonOpenHelper openHelper = new PersonOpenHelper(this, "person.db", null, 2);
    return openHelper.getWritableDatabase();
```

第 5 章 数据存储

```
}
public void insert(View v) {
    //获取数据库对象
    SQLiteDatabase dataBase = getDataBase();
    // ? 为占位符
    String sql = "insert into person_info(person_name,age,phone) values(?,?,?)";
    //执行 SQL 语句，通过 Object[] 依次用实际数据替换 SQL 语句中的？占位符
    dataBase.execSQL(sql, new
        Object[]{"zhangsan", "10", "13333333333"});
    //关闭数据库，回收资源
    dataBase.close();
}
```

如果不使用 SQL 语句，可以使用之前刚刚介绍的 insert()方法：

```
public void insert(View v) {
    //获取数据库对象
    SQLiteDatabase dataBase = getDataBase();
    ContentValues values = new ContentValues();
    values.put("person_name", "zhangsan");
    values.put("age", 10);
    values.put("phone", "1333333333");
    dataBase.insert("person_info",null, values);
    dataBase.close();
}
```

insert()方法有 3 个参数。

（1）第一个参数代表表名，表示要将数据插入哪张表。

（2）第二个参数 nullColumnHack，字符串类型，指明如果某一字段没有值，那么会将该字段的值设为 NULL，一般给该参数传递 null 就行。

（3）第三个参数 ContentValues，类似一个 Map<key,value>的数据结构，key 是表中的字段，value 是值。

点击添加数据就能把上面的数据插入到数据库中。可以把数据库导出来，借助 SQLite Expert Professional 打开数据库查看，如图 5-15 所示。

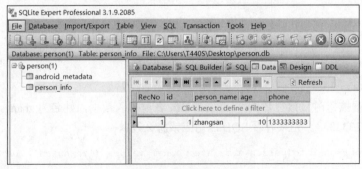

▲图 5-15 查看插入结果

修改（Update）

接下来再来看看如何修改数据库，尝试把刚刚插入的 zhangsan 的年龄修改成为 20。先来看看 SQL 语句：

```
update person_info set age=20 where person_name='zhangsan'
```

和上面一样，实际修改的数据应该是由具体的业务决定的，所以 SQL 语句中具体的值最好不要写死，也可以使用？占位符。来看具体的代码：

```
public void update(View v) {
  SQLiteDatabase dataBase = getDataBase();
  String sql = "update person_info set age=? where person_name=?";
  //将 zhangsan 的年龄修改为 20
  dataBase.execSQL(sql,new String[]{"20","zhangsan"});
  dataBase.close();
}
```

如果不使用 SQL 语句，可以通过之前介绍的 update()方法：

```
public void update(View v) {
  SQLiteDatabase dataBase = getDataBase();
  ContentValues values = new ContentValues();
  values.put("age", "20");
  dataBase.update("person_info", values , "person_name=?", new String[]{"zhangsan"});
    dataBase.close();
}
```

update()方法有 4 个参数。

（1）第一个参数代表表名，表示要更新哪张表。

（2）第二个参数 ContentValues，设置要修改的字段的新值，没有涉及到的字段则默认不修改。

（3）第三个参数指的是修改的条件，用于约束更新某一行或某几行的数据，不指定的话默认更新所有行。

（4）第四个参数是给第三个参数中的占位符提供相应的值。

当点击修改数据时，zhangsan 的年龄就变成了 20。

查询（Retrieve）

一般使用查询有几种不同的情况——根据条件查询或者全部查询。

根据条件（姓名为 zhangsan）查询：

```
select person_name,age,phone from person_info where person_name='zhangsan'
```

下面两种情况都是全部查询：

```
select person_name,age,phone from person_info
select * from person_info
```

* 是通配符，在这表示查询所有的列。

查询和之前的两个操作有点区别，查询是有返回值的，返回值是 Cursor 对象。

Cursor 是结果集游标，用于对结果集进行随机访问。Cursor 与 JDBC 中的 ResultSet 作用很相似。Cursor 中维护一个行索引、一个列索引，游标中本身没有数据，它只是指向数据库的索引，模拟一个行、列的表结构。其起始位置在-1 的位置上。

有以下几种常用方法。

（1）moveToNext()：将游标从当前行移动到下一行，如果已经移过了结果集的最后一行，返回结果为 false，否则为 true。

（2）moveToPrevious()：用于将游标从当前行移动到上一行，如果已经移过了结果集的第一行，返回值为 false，否则为 true。

（3）moveToFirst()：用于将游标移动到结果集的第一行，如果结果集为空，返回值为 false，否则为 true。

（4）moveToLast()：用于将游标移动到结果集的最后一行，如果结果集为空，返回值为 false，否则为 true。

简单介绍完了，直接看例子：

```java
public void query(View v) {
  SQLiteDatabase dataBase = getDataBase();
  String sql = "select person_name,age,phone from person_info where person_name=?";
  //执行 rawQuery 查询，返回 Cursor 对象
  Cursor cursor = dataBase.rawQuery(sql , new
      String[]{"zhangsan"});
  //如果游标还有下一个元素，跟我们集合中 Iterator 的 hasNext()方法类似
  if(cursor.moveToNext()){
    //获取当前游标的第 0 个元素，元素是从 0 开始的，而不是 1
    String person_name = cursor.getString(0);
    //也可以通过列名来查询该字段在游标中的位置
    int age = cursor.getInt(cursor.getColumnIndex("age"));
    String phone = cursor.getString(2);
    // 输出结果
    Log.i("result",person_name + "..." + age + "..." + phone);
  }
  //关闭游标
  cursor.close();
}
```

执行结果，输出的日志参考图 5-16。

06:57:49.447 7615-7615/com.baidu.chapter5 I/result: zhangsan...20...1333333333

▲图 5-16　输入结果

如果不太会写 SQL 语句，可以用 query()替换 rawQuery()方法：

```java
public void query(View v) {
  SQLiteDatabase dataBase = getDataBase();
  Cursor cursor = dataBase.query("person_info",
     new String[]{"person_name,age,phone"},
    "person_name=?",
     new String[]{"zhangsan"},
      null, null, null);
  //如果游标还有下一个元素，跟我们集合中 Iterator 的 hasNext()方法类似
  if(cursor.moveToNext()) {
    String person_name = cursor.getString(0);
    //也可以通过列名来查询该字段在游标中的位置
    int age = cursor.getInt(cursor.getColumnIndex("age"));
    String phone = cursor.getString(2);
    // 输出结果
    Log.i("result",person_name + "..." + age + "..." + phone);
  }
  //关闭游标
  cursor.close();
}
```

query()方法有 7 个参数：

（1）第一个参数表示查询的表名；

（2）第二个参数指定要查询哪几列，如果不指定，默认查询所有列；

（3）第三个参数指的是查询的条件，用于约束更新某一行或某几行的数据，不指定的话默认全部查询；

（4）第四个参数给第三个参数中的占位符提供相应的值；

（5）第五个参数指定需要去分组（group by）的列，null 代表不分组；

（6）第六个参数用于对 group by 之后的数据进一步过滤，不指定表示不进行过滤；

（7）第七个参数用于指定查询的排序方式——asc 正序，desc 倒序，null 代表自然顺序。

根据上面的参数就可以看到，查询方法是比较复杂的。虽然参数多，但是不要畏惧，通常情况下只需要传入少量的几个参数就可以完成查询操作了。

1. 全部查询

相对根据条件查询，全部查询稍微简单一些，除了表名，其余参数都可以传递 null：

```
public void queryAll(View v){
  SQLiteDatabase dataBase = getDataBase();
  Cursor cursor = dataBase.query("person_info", null, null, null,
     null, null, null);
  //如果游标还有下一个元素，跟我们集合中 Iterator 的 hasNext()方法类似
  while(cursor.moveToNext()) {
    String person_name = cursor.getString(cursor.getColumnIndex("person_name"));
    //也可以通过列名来查询该字段在游标中的位置
    int age = cursor.getInt(cursor.getColumnIndex("age"));
    String phone = cursor.getString(cursor.getColumnIndex("phone"));
    // 输出结果
    Log.i("result",person_name + "..." + age + "..." + phone);
  }
  //关闭游标
  cursor.close();
}
```

2. 删除（Delete）

删除相对就比较简单了，和更改数据的操作有些类似。当点击删除数据按钮的时候，把 zhangsan 这条数据删除。先来看看 SQL 语句应该怎么写：

```
delete from person_info where person_name='zhangsan'
```

代码和修改数据的逻辑类似：

```
public void delete(View v) {
  SQLiteDatabase dataBase = getDataBase();
  dataBase.execSQL("delete from person_info where person_name=?",new Object[]{"zhangsan"});
    dataBase.close();
}
```

当然，也可以不用 SQL 语句，使用 delete()方法：

```java
public void delete(View v) {
  SQLiteDatabase dataBase = getDataBase();
  dataBase.delete("person_info","person_name=?",new String[]{"zhangsan"});
  dataBase.close();
}
```

delete()方法有 3 个参数：

（1）第一个参数指的是表名，表示要删除那张表的数据；

（2）第二个参数是删除的条件，不指定代表全部删除；

（3）第三个参数是删除条件中占位符对应的值。

5.4.4　SQLite 数据库的事务操作

跟 MySql、Oracle 等常用数据库一样，SQLite 数据库也对事务有较好的支持。

事务（Transaction）是访问并可能更新数据库中各种数据项的一个程序执行单元（unit）。

事务应该具有 4 个属性：原子性、一致性、隔离性、持久性。这 4 个属性通常称为 ACID 特性。

原子性（automicity）。一个事务是一个不可分割的工作单位，事务中包括的诸多操作要么都做，要么都不做。

一致性（consistency）。事务必须是使数据库从一个一致性状态变到另一个一致性状态。一致性与原子性是密切相关的。

隔离性（isolation）。一个事务的执行不能被其他事务干扰。即一个事务内部的操作及使用的数据对并发的其他事务是隔离的，并发执行的各个事务之间不能互相干扰。

持久性（durability）。持久性也称永久性（permanence），指一个事务一旦提交，它对数据库中数据的改变就应该是永久性的。接下来的其他操作或故障不应该对其有任何影响。

使用方法如下。

（1）beginTransaction()：开启一个事务。

（2）setTransactionSuccessful()：设置成功点。

（3）endTransaction()：结束事务，包括提交和回滚。

执行过程：使用 beginTransaction 开启一个事务，程序执行到 endTransaction 方法时会检查事务的标志是否为成功，如果程序执行到 endTransaction 之前调用了 setTransactionSuccessful 方法，设置事务的标志为成功，则提交事务；如果没有调用 setTransactionSuccessful 方法则回滚事务。

最经典的例子就是银行转账，比如张三给李四转账 100 元，必须保证张三的账户少了 100，李四多了 100，这两个操作要么同时成功，要么同时失败，不允许一个成功一个失败（钱对不上肯定不行的）。

直接看例子，需要大家自己创建 person_money 这张表，插入两条数据（zhangsan 和 lisi），书中就省略了：

```java
public void testTransaction() {
    // 假设数据表 person_money 中有 name 和 balance 两列，有张三和 lisi
    PersonOpenHelper helper = new PersonOpenHelper(this, "person.db", null, 1);
    SQLiteDatabase database = helper.getWritableDatabase();
    try {
      //开启事务
      database.beginTransaction();
```

```
            database.execSQL("update person_money set balance = balance-100 where name = ? "
                ,new String[]{" lisi "});
            //当把 int a=1/0;放开的时候,发现抛出异常,那么事务就会回滚
            // 上面扣除 lisi 的 100 元钱不会被真正执行
            //如果把 int a = 1/0;注释掉,才发现事务成功了
            // lisi 的钱被扣除了 100 元,同时 zhangsan 的钱也多了 100 元。
            int a = 1 / 0;
            database.execSQL("update person_money set balance = balance+100 where name = ? "
                ,new String[]{" zhangsan "});
            //设置事务成功,也就是只有当代码执行到此行,才代表事务已经成功
            database.setTransactionSuccessful();
        } finally {
            //提交事务,如果 setTransactionSuccessful()方法已经执行,则 beginTransaction()后的语
            //句执行成功
            //否则,事务回滚到开启事务前的状态
            database.endTransaction();
        }
    }
```

事务对效率的提高

在批量修改数据的时候,由于事务是在进行事务提交时将要执行的 SQL 操作一次性打开数据库连接执行,其执行速度比逐条执行 SQL 语句快了很多倍。因此当我们开发中遇到对数据库的批量操作,那么使用事务是提高效率的重要原则。

下面通过一个案例,来演示批量操作的情况下,使用事务和不使用事务在效率上的差异。

继续用之前添加数据的例子,为了方便测试,一次性添加 10000 条数据:

```
public void insert(View v) {
  testTransactionEfficient();
}
public void testTransactionEfficient(){
  SQLiteDatabase dataBase = getDataBase();
  // ------测试不使用事务时插入 1w 条数据耗时-------
  long beginTime = System.currentTimeMillis();
  for(int i=0;i<10000;i++){
    ContentValues values = new ContentValues();
    values.put("person_name", "zhangsan");
    values.put("age", 10);
    values.put("phone", "1333333333");
    dataBase.insert("person_info", null, values);
  }
  long endTime = System.currentTimeMillis();
  System.out.println("不使用事务时插入 1w 条数据耗时"+(endTime-beginTime)+"毫秒");
  // ---------测试使用事务时耗时-------------
  beginTime = System.currentTimeMillis();
  dataBase.beginTransaction();
  for(int i=0;i<10000;i++){
    ContentValues values = new ContentValues();
    values.put("person_name", "zhangsan");
    values.put("age", 10);
    values.put("phone", "1333333333");
    dataBase.insert("person_info", null, values);
  }
  dataBase.setTransactionSuccessful();
  dataBase.endTransaction();
  endTime = System.currentTimeMillis();
  System.out.println("使用事务插入 1w 条数据耗时"+(endTime-beginTime)+"毫秒");
}
```

Tip：System.currentTimeMillis()是获取当前系统时间距离 1970 年 1 月 1 日 0 点的毫秒值。

执行结果如图 5-17 所示。

▲图 5-17　运行结果

使用事务耗时 822 毫秒，不使用事务耗时 242560 毫秒，性能差距还是相当明显的。

5.5　常见的数据库框架

上面介绍了 SQLite 存储，实际开发过程中还可以通过第三方框架实现，让存储数据变得更加简单，适用于业务比较复杂的 App。

常用的数据库框架有：
- GreenDao；
- realm；
- ActiveAndroid；
- LitePal；
- OrmLite。

其中，GreenDao 是在 Android 开发中广泛使用的数据库框架，其优点是运行效率高，内存消耗少，性能佳。

GreenDAO 是一个可以帮助 Android 开发者快速将 Java 对象映射到 SQLite 数据库的表单中的 ORM 解决方案，通过使用一个简单的面向对象 API，开发者可以对 Java 对象进行存储、更新、删除和查询。

GreenDAO 的主要设计目标：
- 最大性能（最快的 Android ORM）；
- 易于使用 API；
- 高度优化；
- 最小内存消耗。

当然其他几种框架也不错，Android 程序业务相对比较简单，不使用框架也不会对效率有很大影响。

总结

这一章介绍了数据的持久化存储，包括键值对存储、文件存储、数据库存储。任何一个程序其实就是不停地和数据打交道，学会保存数据还是非常重要的。

本章代码下载地址：https://github.com/yll2wcf/book，项目名称：Chapter5。

欢迎关注微信公众账号——于连林，搜索关键字：likeDev。

最可怕的敌人，就是没有坚强的信念。——罗曼·罗兰

第 6 章 网络编程

在当今互联网时代，我们在公司写的 Android 程序基本不可能不联网，网络编程是任何一个 Android 程序员必备的技能。本章主要介绍如何在手机端使用 HTTP 协议与服务器端进行网络交互，并对服务器返回的数据进行解析。

6.1 HTTP 协议

如果读者之前接触过服务器相关的知识，这一节可以直接跳过了。对于 HTTP 协议，只需要简单了解一些原理就可以。了解 HTTP 协议之前，需要先了解 URL。

6.1.1 URL 简介

网络中部署着各种各样的服务器，如腾讯的服务器、百度的服务器。

那么问题来了，客户端如何找到想要连接的服务器？

客户端可以通过 URL 找到想要连接的服务器，如图 6-1 所示。通过 http://www.baidu.com 就会链接百度服务器，而不会链接的其他服务器。

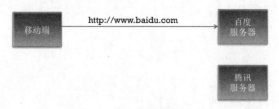

▲图 6-1 通过 URL 连接服务器

URL 的全称是 Uniform Resource Locator（统一资源定位符），通过 1 个 URL，能找到互联网上唯一的 1 个资源，URL 就是资源的地址、位置，互联网上的每个资源都有一个唯一的 URL。

URL 的基本格式 = 协议://主机地址/路径（其中域名会映射到对应的主机地址），如下面两个地址效果是一样的。

- http://www.baidu.com/img/bdlogo.gif。
- http://202.108.22.5/img/bdlogo.gif。

其中，协议、主机地址和路径意义如下。

- 协议：不同的协议，代表着不同的资源查找方式、资源传输方式。
- 主机地址：存放资源的主机（服务器）的 IP 地址或者域名。
- 路径：资源在主机（服务器）中的具体位置。

URL 中常见的协议主要有 HTTP、file、mailto、FTP。

- HTTP：超文本传输协议，访问的是远程的网络资源，格式是 http://，HTTP 协议是在网络开发中最常用的协议。
- file：访问的是本地计算机上的资源，格式是 file://（不用加主机地址）。
- mailto：访问的是电子邮件地址，格式是 mailto:。
- FTP：访问的是共享主机的文件资源，格式是 ftp://。

6.1.2 HTTP 简介

不管是移动客户端还是 PC 端，访问远程的网络资源经常使用 HTTP 协议。HTTP 的全称是 Hypertext Transfer Protocol，超文本传输协议。

如图 6-2 所示，HTTP 协议规定客户端和服务器之间的数据传输格式，让客户端和服务器能有效地进行数据沟通。

▲图 6-2 HTTP 通信过程

如图 6-3 和图 6-4 所示，HTTP 协议规定的传输格式主要包括客户端请求部分和服务器端响应部分。

请求部分包括请求行、请求头部和请求体。

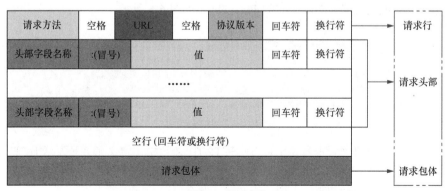

▲图 6-3 请求部分

请求部分例子（仅供参考）：

```
POST /520wcf.php/user/login HTTP/1.1
Host: 202.108.22.5
Cache-Control: no-cache
Postman-Token: bd243d6b-da03-902f-0a2c-8e9377f6f6ed
Content-Type: application/x-www-form-urlencoded

tel=13637829200&password=123456
```

响应部分包括状态行、响应头部、响应体。

实际响应部分例子（仅供参考）：

```
HTTP/1.1 200 OK
Date: Sat, 02 Jan 2016 13:20:55 GMT
Server: Apache/2.4.6 (CentOS) PHP/5.6.14
X-Powered-By: PHP/5.6.14
Content-Length: 78
Keep-Alive: timeout=5, max=100
Connection: Keep-Alive
Content-Type: application/json; charset=utf-8

{"name":"yll","sex":"m"}
```

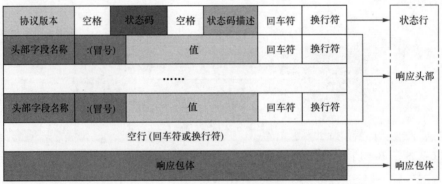

▲图6-4 响应部分

相应部分常见的状态码为200，400，404，500，如图6-5所示。

状态码	英文名称	中文描述
200	OK	请求成功
400	Bad Request	客户端请求的语法错误，服务器无法解析
404	Not Found	服务器无法根据客户端的请求找到资源
500	Internal Server Error	服务器内部错误，无法完成请求

▲图6-5 常见的状态码

现在用的HTTP协议的版本号是1.1。在HTTP/1.1协议中，定义了8种发送HTTP请求的方法，分别为GET、POST、OPTIONS、HEAD、PUT、DELETE、TRACE、CONNECT、PATCH。
根据HTTP协议的设计初衷，不同的方法对资源有不同的操作方式。

- PUT：增。
- DELETE：删。

- POST：改。
- GET：查。

最常用的是 GET 和 POST（实际上 GET 和 POST 都能实现增、删、改、查）。

6.1.3　GET 和 POST 对比

要想使用 GET 和 POST 请求与服务器进行交互，得先了解一个概念——参数，说白了就是传递给服务器的具体数据，如登录时的账号、密码。

GET

- 在请求 URL 后面加?符号然后列出发给服务器的参数，多个参数之间用&隔开，如：http://www.test.com/login?username=123&pwd=234&type=JSON
- 由于浏览器和服务器对 URL 长度有限制，因此在 URL 后面附带的参数是有限制的，通常不能超过 1KB

POST

- 发给服务器的参数全部放在请求体中。
- 理论上，POST 传递的数据量没有限制（具体还得看服务器的处理能力）。

如果要传递大量数据，比如文件上传，只能用 POST 请求；GET 的安全性比 POST 要差些，如果包含机w\敏感信息，建议用 POST；如果仅仅索取数据（数据查询），建议使用 GET；如果增加、修改、删除数据，建议使用 POST。

6.2　HttpURLConnection

HttpURLConnection 采用 HTTP 协议进行网络连接，HttpURLConnection 是 Android 中最基本的联网方式。我们先了解下 Android 联网的发展历程。

6.2.1　为什么废弃 HttpClient

最早的联网方式主要有两种——HttpURLConnection 和 HttpClient。

HttpURLConnection 是一种多用途、轻量极的 HTTP 客户端，使用它来进行 HTTP 操作可以适用于大多数的应用程序。虽然 HttpURLConnection 的 API 提供的比较简单，但是同时这也使得我们可以更加容易地去使用和扩展它。

不过在 Android 2.2 版本之前，HttpURLConnection 一直存在着一些令人厌烦的 bug，而 HttpClient 拥有较少的 bug，因此在当时使用 HttpClient 是最好的选择。

但同时由于 HttpClient 的 API 数量过多，使得 Google 工程师很难在不破坏兼容性的情况下对它进行升级和扩展，所以 Android 团队在提升和优化 HttpClient 方面的工作态度并不积极，而对 HttpURLConnection 是一直持续优化的。Android 2.3 版本及以后，HttpURLConnection 就变成了最佳的选择。它的 API 简单，体积较小，因而非常适用于 Android 项目。压缩和缓存机制可以有效地减少网络访问的流量，在提升速度和省电方面也起到了较大的作用。对于新的应用程序应该更加偏向于使用。

直到 Android 6.0 出来以后，Google 工程师直接在 Android SDK 中移除了 HttpClient 相关的 API。

HttpClient 已经废弃了，HttpClient 和 HttpURLConnection 谁更好这种问题也只有经验落后的面试官才会问。

6.2.2 使用 HttpURLConnection 联网

既然 HttpClient 已经废弃了，本书就不过多介绍了。下面介绍如何使用 HttpURLConnection 联网。

访问网络是需要在清单文件（AndroidManifest.xml）中添加联网的权限。由于联网是比较常用的操作，在 Android 6.0 以上的系统不需要在代码中动态申请：

```xml
<manifest ...>
  <uses-permission android:name="android.permission.INTERNET"/>
  ...
</manifest>
```

首先介绍下面的工具类 NetUtils，里面封装了 POST 和 GET 请求：

```java
public class NetUtils {
  /**
   * post 请求
   * url 为请求地址，
   * content 参数 如' name=zhangsan&password=123 '
   */
  public static String post(String url, String content) {
    HttpURLConnection conn = null;
    try {
        // 创建一个 URL 对象
        URL mURL = new URL(url);
        // 调用 URL 的 openConnection()方法，获取 HttpURLConnection 对象
        conn = (HttpURLConnection) mURL.openConnection();

        conn.setRequestMethod("POST");// 设置请求方法为 post
        conn.setReadTimeout(5000);// 设置读取超时为 5 秒
        conn.setConnectTimeout(10000);// 设置连接网络超时为 10 秒
        conn.setDoOutput(true);// 设置此方法，允许向服务器输出内容

        // post 请求的参数
        String data = content;
        // 获一个输出流，向服务器写数据，默认情况下，系统不允许向服务器输出内容
        OutputStream out = conn.getOutputStream();// 获得一个输出流，向服务器写数据
        out.write(data.getBytes());
        out.flush();
        out.close();

        //获取服务器返回码 ，调用此方法就不必再使用 conn.connect()方法
        int responseCode = conn.getResponseCode();
        if (responseCode == 200) {    //200 代表请求成功
            InputStream is = conn.getInputStream();
            String response = getStringFromInputStream(is);
            return response;
        } else {
            throw new NetworkErrorException("response status is "+responseCode);
        }
```

6.2 HttpURLConnection

```java
        } catch (Exception e) {
            e.printStackTrace();
        } finally {
            if (conn != null) {
                conn.disconnect();// 关闭连接
            }
        }

        return null;
    }
    /**get 请求*/
    public static String get(String url) {
        HttpURLConnection conn = null;
        try {
            // 利用 string url 构建 URL 对象
            URL mURL = new URL(url);
            conn = (HttpURLConnection) mURL.openConnection();

            conn.setRequestMethod("GET");
            conn.setReadTimeout(5000);
            conn.setConnectTimeout(10000);

            int responseCode = conn.getResponseCode();
            if (responseCode == 200) {
                InputStream is = conn.getInputStream();
                String response = getStringFromInputStream(is);
                return response;
            } else {
                throw new NetworkErrorException("response status is "+responseCode);
            }
        } catch (Exception e) {
            e.printStackTrace();
        } finally {
            if (conn != null) {
                conn.disconnect();
            }
        }

        return null;
    }
    // 把 InputStream 转换成 String
    private static String getStringFromInputStream(InputStream is)
        throws IOException {
        ByteArrayOutputStream os = new ByteArrayOutputStream();
        // 模板代码 必须熟练
        byte[] buffer = new byte[1024];
        int len = -1;
        while ((len = is.read(buffer)) != -1) {
            os.write(buffer, 0, len);
        }
        is.close();
        // 把流中的数据转换成字符串，采用的编码是 utf-8(模拟器默认编码)
        String state = os.toString();
        os.close();
        return state;
    }
}
```

HttpURLConnection 就是通过地址 URL 请求服务器数据，服务器再把数据返回来。
可以看到 HttpURLConnection 常用的方法不是很多，如下所示：

（1）setRequestMethod()设置请求方法；
（2）setReadTimeout()设置读取超时为 5 秒；
（3）setConnectTimeout() 设置连接网络超时时间；
（4）getResponseCode() 获取服务器的状态码，200 代表连接成功；
（5）getInputStream() 获取服务器返回的数据。

接下来使用 NetUtils 工具类实现具体业务：请求 http://likedev.applinzi.com，输出服务器返回的信息。这个链接不需要添加任何参数，用 Get 请求方便一些。

```
NetUtils.get("http://likedev.applinzi.com");
```

上面的代码其实是不能直接用的，如果想使用上面的代码，还需要知道多线程编程的知识。

6.3 多线程编程

6.3.1 线程的同步和异步

线程是程序执行流的最小单元，Android 每个运行的应用程序可能包含多个线程。

Android 系统中默认只有一个主线程，也叫 UI 线程，因为 View 绘制只能在这个线程内进行，即修改界面的操作只能在主线程中进行。

所以如果阻塞了（某些操作使这个线程在此处运行了 N 秒）这个线程，这期间 View 绘制将不能进行，UI 就会卡。所以要极力避免在 UI 线程进行耗时操作。

如果在主线程中做一些耗时操作，阻塞了主线程，若阻塞时间超过 5 秒（有说法是 6 秒），就会报 ANR 异常（Application Not Response，应用程序无响应）。开发中要极力避免 ANR 异常。

网络请求是一个典型耗时操作。

对于 Android4.0 以上版本，Google 更加在意 UI 界面运行的流畅性，强制要求访问网络的操作不允许在主线程中执行，只能在子线程中进行，在主线程请求网络时，会报如下错误：

```
android.os.NetworkOnMainThreadException
```

常见的卡顿：

```
protected void onCreate(Bundle savedInstanceState) {
    super.onCreate(savedInstanceState);
    setContentView(R.layout.activity_main);
    // 这是同步请求网络,这么写会卡顿
    String result = NetUtils.get("http://likedev.applinzi.com");
    Log.i("MainActivity",result);
}
```

解决方式就是把连接网络的操作放到子线程中：

```
@Override
protected void onCreate(Bundle savedInstanceState) {
    super.onCreate(savedInstanceState);
    setContentView(R.layout.activity_main);
    // 创建子线程并通过 start 开启线程
    new Thread(new Runnable() {
```

```
    @Override
    public void run() {
      String result = NetUtils.get("http://likedev.applinzi.com");
      Log.i("MainActivity",result);
    }
  }).start();
}
```

运行的结果如图 6-6 所示。

▲图 6-6 运行结果

看日志还是很不方便的，可以把结果显示在 TextView 中，首先，布局中添加 TextView，指定 id：

```
<RelativeLayout
  ...>

  <TextView
      android:id="@+id/textView"
      android:layout_width="wrap_content"
      android:layout_height="wrap_content"
      android:text="Hello World!"/>
</RelativeLayout>
```

继续把上面的代码改一下：

```
TextView textView;
@Override
protected void onCreate(Bundle savedInstanceState) {
  super.onCreate(savedInstanceState);
  setContentView(R.layout.activity_main);
  textView= (TextView) findViewById(R.id.textView);
  // 创建子线程并通过 start 开启线程
  new Thread(new Runnable() {
    @Override
    public void run() {
      String result = NetUtils.get("http://likedev.applinzi.com");
      Log.i("MainActivity",result);
      //给 TextView 设置文本
      //警告,不建议在子线程中修改界面。
      textView.setText(result);
    }
  }).start();
}
```

运行结果如图 6-7 所示。

虽然上面的程序没有报错，但是原则上是不允许在子线程中修改界面的。由于在 onCreate 方法中，程序还没来得及校验，因此给了我们一个可以在子线程修改 UI 的假象。把上面的操作放到按钮点击事件中来体会一下错误：

▲图 6-7 运行结果

```xml
<RelativeLayout
 ...>

  <TextView
    android:id="@+id/textView"
    .../>
  <!--定义了点击事件方法 click-->
  <Button
    android:layout_centerInParent="true"
    android:onClick="click"
    android:text="请求网络"
    android:id="@+id/button"
    android:layout_width="wrap_content"
    android:layout_height="wrap_content"
    />
</RelativeLayout>
```

点击事件代码：

```java
public void click(View v){
  // 创建子线程并通过 start 开启线程
  new Thread(new Runnable() {
    @Override
    public void run() {
      String result = NetUtils.get("http://likedev.applinzi.com");
      textView.setText(result);
    }
  }).start();
}
```

上面的代码执行就会报错了：

CalledFromWrongThreadException: Only the original thread that created a view hierarchy can touch its views.

如果子线程修改了 UI，系统会验证当前线程是不是主线程，如果不是主线程，就会终止运行。

如果子线程不能修改主线程的 UI，那么子线程需要修改 UI 时该怎么办呢？

解决方式：使用 Handler 实现子线程与主线程之间的通信。在子线程进行耗时操作，完成后通过 Handler 将更新 UI 的操作发送到主线程执行。这就叫异步。

完整代码：

```java
public class MainActivity extends AppCompatActivity {
  TextView textView;
  @Override
  protected void onCreate(Bundle savedInstanceState) {
    super.onCreate(savedInstanceState);
    setContentView(R.layout.activity_main);
    textView= (TextView) findViewById(R.id.textView);
  }
  //在主线程 new 的 Handler，就会在主线程进行后续处理。
  private Handler handler = new Handler();
  public void click(View v){
    // 创建子线程并通过 start 开启线程
    new Thread(new Runnable() {
      @Override
      public void run() {
```

```
            final String result = NetUtils.get("http://likedev.applinzi.com");
            Log.i("MainActivity",result);
            handler.post(new Runnable() {
              @Override
              public void run() {
                //在 UI 线程更新 UI
                textView.setText(result);
              }
            });
          }
      }).start();
    }
}
```

Handler 还有另一种常见的写法，实现效果和上面的一样：

```
//在主线程 new 的 Handler，就会在主线程进行后续处理
  private Handler handler = new Handler(){
      //方式 2 接受消息
      @Override
      public void handleMessage(Message msg) {
          super.handleMessage(msg);
          // 处理消息
          String result = (String) msg.obj;
          textView.setText(result);
      }
  };
  public void click(View v){
      // 创建子线程并通过 start 开启线程
      new Thread(new Runnable() {
          @Override
          public void run() {
              final String result = NetUtils.get("http://likedev.applinzi.com");
              // 方式 2
              Message message=new Message();
              message.obj=result; // 设置数据
              //发送消息
              handler.sendMessage(message);
          }
      }).start();
  }
```

Message 是线程之间传递的消息，它可以在内部传递消息，主要用于不同线程之间的交换数据。message.obj 可以传递一个 Object 对象，setData()可以设置传递的数据，message.what 字段是一个 int 类型，一般用来标记消息类型，arg1 和 arg2 两个 int 类型参数可以传递少量数据。

使用 Handler 的 sendMessage()方法，而发出的消息经过一系列辗转处理后，最终会传递到 Handler 的 handleMessage()方法中。

在 Activity 环境中，可以通过 Activity 中的 runOnUiThread 方法简写上面的代码，代码显得更加简洁：

```
public void click(View v){
   // 方式 3
   new Thread(new Runnable() {
     @Override
     public void run() {
        final String result = NetUtils.get("http://likedev.applinzi.com");
        runOnUiThread(new Runnable() {
```

```
            @Override
            public void run() {
                textView.setText(result);
            }
        });
    }
}).start();
```

下面是 runOnUiThread 方法的源码，你会发现这个方法也是通过封装 Handler 实现的，原理是一样的：

```
public final void runOnUiThread(Runnable action) {
    if (Thread.currentThread() != mUiThread) {//判断是否是主线程
        mHandler.post(action);// 通过 Handler 交给主线程执行
    } else {
        action.run();// 如果处于主线程中,直接执行
    }
}
```

6.3.2　AsycTask

在开发程序时，经常在子线程中对 UI 进行操作。

Handler 模式需要为每一个任务创建一个新的线程，任务完成后通过 Handler 实例向 UI 线程发送消息，完成界面的更新，这种方式对于整个过程的控制比较精细，但也是有缺点的，例如代码相对臃肿，在多个任务同时执行时，不易对线程进行精确的控制。

不过为了更加方便进行操作，Android 还提供了另外一些好用的工具类——android.os.AsyncTask，它使创建异步任务变得更加简单，不再需要编写任务线程和 Handler 实例即可完成相同的任务。借助 AsyncTask，即使你对异步消息处理机制完全不了解，也可以十分简单地从子线程切换到主线程。

先来看看 AsyncTask 类的定义：

```
public abstract class AsyncTask<Params, Progress, Result> {
```

首先可以看到 AsyncTask 是一个抽象类，所以如果我们想使用它，就必须创建一个子类去继承它。在继承时需要为 AsyncTask 类指定 3 个泛型参数，3 个泛型类型分别代表："启动任务执行的输入参数""后台任务执行的进度""后台计算结果的类型"。在特定场合下，并不是所有类型都被使用，如果没有被使用，可以用 java.lang.Void 类型代替。

一个异步任务的执行一般包括以下几个步骤。

（1）execute(Params... params)执行一个异步任务，需要在代码中调用此方法，触发异步任务的执行。这个方法如果不调用，后面的方法就不会执行，开发中切记不要忘记调用此方法。

（2）onPreExecute()在 execute(Params... params)被调用后立即执行，一般用来在执行后台任务前对 UI 做一些标记。这个方法在 UI 线程中执行。

（3）doInBackground(Params... params)在 onPreExecute()完成后立即执行，用于执行较为费时的操作，此方法将接收输入参数和返回计算结果。在执行过程中可以调用 publishProgress(Progress... values)来更新进度信息。这个方法在子线程中执行。耗时的操作都放在 doInBackground()方法中。

（4）onProgressUpdate(Progress... values)在调用 publishProgress(Progress... values)时被执行，直接将进度信息更新到 UI 组件上。

（5）onPostExecute(Result result)在后台操作结束时将会被调用，计算结果将做为参数传递到此方法中，直接将结果显示到 UI 组件上。这个方法在 UI 线程中执行。

介绍了这么多，大家可能会有点不明觉厉的感觉，接下来以例子来演示下：

```java
public class AsycTaskActivity extends AppCompatActivity {
  Button button;
  @Override
  protected void onCreate(Bundle savedInstanceState) {
    super.onCreate(savedInstanceState);
    setContentView(R.layout.activity_asyc_task);
    button= (Button) findViewById(R.id.button);
    button.setOnClickListener(new View.OnClickListener() {
      @Override
      public void onClick(View v) {
        new DownloadAsycTask().execute();//执行异步任务
      }
    });
  }

  class DownloadAsycTask extends AsyncTask<Void,Integer,Boolean>{

    @Override
    protected Boolean doInBackground(Void... params) {
      //后台执行
      return null;
    }
    @Override
    protected void onPreExecute() {
      super.onPreExecute();
      // 后台任务执行前执行
    }
    @Override
    protected void onPostExecute(Boolean aBoolean) {
      super.onPostExecute(aBoolean);
      // 后台任务执行后执行
    }
    @Override
    protected void onProgressUpdate(Integer... values) {
      super.onProgressUpdate(values);
      // 更新进度
    }
  }
}
```

直接在 Activity 内部创建了一个 DownloadAsycTask，通过 Alt+Inser 快捷键，点击 Override Method 重写 4 个方法，如图 6-8 所示。

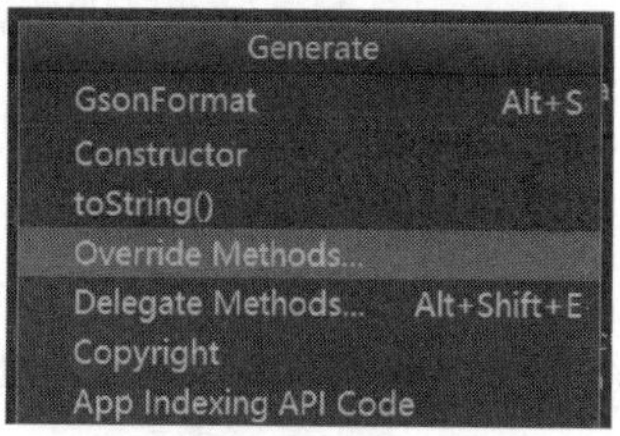

然后在按钮点击的时候执行该任务。（需要在布局文件中定义 Button，此处略掉了）

创建 DownloadAsycTask 指定了 3 个泛型参数：

第一个泛型参数指定为 Void，表示在执行该异步任务的时候不需要传递任何参数，主要体现在 doInBackground() 方法中的参数是 Void 和 execute() 方法不需要传递任何参数。

▲图 6-8 重写方法

第二个泛型参数指定为 Integer，表示使用整型数据作为进度显示单位，主要体现在 onProgressUpdate() 方法中的参数为 Integer。

第三个泛型参数指定为 Boolean，表示使用布尔型数据来反馈执行结果，主要体现在 doInBackground()方法返回值是 Boolean 和 onPostExecute()方法中的参数是 Boolean 类型。

目前我们自定义的 DownloadAsycTask 还是一个空任务，并不能进行任何实际操作，我们还需要实现具体的方法。

```java
class DownloadAsycTask extends AsyncTask<Void,Integer,Boolean>{

    @Override
    protected Boolean doInBackground(Void... params) {
        //后台执行
        for(int i=0;i<=100;i++){
            // 模拟后台耗时的操作
            try {
                Thread.sleep(50);// 休息 50 毫秒
            } catch (InterruptedException e) {
                e.printStackTrace();
                return false; //发生异常执行失败
            }
            publishProgress(i);// 更新进度
        }
        return true;
    }

    @Override
    protected void onPreExecute() {
        super.onPreExecute();
        // 后台任务执行前执行
        //创建进度条对话框,，参数为上下文,上下文必须是 Activity
        progressDialog=new ProgressDialog(AsycTaskActivity.this);
        //设置进度条对话框为水平有进度的样式。
        progressDialog.setProgressStyle(ProgressDialog.STYLE_HORIZONTAL);
        progressDialog.show();// 显示进度条对话框
    }
    @Override
    protected void onPostExecute(Boolean aBoolean) {
        super.onPostExecute(aBoolean);
        // 后台任务执行后执行
        progressDialog.dismiss();//隐藏对话框
        if(aBoolean){
            Toast.makeText(getApplicationContext(),"执行成功", Toast.LENGTH_SHORT).show();
        }
        @Override
        protected void onProgressUpdate(Integer... values) {
            super.onProgressUpdate(values);
            // 更新进度
            progressDialog.setProgress(values[0]);
        }
    }
```

上面使用了 ProgressDialog 这个组件，它在第 3 章介绍过，这是一个进度条对话框的组件，创建方法比较简单：

```java
progressDialog=new ProgressDialog(AsycTaskActivity.this);
```

需要注意的是，创建 Dialog 传递的参数必须是 Activity，其他类型的上下文，如 getApplicationContext()是不行的，会报错。因为 Dialog 比较特殊，需要指定挂载的 Activity。

ProgressDialog 默认是圆形没有进度的样式，通过 setProgressStyle 方法可以改成水平有进度的样式。

还有如下常用的方法：
- show() 显示 Dialog；
- dismiss() 隐藏 Dialog；
- setProgress() 设置进度。

介绍完了 ProgressDialog，再回过头来介绍下 Download AsycTask 中具体做了什么。首先在后台任务执行前显示了进度条对话框，然后模拟了后台耗时的操作（一般下载任务是比较耗时的），通过 publishProgress 实时提交给 UI 线程更新进度条对话框的进度。当后台任务执行完成就会调用 onPostExecute() 在方法里隐藏进度。

点击按钮，来看看运行结果，如图 6-9 所示。

▲图 6-9 执行结果

6.3.3 RxJava

最近 RxJava 越来越火了，但是对于新手来说，上手还是有点困难，这一节我们先简单介绍下 Rxjava，后面在使用的时候会陆续介绍相关知识。

首先来了解下什么是 RxJava。

本书专门把 Rxjava 放到这一节，证明它肯定和异步有关系，没错，Rxjava 的核心就是异步。RxJava 在 GitHub 主页上的自我介绍是 "a library for composing asynchronous and event-based programs using observable sequences for the Java VM"（一个在 Java VM 上使用可观测的序列来组成异步的、基于事件的程序的库）。

RxJava 和 AsycTask 不同之处主要体现在写法上，它相对于其他的异步操作的优势就是随着程序逻辑变得越来越复杂，它依然能够保持简洁。越深入了解 RxJava，就会越知道它的强大之处，其扩展性非常强大，其实这也不是我们第一次介绍 RxJava 了，在 4.33 节介绍 RxPermissions 的时候，就使用了 RxJava，RxPermissions 就是在 RxJava 基础上扩展的。

接下来演示如何使用 RxJava，还是通过之前访问网络的例子来演示一下。

首先需要在 app/build.gradle 文件中引入 RxJava 和 RxAndroid 的依赖：

```
dependencies {
   ...
   compile 'io.reactivex:rxandroid:1.2.1'
   compile 'io.reactivex:rxjava:1.1.6'
}
```

然后，开始处理点击事件：

```
public void click(View v){
```

```
    //传递字符串参数
    Observable.just("http://likedev.applinzi.com")
        //规定请求在子线程
        .subscribeOn(Schedulers.io())
        .map(new Func1<String, String>() {
            // 把字符串参数转换成字符串结果
            @Override
            public String call(String s) {
                return NetUtils.get(s);
            }
        })
        //指定 Subscriber 的回调发生在主线程
        .observeOn(AndroidSchedulers.mainThread())
        .subscribe(new Action1<String>() {
            //请求完成回调
            @Override
            public void call(String s) {
                textView.setText(s);
            }
        }, new Action1<Throwable>() {
            // 处理异常
            @Override
            public void call(Throwable throwable) {
                throwable.printStackTrace();
            }
        });
}
```

接下来分析上面的代码。

1. Observable

首先，Observable 是 rx 包下的，一定不要导错包：

```
import rx.Observable;
```

上面的 Observable 通过静态方法 just 创建，传递了请求地址的参数。常见的创建方法还有 from、create 等，只是传入的参数类型有区别。如果同时处理多个独立的请求连接，可以通过 just 依次填入每个请求地址，或者通过 from 方法直接传入数组对象创建。如下：

```
Observable.just("http://likedev.applinzi.com","http://www.baidu.com")
....

// 或者------------
String[] str=new String[]{"http://likedev.applinzi.com","http://www.baidu.com"};
//传递字符串参数
Observable.from(str)
....
```

如果创建 Observable 同时传入多个参数，RxJava 会依次执行多遍后面的操作，如图 6-10 所示。

2. Schedulers

既然是异步操作，就需要了解下 RxJava 是如何切换的线程。

在 RxJava 中，Scheduler ——调度器，相当于线程控制器，RxJava 通过它来指定每一段代码应该运行在什么样的线程中。RxJava 已经内置了几个 Scheduler，可以适应绝大多数的使用场景。

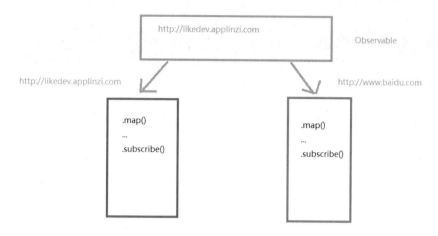

▲图 6-10　传入多个参数

- Schedulers.immediate()：直接在当前线程运行，相当于不指定线程。这是默认的 Scheduler。
- Schedulers.newThread()：总是启用新线程，并在新线程执行操作。
- Schedulers.io()：I/O 操作（读写文件、读写数据库、网络信息交互等）所使用的 Scheduler。行为模式和 newThread() 差不多，区别在于 io() 的内部实现是用一个无数量上限的线程池，可以重用空闲的线程，因此多数情况下 io() 比 newThread() 更有效率。不要把计算工作放在 io() 中，这样可以避免创建不必要的线程。
- Schedulers.computation()：计算所使用的 Scheduler。这个计算指的是 CPU 密集型计算，即不会被 I/O 等操作限制性能的操作，例如图形的计算。这个 Scheduler 使用的固定的线程池，大小为 CPU 核数。不要把 I/O 操作放在 computation() 中，否则 I/O 操作的等待时间会浪费 CPU。
- 另外，Android 还有一个专用的 AndroidSchedulers.mainThread()，它指定的操作将在 Android 主线程运行。

上面代码中的 subscribeOn(Schedulers.io()) 表示 RxJava 事件创建和之后连接网络都在子线程中，observeOn(AndroidSchedulers.mainThread()) 指定了之后的 Subscriber 的回调发生在主线程。说的通俗点，假如把程序比作运行中的汽车，线程比作行驶的公路，subscribeOn 指定了我们一开始运行的公路，observeOn 表示是否要变道。subscribeOn 只是第一次配置有效，多了也没用；而 observeOn 可以配置多次，一般情况下，如果下个方法需要切换线程，就可以通过 observeOn 在之前指定。

3. 转换方法

转换方法很不好理解。上面代码就使用转换方法 map()。

最一开始我们通过 just 方法传递了字符串参数，传递到了 Func1 的 call() 方法中了。Func1 的两个泛型指定了从什么类型转换成什么类型，有时候操作的结果不一定是字符串，就可以通过泛型指定转换后类型，返回的结果就会向下继续传递。

当然，转换方法不止 map() 一个，还有 flatMap()，它更不好理解，用到了再给大家详细介绍。

6.4 网络请求实例

讲了上面这么多,大家应该知道如何请求网络了。接下来给大家演示真实的请求案例。网上有很多免费实用的 API,下面就来演示其中一个——查询号码归属地:https://www.juhe.cn/ docs/api/id/11。

首先,需要注册聚合账号,填写完整的个人信息,这样就可以申请接入数据,获取 AppKey,一般情况下,使用第三方的 API 都需要类似的 AppKey。接入数据后,Appkey 就会显示在个人中心——我的数据中,如图 6-11 所示。

图 6-11 AppKey

具体怎么请求呢?其实页面中介绍的很详细了。如图 6-12 所示,页面上包括请求地址、请求方式、请求参数,甚至示例代码都提供了。

▲图 6-12 API 详情

请求地址、请求方式和具体参数都告诉我们了。接下来,就来看看具体实现。
首先创建新的 Activity——MobileActivity,并设置成程序默认启动的 Activity。
再来搭建界面,先看效果图,如图 6-13 所示。

6.4 网络请求实例

▲图 6-13 效果图

输入完电话号码后，点击查询按钮就会把电话号码归属地显示在中间的 TextView 中。
布局代码：

```xml
<?xml version="1.0" encoding="utf-8"?>
<RelativeLayout
 xmlns:android="http://schemas.android.com/apk/res/android"
 xmlns:tools="http://schemas.android.com/tools"
 android:layout_width="match_parent"
 android:layout_height="match_parent"
 android:paddingBottom="@dimen/activity_vertical_margin"
 android:paddingLeft="@dimen/activity_horizontal_margin"
 android:paddingRight="@dimen/activity_horizontal_margin"
 android:paddingTop="@dimen/activity_vertical_margin"
 tools:context="com.baidu.chapter6.section4.MobileActivity">

 <EditText
   android:layout_width="match_parent"
   android:layout_height="wrap_content"
   android:inputType="phone"
   android:ems="10"
   android:id="@+id/editText"
 />
 <Button
   android:layout_width="wrap_content"
   android:layout_height="wrap_content"
   android:text="查询"
   android:id="@+id/button"
   android:layout_below="@+id/editText"
   android:layout_alignParentLeft="true"
   android:layout_alignParentStart="true"/>

 <TextView
   android:layout_width="wrap_content"
   android:layout_height="wrap_content"
   android:textAppearance="?android:attr/textAppearanceLarge"
   android:text="号码归属地"
```

```xml
        android:id="@+id/textView"
        android:layout_centerVertical="true"
        android:layout_centerHorizontal="true"/>
</RelativeLayout>
```

Java 代码：

```java
public class MobileActivity extends AppCompatActivity implements View.OnClickListener {
    TextView textView;
    Button button;
    EditText editText;
    @Override
    protected void onCreate(Bundle savedInstanceState) {
        super.onCreate(savedInstanceState);
        setContentView(R.layout.activity_mobile);
        textView= (TextView) findViewById(R.id.textView);
        button= (Button) findViewById(R.id.button);
        editText= (EditText) findViewById(R.id.editText);
        button.setOnClickListener(this);
    }
    Handler handler=new Handler();
    @Override
    public void onClick(View v) {
        new Thread(new Runnable() {
            @Override
            public void run() {
                HttpURLConnection conn = null;
                try {
                    String url="http://apis.juhe.cn/mobile/get";
                    String num = editText.getText().toString().trim();
                    url=url+"?phone="+num+"&key=e6d7409002af0588ba8679910833659f";
                    // 利用string url 构建URL 对象
                    URL mURL = new URL(url);
                    conn = (HttpURLConnection) mURL.openConnection();
                    conn.setRequestMethod("GET");
                    conn.setReadTimeout(5000);
                    conn.setConnectTimeout(10000);

                    int responseCode = conn.getResponseCode();
                    if (responseCode == 200) {
                        InputStream is = conn.getInputStream();
                        final String response = getStringFromInputStream(is);
                        Log.i("MobileActivity",response);
                        handler.post(new Runnable() {
                            @Override
                            public void run() {
                                textView.setText(response);
                            }
                        });
                    } else {
                        throw new NetworkErrorException("response status is "+responseCode);
                    }
                } catch (Exception e) {
                    e.printStackTrace();
                } finally {
                    if (conn != null) {
                        conn.disconnect();
                    }
                }
            }
```

```
        }
    }).start();
}
// 把 InputStream 转换成 String
private static String getStringFromInputStream(InputStream is)
        throws IOException {
    ByteArrayOutputStream os = new ByteArrayOutputStream();
    // 模板代码 必须熟练
    byte[] buffer = new byte[1024];
    int len = -1;
    while ((len = is.read(buffer)) != -1) {
        os.write(buffer, 0, len);
    }
    is.close();
    // 把流中的数据转换成字符串,采用的编码是 utf-8(模拟器默认编码)
    String state = os.toString();
    os.close();
    return state;
}
```

如图 6-14 所示，参数 phone 就是正常请求的参数，也就是我们查询的手机号，Get 请求就会把参数拼装到 URL 后面，以？号间隔，有多个参数，参数之间用&间隔，还需要 key 参数来添加我们自己申请的 Appkey：

名称	类型	必填	说明
phone	int	是	需要查询的手机号码或手机号码前7位
key	string	是	应用APPKEY(应用详细页查询)
dtype	string	否	返回数据的格式,xml或json,默认json

▲图 6-14 参数

```
String url="http://apis.juhe.cn/mobile/get";
String num = editText.getText().toString().trim();
url=url+"?phone="+num+"&key=e6d7409002af0588ba8679910833659f";
```

来看看运行结果，如图 6-15 所示。

这个结果显然不是我们希望得到的。我们仅仅是想显示号码所在的城市，怎么显示这么多不相干的信息呢？其上面显示的什么信息呢？上面返回的信息就是 JSON 文本，这个接口为了满足更多人使用，返回的信息非常多，包括城市、省份、区号、错误信息等，为了更方便地区分这些信息，一般定义成 JSON 文本。一般在公司开发 App，后台程序员都会提供接口，告诉你返回 JSON 的格式。我们用的这个 Api 也告诉我们了，如图 6-16 所示。

每个参数代表的具体含义也有说明，如图 6-17 所示。

返回的信息还是很多的，city 这个值我们比较关心，它指的就是当前电话号码的归属地。showapi_res_error 字段对应的信息就是错误信息，比如号码有问题之类的。

如何把对应的信息解析出来呢？这样就用到了马上要讲的知识 JSON 解析。

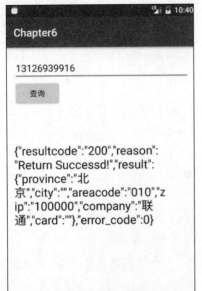

▲图 6-15　运行结果

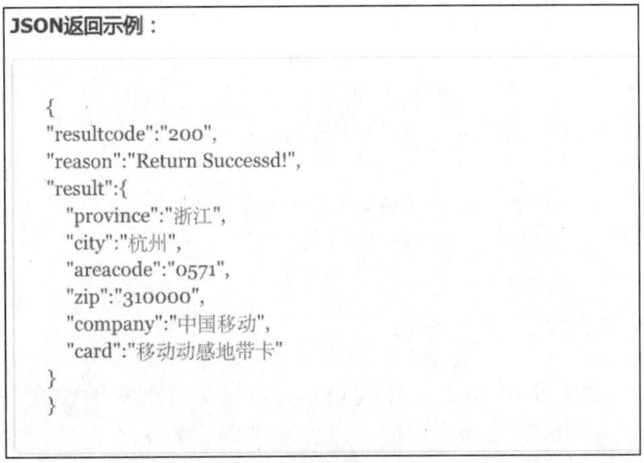

JSON返回示例：

```
{
"resultcode":"200",
"reason":"Return Successd!",
"result":{
    "province":"浙江",
    "city":"杭州",
    "areacode":"0571",
    "zip":"310000",
    "company":"中国移动",
    "card":"移动动感地带卡"
}
}
```

▲图 6-16　JSON 返回实例

返回参数说明：

名称	类型	说明
error_code	int	返回码
reason	string	返回说明
result	string	返回结果集
province	string	省份
city	string	城市
areacode	string	区号
zip	string	邮编
company	string	运营商
card	string	卡类型

▲图 6-17　参数说明

6.5　JSON 解析

　　JSON 是一种轻量级的数据格式，一般用于数据交互。

　　Android 交互数据主要有两种方式：JSON 和 XML，XML 格式的数据量要比 JSON 格式略大，为了节省流量，减轻服务器压力，目前绝大多数公司都使用 JSON 交互。

6.5.1 使用 Android 原生方式解析 JSON

JSON 主要通过"{ }" 和 "[ ]" 包裹数据,"{ }"里面存放 key-value 键值对,"[ ]" 里存放数组。标准的 JSON 格式 key 必须用双引号。下面都是 JSON:

```
{"name" : "jack", "age" : 10}

{"names" : ["jack", "rose", "jim"]}

[{"name" : "jack", "age" : 10},{"name" : "rose", "age" : 11}]
```

要想从 JSON 中挖掘出具体数据,得对 JSON 进行解析。接下来分别看看 3 个不同的 JSON 是如何解析的,创建 ParserJsonActivity,设置成启动的 Activity,添加代码:

```java
public void parseJson1(){
    String json1="{\"name\" : \"jack\", \"age\" : 10}";
    try {
        //把要解析的json通过构造方法告诉JSONObject
        JSONObject jsonObject=new JSONObject(json1);
        // 获取name
        String name=jsonObject.getString("name");
        int age=jsonObject.getInt("age");
        Log.i("ParserJsonActivity","name:"+name);
        Log.i("ParserJsonActivity","age:"+age);
    } catch (JSONException e) {
        e.printStackTrace();
    }
}

public void parseJson2(){
    String json2="{\"names\" : [\"jack\", \"rose\", \"jim\"]}";
    try {
        //把要解析的json通过构造方法告诉JSONObject
        JSONObject jsonObject=new JSONObject(json2);
        //names 对应的 JsonArray
        JSONArray jsonArray=jsonObject.getJSONArray("names");
        //遍历 JSONArray
        for(int i=0;i<jsonArray.length();i++){
            Log.i("ParserJsonActivity","name"+i+":"+jsonArray.getString(i));
        }
    } catch (JSONException e) {
        e.printStackTrace();
    }
}

public void parseJson3(){
    String json3="[{\"name\" : \"jack\", \"age\" : 10},{\"name\" : \"rose\", \"age\" : 11}]";
    try {
        //把要解析的json通过构造方法告诉JSONArray
        JSONArray jsonArray=new JSONArray(json3);
        //遍历 JSONArray
        for(int i=0;i<jsonArray.length();i++){
            //根据 i 的位置获取 JSONObject
            JSONObject jsonObject = jsonArray.getJSONObject(i);
```

```
        String name = jsonObject.getString("name");
        int age=jsonObject.getInt("age");
        Log.i("ParserJsonActivity","name"+i+":"+name);
        Log.i("ParserJsonActivity","age"+i+":"+age);
      }
    } catch (JSONException e) {
      e.printStackTrace();
    }
  }
}
```

上面的代码主要使用了 JSONObject 和 JSONArray。

当遇到"{ }"时用 JSONObject 解析，遇到"[ ]"时用 JSONArray 解析。

分别运行下 3 个方法，看看结果，如图 6-18 所示：

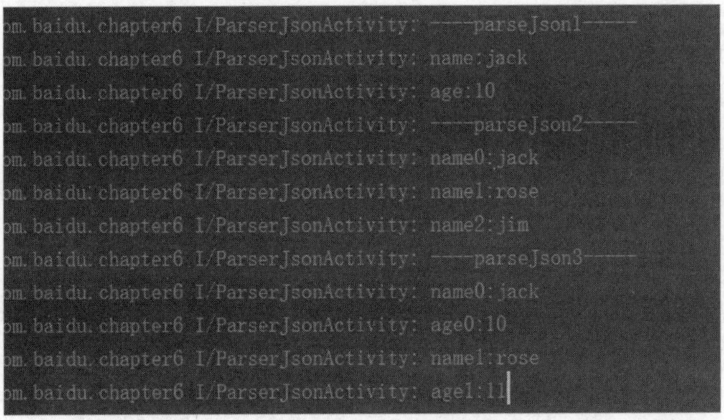

▲图 6-18　运行结果

```
@Override
protected void onCreate(Bundle savedInstanceState) {
  super.onCreate(savedInstanceState);
  setContentView(R.layout.activity_parser_json);
  //为了方便观察结果,用华丽的分割线分开
  Log.i("ParserJsonActivity","----parseJson1-----");
  parseJson1();
  Log.i("ParserJsonActivity","----parseJson2-----");
  parseJson2();
  Log.i("ParserJsonActivity","----parseJson3-----");
  parseJson3();
}
```

通过图 6-18 可以看到想要的数据全部都获取到了。

6.5.2　Gson 的使用

如果你认为使用 JSONObject 和 JSONArray 来解析 JSON 数据已经非常简单了，那你就太容易满足了。Google 提供的 Gson 开源库可以让解析 JSON 的工作变得更加简单！

由于 Gson 开源库并不是 Android SDK 自带的，所以需要在 app/build.gradle 文件中添加 Gson 开源库依赖，我们不是第一次这么做了，想必大家应该很熟悉了。

6.5 JSON 解析

点击顶部菜单工程结构条目 ▦，选择 app→Dependencies→add Library→搜索 gson，给当前程序添加 Gson 依赖，如图 6-19 所示。

▲图 6-19 添加 Gson 依赖

或者直接在 app/buid.gradle 文件中添加依赖：

```
dependencies {
  ...
  compile 'com.google.code.gson:gson:2.8.0'
}
```

Gson 是基于事件驱动的，根据所需要取的数据建立一个对应于 JSON 数据的 JavaBean 类，就可以通过简单的操作解析出所需 JSON 数据。

步骤 1：创建一个与 JSON 数据对应的 JavaBean 类（用作存储需要解析的数据）。

Gson 解析的关键是要根据 JSON 数据里面的结构写出一个对应的 JavaBean，规则如下。

（1）JSON 的大括号对应一个对象，对象里面有 key 和 value（值）。在 JavaBean 里面的类属性要和 key 同名。

（2）JSON 的方括号对应一个数组，所以在 JavaBean 里面对应的也是数组或者集合，数据里面可以有值或者对象。

（3）如果数组里面只有值没有 key，就说明它只是一个纯数组；如果里面有值有 key，则说明是对象数组。纯数组对应 JavaBean 里面的数组类型，对象数组要在 Bean 里面建立一个内部类，类属性就是对应的对象里面的 key，建立了之后要创建一个这个内部类的对象，名字对应数组名。

（4）对象里面嵌套对象时，也要建立一个内部类，和对象数组一样，这个内部类对象的名字就是父对象的 key。

注：JavaBean 类里的属性不一定要全部和 JSON 数据里的所有 key 相同，可以按需取数据，也就是想要哪种数据，就把对应的 key 属性写出来，注意名字一定要对应。

接下来看下面两条 JSON 数据按照上面的规则应该如何生成 JavaBean 对象：

```
{"name" : "jack", "age" : 10}

{"names" : ["jack", "rose", "jim"]}
```

第一个，创建 Person1.java，直接定义 String name 和 int age 就可以了，其中 name 和 age 的名字和 JSON 中的键值对应：

```java
/**
 * {"name" : "jack", "age" : 10}
 */
public class Person1 {
  private String name;
  private int age;

  public String getName() {
    return name;
  }
  public void setName(String name) {
    this.name = name;
  }
  public int getAge() {
    return age;
  }

  public void setAge(int age) {
    this.age = age;
  }
}
```

第二个，创建 Person2.java，因为里面有"[ ]"，需要用 Java 中的集合表示，所以创建 List<String> names，names 和 JSON 中的键值对应：

```java
/**
 * {"names" : ["jack", "rose", "jim"]}
 */
public class Person2 {

  private List<String> names;

  public List<String> getNames() {
    return names;
  }

  public void setNames(List<String> names) {
    this.names = names;
  }
}
```

再来看看使用如何 Gson 解析，主要方法为：fromJson()，创建 UseGsonActivity.java，添加代码：

```java
public void useGsonParser1(){
  String json1="{\"name\" : \"jack\", \"age\" : 10}";
```

6.5 JSON 解析

```
    Gson gson=new Gson();
    //把json数据解析成Person1对象
    Person1 person1 = gson.fromJson(json1, Person1.class);
    Log.i("UseGsonActivity","name:"+person1.getName());
    Log.i("UseGsonActivity","age:"+person1.getAge());
}
public void useGsonParser2(){
    String json2="{\"names\" : [\"jack\", \"rose\", \"jim\"]}";
    Gson gson=new Gson();
    Person2 person2=gson.fromJson(json2,Person2.class);
    List<String> names = person2.getNames();
    for(int i=0;i<names.size();i++){
        Log.i("UseGsonActivity","name"+i+":"+names.get(i));
    }
}
```

细心的读者会发现，之前使用 JSONObject 和 JSONArray 解析了 3 条数据，而我们并没有使用 GSON 解析最后一条：

[{"name" : "jack", "age" : 10},{"name" : "rose", "age" : 11}]

最后一条比较特殊，是以"[ ]"开头的，因为大括号{ } 代表的是对象，中括号[]代表的是集合或者数组，而{ }里面的对象和第一条一样，所以 JavaBean 直接使用 Person1 就行了，只不过返回的是一个集合或者数组。需要借助 TypeToken，具体代码如下：

```
public void useGsonParser3(){
    String json3="[{\"name\" : \"jack\", \"age\" : 10},{\"name\" : \"rose\", \"age\" : 11}]";
    Gson gson=new Gson();
    List<Person1> person2=gson.fromJson(json3,new TypeToken<ArrayList<Person1>>(){}.getType());
    for(int i=0;i<person2.size();i++){
        //根据i的位置获取JSONObject
        Person1 person1 = person2.get(i);
        String name = person1.getName();
        int age=person1.getAge();
        Log.i("UseGsonActivity","name"+i+":"+name);
        Log.i("UseGsonActivity","age"+i+":"+age);
    }
}
```

调用上面的 3 段代码：

```
@Override
protected void onCreate(Bundle savedInstanceState) {
    super.onCreate(savedInstanceState);
    setContentView(R.layout.activity_use_gson);
    //为了方便观察结果,用华丽的分割线分开
    Log.i("UseGsonActivity","----parseJson1-----");
    useGsonParser1();
    Log.i("UseGsonActivity","----parseJson2-----");
    useGsonParser2();
    Log.i("UseGsonActivity","----parseJson3-----");
    useGsonParser3();
}
```

运行结果如图 6-20 所示。

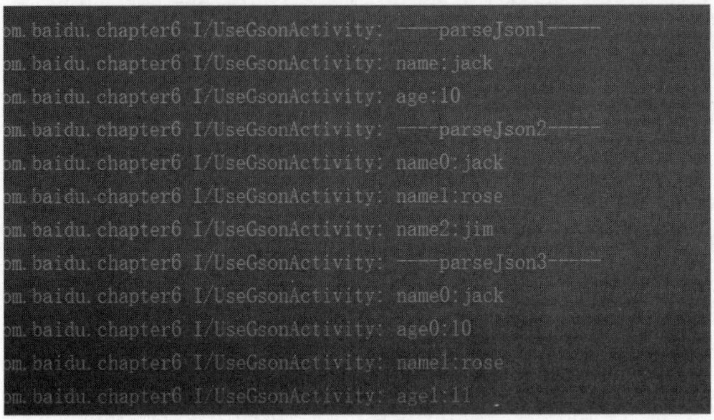

第6章 网络编程

▲图 6-20 运行结果

想要的数据依然全部都获取到了。

6.5.3 插件 GsonFormat 快速实现 JavaBean

上面内容介绍了使用 Gson 开源库解析 JSON 数据，读者可能会发现虽然解析代码比较简单，但是还需要自己按照规则写一个 JavaBean。好消息来了，通过 Android Studio 插件，甚至不需要再手动写 JavaBean，就能立刻完成。

首先需要安装 GsonFormat，安装方式如下。

（1）选择 Android Studio File->Settings..->Plugins–>Browse repositores..搜索 GsonFormat，如图 6-21 所示。

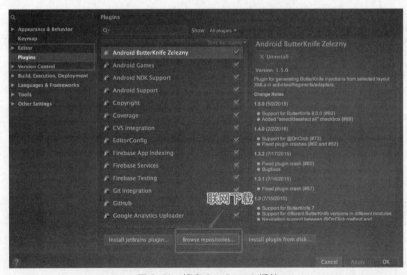

▲图 6-21 搜索 GsonFormat 插件

（2）如图 6-22 所示，安装插件，重启 Android Studio。

重启完了，接下来就是见证奇迹的时刻了。

6.5 JSON 解析

▲图 6-22 安装 GsonFormat 插件

以之前号码归属地的 JSON 为例,让大家看看如何快速生成 JavaBean:

```
{
"resultcode":"200",
"reason":"Return Successd!",
"result":{
  "province":"浙江",
  "city":"杭州",
  "areacode":"0571",
  "zip":"310000",
  "company":"中国移动",
  "card":"移动动感地带卡"
}
}
```

使用方式:在实体类中使用 Generate 的快捷键。默认快捷键为 Alt+Insert,如图 6-23 所示。

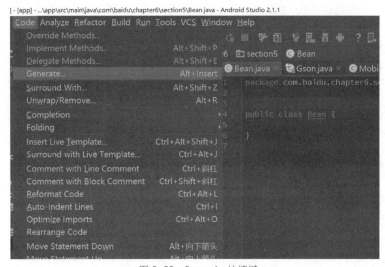

▲图 6-23 Generate 快捷键

选择 GsonFormat，如图 6-24 所示。

把 JSON 数据粘贴进去。然后连续点击 OK，就会自动生成想要的 JavaBean，如图 6-25 所示。

▲图 6-24　GsonFormat 使用

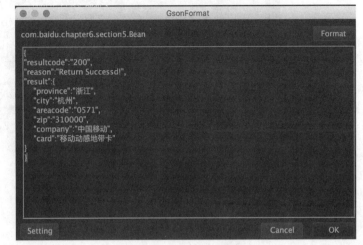
▲图 6-25　GsonFormat 使用

使用 GsonFormat 可以极大地提高开发的效率，让人有一种如沐春风的感觉。

6.5.4　完成请求实例

学习完了 JSON 解析，也介绍了 Gson 框架的使用。接下来，我们就可以把 6.4 节的实例完成了。下面是完整的 MobileActivity 的代码：

```java
public class MobileActivity extends AppCompatActivity implements View.OnClickListener {
    TextView textView;
    Button button;
    EditText editText;
    @Override
    protected void onCreate(Bundle savedInstanceState) {
        super.onCreate(savedInstanceState);
        setContentView(R.layout.activity_mobile);
        textView= (TextView) findViewById(R.id.textView);
        button= (Button) findViewById(R.id.button);
        editText= (EditText) findViewById(R.id.editText);
        button.setOnClickListener(this);

        //监听文本变化
        editText.addTextChangedListener(new TextWatcher() {
            // 文本变化前
            @Override
            public void beforeTextChanged(CharSequence s, int start, int count, int after) {

            }
            // 文本变化
            @Override
            public void onTextChanged(CharSequence s, int start, int before, int count) {
                String num=s.toString();
```

6.5 JSON 解析

```java
            if(num.length()>7){
              //TODO .... 调用网络请求代码
            }
          }
          // 文本变化后
          @Override
          public void afterTextChanged(Editable s) {

          }
      });
    }
    Handler handler=new Handler();
    @Override
    public void onClick(View v) {
      new Thread(new Runnable() {
        @Override
        public void run() {
          HttpURLConnection conn = null;
          try {
            String url="http://apis.juhe.cn/mobile/get";
            String num = editText.getText().toString().trim();
            url=url+"?phone="+num+"&key=e6d7409002af0588ba8679910833659f";
            // 利用 string url 构建 URL 对象
            URL mURL = new URL(url);
            conn = (HttpURLConnection) mURL.openConnection();
            conn.setRequestMethod("GET");
            conn.setReadTimeout(5000);
            conn.setConnectTimeout(10000);

            int responseCode = conn.getResponseCode();
            if (responseCode == 200) {
              InputStream is = conn.getInputStream();
              String response = getStringFromInputStream(is);
              Log.i("MobileActivity",response);
              //解析 JSON
              final String address=parJson(response);
              handler.post(new Runnable() {
                @Override
                public void run() {
                  textView.setText(address);
                }
              });
            } else {
              throw new NetworkErrorException("response status is "+responseCode);
            }
          } catch (Exception e) {
            e.printStackTrace();
          } finally {
            if (conn != null) {
              conn.disconnect();
            }
          }
        }
      }).start();
    }
    // 参考 6.5 节
    private String parJson(String response) {
      Gson gson=new Gson();
      Bean bean=gson.fromJson(response, Bean.class);
      // 如果结果码为 200, 返回号码归属地
      if("200".equals(bean.getResultcode())) {
        Bean.ResultBean body = bean.getResult();
```

```java
        StringBuilder sb=new StringBuilder();
        //如果省份不为空 ，地址拼装省份
        if(!TextUtils.isEmpty(body.getProvince())){
           sb.append(body.getProvince());
        }
        // 城市
        if(!TextUtils.isEmpty(body.getCity())){
           sb.append(body.getCity());
        }

        return sb.toString();
    }else{
        // 状态码不为200 返回错误信息
        return bean.getReason();
    }
}

// 把 InputStream 转换成 String
private static String getStringFromInputStream(InputStream is)
    throws IOException {
    ByteArrayOutputStream os = new ByteArrayOutputStream();
    // 模板代码 必须熟练
    byte[] buffer = new byte[1024];
    int len = -1;
    while ((len = is.read(buffer)) != -1) {
       os.write(buffer, 0, len);
    }
    is.close();
    // 把流中的数据转换成字符串,采用的编码是 utf-8(模拟器默认编码)
    String state = os.toString();
    os.close();
    return state;
  }
}
```

运行结果如图 6-26 所示。

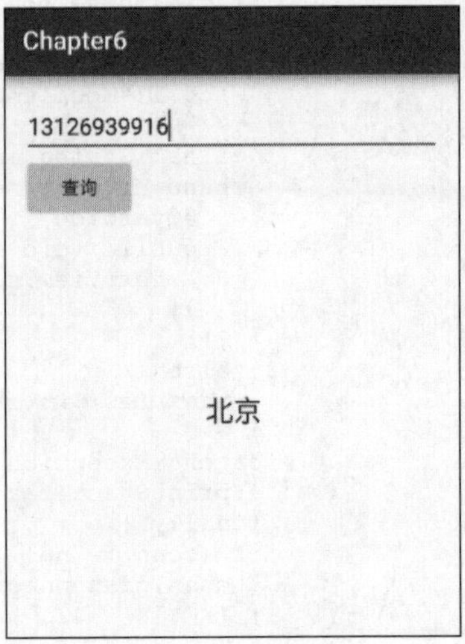

众所周知，手机号码有 11 位，其中通过前七位，就可以确定号码运营商和归属地了。

有读者会认为，每次都要输入完号码点击按钮才能查询，体验不是很好。其实我们可以稍微改下代码，就可以实现一边输入一边自动查询。

核心方法：EditText.addTextChangedListener，通过该方法就可以监听 EditText 文本内容的变化：

```java
protected void onCreate(Bundle savedInstanceState) {
  super.onCreate(savedInstanceState);
  setContentView(R.layout.activity_mobile);
  ...
  editText= (EditText) findViewById(R.id.editText);
  //监听文本变化
  editText.addTextChangedListener(new TextWatcher() {
     // 文本变化前
     @Override
     public void beforeTextChanged(CharSequence s, int start, int count, int after) {

     }
     // 文本变化
```

▲图 6-26 运行结果

```java
    @Override
    public void onTextChanged(CharSequence s, int start, int before, int count) {
        String num=s.toString();
        if(num.length()>7){
            //TODO  .... 调用网络请求代码
        }
    }
    // 文本变化后
    @Override
    public void afterTextChanged(Editable s) {

    }
});
}
```

6.6 网络请求框架——Retrofit

之前进行网络请求并没有用任何框架，实际开发过程中一般都会选择一些网络框架提升开发效率。随着 Google 对 HttpClient 摒弃和 Volley 框架的逐渐没落，OkHttp 开始异军突起，而 Retrofit 则对 OkHttp 进行了强制依赖，可以简单理解为 Retroifit 在 OKHttp 基础上进一步完善。

Retrofit 是由 Square 公司出品的针对 Android 和 Java 的类型安全的 Http 客户端，目前推出了 2.0+的版本。

6.6.1 使用 Retrofit

接下来学习如何使用 Retrofit。

首先需要在 app/build.gradle 添加依赖：

```
dependencies {
  //...
  //retrofit
  compile 'com.squareup.retrofit2:retrofit:2.1.0'
  //如果用到 gson 解析， 需要添加下面的依赖
  compile 'com.squareup.retrofit2:converter-gson:2.1.0'
}
```

继续以之前求号码归属地的接口演示。

Retrofit 不能直接使用，需要进行初始化，在这里创建 NetWork.java：

```java
public class NetWork {
  private static Retrofit retrofit;

  /**返回 Retrofit*/
  public static Retrofit getRetrofit(){
    if(retrofit==null){
      Retrofit.Builder builder = new Retrofit.Builder();//创建 Retrofit 构建器
      retrofit = builder.baseUrl("http://apis.juhe.cn/")  //指定网络请求的 baseUrl
        .addConverterFactory(GsonConverterFactory.create())//返回的数据通过 Gson 解析
        .build();
    }
    return retrofit;
  }
}
```

Retrofit 需要指定 baseUrl，往往一个项目中有很多接口，接口都使用相同的服务器地址，这时候可以把接口地址相同的部分抽取到 baseUrl 中，Retrofit 扩展性极好，可以指定返回的数据通过 Gson 解析，前提需要保证项目中有 Gson 框架和 com.squareup.retrofit2:converter-gson:2.1.0 的依赖。除了通过 Gson 解析，还可以使用其他的方式解析，需要的依赖也不同，有如下几种：

- Gson: com.squareup.retrofit:converter-gson；
- Jackson: com.squareup.retrofit:converter-jackson；
- Moshi: com.squareup.retrofit:converter-moshi；
- Protobuf: com.squareup.retrofit:converter-protobuf；
- Wire: com.squareup.retrofit:converter-wire；
- Simple XML: com.squareup.retrofit:converter-simplexml。

Retrofit 需要把 Http 的请求接口封装到一个接口文件中：

```
public interface NetInterface {
    //获取号码归属地，返回的类型是 Bean，需要两个参数分别为 phone 和 key
    @GET("mobile/get")
    Call<Bean> getAddress(@Query("phone") String phone, @Query("key") String key);
}
```

方法前添加@GET 注解表示当前请求是 Get 方式请求，链接的地址是 baseUrl+"mobile/get"，baseUrl 在初始化 Retrofit 时指定了，拼到一起就是 http://apis.juhe.cn/mobile/get。对于 Retrofit 2.0 中新的 URL 定义方式，本书有如下建议：

- baseUrl：总是以/结尾；
- URL：不要以/开头。

因为如果不是这种方式，拼装后的结果和期望的是不一样的，详情参考官方文档。

除了 Get 请求还有下面几种请求方式。

（1）@POST 表明这是 post 请求。

（2）@PUT 表明这是 put 请求。

（3）@DELETE 表明这是 delete 请求。

（4）@PATCH 表明这是一个 patch 请求，该请求是对 put 请求的补充，用于更新局部资源。

（5）@HEAD 表明这是一个 head 请求。

（6）@OPTIONS 表明这是一个 option 请求。

（7）@HTTP 通用注解，可以替换以上所有的注解，其拥有 3 个属性：method、path、hasBody。

最后的 HTTP 通用注解写法比较特殊，请求可以代替之前的请求。下面的写法和之前的@GET 效果是一样的：

```
/**
 * method 表示请的方法，不区分大小写
 * path 表示路径
 * hasBody 表示是否有请求体
 */
@HTTP(method = "get",path = "mobile/get",hasBody = false)
Call<Bean> getAddress(@Query("phone") String phone, @Query("key") String key);
```

@Quert 表示查询参数，用于 GET 查询，注解里的字符串是参数的 key 值，参数会自动拼装到 URL 后面。

除了上面的注解，再给大家介绍几种不同的注解。

6.6.2 常用的注解

@URL：使用全路径复写 baseUrl，适用于非统一 baseUrl 的场景。示例代码：

```
@GET Call<ResponseBody> XXX(@Url String url);
```

@Streaming:用于下载大文件。示例代码：

```
@Streaming @GET Call<ResponseBody> downloadFileWithDynamicUrlAsync(@Url String fileUrl);
//获取数据的代码
ResponseBody body = response.body();
long fileSize = body.contentLength();
InputStream inputStream = body.byteStream();
```

@Path：URL 占位符，用于替换和动态更新，相应的参数必须使用相同的字符串被@Path 进行注释：

```
//实际请求地址会根据参数 groupId 的值发生变化--> http://baseurl/group/groupId/users
@GET("group/{id}/users") Call<List<User>> groupList(@Path("id") int groupId);
```

@QueryMap：查询参数，和@Query 类似，区别就是后面需要 Map 集合参数。示例代码：

```
Call<List<News>> getNews((@QueryMap(encoded=true) Map<String, String> options);
```

@Body：用于 POST 请求体，将实例对象根据转换方式转换为对应的 JSON 字符串参数，这个转化方式是 GsonConverterFactory 定义的。示例代码：

```
@POST("add")
Call<List<User>> addUser(@Body User user);
```

@Field、@FieldMap：Post 方式传递简单的键值对，需要添加@FormUrlEncoded 表示表单提交：

```
@FormUrlEncoded @POST("user/edit") Call<User> updateUser(@Field("first_name") String
  first, @Field("last_name") String last);
```

@Part、@PartMap：用于 POST 文件上传，其中@Part MultipartBody.Part 代表文件，@Part("key") RequestBody 代表参数，需要添加@Multipart 表示支持文件上传的表单：

```
@Multipart
@POST("upload")
Call<ResponseBody> upload(@Part("description") RequestBody description,
          @Part MultipartBody.Part file);
```

6.6.3 完成请求案例

了解了 Retrofit，我们用 Retrofit 请求完成号码归属地查询。创建新的 Activity——MobileByRetrofitActivity，Retrofit 使用起来比较省事，核心代码如下所示：

```java
//初始化Retrofit,加载接口
NetInterface netInterface = NetWork.getRetrofit().create(NetInterface.class);
//请求接口
netInterface.getAddress(editText.getText().toString(),"e6d7409002af0588ba8679910833659f")
    .enqueue(new Callback<Bean>() {
      @Override
      public void onResponse(Call<Bean> call, Response<Bean> response) {
        //请求成功
        Bean bean = response.body();
        //...
      }

      @Override
      public void onFailure(Call<Bean> call, Throwable t) {
        //请求失败
      }
    });
```

Retrofit 会自动在子线程中进行网络请求，请求结束切换到主线程中，而且内部使用了线程池，对网络请求的缓存控制得也非常到位，网络响应速度也是很快的，使用起来非常顺畅！

下面是完整代码，也能实现号码归属地查询的功能，大家可以对比之前的代码：

```java
public class MobileByRetrofitActivity extends AppCompatActivity implements View.OnClickListener {
  TextView textView;
  Button button;
  EditText editText;
  @Override
  protected void onCreate(Bundle savedInstanceState) {
    super.onCreate(savedInstanceState);
    setContentView(R.layout.activity_mobile);
    textView= (TextView) findViewById(R.id.textView);
    button= (Button) findViewById(R.id.button);
    editText= (EditText) findViewById(R.id.editText);
    button.setOnClickListener(this);

  }
  @Override
  public void onClick(View v) {
    //初始化Retrofit,加载接口
    NetInterface netInterface = NetWork.getRetrofit().create(NetInterface.class);
    //请求接口
    netInterface.getAddress(editText.getText().toString(),"e6d7409002af0588ba8679910833659f")
        .enqueue(new Callback<Bean>() {
          @Override
          public void onResponse(Call<Bean> call, Response<Bean> response) {
            //请求成功
            Bean bean = response.body();
            if("200".equals(bean.getResultcode())) {
              Bean.ResultBean body = bean.getResult();
              StringBuilder sb=new StringBuilder();
              //如果省份不为空，地址拼装省份
              if(!TextUtils.isEmpty(body.getProvince())){
                sb.append(body.getProvince());
              }
              // 城市
              if(!TextUtils.isEmpty(body.getCity())){
                sb.append(body.getCity());
              }
              textView.setText(sb.toString());
```

```
                }else{
                    // 状态码不为200，显示错误信息
                    textView.setText(bean.getReason());
                }
            }

            @Override
            public void onFailure(Call<Bean> call, Throwable t) {
                //请求失败
            }
        });
    }
}
```

6.6.4 RxJava 和 Retrofit 结合

这一节我们又要见到 RxJava 了，RxJava 非常强大，就连 Retrofit 都自愧不如，Retrofit 也可以用 RxJava 方式进行网络请求，只需要对上一节的代码进行改造即可。

首先添加框架依赖：

```
dependencies {
//...
    compile 'io.reactivex:rxandroid:1.2.1'
    compile 'io.reactivex:rxjava:1.1.6'

    compile 'com.google.code.gson:gson:2.8.0'

    compile 'com.squareup.retrofit2:retrofit:2.1.0'
    //如果用到gson解析，需要添加下面的依赖
    compile 'com.squareup.retrofit2:converter-gson:2.1.0'
    //Retrofit 使用 RxJava 需要的依赖
    compile 'com.squareup.retrofit2:adapter-rxjava:2.1.0'

}
```

修改 Retrofit 初始化的代码：

```
public class NetWork {
    private static Retrofit retrofit;

    /**返回 Retrofit*/
    public static Retrofit getRetrofit(){
        if(retrofit==null){
            //创建Retrfit 构建器
            Retrofit.Builder builder = new Retrofit.Builder();
            //指定网络请求的 baseUrl
            retrofit = builder.baseUrl("http://apis.juhe.cn/")
                    //返回的数据通过 Gson 解析
                    .addConverterFactory(GsonConverterFactory.create())
                    //使用 RxJava 模式
                    .addCallAdapterFactory(RxJavaCallAdapterFactory.create())
                    .build();
        }
        return retrofit;
    }
}
```

通过添加代码 addCallAdapterFactory(RxJavaCallAdapterFactory.create()) 就变成了使用 RxJava 模式。

接口也需要修改：

```java
public interface NetInterface {
    //获取号码归属地，返回来类型是 Bean，需要两个参数分别为 phone 和 key
    @GET("mobile/get")
    Observable<Bean> getAddress(@Query("phone") String phone, @Query("key") String key);
}
```

把方法的返回值类型由 Call 改成了 Observable。

接下来修改最终网络请求的代码，可以改成 RxJava 方式了。修改 MobileByRetrofitActivity 代码：

```java
public void onClick(View v) {
    //初始化 Retrofit,加载接口
    NetInterface netInterface = NetWork.getRetrofit().create(NetInterface.class);
    //RxJava 方式
    netInterface.getAddress(editText.getText().toString(),"e6d7409002af0588ba8679910833659f")
        .subscribeOn(Schedulers.io())//设置网络请求在子线程中
        .observeOn(AndroidSchedulers.mainThread())// 回调在主线程中
        .subscribe(new Action1<Bean>() {
            @Override
            public void call(Bean bean) {
                //请求成功
            }
        }, new Action1<Throwable>() {
            @Override
            public void call(Throwable throwable) {
                //请求失败
            }
        });
}
```

RxJava 方式是比较流行的方式，不过千万不要忘了通过 subscribeOn 和 observeOn 方法控制线程的切换。

Retrofit 框架还是比较强大的，强烈建议大家熟练运用。

6.7 WebView

在实际开发过程中，有时候需要显示一个网页，可以通过隐式意图打开浏览器，交给浏览器去显示，也可以在程序中用 WebView 组件显示。

首先创建 WebViewActivity，并直接生成 activity_web_view.xml。为了方便观察，修改程序首先启动的界面为 WebViewActivity。

先来看看布局的写法，activity_web_view.xml：

```xml
<?xml version="1.0" encoding="utf-8"?>
<RelativeLayout xmlns:android="http://schemas.android.com/apk/res/android"
    xmlns:tools="http://schemas.android.com/tools"
    android:layout_width="match_parent"
    android:layout_height="match_parent"
    tools:context="com.baidu.chapter6.section6.WebViewActivity">
```

6.7 WebView

```
    <WebView
        android:id="@+id/web_view"
        android:layout_width="match_parent"
        android:layout_height="match_parent"/>

</RelativeLayout>
```

可以看到布局中使用了组件 WebView，接下来修改 WebViewActivity 中的代码：

```
public class WebViewActivity extends AppCompatActivity {
    @Override
    protected void onCreate(Bundle savedInstanceState) {
        super.onCreate(savedInstanceState);
        setContentView(R.layout.activity_web_view);
        WebView webView = (WebView) findViewById(R.id.web_view);
        webView.setWebViewClient(new WebViewClient());
        //webView加载网页
        webView.loadUrl("http://www.baidu.com");
    }
}
```

运行结果如图 6-27 所示。

可以看到成功地加载了网页。如果是静态网页，也可以放在应用程序 assets 目录下。
在 assets 目录下创建 test.html，assets 目录位置如图 6-28 所示。

▲图 6-27 WebView 显示网页

▲图 6-28 assets 目录位置

通过下面方式加载，注意 file:后面有 3 个'/'：

```
webView.loadUrl("file:///android_asset/test.html");
```

assets 目录位置.. app/src/main/assets，默认需要自己创建该文件夹，文件夹名字固定。如图 6-29 所示，创建方式为右键单击工程→New→Folder→Assets Folder。

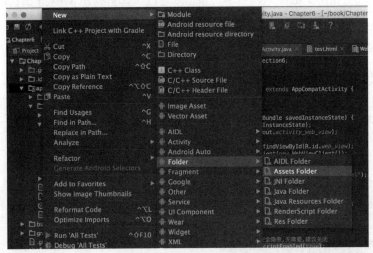

▲图 6-29　创建 Assets 目录

6.7.1　WebView 配置

WebView 并不只是上面写得那么简单，根据实际的情况，要做相应的配置。

废话不多说，直接看代码和注释，你会发现原来 WebView 可以做这么多设置。其实很多配置使用默认的就可以了，大家简单了解即可：

```
private void webViewSetting(){
  WebSettings webSettings = webView .getSettings();

  //支持获取手势焦点，输入用户名、密码或其他
  webView.requestFocusFromTouch();

  //支持JS,这样有潜在的安全隐患,无需要,建议关闭
  webSettings.setJavaScriptEnabled(true);

  //提高渲染的优先级，高版本废弃了。
  webSettings.setRenderPriority(WebSettings.RenderPriority.HIGH);

  //   设置自适应屏幕，两者合用
  webSettings.setUseWideViewPort(true);     //将图片调整到适合 WebView 的大小
  webSettings.setLoadWithOverviewMode(true); // 缩放至屏幕的大小

  webSettings.setSupportZoom(true);    //支持缩放，默认为 true
  //若上面设置的是 false，则该 WebView 不可缩放，下面选项不管设置什么都不能缩放
  webSettings.setBuiltInZoomControls(true);   //设置内置的缩放控件


  webSettings.setDisplayZoomControls(false);  //隐藏原生的缩放控件
```

```
    webSettings.setLayoutAlgorithm(WebSettings.LayoutAlgorithm.SINGLE_COLUMN); //支持内
容重新布局
    webSettings.supportMultipleWindows();   //支持多窗口
    webSettings.setCacheMode(WebSettings.LOAD_CACHE_ELSE_NETWORK);//关闭 WebView 中缓存
    webSettings.setAllowFileAccess(true);   //设置可以访问文件
    webSettings.setNeedInitialFocus(true); //当 WebView 调用 requestFocus 时,为 WebView 设置节点
    webSettings.setJavaScriptCanOpenWindowsAutomatically(true); //支持通过 JS 打开新窗口
    webSettings.setLoadsImagesAutomatically(true);  //支持自动加载图片
    webSettings.setDefaultTextEncodingName("utf-8");//设置编码格式
    //Android 5.0 上 Webview 默认不允许加载 Http 与 Https 混合内容,加载下面的配置就解决了
    webSettings.setMixedContentMode(WebSettings.MIXED_CONTENT_ALWAYS_ALLOW);
    //...
}
```

不止上面这些,还可以配置缓存模式:

```
//根据网页中 cache-control 决定是否从网络上取数据
webSettings.setCacheMode(WebSettings.LOAD_DEFAULT);

webSettings.setCacheMode(WebSettings.LOAD_CACHE_ELSE_NETWORK);//没网,则从本地获取,即离线
加载

webSettings.setDomStorageEnabled(true); // 开启 DOM storage API 功能
webSettings.setDatabaseEnabled(true);   //开启 database storage API 功能
webSettings.setAppCacheEnabled(true);//开启 Application Caches 功能

String cacheDirPath = getCacheDir().getAbsolutePath();
//设置  Application Caches 缓存目录
//每个 Application 只调用一次 WebSettings.setAppCachePath()
webSettings.setAppCachePath(cacheDirPath);
```

其中,缓存模式(setCahceMode 函数用到的)有 4 种。

(1) LOAD_CACHE_ONLY:不使用网络,只读取本地缓存数据。

(2) LOAD_DEFAULT:(默认)根据 cache-control 决定是否从网络上取数据。

(3) LOAD_NO_CACHE:不使用缓存,只从网络获取数据。

(4) LOAD_CACHE_ELSE_NETWORK:只要本地有,无论是否过期,或者 no-cache,都使用缓存中的数据。

6.7.2　WebViewClient 方法

最一开始我们调用了下面的代码:

```
webView.setWebViewClient(new WebViewClient());
```

WebViewClient 就是帮助 WebView 处理各种通知、请求事件的。

打开网页时不调用系统浏览器,而是在本 WebView 中显示。WebViewClient 方法还有很多,直接看下面的代码,大部分并不是很常用,大家作为了解就可以:

```
//...
@Override
protected void onCreate(Bundle savedInstanceState) {
  super.onCreate(savedInstanceState);
  webView.setWebViewClient(mWebViewClient);
}
```

```java
WebViewClient mWebViewClient = new WebViewClient() {
    //在网页上的所有加载都经过这个方法,这个函数可以做很多操作
    //比如获取url,查看url.contains("add"),进行添加操作
    public boolean shouldOverrideUrlLoading(WebView view, String url) {
        view.loadUrl(url);
        return true;
    }

    // 21 版本引入 (同上)
    @RequiresApi(api = Build.VERSION_CODES.LOLLIPOP)
    @Override
    public boolean shouldOverrideUrlLoading(WebView view, WebResourceRequest request) {
        view.loadUrl(request.getUrl().toString());
        return true;
    }

    //这个事件就是开始载入页面调用的,可以设定一个loading的页面,告诉用户程序在等待网络响应
    @Override
    public void onPageStarted(WebView view, String url, Bitmap favicon) {
        super.onPageStarted(view, url, favicon);
    }

    //在页面加载结束时调用。同样道理,可以关闭loading 条,切换程序动作
    @Override
    public void onPageFinished(WebView view, String url) {
        super.onPageFinished(view, url);
    }

    // 在加载页面资源时会调用,每一个资源(比如图片)的加载都会调用一次
    @Override
    public void onLoadResource(WebView view, String url) {
        super.onLoadResource(view, url);
    }

    // 拦截替换网络请求数据 ,API 11开始引入,API 21弃用
    @Override
    public WebResourceResponse shouldInterceptRequest(WebView view, String url) {
        return super.shouldInterceptRequest(view, url);
    }

    // 拦截替换网络请求数据, 从API 21开始引入
    @Override
    public WebResourceResponse shouldInterceptRequest(WebView view, WebResourceRequest request) {
        return super.shouldInterceptRequest(view, request);
    }

    //报告错误信息 API 21 废弃
    @Override
    public void onReceivedError(WebView view, int errorCode, String description, String failingUrl) {
        super.onReceivedError(view, errorCode, description, failingUrl);
    }

    //报告错误信息 API 21 引用
    @Override
    public void onReceivedError(WebView view, WebResourceRequest request, WebResourceError error) {
        super.onReceivedError(view, request, error);
    }

    //接收Http 错误信息
```

```java
    @Override
    public void onReceivedHttpError(WebView view, WebResourceRequest request, WebResou
rceResponse errorResponse) {
        super.onReceivedHttpError(view, request, errorResponse);
    }

    //应用程序重新请求网页数据
    @Override
    public void onFormResubmission(WebView view, Message dontResend, Message resend) {
        super.onFormResubmission(view, dontResend, resend);
    }

    //更新历史记录
    @Override
    public void doUpdateVisitedHistory(WebView view, String url, boolean isReload) {
        super.doUpdateVisitedHistory(view, url, isReload);
    }

    //重写此方法可以让 WebView 处理 Https 请求
    @Override
    public void onReceivedSslError(WebView view, SslErrorHandler handler, SslError error) {
        super.onReceivedSslError(view, handler, error);
    }


    //获取返回信息授权请求
    @Override
    public void onReceivedHttpAuthRequest(WebView view, HttpAuthHandler handler, Strin
g host, String realm) {
        super.onReceivedHttpAuthRequest(view, handler, host, realm);
    }

    @Override
    public boolean shouldOverrideKeyEvent(WebView view, KeyEvent event) {
        return super.shouldOverrideKeyEvent(view, event);
    }

    //Key 事件未被加载时调用
    @Override
    public void onUnhandledKeyEvent(WebView view, KeyEvent event) {
        super.onUnhandledKeyEvent(view, event);
    }

    // WebView 发生改变时调用
    @Override
    public void onScaleChanged(WebView view, float oldScale, float newScale) {
        super.onScaleChanged(view, oldScale, newScale);
    }
//....
};
```

6.7.3 设置 WebChromeClient

WebView 还可以设置 WebChromeClient。

WebChromeClient 是辅助 WebView 处理 JavaScript 的对话框、网站图标、网站 title、加载进度等。方法中的代码都是由 Android 端自己处理的：

```java
@Override
protected void onCreate(Bundle savedInstanceState) {
    super.onCreate(savedInstanceState);
```

```java
        setContentView(R.layout.activity_web_view);
        webView = (WebView) findViewById(R.id.web_view);
        webView.setWebChromeClient(mWebChromeClient);
        //略
    }

WebChromeClient mWebChromeClient = new WebChromeClient() {

    //获得网页的加载进度
    @Override
    public void onProgressChanged(WebView view, int newProgress) {
    }

    //获取Web页中的title用来设置自己界面中的title
    //当加载出错的时候，比如无网络，这时onReceiveTitle中获取的标题为 找不到该网页
    //因此建议当触发onReceiveError时，不要使用获取到的title
    @Override
    public void onReceivedTitle(WebView view, String title) {

    }
    //获取Web页icon
    @Override
    public void onReceivedIcon(WebView view, Bitmap icon) {
        //
    }
    //创建窗口
    @Override
    public boolean onCreateWindow(WebView view, boolean isDialog, boolean isUserGesture,
Message resultMsg) {
        //
        return true;
    }
    //关闭窗口
    @Override
    public void onCloseWindow(WebView window) {
    }

    //处理alert弹出框，html弹框的一种方式
    @Override
    public boolean onJsAlert(WebView view, String url, String message, JsResult result) {
        //
        return true;
    }
    //处理confirm弹出框
    @Override
    public boolean onJsPrompt(WebView view, String url, String message, String default
Value, JsPromptResult
        result) {
        //
        return true;
    }
    //处理prompt弹出框
    @Override
    public boolean onJsConfirm(WebView view, String url, String message, JsResult result) {
        //
        return true;
    }
};
```

6.7.4　WebView 常用的方法

前进、后退：

```java
webView.goBack();//后退
webView.goForward();//前进

//以当前的 index 为起始点前进或者后退到历史记录中指定的 steps， 如果 steps 为负数，则为后退；为正数，
//则为前进
webView.goBackOrForward(intsteps);

webView.canGoForward();//判断是否可以前进
webView.canGoBack(); //判断是否可以后退
```

在实际应用场景中，比如处理 Android 返回键时，应该先回退 WebView 中的页面，如果没有页面回退，再处理默认的返回事件：

```java
//按键事件
public boolean onKeyDown(int keyCode, KeyEvent event) {
  //当点击返回键 && webView 可以回退
  if ((keyCode == KeyEvent.KEYCODE_BACK) && webView.canGoBack()) {
    webView.goBack();   //回退界面
    return true;
  }
  //没有点击返回键或者 webView 不能回退就处理默认的事件
  return super.onKeyDown(keyCode, event);
}
```

清除缓存数据：

```java
webView.clearCache(true);//清除网页访问留下的缓存，由于内核缓存是全局的，因此这个方法不仅仅针对
webView，而是针对整个应用程序。
webView.clearHistory();//清除当前 webView 访问的历史记录，只会 webView 访问历史记录里的所有记录，
除了当前访问记录。
webView.clearFormData();//这个 api 仅仅清除自动完成填充的表单数据，并不会清除 WebView 存储到本地
的数据。
```

WebView 的状态：

```java
webView.onResume(); //激活 webView 为活跃状态，能正常执行网页的响应。
webView.onPause();//当页面被失去焦点被切换到后台不可见状态时，需要执行 onPause 动作， onPause 动
//作通知内核暂停所有的动作，比如 DOM 的解析、plugin 的执行、JavaScript 执行。

webView.pauseTimers();//当应用程序被切换到后台使用了 webView，这个方法不仅仅针对当前的 webView，
//而是全局的全应用程序的 webView，它会暂停所有 webView 的 layout、parsing、javascripttimer，降
//低 CPU 功耗
webView.resumeTimers();//恢复 pauseTimers 时的动作。

webView.destroy();//销毁，关闭 Activity 时，音乐或视频还在播放，就必须销毁
```

但是注意：
webView 调用 destory 时，webView 仍绑定在 Activity 上。这是由于自定义 webView 构建时传入了该 Activity 的 context 对象，因此需要先从父容器中移除 webView，然后再销毁 webView：

```java
//用根布局移除 webView
rootLayout.removeView(webView);
webView.destroy();
```

6.7.5　WebView 模板代码

其实 WebView 的用法还有很多，如果不是开发浏览器软件的情况下，完全没必要全部掌握，

大部分情况只是加载某一个 Web 前端写好的网页。下面是作者项目中经常使用的一份代码，大家可以参考使用。

布局代码：activity_web_view_template.xml，里面添加了 Toolbar，用来显示网页的标题；添加了自定义控件，用来显示网页加载进度：

```xml
<?xml version="1.0" encoding="utf-8"?>
<LinearLayout xmlns:android="http://schemas.android.com/apk/res/android"
  android:orientation="vertical" android:layout_width="match_parent"
  android:layout_height="match_parent"
  xmlns:app="http://schemas.android.com/apk/res-auto">
  <android.support.v7.widget.Toolbar
    android:id="@+id/toolbar"
    xmlns:android="http://schemas.android.com/apk/res/android"
    android:layout_width="match_parent"
    android:layout_height="?attr/actionBarSize"
    android:gravity="center"
    android:background="@color/colorPrimary"
    >
    <!--用来显示网页进度-->
    <com.daimajia.numberprogressbar.NumberProgressBar
      android:id="@+id/progressbar"
      style="@style/NumberProgressBar_Funny_Orange"
      android:layout_width="match_parent"
      app:progress_reached_bar_height="2dp"
      app:progress_text_size="0sp"
      app:progress_text_visibility="invisible"
      app:progress_unreached_bar_height="2dp"/>
    <TextView
      android:id="@+id/title"
      android:layout_width="wrap_content"
      android:layout_height="wrap_content"
      android:layout_centerInParent="true"
      android:layout_gravity="center"
      android:gravity="center"
      android:text=""
      android:textColor="#fff"
      android:textSize="19dp"/>
  </android.support.v7.widget.Toolbar>
  <WebView
    android:id="@+id/web_view"
    android:layout_width="match_parent"
    android:layout_height="match_parent"/>
</LinearLayout>
```

上面使用了开源的自定义控件，需要在 app/build.gradle 中引入该组件。该组件用来在 WebView 上面显示加载网页的进度：

```
dependencies {
  //...
  'com.daimajia.numberprogressbar:library:1.2@aar'
}
```

Java 代码，WebViewTemplateActivity.java：

```java
public class WebViewTemplateActivity extends AppCompatActivity {
  /**
   * 传输的网址
   */
  public static final String URL = "url";
```

```java
/**
 * 网页标题
 */
private static final String TITLE = "title";

@Override
protected void onCreate(Bundle savedInstanceState) {
  super.onCreate(savedInstanceState);

  init();
  initView();
  initData();
}


String url;
String title;

//初始化传递的信息
private void init() {
  Intent intent = getIntent();
  url = intent.getStringExtra(URL);
  title = intent.getStringExtra(TITLE);

  //为了演示方便，给url和title直接赋值
  if(TextUtils.isEmpty(url)) {
    url = "http://www.baidu.com";
    title = "百度";
  }
}

private WebView mWebView;
private NumberProgressBar progressBar;

//初始化界面
private void initView() {
  setContentView(R.layout.activity_web_view_template);
  mWebView = (WebView) findViewById(R.id.web_view);
  progressBar= (NumberProgressBar) findViewById(R.id.progressbar);
  if (!TextUtils.isEmpty(title)) {
    //设置actionBar的title
    setTitle(title);
  }
}

protected void initData() {
  mWebView.getSettings().setBuiltInZoomControls(false); // 放大缩小按钮
  //mWebView.getSettings().setJavaScriptEnabled(true); // JS 允许
  mWebView.setWebChromeClient(new WebChromeClient()); // Chrome 内核
  //    mWebView.setInitialScale(100);// 设置缩放比例
  WebSettings settings = mWebView.getSettings();
  settings.setJavaScriptCanOpenWindowsAutomatically(true);
  settings.setJavaScriptEnabled(true);
  settings.setLoadWithOverviewMode(true); //
  settings.setAppCacheEnabled(true); //缓存
  settings.setLayoutAlgorithm(WebSettings.LayoutAlgorithm.SINGLE_COLUMN);//算法
  settings.setSupportZoom(true); //支持缩放
  mWebView.setWebChromeClient(new ChromeClient());
  mWebView.setWebViewClient(new WebViewClient() {
    @Override
    public void onPageFinished(WebView view, String url) {
      super.onPageFinished(view, url);
    }
```

```java
        // 超链接的时候
        @Override
        public boolean shouldOverrideUrlLoading(WebView view, String url) {
          loadUrl(url);
          return true;
        }
    });
    if (!TextUtils.isEmpty(url)) {
      loadUrl(url);
    }

    //碰到需要下载的链接，跳转到浏览器进行下载
    mWebView.setDownloadListener(new MyWebViewDownLoadListener());
}

private class MyWebViewDownLoadListener implements DownloadListener {

  @Override
  public void onDownloadStart(String url, String userAgent,
              String contentDisposition, String mimetype,
              long contentLength) {
    Uri uri = Uri.parse(url);
    Intent intent = new Intent(Intent.ACTION_VIEW, uri);
    startActivity(intent);
  }
}

// 设置回退
// 覆盖Activity类的onKeyDown(int keyCoder,KeyEvent event)方法
public boolean onKeyDown(int keyCode, KeyEvent event) {
  if ((keyCode == KeyEvent.KEYCODE_BACK) && mWebView.canGoBack()) {
    mWebView.goBack(); // goBack()表示返回WebView的上一页面
    return true;
  }
  return super.onKeyDown(keyCode, event);
}

private class ChromeClient extends WebChromeClient {

  @Override
  public void onProgressChanged(WebView view, int newProgress) {
    super.onProgressChanged(view, newProgress);
    //设置进度
    progressBar.setProgress(newProgress);
    if (newProgress == 100) {
      progressBar.setVisibility(View.GONE);
    } else {
      progressBar.setVisibility(View.VISIBLE);
    }
  }

  // 收到标题了
  @Override
  public void onReceivedTitle(WebView view, String title) {
    super.onReceivedTitle(view, title);
    setTitle(title);
  }
}

/**
 * 加载网页
 *
```

```
 * @param url 要显示的网页
 */
public void loadUrl(String url) {
  if (mWebView != null) {
    mWebView.loadUrl(url);
  }
}

@Override
protected void onDestroy() {
  super.onDestroy();
  if (mWebView != null) mWebView.destroy();
}

@Override
protected void onPause() {
  if (mWebView != null) mWebView.onPause();
  super.onPause();
}

@Override
protected void onResume() {
  super.onResume();
  if (mWebView != null) mWebView.onResume();
}

/**
 * @param context 上下文
 * @param url     网址
 * @param title   标题
 * @return intent
 */
public static Intent newIntent(Context context, String url, String title) {
  Intent intent = new Intent(context, WebViewTemplateActivity.class);
  intent.putExtra(URL, url);
  intent.putExtra(TITLE, title);
  return intent;
}
}
```

为了演示方便，把 WebViewTemplateAcitivity 设置为启动的 Activity 就会看到效果了，如图 6-30 所示。

▲图 6-30　效果图

第 6 章 网络编程

总结

本章先后介绍了 HTTP 协议、HttpURLConnection、多线程编程、RxJava 和 JSON 的解析，在这基础上完成了查询号码归属地的实例。最后又介绍了 WebView 组件的使用方式。

这一章是网络编程的基础，当然，根据公司要求，实际开发过程中可以使用常见联网的框架，让大家能够快速敏捷开发。

本章代码下载地址：https://github.com/yll2wcf/book 项目名称：Chapter6。

欢迎关注微信公众账号——于连林，搜索关键字：likeDev。

当前的目标并不在于发现我们是谁，而是拒绝我们是谁。——福柯

第 7 章 图片的处理

开发的过程中,基本上每个程序都是需要图片的。图片可以放到程序的 res/mipmap 目录或者 res/Drawable 目录中。程序的图标一般放在 mipmap 目录中,其余的图片没有区别。

有时候需要加载手机存储空间中的图片,还需要联网加载图片。总之,开发中对图片的处理还是比较多的。本章就给大家介绍如何操作图片。

7.1 Bitmap 和 Drawable

在 Android 中,常用 Bitmap 和 Drawable 操作图片。

Bitmap,称作位图,一般位图的文件格式后缀为 BMP,当然编码器也有很多如 RGB565、RGB888。作为一种逐像素的显示对象,其执行效率高,但是缺点也很明:显存储效率低。我们理解为一种存储对象比较好。

Drawable,作为 Android 平台下通用的图形对象,它可以装载常用格式的图像,比如 GIF、PNG、JPG,也支持 BMP,当然还提供一些高级的可视化对象,比如渐变、图形等。

两者区别不大,参考表 7-1。

表 7-1　　　　　　　　　　　Bitmap 和 Drawable 的区别

对比项	占用内存	支持绽放,旋转,透明度	支持色差调整	绘制速度	像素操作
Bitmap	大	支持	支持	快	支持
Drawable	小	支持	不支持	慢	不支持

从资源目录获取 Bitmap:

```
//在资源中获取 Bitmap
public Bitmap getBitmapFromResource(){
  Resources res=getResources();
  //R.drawable.sample_0 表示 Drawable 目录下有一个名字叫//sample_0 的图片
  return BitmapFactory.decodeResource(res, R.drawable.sample_0);
}
```

从资源中获取 Drawable:

```
//在资源中获取 Drawable
public Drawable getDrawableFromResource(){
  Drawable drawable=getResources().getDrawable(R.drawable.sample_0);
```

```
    return drawable;
}
```

两者也可以互相转换：

Bitmap→ Drawable

```
public Drawable bitmapToDrawable(Bitmap bitmap){
  Drawable drawable=new BitmapDrawable(getResources(),bitmap);
  return drawable;
}
```

Drawable → Bitmap

```
public Bitmap drawableToBitmap(Drawable drawable) {
 //创建bitmap,参数1 宽度，参数2 高度，参数3 压缩方式
 Bitmap bitmap = Bitmap.createBitmap(
     drawable.getIntrinsicWidth(),  //获取 Drawable 本身的宽度
     drawable.getIntrinsicHeight(),//获取 Drawable 本身的高度
     // 根据 Drawable 是否透明采取不同的配置
     drawable.getOpacity() != PixelFormat.OPAQUE ? Bitmap.Config.ARGB_8888
         : Bitmap.Config.RGB_565);
 //创建画布，绘制 Bitmap
 Canvas canvas = new Canvas(bitmap);
 //设置
 drawable.setBounds(0, 0, drawable.getIntrinsicWidth(), drawable.getIntrinsicHeight());
 //把 Drawable 绘制到 bitmap 上
 drawable.draw(canvas);
 // 返回 bitmap
 return bitmap;
}
```

上面代码用到了 Bitmap 的配置。压缩方式包括 ARGB_8888、ALPHA_8、ARGB_4444（废弃了）、RGB_565。首先给大家普及下 ARGB 的意思。

- A：Alpha 的缩写，代表透明度。
- R：Red 的缩写，代表红色。
- G：Green 的缩写，代表绿色。
- B：Blue 的缩写，代表蓝色。

然后再给大家介绍压缩方式的区别。

- Bitmap.Config ARGB_4444：每个颜色用 4 位描述，即 A=4、R=4、G=4、B=4，那么一个像素点占 4+4+4+4=16 位，一个字节等于 8 位，所以每个像素点占 2 个 byte 内存。
- Bitmap.Config ARGB_8888：每个颜色用 8 位描述，即 A=8、R=8、G=8、B=8，那么一个像素点占 8+8+8+8=32 位，每个像素点占 4byte 内存。
- Bitmap.Config RGB_565：即 R=5、G=6、B=5，没有透明度，那么一个像素点占 5+6+5=16 位，每个像素点占 2byte 内存。
- Bitmap.Config ALPHA_8：只有透明度，没有颜色。透明度占 8 位，即 1 个字节。

Android 默认的颜色模式为 ARGB_8888，这个颜色模式色彩最细腻，显示质量最高。但同样地，占用的内存也最大。假设有一张 480x800 的图片，如果格式为 ARGB_8888，那么将会占用 1500KB 的内存。

7.2 大图的加载

虽然有的 Android 手机内存很大,但是单独一个应用程序只能使用很少的一部分,具体大小和手机相关。有的手机为每个应用程序最多分配 16MB 内存,有的则分配 128MB,甚至更高。当加载大图片时,加载图片需要的内存空间不是按图片的大小来算的,而是按像素点的多少来算的。图片加载到内存中需要把每一个像素都加载到内存中。所以对内存的要求非常高,一不小心就会造成 OOM(OutOfMemoryError) 内存溢出的致命错误。

假设:

当前有一张图片,大小仅为 1MB,但是其规格为 3648*2736,现在需要加载此图片总像素数=3648*2736=9980928

常用的位图压缩方式如下:

- ARGB_8888:4byte;
- RGB_565:2byte;
- ARGB_4444:2byte。

假设现在采用 ARGB_4444 标准,图片占用空间=总像素数 *像素的单位 =9980928 * 2bytes= 19961856bytes≈19MB>16MB。

如果采取 ARGB_8888,则消耗大概 38MB 多的内存,很多手机肯定会内存溢出。

7.2.1 实现图片的缩放加载

为了避免内存溢出,通常情况下,都会对图片进行缩放加载,不会直接加载原图的。通常情况下,图片尺寸不会超过手机屏幕的尺寸,超过了也没有意义了。

假设:

- 图片的宽和高,3648 * 2736;
- 屏幕的宽和高,320 * 480。

计算缩放比:

- 宽度缩放比例,3648 / 320 = 11;
- 高度缩放比例,2736 / 480 = 5。

比较宽和高的缩放比例,哪一个大用哪一个进行缩放

缩放后的图片:

- 3648 / 11 = 331;
- 2736 / 11 = 248。

缩放后图片的宽和高:331* 248。

占用内存:331* 248=882088 * 2bytes=160KB,不会发生内存溢出。

实现过程:

如图 7-1 所示,首先需要在 SD 卡根目录放置一张超级大图——example1.jpg。

第 7 章　图片的处理

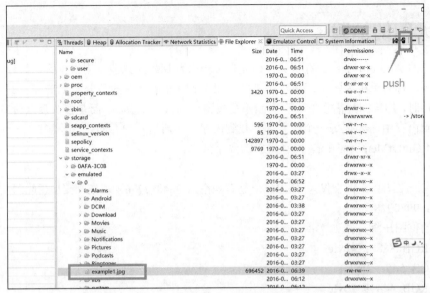

▲图 7-1　导入图片

由于需要读取 SD 卡的内容，需要在清单文件中声明权限。声明写 SD 卡权限既可以写，也可以读：

```
<uses-permission android:name="android.permission.WRITE_EXTERNAL_STORAGE"/>
```

Android 6.0 以上还需要动态获取权限，我们就通过 Rxpermissions 实现了，详情参考本书第四章。来看看具体代码：

创建 LargerBitmapActivity，并生成布局 activity_larger_bitmap.xml。

下面是布局，当图片压缩完成显示到 ImageView 上：

```xml
<?xml version="1.0" encoding="utf-8"?>
<RelativeLayout
  xmlns:android="http://schemas.android.com/apk/res/android"
  xmlns:tools="http://schemas.android.com/tools"
  android:layout_width="match_parent"
  android:layout_height="match_parent"
  tools:context="com.baidu.chapter7.section2.LargerBitmapActivity">

  <ImageView
    android:layout_width="match_parent"
    android:layout_height="match_parent"
    android:id="@+id/imageView"
  />
</RelativeLayout>
```

Java 代码，主要逻辑都在 scaleLoad() 中了：

```java
public class LargerBitmapActivity extends AppCompatActivity {
  private ImageView imageView;
  private String name="example1.jpg"; // 图片名字
  @Override
```

7.2 大图的加载

```java
protected void onCreate(Bundle savedInstanceState) {
    super.onCreate(savedInstanceState);
    setContentView(R.layout.activity_larger_bitmap);
    imageView= (ImageView) findViewById(R.id.imageView);
    loadImage();
}
private void loadImage() {
    // 获取操作SD卡权限
    RxPermissions.getInstance(this)
        .request(Manifest.permission.WRITE_EXTERNAL_STORAGE)
        .subscribe(new Action1<Boolean>() {
            @Override
            public void call(Boolean aBoolean) {
                if(aBoolean){
                    scaleLoad();
                }
            }
        });
}
private void scaleLoad() {
    File file=new File(Environment.getExternalStorageDirectory(),name);
    if(!file.exists()) return;
    BitmapFactory.Options opts = new BitmapFactory.Options();
    // 设置为true，代表加载器不加载图片，而是把图片宽高读取出来
    opts.inJustDecodeBounds = true;
    BitmapFactory.decodeFile(file.getAbsolutePath(), opts);
    int imageWidth = opts.outWidth;
    int imageHeight = opts.outHeight;
    Log.i("LargerBitmapActivity","图片宽:"+imageWidth);
    Log.i("LargerBitmapActivity","图片高:"+imageHeight);
    // 得到屏幕的宽和高
    Display display = getWindowManager().getDefaultDisplay();
    DisplayMetrics displayMetrics=new DisplayMetrics();
    display.getMetrics(displayMetrics);
    int screenWidth = displayMetrics.widthPixels;
    int screenHeight =displayMetrics.heightPixels;
    Log.i("LargerBitmapActivity","屏幕宽:"+screenWidth);
    Log.i("LargerBitmapActivity","屏幕高:"+screenHeight);
    // 计算缩放比例
    int widthScale = imageWidth / screenWidth;
    int heightScale = imageHeight / screenHeight;
    int scale = widthScale > heightScale ? widthScale : heightScale;
    Log.i("LargerBitmapActivity","缩放比例为:"+scale);
    // 设置为false，加载器就会加载图片了
    opts.inJustDecodeBounds = false;
    // 使用缩放比例进行缩放加载图片
    opts.inSampleSize = scale;
    Bitmap bm = BitmapFactory.decodeFile(file.getAbsolutePath(), opts);
    //显示在imageView上
    imageView.setImageBitmap(bm);
}
```

一开始把 inJustDecodeBounds 设置为 true，这样就不会加载整个图片，仅仅读取图片的宽高，不会发生内存溢出。当图片压缩比例计算完成后，再把值改成 false，这样就会加载图片了，因为图片已经被压缩了，所以也不会产生内存溢出。

运行日志如图 7-2 所示，运行结果如图 7-3 所示。

▲图 7-2　日志结果

▲图 7-3　输出结果

7.3　图片加水印

开发中，有时候会有给图片加水印的需求，比如新浪微博中发的图片都是带水印的。

首先我们需要明白原理，图片加水印无非就是给图片上面画些东西。

Android 提供了两个类 Canvas 和 Paint：

- Canvas 画画板，用于绘制各种图形（点、线、圆、矩形等）；
- Paint 画笔，和 Canvas 搭配使用，用于指定绘制的颜色、线条的粗细、过渡、渐变等效果。

主要核心方法：

```
canvas.drawBitmap(bitmap, // 被绘制的图片
x, // 图片的左上角在 x 轴上的位置
y, // 图片的左上角在 y 轴上的位置
paint); // 画笔，绘制图片时可以忽略，设置为 null

canvas.drawText("文字", // 写的文字
100,    // 图片的左上角在 x 轴上的位置
100,    // 图片的左上角在 y 轴上的位置
paint); // 画笔
```

需求：图片加水印，即准备一张原图和一张水印图片，然后对两个图片进行合成。

前提知识：如图 7-4 所示，两张图片的合成有好几种方式，在该案例中为了让两张图片都显示，因此选择 Darken 方法。

创建 DrawMarkActivity 并生成布局 activity_draw_mark.xml，DrawMarkActivity 代码如下，核心方法都在 drawMark 中：

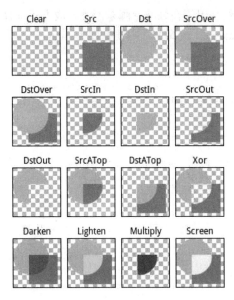

▲图 7-4 图片合成

```
private ImageView imageView;

@Override
protected void onCreate(Bundle savedInstanceState) {
    super.onCreate(savedInstanceState);
    setContentView(R.layout.activity_draw_mark);
    imageView = (ImageView) findViewById(R.id.imageView);
    drawMark();
}

private void drawMark() {
    //获取原始图片
    Bitmap example =
        BitmapFactory.decodeResource(getResources(), R.mipmap.pp);
    //获取水印图片
    Bitmap logo = BitmapFactory.decodeResource(getResources(), R.mipmap.ic_launcher);
    //创建一个新的空白 Bitmap 对象,用于合成后的图片
    Bitmap bm_new = Bitmap.createBitmap(example.getWidth(),
        example.getHeight(), Bitmap.Config.RGB_565);
    //在上一步创建的 Bitmap 的基础上新建一个画布对象
    Canvas canvas = new Canvas(bm_new);
    //将原始图片绘制到画布上,第二个参数是左边
    // 第三个参数是上边距,第四个参数是 Pain 对象,这里设置为 null
    canvas.drawBitmap(example, 0, 0, null);
    //新创建一个 Pain 对象
    Paint paint = new Paint();
    //设置两张图片的相交模式: Darken
    // 注意: Porter、Duff 是两个发明人的合成单词,本身并没有任何意义
    paint.setXfermode(new PorterDuffXfermode(PorterDuff.Mode.DARKEN));
    //在画布上将水印绘制上去,0,0 代表图片左上角
    canvas.drawBitmap(logo, 0, 0, paint);
    //在控件中显示合成后的图片
    imageView.setImageBitmap(bm_new);
}
```

把原图当作一个画布，然后用笔在画布上画东西，合成方式选择 DarKen。

布局 activity_draw_mark.xml 比较简单，主要控件为 ImageView，用来显示加水印的图片：

```xml
<?xml version="1.0" encoding="utf-8"?>
<RelativeLayout
    xmlns:android="http://schemas.android.com/apk/res/android"
    xmlns:tools="http://schemas.android.com/tools"
    android:layout_width="match_parent"
    android:layout_height="match_parent"
    tools:context="com.baidu.chapter7.section3.DrawMarkActivity">
    <ImageView
        android:layout_width="match_parent"
        android:layout_height="match_parent"
        android:id="@+id/imageView"/>
</RelativeLayout>
```

运行结果如图 7-5 所示。

当然，还可以在图片上写文字，把上面的代码简单改改就可以了。

```java
private void drawMark() {
    //获取原始图片
    Bitmap example =
        BitmapFactory.decodeResource(getResources(), R.mipmap.pp);
    //创建一个新的空白 Bitmap 对象，用于合成后的图片
    Bitmap bm_new = Bitmap.createBitmap(example.getWidth(),
        example.getHeight(), Bitmap.Config.RGB_565);
    //在上一步创建的 Bitmap 的基础上新建一个画布对象
    Canvas canvas = new Canvas(bm_new);
    //将原始图片绘制到画布上，第二个参数是左边
    // 第三个参数是上边距，第四个参数是 Pain 对象，这里设置为 null
    canvas.drawBitmap(example, 0, 0, null);
      //新创建一个 Pain 对象
    Paint paint = new Paint();
    //设置两张图片的相交模式：Darken，
    // 注意：Porter、Duff 是两个发明人的合成单词，本身并没有任何意义
    paint.setXfermode(new PorterDuffXfermode(PorterDuff.Mode.DARKEN));
    paint.setTextSize(50);
    paint.setColor(Color.RED);
    //绘制文字
    canvas.drawText("爱上 Android",100,100,paint);
    //在控件中显示合成后的图片
    imageView.setImageBitmap(bm_new);
}
```

运行结果如图 7-6 所示。

Canvas 不但可以绘制文字图片，还有其他好多方法，用法都大同小异，下面简单介绍：

- Canvas drawCircle() 绘制圆形；
- Canvas drawArc() 绘制弧形；
- Canvas drawLine() 绘制线；
- Canvas drawRect() 绘制矩形；
- Canvas drawPath() 绘制自定义路径；
- Canvas drawRoundRect() 绘制圆角矩形。

▲图7-5 图片加水印

▲图7-6 图片加文字

7.4 图片特效，Matrix

图片的特效包括图形的缩放、镜面、倒影、旋转、位移等。图片的特效是将原图的图形矩阵乘以一个特效矩阵，形成一个新的图形矩阵来实现的。

Canvas drawBitmap() 有一个重载方法，第二个参数可以传递矩阵（Matrix），通过矩阵就可以实现上面的特效了：

```
public void drawBitmap(@NonNull Bitmap bitmap, @NonNull Matrix matrix, @Nullable Paint paint)
```

以下涉及到了大学所学的线性代数的知识，希望学过的同学没还给老师。没学过也不要紧，不是很难理解。

Matrix 维护了一个 3*3 的矩阵，去更改像素点的坐标：

```
{ 1, 0, 0,    // 表示向量 x = 1x + 0y + 0z
  0, 1, 0,    // 表示向量 y = 0x + 1y + 0z
  0, 0, 1 }   // 表示向量 z = 0x + 0y + 1z
```

通过更改图形矩阵的值，可以做出缩放/镜面/倒影等图片特效。下面分别给出各种特效实现的代码，在代码中会有详细的注释。

7.4.1 缩放

矩阵示例：

```
{ 2, 0, 0,
  0, 1, 0,
  0, 0, 1 }
```

意义：x 轴所有的像素点放大 2 倍，展现的效果为：图片宽度 *2：

```java
// 缩放
public void scale() {
  //获取原图
  Bitmap bm = BitmapFactory.decodeResource(getResources(),
      R.mipmap.ic_launcher);
  // 高度跟原始图片保持一致，宽度*2，否则显示不开了
  Bitmap newBm = Bitmap.createBitmap(bm.getWidth()*2,
      bm.getHeight(), Bitmap.Config.ARGB_8888);
  //以新 Bitmap 构造一个画布
  Canvas canvas = new Canvas(newBm);
  //创建一个 Matrix 对象
  Matrix matrix = new Matrix();
  //矩阵值
  float[] values = new float[]{2, 0, 0, //x=2*x+0*y+0*z
      0, 1, 0, //y=0*x+1*y+0*z
      0, 0, 1};//z=0*x+0*y+1*z
  matrix.setValues(values);
  //将原始图片乘以矩阵后画到画布上
  canvas.drawBitmap(bm, matrix, null);
  imageView.setImageBitmap(newBm);
}
```

运行结果如图 7-7 所示，可以明显看到图片水平被拉宽了。

▲图 7-7　拉伸图片

考虑到了有些程序员不知道什么是矩阵，还提供了一些简单的方法去替代 3*3 的矩阵。下面的代码和之前的代码实现的效果一样：

```java
// 缩放
public void scale() {
  //获取原图
  Bitmap bm = BitmapFactory.decodeResource(getResources(),
      R.mipmap.ic_launcher);
  // 高度同原始图片保持一致，宽度*2，否则显示不开了
  Bitmap newBm = Bitmap.createBitmap(bm.getWidth()*2,
      bm.getHeight(), Bitmap.Config.ARGB_8888);
  //以新 Bitmap 构造一个画布
  Canvas canvas = new Canvas(newBm);
  //创建一个 Matrix 对象
  Matrix matrix = new Matrix();
  //参数1 宽度缩放比例　参数2 高度缩放比例
```

```
    // 参数 3 和参数 4 基于哪个点进行缩放 ，0.5f 、0.5f 分别代表 x 的中心和 y 的中心
    matrix.setScale(2,1,0.5f,0.5f);
    //将原始图片乘以矩阵后画到画布上
    canvas.drawBitmap(bm, matrix, null);
    imageView.setImageBitmap(newBm);
}
```

核心方法 Matrix setScale(float sx, float sy, float px, float py)中参数 1 表示宽度缩放比例，参数 2 表示高度缩放比例，参数 3 和参数 4 代表轴心点，也就是基于哪个点进行缩放，0.5 代表中心。

7.4.2 倒影、镜面

矩阵示例：其中 y 坐标变为负数，代表以 x 轴为镜面成倒影。

```
{ 1,  0, 0,
  0, -1, 0,
  0,  0, 1 }
```

意义：y 轴所有的像素点向下方向反过来，展现的效果是倒影。
如果为下面的情况，则表示 x 轴所有的像素点向右翻转过来：

```
{ -1, 0, 0,
   0, 1, 0,
   0, 0, 1 }
```

实现效果为镜面。
倒影的参考代码：

```
// 镜面
public void mirror() {
    Bitmap bm = BitmapFactory.decodeResource(getResources(),
        R.mipmap.ic_launcher);
    Bitmap newBm = Bitmap.createBitmap(bm.getWidth(),
        bm.getHeight(), Bitmap.Config.ARGB_8888);
    Canvas canvas = new Canvas(newBm);
    Matrix matrix = new Matrix();

    float[] values = new float[]{1, 0, 0, //x=1*x+0*y+0*z
        0, -1, 0, //y=0*x-1*y+0*z
        0, 0, 1};//z=0*x+0*y+1*z
    matrix.setValues(values);
    //因为镜面成像以后，图片 y 轴全为负数，跑出了屏幕范围，
    // 因此为了看到效果把图像往 y 轴正方向移动一个图片的高度
    matrix.postTranslate(0,bm.getHeight());
    canvas.drawBitmap(bm, matrix, null);
    imageView.setImageBitmap(newBm);
}
```

▲图 7-8 图片翻转

运行结果如图 7-8 所示，可以看到图片明显翻转了。
镜面代码和倒影差不多，只是把矩阵参数改一下。
通过上面的代码，我们发现倒影、镜面的代码跟缩放其实基本相同，唯一不同的就是矩阵的参数不同。

7.4.3 旋转

旋转和位移对矩阵变化比较大，所以用 Matrix 中提供的方法比较简单，设置图片旋转角度的方法：

```
//degrees：要旋转的角度
//px ：  旋转原点的 x 轴坐标
//py ：  旋转原点的 y 轴坐标
setRotate(float degrees, float px, float py)
```

代码：

```
//旋转
public void rotate() {
  Bitmap bm = BitmapFactory.decodeResource(getResources(),
      R.mipmap.ic_launcher);
  Bitmap newBm = Bitmap.createBitmap(bm.getWidth(),
      bm.getHeight(), Bitmap.Config.ARGB_8888);
  Canvas canvas = new Canvas(newBm);
  Matrix matrix = new Matrix();
  //以图片中心点为基准点，顺时针旋转 30°
  matrix.setRotate(30, bm.getWidth()/2,bm.getHeight()/2);
  canvas.drawBitmap(bm, matrix, null);
  imageView.setImageBitmap(newBm);
}
```

运行结果如图 7-9 所示。

▲图 7-9 旋转

7.4.4 位移

Matrix 中提供了设置图片位移的方法：

```
//dx：位移的 x 轴距离
//dy：位移的 y 轴距离
setTranslate(float dx, float dy)
```

参考代码：

```java
// 位移
public void translate() {
    Bitmap bm = BitmapFactory.decodeResource(getResources(),
        R.mipmap.ic_launcher);
    Bitmap newBm = Bitmap.createBitmap(bm.getWidth(),
        bm.getHeight(), Bitmap.Config.ARGB_8888);
    Canvas canvas = new Canvas(newBm);
    Matrix matrix = new Matrix();
    //像 x 轴方向移动 10，y 轴方向移动 40
    matrix.setTranslate(10, 40);
    canvas.drawBitmap(bm, matrix, null);
    imageView.setImageBitmap(newBm);
}
```

运行结果如图 7-10 所示。

▲图 7-10 位移

7.5 图片颜色处理——打造自己的美图秀秀

大家可能都接触过美图秀秀、美白相机之类的应用，接下来就学习下如何修改图片颜色，打造自己的美图秀秀。创建 MTXXActivity 并生成布局 activity_mtxx.xml。

7.5.1 颜色过滤器 ColorMatrixColorFilter

Android 提供了强大的颜色过滤器来进行颜色处理。和上面的 Matrix 类似，Android Api 还提供了 4*5 的矩阵，用来修改颜色。

ColorMatrixColorFilter：通过使用一个 4*5 的颜色矩阵来创建一个颜色过滤器，改变图片的颜色信息。

图形颜色默认矩阵是一个 4*5 的矩阵，数组表现为：

```
{1, 0, 0, 0, 0, // red    1*R + 0*G + 0*B + 0*A + 0
 0, 1, 0, 0, 0, // green  0*R + 1*G + 0*B + 0*A + 0
 0, 0, 1, 0, 0, // blue   0*R + 0*G + 1*B + 0*A + 0
 0, 0, 0, 1, 0} // alpha  0*R + 0*G + 0*B + 1*A + 0
```

颜色矩阵的每一行的最后一个值更改时，其对应的颜色值就会发生改变，所以更改颜色只需修改其对应颜色矩阵行的最后一项的值即可，最大值范围为 255。

可能还有读者不清楚，接下来直接用案例演示一下。

7.5.2 实现图片美化功能

需求：加载一张图片，通过 3 个 SeekBar 分别调整 R（Red）、G（Green）、B（Blue）值，第四个同时改变 RGB 值，实现图片颜色的变化，如图 7-11 所示。

先来分析布局如何搭建。如图 7-12 所示，可以用一个垂直方向的线性布局中嵌套水平方向的线性布局，水平方向的线性布局中添加 TextView（文本）和 SeekBar（可以拖曳的进度条，Progressbar 的加强版）。

▲图 7-11　效果图

▲图 7-12　布局搭建

activity_mtxx.xml 布局代码：

7.5 图片颜色处理——打造自己的美图秀秀

```xml
<?xml version="1.0" encoding="utf-8"?>
<LinearLayout
    xmlns:android="http://schemas.android.com/apk/res/android"
    xmlns:tools="http://schemas.android.com/tools"
    android:layout_width="match_parent"
    android:layout_height="match_parent"
    android:orientation="vertical"
    tools:context=".section5.MTXXActivity" >
    <ImageView
        android:src="@drawable/sample_0"
        android:id="@+id/iv"
        android:layout_width="match_parent"
        android:layout_height="0dp"
        android:layout_weight="1" />
    <LinearLayout
        android:padding="10dp"
        android:layout_width="match_parent"
        android:layout_height="wrap_content"
        android:orientation="horizontal"
        >
        <TextView
            android:layout_width="wrap_content"
            android:layout_height="wrap_content"
            android:text="R:"
            />
        <SeekBar
            android:id="@+id/sb_red"
            android:layout_width="match_parent"
            android:layout_height="wrap_content"
            android:max="255" />
    </LinearLayout>
    <LinearLayout
        android:padding="10dp"
        android:layout_width="match_parent"
        android:layout_height="wrap_content"
        android:orientation="horizontal"
        >
        <TextView
            android:layout_width="wrap_content"
            android:layout_height="wrap_content"
            android:text="G:"
            />
        <SeekBar
            android:id="@+id/sb_green"
            android:layout_width="match_parent"
            android:layout_height="wrap_content"
            android:max="255" />
    </LinearLayout>
    <LinearLayout
        android:padding="10dp"
        android:layout_width="match_parent"
        android:layout_height="wrap_content"
        android:orientation="horizontal"
        >
        <TextView
            android:layout_width="wrap_content"
            android:layout_height="wrap_content"
            android:text="B:"
            />
        <SeekBar
            android:id="@+id/sb_blue"
            android:layout_width="match_parent"
            android:layout_height="wrap_content"
            android:max="255" />
```

```xml
    </LinearLayout>
    <LinearLayout
      android:padding="10dp"
      android:layout_width="match_parent"
      android:layout_height="wrap_content"
      android:orientation="horizontal"
      >
      <TextView
        android:layout_width="wrap_content"
        android:layout_height="wrap_content"
        android:text="RGB:"
        />
      <SeekBar
        android:id="@+id/sb_rgb"
        android:layout_width="match_parent"
        android:layout_height="wrap_content"
        android:max="255" />
    </LinearLayout>
</LinearLayout>
```

MTXXActivity 完整的代码：

```java
public class MTXXActivity extends AppCompatActivity
    implements SeekBar.OnSeekBarChangeListener {
    //声明页面控件对象
    private ImageView iv;
    private SeekBar sb_red;
    private SeekBar sb_green;
    private SeekBar sb_blue;
    private SeekBar sb_rgb;
    //初始化一个矩阵数组
    private float[] arrays = new float[]{
        1,0,0,0,0,
        0,1,0,0,0,
        0,0,1,0,0,
        0,0,0,1,0
    };
    //声明一个颜色过滤器
    private ColorFilter colorFilter = new ColorMatrixColorFilter(arrays);
    @Override
    protected void onCreate(Bundle savedInstanceState) {
        super.onCreate(savedInstanceState);
        setContentView(R.layout.activity_mtxx);
        //实例化界面控件
        sb_red = (SeekBar) findViewById(R.id.sb_red);
        sb_green = (SeekBar) findViewById(R.id.sb_green);
        sb_blue = (SeekBar) findViewById(R.id.sb_blue);
        sb_rgb = (SeekBar) findViewById(R.id.sb_rgb);
        iv = (ImageView) findViewById(R.id.iv);
        //给 SeekBar 对象设置监听事件
        //当前 Activity 实现了 OnSeekBarChangeListener 接口
        sb_blue.setOnSeekBarChangeListener(this);
        sb_green.setOnSeekBarChangeListener(this);
        sb_red.setOnSeekBarChangeListener(this);
        sb_rgb.setOnSeekBarChangeListener(this);
    }
    // 当 Seekbar 进度改变的时候调用该方法
    @Override
    public void onProgressChanged(SeekBar seekBar, int progress, boolean fromUser) {
        int id = seekBar.getId();
        switch (id) {
            case R.id.sb_red:
                arrays[4] = progress;
                break;
```

```
                case R.id.sb_blue:
                    arrays[14] = progress;
                    break;
                case R.id.sb_green:
                    arrays[9] = progress;
                    break;
                case R.id.sb_rgb:
                    arrays[4] = arrays[9] = arrays[14] = progress;
                    break;
                default:
                    break;
            }
            //修改对应的 RGB 值，创建新的 ColorFilter 对象
            colorFilter = new ColorMatrixColorFilter(arrays);
            //给 ImageView 控件设置颜色过滤器
            iv.setColorFilter(colorFilter);
        }
        //开始拖曳 SeekBar 调用该方法
        @Override
        public void onStartTrackingTouch(SeekBar seekBar) {

        }
        //停止拖曳 SeekBar 调用该方法
        @Override
        public void onStopTrackingTouch(SeekBar seekBar) {

        }
    }
```

代码中监听了 SeekBar 的拖曳事件，当 SeekBar 拖曳时，修改颜色过滤器矩阵中相应的值，然后把新的过滤器设置给 ImageView。

运行程序，如图 7-13 所示，一个简单的美图 App 就完成了。

▲图 7-13　美图 APP

7.6 案例——随手涂鸦

学完上面的知识，再来介绍下新的案例——随手涂鸦。

如图 7-14 所示，手指在界面滑动的时候绘制线条。点击保存按钮可以将绘制的图形保证到内存中，点击取消按钮可以将当前界面清空。

这个案例需要用到触摸事件的监听处理。需要注意的是，Android 中只有 View 才可以捕获到用户触摸的事件。

触摸事件的类型分为：

- MotionEvent.ACTION_DOWN 按下；
- MotionEvent.ACTION_MOVE 移动；
- MotionEvent.ACTION_UP 抬起。

ImageView 控件可以设置一个触摸事件的监听器来监听触摸事件，重写 OnTouchListener 的 onTouch 方法，结合 Canvas 类，即可实现随手涂鸦的画板功能。

▲图 7-14　随手涂鸦

创建 HandWritingActivity 并生成布局 activity_hand_writing.xml。

activity_hand_writing.xml 布局代码：

```xml
<?xml version="1.0" encoding="utf-8"?>
<LinearLayout
  xmlns:android="http://schemas.android.com/apk/res/android"
  xmlns:tools="http://schemas.android.com/tools"
  android:layout_width="match_parent"
  android:layout_height="match_parent"
  android:orientation="vertical"
  tools:context="com.baidu.chapter7.section6.HandWritingActivity">
  <ImageView
    android:id="@+id/iv"
    android:layout_weight="1"
    android:layout_width="match_parent"
    android:layout_height="0dp"/>
  <LinearLayout
    android:layout_width="match_parent"
    android:layout_height="wrap_content">
    <Button
      android:layout_width="wrap_content"
      android:layout_height="wrap_content"
      android:onClick="save"
      android:text="保存"/>
    <Button
      android:layout_width="wrap_content"
      android:layout_height="wrap_content"
      android:onClick="clear"
      android:text="清除"/>
  </LinearLayout>
</LinearLayout>
```

主要看看 Java 代码是如何实现的：

```java
//随手涂鸦
public class HandWritingActivity extends AppCompatActivity
    implements View.OnTouchListener {
  private ImageView iv;
  private Bitmap bitmap;
  private Canvas canvas;
  //起始坐标
  private int startX;
  private int startY;
  private Paint paint;
  @Override
  protected void onCreate(Bundle savedInstanceState) {
    super.onCreate(savedInstanceState);
    setContentView(R.layout.activity_hand_writing);
    //实例化 ImageView 对象
    iv = (ImageView) findViewById(R.id.iv);
    //给 ImageView 设置触摸事件监听
    iv.setOnTouchListener(this);
  }

  @Override
  public boolean onTouch(View v, MotionEvent event) {
    //判断动作类型
    switch (event.getAction()) {
      //手指按下事件
      case MotionEvent.ACTION_DOWN:
        //如果当前 bitmap 为空
        if(bitmap==null){
          //创建一个新的 bitmap 对象，宽、高使用界面布局中 ImageView 对象的宽、高
```

```java
            bitmap = Bitmap.createBitmap(iv.getWidth(),
                iv.getHeight(), Bitmap.Config.ARGB_8888);
            //根据 bitmap 对象创建一个画布
            canvas = new Canvas(bitmap);
            //设置画布背景色为白色
            canvas.drawColor(Color.WHITE);
            //创建一个画笔对象
            paint = new Paint();
            //设置画笔的颜色为红色，线条粗细为 5 磅
            paint.setColor(Color.RED);
            paint.setStrokeWidth(5);
        }
        //记录手指按下时的屏幕坐标
        startX = (int)event.getX();
        startY = (int)event.getY();
        break;
    case MotionEvent.ACTION_MOVE://手指滑动事件
        //记录移动到的位置坐标
        int moveX = (int) event.getX();
        int moveY = (int) event.getY();
        //绘制线条，连接起始位置和当前位置
        canvas.drawLine(startX, startY, moveX, moveY, paint);
        //在 ImageView 中显示 bitmap
        iv.setImageBitmap(bitmap);
        //将起始位置改变为当前移动到的位置
        startX = moveX;
        startY = moveY;
        break;
    default:
        break;
    }
    return true;
}
//清除界面
public void clear(View view){
    bitmap = null;
    iv.setImageBitmap(null);
}
//将当前绘制的图形保存到文件
public void save(View view){
    if (bitmap==null) {
        Toast.makeText(this, "没有图片可以保存", Toast.LENGTH_SHORT).show();
        return ;
    }
    //创建一个文件对象，为了防止重名，用时间戳命名
    File file = new File(getFilesDir(),"pic"+System.currentTimeMillis()+".jpg");
    FileOutputStream stream = null;
    try {
        stream = new FileOutputStream(file);
        //以 JPEG 的图形格式将当前图片以流的形式输出
        boolean compress = bitmap.compress(Bitmap.CompressFormat.JPEG,
            100, stream);
        if (compress) {
            Toast.makeText(this, "保存成功"
                +file.getAbsolutePath(), Toast.LENGTH_SHORT).show();
        }else {
            Toast.makeText(this, "保存失败",
                Toast.LENGTH_SHORT).show();
        }
    } catch (FileNotFoundException e) {
        Toast.makeText(this, "保存失败"+e.getLocalizedMessage(),
            Toast.LENGTH_SHORT).show();
    }finally {
```

```
            if (stream != null) {
              try {
                stream.close();
              } catch (IOException e) {
                e.printStackTrace();
              }
            }
          }
        }
      }
```

当手指按下的时候创建图片 Bitmap 和画布 Canvas（如果之前没有创建），记录开始的点。当手指移动的时候，绘制线条。

> **注意** onTouch 方法的返回值默认是 false 的，必须设置为 true，否则触摸事件将不会被处理。

7.7 加载网络图片

现在 Android 应用中不可避免地要使用图片，有些图片是可以变化的，需要每次启动时从网络拉取，这种场景在有广告位的应用、有图片的新闻类应用以及纯图片应用中比较多。

7.7.1 网络图片的缓存策略

假如每次启动的时候都从网络拉取图片，势必会消耗很多流量。在当前的状况下，对于非 WiFi 用户来说，流量还是很贵的，一个很耗流量的应用，其用户数量级肯定要受到影响。当然，像网易新闻、淘宝这样的应用，必然也有其内部的图片缓存策略。总之，图片缓存是很重要而且是必须的。

实现图片缓存也不难，需要有相应的 cache 策略。常见的都是采用三级缓存策略（内存、文件、网络）。其实网络不算 cache，这里姑且也把它划到缓存的层次结构中。

根据 URL 向网络拉取图片的时候，先从内存中找，如果内存中没有，再从缓存文件中查找，如果缓存文件中也没有，再从网络上通过 Http 请求拉取图片。当从网络请求完成图片时，就会把它缓存到文件中，加载到内存中。一般 URL 对应唯一资源，这个图片缓存的 key 是图片 URL 的 hash 值或者是 URL 本身，value 就是 Bitmap。所以，按照这个逻辑，只要一个 URL 被下载过，其图片就被缓存起来了。

而运行内存（RAM）是有上限的，手机空间（ROM）虽然很大，但并不能无限存储。所以还要通过一些算法在内存中移除不常用的图片，在硬盘空间中删除缓存文件。最常用的就是 LRU 算法了，算法的核心原理就是当内存满了，在内存中首先移除近期最少使用的。

为了方便大家理解，下面是伪代码：

```
public Bitmap getBitmap(String url){
    if(内存中有图片){
        return 内存中的图片;
    }
    if(硬盘中有图片){
        if(内存足够){
            从硬盘加载到内存;
        }else{
```

```
        通过算法移除内存中之前不常用的图片;
        从硬盘加载到内存;
      }
      return 内存中的图片;
   }
   异步联网加载 url;
   //加载完成
   if(硬盘空间足够大){
      保存到文件中;
   }else{
      删除不常用的图片;
      保存到文件中;
   }
   if(内存不足了){
      通过算法移除之前不常用的图片;
      把图片加载到内存中;
   }
   return 内存中的图片;
}
```

如果代码展开，会非常多。而经过这几年的发展，现在早已不需要自己重新造一个轮子了，有好多现成的库完成了这些操作。而这些图片加载库解决了网络、文件、res、assets 等图片的获取、解析、展示、缓存等需求。

列举下常见的库。

（1）Picasso Github，大神推荐的强大的图片下载和缓存库，Square 开源的项目，主导者是 JakeWharton。

（2）Glide，Google 推荐的图片加载和缓存的库，专注于平滑滚动时的流畅加载，Google 开源项目，2014 年 Google I/O 上被推荐。

（3）Fresco，Facebook 推荐的 Android 图片加载库，自动管理图片的加载和图片的缓存。Facebook 在 2015 年上半年开源的图片加载库。

（4）Android-Universal-Image-Loader，早期广泛使用的开源图片加载库，强大又灵活的 Android 库，用于加载、缓存、显示图片。

使用方式也比较简单，我们就以目前使用最多的 Picasso 为例，给大家展示一下。

7.7.2　图片加载库 Picasso 的使用

Picasso 是一个强大的图像下载和缓存库，可以加载本地资源，设置占位资源，自动重用之前的资源，甚至还可以进行图片尺寸样式的变幻。

使用方式如下。

首先和使用其他函数库差不多，需要在 app/build.gradle 中添加对应的依赖。

```
dependencies {
  ...
  compile 'com.squareup.picasso:picasso:2.5.2'
}
```

用法也很简单直接。总结一句话：传递 context，图片 url，要加载图片的 ImageView：

```
Picasso.with(context).load("http://i.imgur.com/DvpvklR.png").into(imageView);
```

7.7 加载网络图片

不需要考虑内存溢出的问题，不需要考虑硬盘空间不够的问题，不需要考虑异步操作的问题，它通通帮你解决了。

（1）使用复杂的图片压缩转换来尽可能地减少内存消耗。

（2）自带内存和硬盘二级缓存功能。

除了上面的方法，还有以下扩展的用法。

（1）对图片进行处理，可以更好地适应布局，节省内存开销：

```
Picasso.with(context).load(url)
.resize(50, 50)       //调整大小，节省内存
.centerCrop()         //裁剪模式
.into(imageView)
```

（2）加载占位图以及错误图片：

```
Picasso.with(context)
.load(url)
.placeholder(R.drawable.placeholder)   //加载中显示的图片
.error(R.drawable.error)     //加载失败显示的图片
.into(imageView);
```

（3）加载 res、asset 和本地文件的图片的资源：

```
Picasso.with(context).load(R.drawable.landing_screen).into(imageView1);

Picasso.with(context).load("file:///android_asset/DvpvklR.png").into(imageView2);

Picasso.with(context).load(new File(...)).into(imageView3);
```

总结

本章我们完整地介绍了图片的处理，接触到了 Bitmap、Drawable、Canvas、Maxtrix。图片优化是需要持续关注的话题，任何一处处理不当都可能导致整个程序的卡顿甚至崩溃。

本章代码下载地址：https://github.com/yll2wcf/book 项目名称：Chapter7

欢迎关注微信公众账号——于连林，搜索关键字：likeDev。

人不曾老去，直到悔恨取代了梦想。——约翰·巴里摩

第 8 章　复杂控件的使用

至此，读者应该已经有一定知识基础了，这一章又要重返控件了。我们需要接触几个比较复杂的控件，从而搭建更丰富的界面。

8.1 ListView

ListView 是最经典的控件之一，也是 Android 中非常重要的控件。由于手机屏幕有限，能够一次性在手机屏幕上显示的内容不是很多。当程序有大量数据需要展示的时候，可以借助 ListView 实现。

▲图 8-1　ListView（新闻截图，仅演示用）

8.1 ListView

如图 8-1 所示，中间的区域就是 ListView，ListView 允许用户通过手指上下滑动的方式将屏幕外的数据滚动到屏幕内，同时屏幕内原有的数据则会滚动出屏幕。这个控件非常常见，比如手机联系人列表、微信聊天记录。

8.1.1 初识 ListView

ListView 的设计理念非常经典，采用适配器设计模式，让数据和界面分离，更利于扩展和维护。

一个 ListView 通常都有以下 3 个要素组成。

（1）ListView 控件。

（2）适配器类，用到了设计模式中的适配器模式，它是视图和数据之间的桥梁，负责提供对数据的访问，生成每一个列表项对应的 View。常用的适配器类有：ArrayAdapter、SimpleAdapter、BaseAdapter 等。

（3）数据源。

首先新建一个项目，创建 ListViewActivity，生成布局 activity_list_view.xml，在布局中添加 ListView 控件：

```xml
<?xml version="1.0" encoding="utf-8"?>
<RelativeLayout
  xmlns:android="http://schemas.android.com/apk/res/android"
  xmlns:tools="http://schemas.android.com/tools"
  android:layout_width="match_parent"
  android:layout_height="match_parent"
  tools:context=".section1.ListViewActivity">
  <ListView
    android:layout_width="match_parent"
    android:id="@+id/list_view"
    android:layout_height="match_parent"/>

</RelativeLayout>
```

可以看到，添加 ListView 和添加其他控件差不多。接下来看看代码：

```java
public class ListViewActivity extends AppCompatActivity {
  //数据
  String[] datas=new String[]{"阿尔巴尼亚","安道尔","奥地利",
      "白俄罗斯","保加利亚","法国", "德国","意大利","葡萄牙","罗马尼亚",
      "俄罗斯","塞尔维亚","西班牙", "英国"};
  ListView listView;
  @Override
  protected void onCreate(Bundle savedInstanceState) {
    super.onCreate(savedInstanceState);
    setContentView(R.layout.activity_list_view);
    listView= (ListView) findViewById(R.id.list_view);
    //适配器
    // 参数1 上下文
    // 参数2 每个条目的布局，这里使用 Android SDK 提供的布局        // 参数3 数据
    ArrayAdapter<String> adapter=
        new ArrayAdapter<>(this,android.R.layout.simple_list_item_1,datas);
    //给 ListView 设置适配器，从而显示到界面上
    listView.setAdapter(adapter);
  }
}
```

由于 ListView 是展示大量数据的,所以我们应该事先将数据提供好。这些数据可以是在网上下载的,也可以是从数据库获取的,应该视具体的场景决定。这里用了一个字符串数组来测试,里面包含了部分欧洲国家。

不过,数组中的数据不能直接传递给 ListView,需要借助适配器完成。Android 中提供了好多适配器,最简单的就是 ArrayAdapter。它可以通过泛型来指定要适配的数据类型,然后在构造方法中把要适配的数据传入即可。ArrayAdapter 有多个重载的构造函数,选择适合使用的即可。

由于我们提供的数据是字符串,因此将 ArrayAdapter 的泛型指定为 String,然后在 ArrayAdapter 的构造函数中依次传入当前的上下文、每个条目布局的 id,以及要适配的数据。我们使用了 Android 内置的布局文件——android.R.layout.simple_list_item_1,这里面只有一个 TextView,可用于简单显示一列文本。这样适配器的对象就构建好了。

最后,调用 ListView 的 setAdapter()方法,将构建好的适配对象传递进去,这样 ListView 和数据之间的关联就建立完成了。

来看看运行结果,如图 8-2 所示。

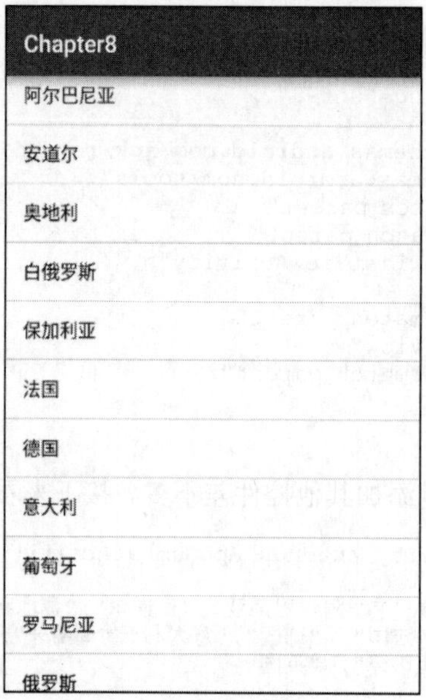

▲图 8-2 ListView 显示结果

可以通过滚动的方式查看屏幕外的数据。

8.1.2 定制 ListView 条目的界面

只能显示一段文本的 ListView 实在是太单调了,无法满足大部分需求。现在就来对 ListView 的界面进行定制,让它可以显示更丰富的内容。

上面只显示了一些国家或地区,接下来,如图 8-3 所示,我们准备好一组图片,用来显示旗帜。让每一个条目显示文字的时候,左侧也显示一个旗帜。

紧接着，字符串类已经不能满足我们要求了，需要定义一个实体类，作为 ListView 适配器的适配类型。新建类 Country，如下：

```java
public class Country {
  private String name;// 国家或地区名字
  private int imageId;// 旗帜图片

  public String getName() {
    return name;
  }

  public int getImageId() {
    return imageId;
  }

  public Country(String name, int imageId) {
    this.name = name;
    this.imageId = imageId;
  }
}
```

▲图8-3 旗帜图片

Country 类有两个字段，name 表示国家或地区的名字，imageID 表示旗帜对应图片资源的 id。这时候使用 Android 提供的布局已经不能满足需求了，我们需要为 ListView 子项指定一个自定义的布局，在 layout 目录下新建 item_country.xml，代码如下所示：

```xml
<?xml version="1.0" encoding="utf-8"?>
<LinearLayout xmlns:android="http://schemas.android.com/apk/res/android"
    android:orientation="horizontal"
    android:layout_width="match_parent"
    android:layout_height="match_parent">
  <ImageView
    android:id="@+id/iv_flag"
    android:layout_width="wrap_content"
    android:layout_height="wrap_content"/>
  <TextView
    android:id="@+id/tv_name"
    android:layout_width="wrap_content"
    android:layout_gravity="center"
    android:layout_marginLeft="10dp"
    android:layout_marginStart="10dp"
    android:layout_height="wrap_content"/>
</LinearLayout>
```

这个布局中，ImageView 用来显示旗帜图片，TextView 用来显示国家或地区名字。

接下里，需要创建一个自定义的适配器，这个适配器继承自 ArrayAdapter，并将泛型指定为 Country 类。新建一个类 CountryAdapter：

```java
public class CountryAdapter extends ArrayAdapter<Country>{
  int resourceId;
  public CountryAdapter(Context context, int resource, List<Country> objects) {
    super(context, resource, objects);
    resourceId=resource;//记录布局资源 id
  }
  // position 为当前项的位置 从 0 开始计数
```

```java
    @Override
    public View getView(int position, View convertView, ViewGroup parent) {
        Country country=getItem(position);//获取当前位置条目的数据实例
        //把xml转换成view对象
        View view=View.inflate(getContext(),resourceId,null);
        ImageView imageView= (ImageView) view.findViewById(R.id.iv_flag);
        TextView textView= (TextView) view.findViewById(R.id.tv_name);
        //设置数据
        imageView.setImageResource(country.getImageId());
        textView.setText(country.getName());
        return view;
    }
}
```

CountryAdapter 重写了父类的构造函数,用于将上下文、ListView 子项布局的 id 和数据传递进来。另外重写了 getView()方法,这个方法在每个子项滚动出屏幕内的时候会被调用。

在 getView()中,首先通过 getItem()方法和位置 position 得到当前项的 Country 实例,然后把 xml 布局转换成 Java 中的 View 对象,并通过 view.findViewById()初始化 ImageView 和 TextView 的实例,并分别通过 setImageResource()和 setText()方法来设置显示的图片和文字,最后一定要记得返回 view 对象。

接下来需要把 Activity 代码修改一下:

```java
public class ListViewActivity extends AppCompatActivity {
    private List<Country> countryList=new ArrayList<>();
    ListView listView;
    @Override
    protected void onCreate(Bundle savedInstanceState) {
        super.onCreate(savedInstanceState);
        setContentView(R.layout.activity_list_view);
        listView= (ListView) findViewById(R.id.list_view);
        //初始化数据
        initDatas();
        //给ListView设置适配器,从而显示到界面上
        CountryAdapter adapter=
            new CountryAdapter(this,R.layout.item_country,countryList);
        listView.setAdapter(adapter);
    }

    private void initDatas() {
        countryList.add(new Country("阿尔巴尼亚",R.drawable.albania));
        countryList.add(new Country("安道尔",R.drawable.andorra));
        countryList.add(new Country("奥地利",R.drawable.austria));
        countryList.add(new Country("白俄罗斯",R.drawable.belarus));
        countryList.add(new Country("保加利亚",R.drawable.belgium));
        countryList.add(new Country("法国",R.drawable.france));
        countryList.add(new Country("德国",R.drawable.germany));
        countryList.add(new Country("意大利",R.drawable.italy));
    }
}
```

重新运行程序,如图 8-4 所示。

如果觉得这个界面还是很简单,可以修改 item_country.xml 中的内容,定制更加丰富的界面。

▲图 8-4　定制 ListView 条目显示结果

8.1.3　优化 ListView

上面的代码还有需要优化的地方，这个优化还是非常重要的，可以提高运行效率，减少内存消耗。目前，CountryAdapter 的 getView()方法中每次都会把布局重新加载一遍，当 ListView 快速滑动时就会发现程序卡顿甚至崩溃。

仔细观察，getView()方法还有一个 convertView 参数，这个参数用于将之前加载好的布局进行缓存，以便以后可以进行重用。修改 CountryAdapter 中 getView()方法的代码，如下：

```
@Override
public View getView(int position, View convertView, ViewGroup parent) {
    Country country=getItem(position);//获取当前位置条目的数据实例
    View view;
    //当 convertView 不为空 复用 converView
    if(convertView==null) {
        //把 XML 转换成 view 对象
        view = View.inflate(getContext(), resourceId, null);
    }else{
        view=convertView;
    }
    ImageView imageView= (ImageView) view.findViewById(R.id.iv_flag);
    TextView textView= (TextView) view.findViewById(R.id.tv_name);
    //设置数据
    imageView.setImageResource(country.getImageId());
    textView.setText(country.getName());
    return view;
}
```

可以看到，在 getView() 方法中进行了判断，如果 convertView 为空，则通过 inflate() 方法加载布局；如果不为空，则直接对 convertView 进行重用。这样就大大提高了 ListView 的运行效率，在快速滚动的时候也可以表现出更好的性能。

不过，目前这份代码还是可以继续优化的。无论是通过 inflate()加载布局，还是复用 convertView，都会调用 findViewById() 方法去初始化控件，这步操作也是可以复用的。

创建一个内部类，按照行业规矩，这个类的名字一般都叫 ViewHolder，继续优化代码：

```java
public class CountryAdapter extends ArrayAdapter<Country> {
    ...

    @Override
    public View getView(int position, View convertView, ViewGroup parent) {
        Country country = getItem(position);//获取当前位置条目的数据实例
        View view;
        ViewHolder viewHolder = null;
        //当 convertView 不为空 复用 converView
        if (convertView == null) {
            viewHolder = new ViewHolder();//创建 ViewHolder
            //把 xml 转换成 view 对象
            view = View.inflate(getContext(), resourceId, null);
            viewHolder.imageView = (ImageView) view.findViewById(R.id.iv_flag);
            viewHolder.textView = (TextView) view.findViewById(R.id.tv_name);
            view.setTag(viewHolder);// 将 viewHolder 保存到 view 对象中
        } else {
            view = convertView;
            viewHolder= (ViewHolder) view.getTag();
        }
        //设置数据
        viewHolder.imageView.setImageResource(country.getImageId());
        viewHolder.textView.setText(country.getName());
        return view;
    }

    static class ViewHolder {
        ImageView imageView;
        TextView textView;
    }
}
```

当 convertView 为空时，创建一个 ViewHolder 对象，并将控件的实例都存放在 ViewHolder 中，然后调用 View 的 setTag()方法，将 ViewHolder 的对象缓存在 View 中。当 convertView 不为空时，则调用 View 的 getTag() 方法，把 ViewHolder 重新取出。这样所有控件的实例都缓存在了 ViewHolder 中，就不会每次都通过 findViewById()方法来获取实例了。

通过上面两步优化之后，ListView 的运行效率就已经非常不错了。以后大家一定要严格按照这两步进行优化。

8.1.4　ListView 的点击事件

ListView 不能只是用来滚（滚动），条目的点击事件还是非常有用的。这一小节讲下如何处理 ListView 子项（条目）的点击事件：

8.1 ListView

```java
public class ListViewActivity extends AppCompatActivity {
    private List<Country> countryList=new ArrayList<>();
    ListView listView;
    @Override
    protected void onCreate(Bundle savedInstanceState) {
        super.onCreate(savedInstanceState);
        setContentView(R.layout.activity_list_view);
        listView= (ListView) findViewById(R.id.list_view);
        //初始化数据
        initDatas();
        CountryAdapter adapter=
            new CountryAdapter(this,R.layout.item_country,countryList);
        listView.setAdapter(adapter);
        // 设置ListView条目的点击事件
        listView.setOnItemClickListener(new AdapterView.OnItemClickListener() {
            // parent    指的是ListView
            // view      指的是被点击条目的View
            // position  条目的位置
            // id  如果Adapter继承自ArrayAdapter, id和postion 一致。
            @Override
            public void onItemClick(AdapterView<?> parent, View
                    view, int position, long id) {
                Toast.makeText(getApplicationContext(),
                    countryList.get(position).getName()
                    ,Toast.LENGTH_SHORT).show();
            }
        });
    }
    ...
}
```

可以看到，我们使用了 setOnItemClickListener() 来为 ListView 注册了一个监听器，当用户点击了 ListView 中的任何一个条目时，就会回调 onItemClick() 方法，在这个方法中可以通过 position 参数判断出用户点击的是哪一个条目，然后获取到相应的国家。并通过 Toast 将国家名字显示出来。

来看看运行结果，如图 8-5 所示。

除了条目的点击事件，ListView 还可以设置条目的长按事件：

```java
listView.setOnItemLongClickListener(new AdapterView.OnItemLongClickListener() {
    @Override
    public boolean onItemLongClick(AdapterView<?> parent,
            View view, int position, long id) {

        return false;
    }
});
```

可以发现，和之前设置点击事件非常相似。但是需要注意的是，onItemLongClick() 有一个 boolean 的返回值，代表是否消费掉这个事件。简单解释下，这个返回值为 false 的时候，处理完条目长按事件，还会处理条目的点击事件；返回为 true，则表示处理完条目长按事件，不会再处理条目的点击事件了，长按事件传递如图 8-6 所示。

▲图 8-5 点击事件运行结果

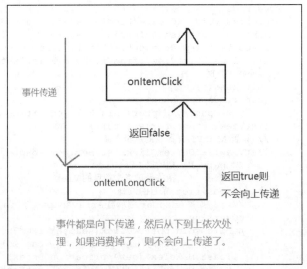

▲图 8-6 条目点击事件的传递

开发的时候，偶尔会使用长按删除条目的操作：

```
listView.setOnItemLongClickListener(new AdapterView.OnItemLongClickListener() {
    @Override
    public boolean onItemLongClick(AdapterView<?> parent,
              View view, int position, long id) {
        countryList.remove(position);//删除长按位置的数据
        adapter.notifyDataSetChanged();//刷新 ListView 界面
        return true;
    }
});
```

上面的代码表示的意思就是当长按其中一个条目的时候，就会把这个条目从界面中移除。因为数据集合和适配器绑定，在集合中删除数据，然后调用适配器 notifyDataSetChanged()方法刷新，就实现了删除 ListView 条目操作。

8.1.5 ListView 常用的属性

我们还可以在布局文件中给 ListView 设置一些属性，实现一些效果。
- android:divider 设置分割线的颜色或者指定分割线图片。
- android:dividerHeight 设置分割线的高度。
- android:scrollbars="none" 隐藏滚动条：

```
<ListView
    android:layout_width="match_parent"
    android:id="@+id/list_view"
    android:divider="#ffff0000"
    android:dividerHeight="20dp"
    android:scrollbars="none"
```

```
android:layout_height="match_parent"/>
```

上面代码中添加了 20dp 高度的红色分割线,运行结果如图 8-7 所示。

▲图 8-7　ListView 添加分割线

8.2　GridView

上面的章节中研究了 ListView 的部分使用方法。本节将对 GridView 的属性和方法进行讲解,ListView 一般用于列表项的展示,GridView 一般用于制作某些选项按钮上,常见的九宫格就可以用 GridView 来实现。

GridView 和 ListView 两个类都是继承自 AbsListView,所以它们的使用非常相似。接下来就一点点实现上面的效果。

首先来看一下 GridView 有哪些常用属性和相关方法,参考表 8-1。

表 8-1　　　　　　　　　　　GridView 属性

属性	相关方法	说明
android:columnWidth=""	setColumnWidth(int)	设置列的宽度
android:horizontalSpacing=""	setHorizontalSpacing(int)	定义列之间的水平间距
android:numColumns=""	setNumColumns(int)	设置列数
android:verticalSpacing=""	setVerticalSpacing(int)	定义行之间默认垂直间距
android:stretchMode=""	setStretchMode()	缩放模式

通过 numColumns="" 属性设置完列数,剩下的使用方式和 ListView 的使用就基本一致了。
创建 GrdiViewActivity,生成布局,先来看布局 activity_grid_view.xml 的代码:

```xml
<RelativeLayout
   ...
   >
   <GridView
      android:numColumns="3"
      android:id="@+id/grid_view"
      android:layout_width="match_parent"
      android:layout_height="match_parent">
   </GridView>
</RelativeLayout>
```

GridView 每个子项（条目）上面是图片，下面是文本，所以需要先定义子项的布局。在 layout 目录下创建 item_grid_view.xml。代码如下：

```xml
<?xml version="1.0" encoding="utf-8"?>
<LinearLayout xmlns:android="http://schemas.android.com/apk/res/android"
      android:orientation="vertical"
      android:layout_width="match_parent"
      android:layout_height="match_parent">
   <ImageView
      android:id="@+id/iv_flag"
      android:layout_gravity="center"
      android:layout_width="wrap_content"
      android:layout_height="wrap_content"/>
   <TextView
      android:id="@+id/tv_name"
      android:layout_width="wrap_content"
      android:layout_gravity="center"
      android:layout_height="wrap_content"/>
</LinearLayout>
```

最后，再来看看 Java 代码，你会感觉到非常熟悉：

```java
public class GridViewActivity extends AppCompatActivity {
   private List<Country> countryList=new ArrayList<>();
   @Override
   protected void onCreate(Bundle savedInstanceState) {
      super.onCreate(savedInstanceState);
      setContentView(R.layout.activity_grid_view);
      GridView gridView= (GridView) findViewById(R.id.grid_view);
      initDatas();//初始化数据
      //创建Adapter
      final CountryAdapter adapter=
            new CountryAdapter(this,R.layout.item_grid_view,countryList);
      assert gridView != null;
      gridView.setAdapter(adapter);
   }

   private void initDatas() {
      countryList.add(new Country("阿尔巴尼亚",R.drawable.albania));
      countryList.add(new Country("安道尔",R.drawable.andorra));
      countryList.add(new Country("奥地利",R.drawable.austria));
      countryList.add(new Country("白俄罗斯",R.drawable.belarus));
      countryList.add(new Country("保加利亚",R.drawable.belgium));
      countryList.add(new Country("法国",R.drawable.france));
      countryList.add(new Country("德国",R.drawable.germany));
      countryList.add(new Country("意大利",R.drawable.italy));
      countryList.add(new Country("葡萄牙",R.drawable.portugal));
      countryList.add(new Country("罗马尼亚",R.drawable.romania));
```

```
        countryList.add(new Country("俄罗斯",R.drawable.russia));
        countryList.add(new Country("塞尔维亚",R.drawable.serbia));
        countryList.add(new Country("西班牙",R.drawable.spain));
        countryList.add(new Country("英国",R.drawable.united_kingdom));
    }
}
```

可以看到 GridView 和 ListView 使用方式基本一样，可以简单认为 GridView 是对 ListView 的扩展。

8.3 RecyclerView

Android 5.0 推出的同时，Google 工程师在 support-v7 包中引入了一个全新的列表控件 RecyclerView，这个控件比 ListView 和 GridView 更为灵活。下面我们就详细地介绍这个最近比较流行的控件。

8.3.1 初识 RecyclerView

RecyclerView 是一个用于显示庞大数据集的容器，可通过保持有限数量的视图进行非常有效的滚动操作。如果有数据集合，其中的元素将因用户操作或网络事件而发生改变，建议使用 RecyclerView。

RecyclerView 与 ListView 优化后的原理是类似的：都是仅仅维护少量的 View，并且可以展示大量的数据集。

如图 8-8 所示，为了使用 RecyclerView 控件，需要创建一个 Adapter 和一个 LayoutManager 类。

▲图 8-8　RecyclerView

Adapter：使用 RecyclerView 之前，需要一个继承自 RecyclerView.Adapter 的适配器，作用是将数据与每一个 item 的界面进行绑定。

LayoutManager：用来确定每一个 item 如何进行排列摆放，何时展示和隐藏。回收或重用一个 View 时，LayoutManager 会向适配器请求新的数据来替换旧的数据，这种机制避免了创建过多的 View 和频繁地调用 findViewById 方法（与 ListView 优化后的原理类似）。

RecyclerView 提供下面 3 种内置布局管理器(LayoutManager)。

- LinearLayoutManager 以垂直或水平滚动列表方式显示项目。
- GridLayoutManager 表格布局，效果类似 GridView。
- StaggeredGridLayoutManager 流式布局，例如瀑布流效果（WindowsPhone 常见的效果）。

当然除了上面的 3 种内部布局之外，还可以继承 RecyclerView.LayoutManager 来实现一个自定义的 LayoutManager。

8.3.2 使用 RecyclerView

本节所示示例是一个最简单的使用方法，后面几节将会介绍更多 RecyclerView 的其他用法。

1. 添加依赖

使用 RecyclerView 需要在 app/build.gradle 中添加依赖，然后同步一下就可以使用依赖包：

```
dependencies {
  //...
  compile 'com.android.support:recyclerview-v7:25.1.0'
}
```

2. 编写代码

添加完依赖之后，就开始写代码了，创建 RecyclerViewActivity 并生成布局 activity_recycler_view.xml，与 ListView 用法类似，也是先在 xml 布局文件中创建一个 RecyclerView 的布局：

```xml
<?xml version="1.0" encoding="utf-8"?>
<RelativeLayout
  xmlns:android="http://schemas.android.com/apk/res/android"
  xmlns:tools="http://schemas.android.com/tools"
  android:layout_width="match_parent"
  android:layout_height="match_parent"
  >
  <android.support.v7.widget.RecyclerView
    android:id="@+id/recycler_view"
    android:layout_width="match_parent"
    android:scrollbars="vertical"
    android:layout_height="match_parent"/>
</RelativeLayout>
```

创建完布局之后在 Activity 中获取这个 RecyclerView，并声明 LayoutManager 与 Adapter，代码如下：

```java
public class RecyclerViewActivity extends AppCompatActivity {
  List<String> datas=new ArrayList<>();
  @Override
  protected void onCreate(Bundle savedInstanceState) {
    super.onCreate(savedInstanceState);
    setContentView(R.layout.activity_recycler_view);
    RecyclerView recyclerView= (RecyclerView) findViewById(R.id.recycler_view);
    initDatas();
    //创建默认的线性 LayoutManager
    RecyclerView.LayoutManager layoutManager=new LinearLayoutManager(this);
    assert recyclerView != null;
    recyclerView.setLayoutManager(layoutManager);
    //如果可以确定每个 item 的高度是固定的，设置这个选项可以提高性能
    recyclerView.setHasFixedSize(true);
    //创建并设置 Adapter
    MyAdapter adapter = new MyAdapter(datas);
    recyclerView.setAdapter(adapter);
  }
    private void initDatas() {
```

```
        datas.add("阿尔巴尼亚");
        ...
        datas.add("英国");
    }
}
```

RecyclerView 和 ListView 一样也是需要适配器的，但是，RecyclerView 需要设置布局管理器（setLayoutManager），这是为了方便扩展，这里使用了 LinearLayoutManager。其中 Adapter 的创建比较关键，先来看看 MyAdapter 的代码：

```
public class MyAdapter extends RecyclerView.Adapter<MyAdapter.ViewHolder> {
    public List<String> datas = null;
    public MyAdapter(List<String> datas) {
        this.datas = datas;
    }
    //创建新 View，被 LayoutManager 所调用
    @Override
    public ViewHolder onCreateViewHolder(ViewGroup viewGroup, int viewType) {
        //获取布局填充器
        LayoutInflater layoutInflater = LayoutInflater.from(viewGroup.getContext());
        //把布局转换成 View 对象，参数 1 布局，参数 2 父容器，参数 3 是否主动挂载到父容器上
        View view = layoutInflater.inflate(R.layout.item,viewGroup,false);
        ViewHolder vh = new ViewHolder(view);
        return vh;
    }
    //将数据与界面进行绑定的操作
    @Override
    public void onBindViewHolder(ViewHolder viewHolder, int position) {
        viewHolder.mTextView.setText(datas.get(position));
    }
    //获取数据的数量
    @Override
    public int getItemCount() {
        return datas.size();
    }
    //自定义的 ViewHolder，持有每个 Item 的所有界面元素
    public static class ViewHolder extends RecyclerView.ViewHolder {
        public TextView mTextView;
        public ViewHolder(View view){
            super(view);
            mTextView = (TextView) view.findViewById(R.id.text);
        }
    }
}
```

上面代码用到了 item.xml 布局文件，代码如下：

```
<?xml version="1.0" encoding="utf-8"?>
<TextView
    android:id="@+id/text"
    xmlns:android="http://schemas.android.com/apk/res/android"
    android:layout_width="wrap_content"
    android:padding="10dp"
    android:layout_height="wrap_content"
    android:gravity="center"
    android:textColor="#000000"
    android:textSize="16sp"/>
```

MyAdapter 继承 RecyclerView.Adapter，需要一个 ViewHolder 的泛型，强制必须创建一个 ViewHolder，创建 ViewHolder 需要继承 RecyclerView.ViewHolder，ViewHolder 构造方法需要传递 View 对象，View 对象会和 ViewHolder 进行绑定。

可以发现 RecyclerView.Adapter 设计的针对性很强，强制程序员通过 ViewHolder 和复用 View 进行优化，不会出现之前用 ListView 不采取优化的情况。这种机制避免了创建过多的 View 和频繁地调用 findViewById 方法。

用起来很简单，在 onCreateViewHolder() 方法中创建 ViewHolder 和 View 对象，然后在 onBindViewHolder 中处理 ViewHolder 中控件的初始化。

3. 运行

写完这些代码后，这个例子就可以运行起来了。从例子也可以看出，RecyclerView 的用法并不比 ListView 复杂，反而更灵活好用，它将数据、排列方式、数据的展示方式都分割开来，因此自定义的形式也非常多，非常灵活。

8.3.3 不同的布局排列方式

上面的效果是垂直排列的，还可以选择其他的排列方式，非常灵活，这就是比单一的 ListView/GridView 强大的地方。

1. 横向布局

如果想要一个横向的列表，只要设置 LinearLayoutManager 就行，注意，要声明 layoutManager 的类型是 LinearLayoutManager，而不是父类 LayoutManager：

```
LinearLayoutManager layoutManager=new LinearLayoutManager(this);
layoutManager.setOrientation(LinearLayoutManager.HORIZONTAL);
```

这时候如果要显示滚动条，需要在布局中修改 RecyclerView 属性，把滚动条的方向改成水平方向：

```
<android.support.v7.widget.RecyclerView
  ...
  android:scrollbars="horizontal"
/>
```

运行结果如图 8-9 所示。

2. Grid 布局

如果想要一个 Grid 布局的列表，只要声明 LayoutManager 为 GridLayoutManager 即可：

```
//参数为每列显示的数量
GridLayoutManager layoutManager=new GridLayoutManager(this,3);
recyclerView.setLayoutManager(layoutManager);
```

运行结果如图 8-10 所示。

8.3 RecyclerView

▲图 8-9　横向布局

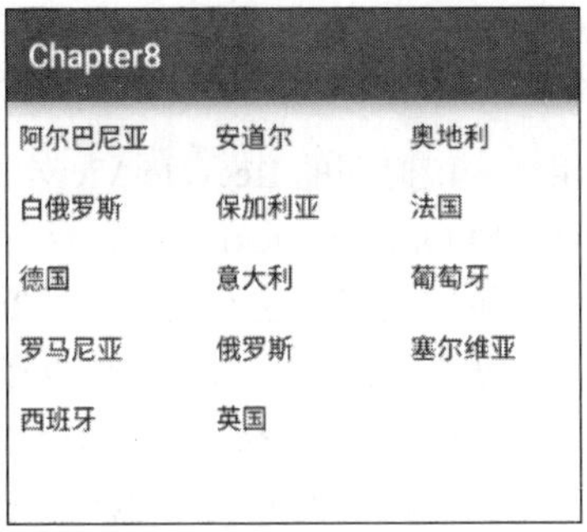

▲图 8-10　Grid 布局

发现 RecyclerView 通过设置 GridLayoutManager 就可以秒变 GridView。注意，在 Grid 布局中也可以设置列表的 Orientation 属性，来实现横向和纵向的 Grid 布局。

3．瀑布流布局

瀑布流使用 StaggeredGridLayoutManager，具体方法与上面类似：

```
StaggeredGridLayoutManager layoutManager=
    new StaggeredGridLayoutManager(3,StaggeredGridLayoutManager.VERTICAL);
recyclerView.setLayoutManager(layoutManager);
```

StaggeredGridLayoutManager 构造的第二个参数传一个 orientation，如果传入的是 StaggeredGridLayoutManager.VERTICAL，第一个参数代表有多少列；如果传入的是 StaggeredGridLayoutManager.HORIZONTAL，第一个参数就代表有多少行。

如果每个条目的行宽不固定，就可以看到瀑布流的效果，例如图 8-11 所式的样式的布局就可以通过 StaggeredGridLayoutManager 实现。

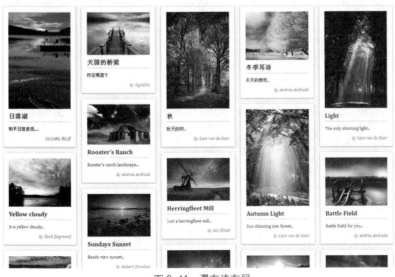

▲图 8-11　瀑布流布局

8.3.4 RecyclerView 添加点击事件

当使用了一段时间的 RecyclerView，发现为其每一项添加点击事件并没有 ListView 那么轻松，ListView 直接加 OnItemClickListener 就行了。实际上，我们不要把 RecyclerView 当作 ListView 的一个升级版，希望大家把它看做一个容器，同时里面包含了很多不同的 Item，它们可以以不同方式排列组合，非常灵活，点击方式可以按照自己的意愿进行实现。

本节主要讲解如何为 RecyclerView 添加点击事件。

上一节中我们讲了如何使用 RecyclerView 的 Adapter，其实我们会发现，Adapter 是添加点击事件一个很好的地方，里面是构造布局等 View 的主要场所，也是数据和布局进行绑定的地方。首先在 Adapter 中创建一个实现点击接口，其中 view 是点击的 Item，data 是数据，position 是条目的位置，因为我们想知道点击的区域部分的数据和位置是什么，以便下一步进行操作：

```java
public class MyAdapter extends RecyclerView.Adapter<MyAdapter.ViewHolder> {
  ...
  public static interface OnRecyclerViewItemClickListener {
    void onItemClick(View view , String data,int position);
  }
}
```

定义完接口，在 Adapter 中添加接口和添加设置接口的方法：

```java
public class MyAdapter extends RecyclerView.Adapter<MyAdapter.ViewHolder> {
  ...
  private OnRecyclerViewItemClickListener mOnItemClickListener = null;

  public void setOnItemClickListener(OnRecyclerViewItemClickListener listener) {
      this.mOnItemClickListener = listener;
  }
}
```

那么这个接口用在什么地方呢？如下代码所示，为 Adapter 实现 OnClickListener 方法：

```java
public class MyAdapter extends RecyclerView.Adapter<MyAdapter.ViewHolder>
    implements View.OnClickListener {
  public List<String> datas = null;
  public MyAdapter(List<String> datas) {
    this.datas = datas;
  }
  @Override
  public ViewHolder onCreateViewHolder(ViewGroup viewGroup, int viewType) {
    LayoutInflater layoutInflater = LayoutInflater.from(viewGroup.getContext());
    View view = layoutInflater.inflate(R.layout.item,viewGroup,false);
    ViewHolder vh = new ViewHolder(view);
    //将创建的View注册点击事件
    view.setOnClickListener(this);
    return vh;
  }
  @Override
  public void onBindViewHolder(ViewHolder viewHolder, int position) {
    viewHolder.mTextView.setText(datas.get(position));
    //将position保存在itemView的Tag中，以便点击时进行获取
    viewHolder.itemView.setTag(position);
  }
  @Override
```

```
    public void onClick(View v) {
      if (mOnItemClickListener != null) {
        //注意这里使用 getTag 方法获取数据
        int position= (int) v.getTag();
        mOnItemClickListener.onItemClick(v,datas.get(position),position);
      }
    }
  }
```

做完这些事情，就可以在 Activity 或其他地方为 RecyclerView 添加项目点击事件了，如在 RecyclerViewActivity 中：

```
MyAdapter adapter = new MyAdapter(datas);
recyclerView.setAdapter(adapter);
adapter.setOnItemClickListener(new MyAdapter.OnRecyclerViewItemClickListener() {
  @Override
  public void onItemClick(View view, String data, int position) {
    Toast.makeText(getApplicationContext(),data,Toast.LENGTH_SHORT).show();
  }
});
```

8.3.5　RecyclerView 添加删除数据

以前在 ListView 当中，只要修改后数据用 Adapter 的 notifyDatasetChange 一下就可以更新界面。然而，在 RecyclerView 中还有一些更高级的用法，可以让添加或者删除条目自带动画。可以在 MyAdapter 创建 addItem 和 removeItem 方法。

添加数据：

```
public void addItem(String content, int position) {
  datas.add(position, content);
  notifyItemInserted(position);
}
```

删除数据：

```
public void removeItem(String content,int position) {
  datas.remove(content);
  notifyItemRemoved(position);
}
```

注意，这里更新数据集不是用 adapter.notifyDataSetChanged()，而是 notifyItemInserted(position) 与 notifyItemRemoved(position)，否则没有动画效果。

8.3.6　下拉刷新 SwipeRefreshLayout

项目中经常会用到下拉刷新，SwipeRefreshLayout 是用于实现下拉刷新的核心类，它由 support-v4 库提供，把要实现下拉刷新功能的控件放置到 SwipeRefreshLayout 中，就能让这个控件支持下拉刷新。使用起来非常简单，ListView 和 RecyclerView 都可以快速地实现下拉刷新。

在这里就拿 RecyclerView 演示了，修改 activity_recycler_view.xml 布局：

```
<?xml version="1.0" encoding="utf-8"?>
<RelativeLayout
  xmlns:android="http://schemas.android.com/apk/res/android"
```

```xml
    xmlns:tools="http://schemas.android.com/tools"
    android:layout_width="match_parent"
    android:layout_height="match_parent"
    tools:context="com.yll520wcf.chapter8.section3.RecyclerViewActivity">


    <android.support.v4.widget.SwipeRefreshLayout
      android:id="@+id/swipe_refresh"
      android:layout_width="match_parent"
      android:layout_height="match_parent"
      >

      <android.support.v7.widget.RecyclerView
        android:id="@+id/recycler_view"
        android:layout_width="match_parent"
        android:layout_height="match_parent" />

    </android.support.v4.widget.SwipeRefreshLayout>
</RelativeLayout>
```

再来看一下 Java 代码实现的过程。修改 RecyclerViewActivity.java。运行程序，手指向下拉就可以看到下拉刷新的效果了：

```java
public class RecyclerViewActivity extends AppCompatActivity {
  List<String> datas=new ArrayList<>();
  SwipeRefreshLayout swipeRefresh;
  MyAdapter adapter;
  @Override
  protected void onCreate(Bundle savedInstanceState) {
    super.onCreate(savedInstanceState);
    setContentView(R.layout.activity_recycler_view);

    //...

    // 下拉刷新
    swipeRefresh = (SwipeRefreshLayout) findViewById(R.id.swipe_refresh);
    swipeRefresh.setColorSchemeResources(R.color.colorPrimary);//设置刷新进度条颜色
    swipeRefresh.setOnRefreshListener(new SwipeRefreshLayout.OnRefreshListener() {
      @Override
      public void onRefresh() {
        // 处理刷新逻辑
        refresh();
      }
    });

  }
  // 模拟了网络交互
  private void refresh() {
    new Thread(new Runnable() {
      @Override
      public void run() {
        try {
          Thread.sleep(2000);
        } catch (InterruptedException e) {
          e.printStackTrace();
        }
        runOnUiThread(new Runnable() {
          @Override
          public void run() {
            adapter.notifyDataSetChanged();//通知数据变化
            swipeRefresh.setRefreshing(false);//停止刷新
          }
```

```
        });
      }
    }).start();
  }
  //...
}
```

8.4 CardView

Android 5.0 推出的材料设计为 UI 元素引入高度，也就是数学中的 z 轴概念。如图 8-12 所示，不同的高度会展现出不同的阴影。视图的 Z 值等于两个值的和——控件本身的高度和动画控制的高度。

Z = elevation + translationZ

如果要在布局定义中设置视图的高度，请使用 android:elevation 属性。如果要在操作行为的代码中设置视图高度，请使用 View.setElevation() 方法。

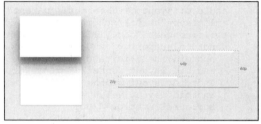

▲图 8-12　不同视图高度的阴影

```
<TextView
  android:id="@+id/myview"
  ...
  android:elevation="2dp"
  />
```

但是上面的属性和方法只能在 Android 5.0 以上的系统才能使用，不能向下兼容。为了满足向下兼容的需求，Android 官方在 support 包中引入了 CardView 组件。

CardView 扩展 FrameLayout 类别并显示卡片内的信息，这些信息在整个平台中拥有一致的呈现方式。CardView 组件可拥有阴影和圆角。

如果在项目中使用 CardView，需要引入依赖：

```
dependencies {
  ...
  compile 'com.android.support:cardview-v7:25.1.0'
}
```

如果要使用 CardView 创建阴影，请使用自定义前缀的 cardElevation 属性，如 app:cardElevation。CardView 在 Android 5.0（API 级别 21）及更高版本中使用真实高度与动态阴影，而在早期的 Android 版本中则返回编程阴影实现。

首先需要额外添加命名空间，默认输入 appNS 会自动生成，其中 'app' 可以改成任意的名称：

```
<RelativeLayout
  ...
  xmlns:app="http://schemas.android.com/apk/res-auto"
>
</RelativeLayout>
```

然后使用 CardView，CardView 就是一个特殊的 FrameLayout。有几个特殊的属性，使用这些属性定制 CardView 小组件的外观。
- 如果要在布局中设置圆角半径，请使用 app:cardCornerRadius 属性。
- 如果要在代码中设置圆角半径，请使用 CardView.setRadius 方法。
- 如果要设置卡片的背景颜色，请使用 app:cardBackgroundColor 属性。

参考代码：

```xml
<?xml version="1.0" encoding="utf-8"?>
<RelativeLayout
  xmlns:android="http://schemas.android.com/apk/res/android"
  xmlns:tools="http://schemas.android.com/tools"
  android:layout_width="match_parent"
  android:layout_height="match_parent"
  xmlns:app="http://schemas.android.com/apk/res-auto"
  tools:context="com.yll520wcf.chapter8.section4.CardViewActivity">
  <android.support.v7.widget.CardView
    android:id="@+id/card_view"
    android:layout_centerInParent="true"
    android:layout_width="200dp"
    android:layout_height="200dp"
    app:cardElevation="20dp"
    app:cardCornerRadius="4dp">
    <TextView
      android:id="@+id/info_text"
      android:layout_width="match_parent"
      android:layout_height="match_parent" />
  </android.support.v7.widget.CardView>
</RelativeLayout>
```

运行结果如图 8-13 所示。

CardView 适合作为 ListView 或者 RecyclerView 中的条目，如图 8-14 所示。

▲图 8-13　CardView

▲图 8-14　CardView 作为 ListView 或者 RecyclerView 条目

这样的 App 体验会非常棒，大家可以尝试练习下，书里面就不贴代码了。

8.5 ViewPager

ViewPager 是 Android 扩展包 v4 包中的类，这个类可以让用户左右切换当前的 View，就像手机桌面可以左右滑动一样。在程序创建的时候会自动添加 appcompat-v7 的依赖，里面默认包含 v4 包，所以使用 ViewPager 不需要再去添加依赖了。

- ViewPager 类直接继承自 ViewGroup 类，作为一个容器类，可以向其中添加 View 类。
- 数据源和显示之间需要一个适配器类 PagerAdapter 进行适配

分 3 个步骤来使用它。

创建 ViewPagerActivity 并自动生成布局 activity_view_pager.xml。

1. 在主布局文件里加入

```xml
<?xml version="1.0" encoding="utf-8"?>
<RelativeLayout
...>
  <android.support.v4.view.ViewPager
    android:id="@+id/viewpager"
    android:layout_width="match_parent"
    android:layout_height="match_parent"
    android:layout_gravity="center"/>
</RelativeLayout>
```

2. 加载要显示的页卡

页卡可以是任意 View。分别创建几个不同的布局界面，为了好区分，设置不同的背景颜色，并加载到代码中。修改 ViewPagerActivity 代码：

```
List<View> viewList;
@Override
protected void onCreate(Bundle savedInstanceState) {
  super.onCreate(savedInstanceState);
  setContentView(R.layout.activity_view_pager);
  LayoutInflater lf = LayoutInflater.from(this);
  View view1 = lf.inflate(R.layout.item_vp_0, null);
  View view2 = lf.inflate(R.layout.item_vp_1, null);
  View view3=lf.inflate(R.layout.item_vp_2,null);
  viewList=new ArrayList<>();
  viewList.add(view1);
  viewList.add(view2);
  viewList.add(view3);
}
```

3. 实例化 ViewPager 组件

在 Activity 里实例化 ViewPager 组件，并设置它的 Adapter（写法与 ListView 相似），在这里一般需要重写 PagerAdapter。在 ViewPagerActivity 中创建内部类 MyPageAdapter：

```
private class MyPageAdapter extends PagerAdapter {
  // 返回条目的数量
  @Override
```

```java
    public int getCount() {
      return viewList.size();
    }
    // 判断一下 添加view 和返回object 的关系
    @Override
    public boolean isViewFromObject(View view, Object obj) {
      return view == obj;
    }
    // 在该方法中 添加view 返回一个对象,一般情况返回 view
    @Override
    public Object instantiateItem(ViewGroup container, int position) {
      View view=viewList.get(position);
      container.addView(view); // container 添加了view
      return view;
    }
    // 销毁一个条目
    @Override
    public void destroyItem(ViewGroup container, int position, Object object) {
      Log.i("MyPageAdapter","回收了哪一个位置" + position);
      container.removeView(viewList.get(position));
    }
}
```

上面的写法大部分都是固定写法,instantiateItem()方法用来初始化一个条目,一般会加到容器中,当销毁一个条目的时候,回调用destroyItem()方法,在该方法中把view在容器中移除。

设置Adapter:

```java
ViewPager viewPager= (ViewPager) findViewById(R.id.viewpager);
MyPageAdapter adapter=new MyPageAdapter();
viewPager.setAdapter(adapter);
```

完整代码:

```java
public class ViewPagerActivity extends AppCompatActivity {
  List<View> viewList;
  @Override
  protected void onCreate(Bundle savedInstanceState) {
    super.onCreate(savedInstanceState);
    setContentView(R.layout.activity_view_pager);
    LayoutInflater lf = LayoutInflater.from(this);
    View view1 = lf.inflate(R.layout.item_vp_0, null);
    View view2 = lf.inflate(R.layout.item_vp_1, null);
    View view3=lf.inflate(R.layout.item_vp_2,null);
    viewList=new ArrayList<>();
    viewList.add(view1);
    viewList.add(view2);
    viewList.add(view3);

    ViewPager viewPager= (ViewPager) findViewById(R.id.viewpager);
    MyPageAdapter adapter=new MyPageAdapter();
    viewPager.setAdapter(adapter);
  }
  private class MyPageAdapter extends PagerAdapter {
    // 返回条目的数量
    @Override
    public int getCount() {
      return viewList.size();
    }
    // 判断一下添加view 和返回object 的关系
    @Override
    public boolean isViewFromObject(View view, Object obj) {
```

```
            return view == obj;
        }
        // 在该方法中，添加 view 返回一个对象，一般情况返回 view
        @Override
        public Object instantiateItem(ViewGroup container, int position) {
            View view=viewList.get(position);
            container.addView(view); // container 添加了 view
            return view;
        }
        // 销毁一个条目
        @Override
        public void destroyItem(ViewGroup container, int position, Object object) {
            Log.i("MyPageAdapter","回收了哪一个位置" + position);
            container.removeView(viewList.get(position));
        }
    }
}
```

运行结果如图 8-15 所示。

▲图 8-15　ViewPager

ViewPager 使用比较广泛，多用于轮询图、导航图之类的。后面章节讲解 Fragment 时，我们还会进一步讲解 ViewPager 和 Fragment 结合使用。

8.6　BottomNavigationView（底部导航）

BottomNavigationView 很早之前就在 Material Design 中出现了，但是直到 Android Support Library 25 才增加了 BottomNavigationView 控件。也就是说如果使用官方的 BottomNavigationView 控件必须让 targetSdkVersion >= 25，这样才能引入 25 版本以上的兼容包。

接下来看看如何使用 BottomNavigationView（见图 8-16）。

首先在当前章节项目中创建新的 Activity——BottomNavigationViewActivity.java，为了演示方便，需要设置成首先启动的 Activity，并生成布局文件 activity_bottom_navigation_view.xml。

▲图 8-16 BottomNavigationView

使用 BottomNavigationView 需要添加 design 兼容包的依赖：

```
dependencies {
  //...
  compile 'com.android.support:design:25.1.0'
}
```

在 res/menu/ 目录下创建一个 XML 文件（没有该目录，则手动创建一个），将其命名为 navigation.xml，里面使用的图片资源都是系统自带的。这个文件用来定义导航条目具体的信息：

```xml
<?xml version="1.0" encoding="utf-8"?>
<menu xmlns:android="http://schemas.android.com/apk/res/android">
  <item
    android:id="@+id/call"
    android:icon="@android:drawable/ic_menu_call"
    android:title="call" />
  <item
    android:id="@+id/message"
    android:icon="@android:drawable/ic_dialog_email"
    android:title="message" />
  <item
    android:id="@+id/search"
    android:icon="@android:drawable/ic_menu_search"
    android:title="搜索" />

  <item
    android:id="@+id/delete"
    android:icon="@android:drawable/ic_menu_delete"
    android:title="删除"/>
</menu>
```

每个 item 表示底部导航的一个条目，icon 是图标，title 是文字。

然后修改布局文件 activity_bottom_navigation_view.xml

```xml
<?xml version="1.0" encoding="utf-8"?>
<RelativeLayout xmlns:android="http://schemas.android.com/apk/res/android"
  xmlns:tools="http://schemas.android.com/tools"
  android:id="@+id/activity_bottom_navigation_view"
  android:layout_width="match_parent"
  android:layout_height="match_parent"
  xmlns:app="http://schemas.android.com/apk/res-auto"
  >
  <TextView
    android:id="@+id/tv_content"
    android:layout_width="wrap_content"
    android:layout_height="wrap_content"
    android:layout_centerInParent="true"
    android:text="演示内容"
    android:textSize="36sp"/>

  <android.support.design.widget.BottomNavigationView
    android:id="@+id/navigation"
    android:layout_width="match_parent"
    android:layout_height="wrap_content"
    android:layout_alignParentBottom="true"
```

8.6 BottomNavigationView（底部导航）

```xml
        app:itemBackground="@android:color/black"
        app:itemIconTint="@android:color/white"
        app:itemTextColor="@android:color/white"
        app:menu="@menu/navigation"/>
</RelativeLayout>
```

BottomNavigationView 有几个特殊的属性：

（1）itemtBackground 条目背景；

（2）itemIcoTint 图标渲染的颜色；

（3）itemtTextColor 文字的颜色；

（4）menu 关联上面创建的菜单。

最后修改 BottomNavigationViewActivity 代码：

```java
public class BottomNavigationViewActivity extends AppCompatActivity {
    private TextView textView;
    private BottomNavigationView navigationView;
    @Override
    protected void onCreate(Bundle savedInstanceState) {
        super.onCreate(savedInstanceState);
        setContentView(R.layout.activity_bottom_navigation_view);

        textView = (TextView) findViewById(R.id.text);
        navigationView = (BottomNavigationView) findViewById(R.id.navigation);

        //选中条目的监听事件
        navigationView.setOnNavigationItemSelectedListener(
            new BottomNavigationView.OnNavigationItemSelectedListener() {
              @Override
              public boolean onNavigationItemSelected(@NonNull MenuItem item) {
                textView.setText(item.getTitle().toString());
                return true;
              }
            });
    }
}
```

注意事项：

（1）底部导航栏默认高度是 56dp；

（2）菜单建议是 3～5 个。

运行结果如图 8-17 所示。

▲图 8-17 BottomNavigationView 运行结果

8.7 TabLayout

通常在 ViewPager 的上方都会放一个标签指示器与 ViewPager 进行联动，比如网易新闻之类的应用，如图 8-18 所示。

▲图 8-18　演示效果（新闻界面，仅演示用）

联动效果也很多，GitHub 上也有很多开源的组件，比如之前常用的 PagerSlidingTabTrip。而现在，我们可以使用 Android 官方的控件 TabLayout 来实现这个效果了，而且 TabLayout 更为强大，因为 Tab 标签可以定制 View 的样式。

8.7.1　TabLayout 使用

接下来介绍如何使用 TabLayout，因为 TabLayout 主要是配合 ViewPager 使用的，我们结合之前的 ViewPager 进行介绍。

TabLayout 也是 Design 包里的控件，使用需要保证有 Design 包的依赖。如果没有，需要修改 app/build.gradle 文件：

```
dependencies {
    //...
    compile 'com.android.support:design:25.1.0'
}
```

创建新的 Activity——TabLayoutActivity，设置成启动的 Activity，并生成布局文件 activity_tab_layout.xml，首先修改布局文件，在布局中添加 TabLayout 和 ViewPager：

```
<?xml version="1.0" encoding="utf-8"?>
<LinearLayout xmlns:android="http://schemas.android.com/apk/res/android"
    xmlns:tools="http://schemas.android.com/tools"
    android:id="@+id/activity_tab_layout"
    android:layout_width="match_parent"
    android:layout_height="match_parent"
    android:orientation="vertical"
```

8.7 TabLayout

```xml
    xmlns:app="http://schemas.android.com/apk/res-auto"
    tools:context="com.yll520wcf.chapter8.section7.TabLayoutActivity">
    <android.support.design.widget.TabLayout
        android:id="@+id/tab_layout"
        android:layout_width="match_parent"
        android:layout_height="wrap_content"
        app:tabIndicatorColor="#ff0000"
        app:tabSelectedTextColor="#ff00ff"
        app:tabTextColor="#000000"/>

    <android.support.v4.view.ViewPager
        android:id="@+id/view_pager"
        android:layout_width="match_parent"
        android:layout_height="match_parent"/>
</LinearLayout>
```

该布局主要为两个控件：第一部分为 TableLayout 组件，该为 Tab 标签的容器；第二部分为 ViewPager 组件，主要用于显示若干个页面和进行页面切换。大家在 TabLayout 组件中应该已经注意到了三个自定义属性，如下：

```
app:tabIndicatorColor="#ff0000"      下划线滚动的颜色
app:tabSelectedTextColor="#ff00ff"   tab 被选中后，文字的颜色
app:tabTextColor="#000000"   tab 默认的文字颜色
```

ViewPager 我们刚刚学习过了，先把 ViewPager 的相关代码复制过来，然后初始化 TabLayout 控件，重写 PagerAdapter 中的 getPageTitle 方法，这个方法指定了每个 Page 页面的标题，最后通过 TabLayout 的 setupWithViewPager 就可以和 ViewPager 关联在一起，大功告成了。下面是完整的代码：

```java
public class TabLayoutActivity extends AppCompatActivity {
    List<View> viewList;

    @Override
    protected void onCreate(Bundle savedInstanceState) {
        super.onCreate(savedInstanceState);
        setContentView(R.layout.activity_tab_layout);

        TabLayout tabLayout= (TabLayout) findViewById(R.id.tab_layout);

        LayoutInflater lf = LayoutInflater.from(this);
        View view1 = lf.inflate(R.layout.item_vp_0, null);
        View view2 = lf.inflate(R.layout.item_vp_1, null);
        View view3=lf.inflate(R.layout.item_vp_2,null);
        viewList=new ArrayList<>();
        viewList.add(view1);
        viewList.add(view2);
        viewList.add(view3);

        ViewPager viewPager= (ViewPager) findViewById(R.id.view_pager);
        TabLayoutActivity.MyPageAdapter adapter=new TabLayoutActivity.MyPageAdapter();
        viewPager.setAdapter(adapter);
        //关联 viewPager
        tabLayout.setupWithViewPager(viewPager);
        //设置模式
        tabLayout.setTabMode(TabLayout.MODE_SCROLLABLE);
    }
    private class MyPageAdapter extends PagerAdapter {
        // 返回条目的数量
        @Override
        public int getCount() {
            return viewList.size();
        }
```

```java
// 判断一下 添加view和返回object的关系
@Override
public boolean isViewFromObject(View view, Object obj) {
    return view == obj;
}
// 在该方法中 添加view 返回一个对象 ，一般情况返回view
@Override
public Object instantiateItem(ViewGroup container, int position) {
    View view=viewList.get(position);
    container.addView(view); // container 添加了view
    return view;
}
// 销毁一个条目
@Override
public void destroyItem(ViewGroup container, int position, Object object) {
    Log.i("MyPageAdapter","回收了哪一个位置" + position);
    container.removeView(viewList.get(position));
}
//指定每个页面的标题
@Override
public CharSequence getPageTitle(int position) {
    return "条目"+position;
}
}
}
```

相信大家已经看到关联 ViewPager 后有这么一句代码：

```
tabLayout.setTabMode(TabLayout.MODE_SCROLLABLE);
```

这是用来设置 TabLayout 的模式的，除了上面的默认之外，还有一个模式如下：

```
tablayout.setTabMode(TabLayout.MODE_FIXED);
```

TabLayout 条目数量比较多，第一种模式表示条目可以滑动，第二种模式是把条目都固定显示。运行结果如图 8-19 所示。

▲图 8-19　运行结果

8.7.2 TabLayout 自定义条目样式

上面的效果是属于比较简单的写法，直接 Tab 显示标题就结束了，有时候不会满足我们的要求，比如 Tab 标签上面显示图标。现在对其进行改造，可以让 TabLayout 打造的 Tab 既能显示图标，又能显示文字标题信息。其主要采用 Tab 的以下方法实现：

```
TabLayout.getTabAt(i).setCustomView(view);
```

这时候创建一个自定义条目的布局——custom_tab.xml，布局代码如下：

```xml
<?xml version="1.0" encoding="utf-8"?>
<LinearLayout xmlns:android="http://schemas.android.com/apk/res/android"
    android:layout_width="match_parent"
    android:layout_height="match_parent"
    android:gravity="center"
    android:orientation="horizontal">
    <ImageView
        android:layout_gravity="center_vertical"
        android:layout_width="wrap_content"
        android:layout_height="wrap_content"
        android:src="@mipmap/ic_launcher"/>
    <TextView
        android:id="@+id/tv_tab"
        android:textSize="14dp"
        android:paddingLeft="5dp"
        android:paddingRight="5dp"
        android:layout_width="wrap_content"
        android:layout_height="wrap_content"
        android:gravity="center"
        android:textColor="#000000"
        android:layout_gravity="center"
        android:text="条目"
        />

</LinearLayout>
```

接下来修改 TabLayoutActivity 的代码，使用自定义条目：

```java
@Override
protected void onCreate(Bundle savedInstanceState) {
    super.onCreate(savedInstanceState);
    setContentView(R.layout.activity_tab_layout);

    TabLayout tabLayout= (TabLayout) findViewById(R.id.tab_layout);

    LayoutInflater lf = LayoutInflater.from(this);
    View view1 = lf.inflate(R.layout.item_vp_0, null);
    View view2 = lf.inflate(R.layout.item_vp_1, null);
    View view3=lf.inflate(R.layout.item_vp_2,null);
    viewList=new ArrayList<>();
    viewList.add(view1);
    viewList.add(view2);
    viewList.add(view3);

    ViewPager viewPager= (ViewPager) findViewById(R.id.view_pager);
    TabLayoutActivity.MyPageAdapter adapter=new TabLayoutActivity.MyPageAdapter();
    viewPager.setAdapter(adapter);
    //关联 viewPager
    tabLayout.setupWithViewPager(viewPager);
    tabLayout.setTabMode(TabLayout.MODE_SCROLLABLE);
```

第 8 章 复杂控件的使用

```
for (int i = 0; i < adapter.getCount(); i++) {
    View view = lf.inflate(R.layout.custom_tab,null);
    TextView tv = (TextView) view.findViewById(R.id.tv_tab);
    tv.setText(adapter.getPageTitle(i));
    //设置自定义条目
    tabLayout.getTabAt(i).setCustomView(view);
}
```

运行结果如图 8-20 所示。

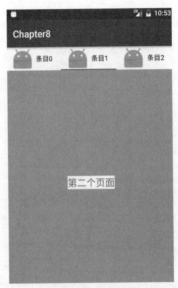

▲图 8-20 运行结果

总结

本章介绍了开发中非常常见、非常重要的几个控件。掌握这几个控件非常有必要。
本章代码下载地址：https://github.com/yll2wcf/book，项目名称：Chapter8。
欢迎关注微信公众账号——于连林，搜索关键字：likeDev。

第 9 章　探索 Fragment

Android 在 Android 3.0（API 11 级）中引入了 Fragment（碎片），主要是为了给大屏幕（如平板电脑）上更加动态和灵活的 UI 设计提供支持。Fragment 是一种可以嵌入到 Activity 当中的 UI 片段，可以简单理解为小型的 Activity。

由于平板电脑的屏幕比手机屏幕大得多，因此可用于组合和交换 UI 组件的空间更大。利用片段实现此类设计时，无需管理对视图层次结构的复杂更改。通过将 Activity 布局分成几个 Fragment（碎片），让 Fragment 分别处理每个小块界面。

例如，新闻应用可以使用一个片段在左侧显示文章列表，使用另一个片段在右侧显示文章——两个片段并排显示在一个 Activity 中，每个片段都具有自己的一套生命周期回调方法，并各自处理自己的用户输入事件。因此，用户不需要使用一个 Activity 来选择文章，也不需要使用另一个 Activity 来阅读文章，而是可以在同一个 Activity 内选择文章并进行阅读，如图 9-1 左边的平板电脑布局所示。

Fragment 可以更灵活地进行屏幕适配。

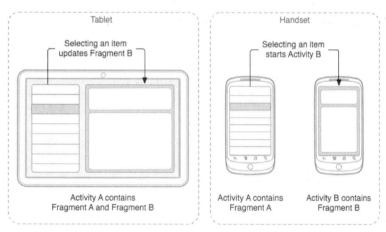

▲图 9-1　平板和手机设计不同的界面

图 9-1 所示为 Fragment 定义的两个 UI 模块如何适应不同设计的示例：通过组合成一个 Activity 来适应平板电脑设计，通过单独片段来适应手机设计。

9.1 使用 Fragment

Fragment 必须被嵌入到一个 Activity 中。它们的生命周期直接受其宿主 Activity 的生命周期影响。当一个 Activity 正在运行时，就可以独立地操作每一个 Fragment，比如添加或删除它们。

Fragment 可以定义自己的布局、生命周期回调方法，因此可以将 Fragment 重用到多个 Activity 中，因此可以根据不同的屏幕尺寸或者使用场合改变 Fragment 组合。

9.1.1 Fragment 的生命周期

要想创建片段，必须创建 Fragment 的子类。Fragment 类的代码与 Activity 非常相似。它包含与 Activity 类似的回调方法，如 onCreate()、onStart()、onPause() 和 onStop()。实际上，如果要将现有 Android 应用转换为使用片段，可能只需将代码从 Activity 的回调方法移入片段相应的回调方法中。

图 9-2 所示为 Fragment 生命周期的方法。

通常，不需要全部实现上面的方法，一般应实现以下生命周期方法。

● **onCreate()**　系统会在创建片段时调用此方法。应该在实现内初始化想在片段暂停或停止后恢复时保留的必需片段组件。

● **onCreateView()**　系统会在片段首次绘制其用户界面时调用此方法。要想为片段绘制 UI，从此方法中返回的 View 必须是片段布局的根视图。如果片段未提供 UI，可以返回 null。

● **onPause()**　系统将此方法作为用户离开片段的第一个信号（但并不总是意味着此片段会被销毁）进行调用。通常应该在此方法内确认在当前用户会话结束后仍然有效的任何更改（因为用户可能不会返回）。

9.1.2 创建 Fragment

简单地了解了 Fragment，接下来创建 Fragment 进行练习。

创建 Fragment 主要分为 3 步：

（1）为 Fragment 定义一个布局；

（2）定义类继承 Fragment；

（3）重写类中的 onCreateView 方法，返回一个 View 对象作为当前 Fragment 的布局。Fragment 第一次绘制它的用户界面的时候，系统会调用 onCreateView()方法。为了绘制 fragment 的 UI，此方法必须返回一个作为 Fragment 布局的根的 View。如果 Fragment 不提供 UI，可以返回 null。

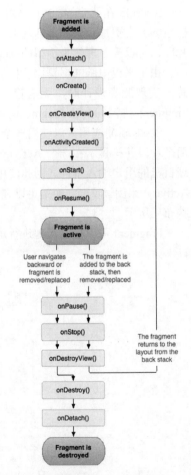

▲图 9-2　Fragment 生命周期

Fragment 通常用作 Activity 用户界面的一部分，将其自己的布局融入 Activity。首先创建两个 Fragment 的布局，用不同的背景颜色区分。

fragment_left.xml 代码：

```xml
<?xml version="1.0" encoding="utf-8"?>
<LinearLayout xmlns:android="http://schemas.android.com/apk/res/android"
    android:orientation="vertical"
    android:layout_width="match_parent"
    android:background="#ff0000"
    android:layout_height="match_parent">
</LinearLayout>
```

fragment_right.xml 代码：

```xml
<?xml version="1.0" encoding="utf-8"?>
<LinearLayout xmlns:android="http://schemas.android.com/apk/res/android"
    android:orientation="vertical"
    android:layout_width="match_parent"
    android:background="#00ff00"
    android:layout_height="match_parent">
</LinearLayout>
```

两个布局都非常简单，只是添加了不同的背景颜色。

然后，需要创建类继承 Fragment，重写 onCreateView() 方法。在这里为了方便后续演示，创建两个 Fragment——LeftFragment 和 RightFragment：

```java
import android.app.Fragment;
//...
public class LeftFragment extends Fragment{
  @Override
  public View onCreateView(LayoutInflater inflater, ViewGroup
      container, Bundle savedInstanceState) {
    //使用打气筒生成一个 View 对象
    //参数1 布局，参数2 挂载的父容器，参数3 是否主动挂载，此处为 false
    View view = inflater.inflate(R.layout.fragment_left, container,false);
    return view;
  }
}
```

另一个 Fragment 代码差不多，只是加载的布局不一样：

```java
public class RightFragment extends Fragment{
  @Override
  public View onCreateView(LayoutInflater inflater, ViewGroup
      container, Bundle savedInstanceState) {
    //使用打气筒生成一个 View 对象
    //参数1 布局，参数2 挂载的父容器，参数3 是否主动挂载，此处为 false
    View view = inflater.inflate(R.layout.fragment_right, container,false);
    return view;
  }
}
```

现在，已经了解了如何创建提供布局的片段。接下来，需要将该片段添加到 Activity 中。

9.1.3 向 Activity 添加 Fragment

通常，片段向宿主 Activity 贡献一部分 UI，作为 Activity 总体视图层次结构的一部分嵌入到 Activity 中。可以通过两种方式向 Activity 布局添加片段：

（1）在 Activity 的布局文件内声明 Fragment；
（2）通过代码方式将 Fragment 添加到某个现有布局容器中。

第一种，在 Activity 的布局文件内声明 Fragment。

可以将 Fragment 当作视图来为其指定布局属性，例如，以下是一个具有两个片段的 Activity 的布局文件——activity_main.xml：

```xml
<?xml version="1.0" encoding="utf-8"?>
<LinearLayout
    xmlns:android="http://schemas.android.com/apk/res/android"
    xmlns:tools="http://schemas.android.com/tools"
    android:layout_width="match_parent"
    android:layout_height="match_parent"
    tools:context=".section1.MainActivity">

    <fragment android:name="com.yll520wcf.chapter9.section1.LeftFragment"
        android:id="@+id/fragment_left"
        android:layout_weight="1"
        android:layout_width="0dp"
        android:layout_height="match_parent" />
    <fragment android:name="com.yll520wcf.chapter9.section1.RightFragment"
        android:id="@+id/fragment_right"
        android:layout_weight="1"
        android:layout_width="0dp"
        android:layout_height="match_parent" />
</LinearLayout>
```

<fragment> 中的 android:name 属性指定要在布局中实例化的 Fragment 类，此处必须指定 Fragment 的全类名。

当系统创建此 Activity 布局时，会实例化在布局中指定的每个片段，并为每个片段调用 onCreateView() 方法，以检索每个片段的布局。系统会直接插入片段返回的 View 来替代 <fragment> 元素。

运行结果如图 9-3 所示。

和我们期望的一样，两个 Fragment 平分了整个 Activity 的布局。不过这个例子实在太简单了。在真正的项目中很难有实际的作用，大部分操作还是需要第二种方式添加 Fragment.。

第二种通过代码方式将 Fragment 添加到某个现有布局容器中可以在 Activity 运行期间随时将片段添加到 Activity 布局中，只需指定要将片段放入哪个 ViewGroup。

要想在 Activity 中执行片段事务（如添加、删除或替换片段），必须使用 FragmentTransaction 中的 API。可以像下面这样从 Activity 获取一个 Fragment Transaction 实例：

▲图 9-3 运行结果

```
FragmentManager fragmentManager = getFragmentManager()
FragmentTransaction fragmentTransaction = fragmentManager.beginTransaction();
```

然后，可以使用 add()、replace()、remove()方法去添加、替换、删除一个片段，指定要添加（替换、删除）的片段以及将其插入哪个视图。例如：

```
ExampleFragment fragment = new ExampleFragment();
fragmentTransaction.add(R.id.fragment_container, fragment);
fragmentTransaction.commit();
```

传递到 add() 的第一个参数是 ViewGroup，即应该放置片段的位置，由资源 ID 指定，第二个参数是要添加的片段。一旦通过 FragmentTransaction 做出了更改，就必须调用 commit() 以使更改生效，有点类似数据库中的事务操作。

介绍完了如何通过代码动态添加 Fragment，下面来演示一个具体的例子——手机横屏的时候显示 LeftFragment，竖屏的时候显示 RightFragment。

首先需要修改 Activity 的布局文件，不需要在布局中指定<fragment>组件了：

```xml
<?xml version="1.0" encoding="utf-8"?>
<LinearLayout
  xmlns:android="http://schemas.android.com/apk/res/android"
  xmlns:tools="http://schemas.android.com/tools"
  android:layout_width="match_parent"
  android:layout_height="match_parent"
  tools:context=".section1.MainActivity">
  <!--定义容器，用来添加 Fragment-->
  <FrameLayout
    android:id="@+id/fl_container"
    android:layout_width="match_parent"
    android:layout_height="match_parent"/>
</LinearLayout>
```

再来看看代码，修改 MainActivity 代码：

```java
public class MainActivity extends AppCompatActivity {
  LeftFragment leftFragment;
  RightFragment rightFragment;
  @Override
  protected void onCreate(Bundle savedInstanceState) {
    super.onCreate(savedInstanceState);
    setContentView(R.layout.activity_main);
    WindowManager wm=getWindowManager();
    DisplayMetrics displayMetrics=new DisplayMetrics();
    //测量屏幕的尺寸
    wm.getDefaultDisplay().getMetrics(displayMetrics);
    //获取屏幕宽高
    int widthPixels = displayMetrics.widthPixels;
    int heightPixels = displayMetrics.heightPixels;

    FragmentManager fragmentManager=getFragmentManager();
    FragmentTransaction ft = fragmentManager.beginTransaction();
    if(widthPixels>heightPixels){
       // 当宽度大于高度，则表示手机处于横屏
       ft.replace(R.id.fl_container,getLeftFragment());
       ft.addToBackStack(null);
    }else{
```

```
        // 当宽度小于高度，则表示手机处于竖屏
        ft.replace(R.id.fl_container,getRightFragment());
        ft.addToBackStack(null);
    }
    ft.commit();
}


// 获取 LeftFragment
public LeftFragment getLeftFragment(){
    if(leftFragment==null)
        leftFragment=new LeftFragment();
    return leftFragment;
}
// 获取 RightFragment
public RightFragment getRightFragment(){
    if(rightFragment==null)
        rightFragment=new RightFragment();
    return rightFragment;
}
```

通过 WindowManager 可以获取屏幕的宽高，当屏幕宽大于高或者高大于宽的时候显示不同的 Fragment。

9.1.4　管理片段

要想管理 Activity 中的片段，需要使用 FragmentManager。要想获取它，请从 Activity 调用 getFragmentManager()。

可以使用 FragmentManager 执行的操作包括以下几个。

● 通过 findFragmentById()（对于在 Activity 布局中提供 UI 的片段）或 findFragmentByTag()（对于提供或不提供 UI 的片段）获取 Activity 中存在的 Fragment。

● 通过 popBackStack()（模拟用户发出的 Back 命令）将片段从返回栈中弹出。

● 通过 addOnBackStackChangedListener() 注册一个侦听返回栈变化的侦听器。

如上文所示，也可以使用 FragmentManager 打开一个 FragmentTransaction，通过它来执行某些事务，如添加和删除片段。

默认情况下，Fragment 切换并不会像 Activity 一样添加到任务栈中，如果在界面上添加了多个 Fragment，当点返回按钮或者使用 popBackStack()方法时默认不会返回上一个 Fragment，如果有相关的需求，需要在添加 Fragment 时调用 addToBackStack()方法，它可以接受一个名字用于描述返回栈的状态，一般传入 null 即可：

```
FragmentManager fragmentManager=getFragmentManager();
FragmentTransaction ft = fragmentManager.beginTransaction();
ft.replace(R.id.fl_container,getLeftFragment());
ft.addToBackStack(null);//将事务添加到返回栈中
ft.commit();
```

管理 Fragment 的技巧

应该将每个 Fragment 都设计为可重复使用的模块化 Activity 组件。也就是说，由于每个

Fragment 都会通过各自的生命周期回调来定义其自己的布局和行为，可以将一个 Fragment 加入多个 Activity，因此，应该采用可复用式设计，避免直接从某个 Fragment 操纵另一个 Fragment。这特别重要，因为模块化 Fragment 可以通过更改 Fragment 的组合方式来适应不同的屏幕尺寸。在设计可同时支持平板电脑和手机的应用时，可以在不同的布局配置中重复使用 Fragment，以根据可用的屏幕空间优化用户体验。例如，在手机上，如果不能在同一 Activity 内储存多个片段，可能必须利用单独片段来实现单窗格 UI。

9.1.5　Fragment 的向下兼容

Fragment 是在 Android 3.0 才推出的，若想在 3.0 的低版本下使用 Fragment，则需要执行下面 2 步。

（1）把所有 Fragment 和 FragmentManager 改成 support-v4 包下的类，通过 getSupportFragmentManager() 而不是 getFragmentManager() 获取 FragmentMannager 对象。

（2）把 Activity 的继承改为 FragmentActivity（support-v4 包下的），我们常用的 AppCompatActivity 就是继承自 FragmentActivity。

9.2　FragmentTabHost 实现底部标签

现在很多项目都使用底部标签，比如网易新闻，如图 9-4 所示。

通过底部标签可以控制标签上面内容的切换，一般都是切换 Fragment。可以通过 FragmentTabHost 快速实现。

创建 FragmentTabHostActivity，并生成布局文件 activity_fragment_tab_host.xml。修改布局文件：

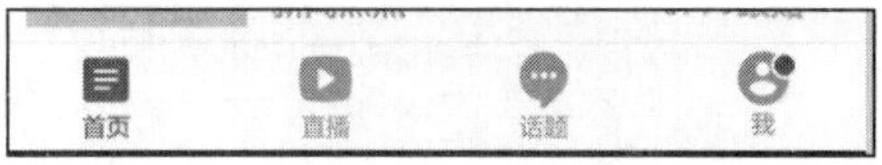

▲图 9-4　底部标签

```xml
<?xml version="1.0" encoding="utf-8"?>
<android.support.v4.app.FragmentTabHost xmlns:android="http://schemas.android.com/apk/res/android"
  android:id="@android:id/tabhost"
  android:layout_width="match_parent"
  android:layout_height="match_parent">
  <LinearLayout
    android:layout_width="match_parent"
    android:layout_height="match_parent"
    android:orientation="vertical">
    <!--用来加载 Fragment -->
    <FrameLayout
      android:id="@android:id/tabcontent"
      android:layout_width="match_parent"
      android:layout_height="0dp"
      android:layout_weight="1" />
    <!--分割线，用来分割 Fragment 和底部标签-->
    <View
      android:layout_width="match_parent"
      android:layout_height="1px"
      android:background="#d9d9d9"
      android:orientation="vertical"/>
    <!--标签组件-->
    <TabWidget
```

```xml
        android:id="@android:id/tabs"
        android:layout_width="match_parent"
        android:layout_height="?attr/actionBarSize"
        android:layout_gravity="bottom" />
    </LinearLayout>

</android.support.v4.app.FragmentTabHost>
```

其中，FragmentTabHost、TabWidget 和用来准备加载 Fragment 的 FrameLayout 这三个控件的 id 是固定的。

接下来看一下 FragmentTabHostActivity 中的代码：

```java
public class FragmentTabHostActivity extends AppCompatActivity {
    FragmentTabHost fragmentTabHost;
    //标签的图片
    private int imageIds[] = {R.drawable.tab1, R.drawable.tab2,
            };
    //加载的 Fragment
    private Class<?> mFragmentClasses[] = {Fragment1.class, Fragment2.class};
    //标签文字
    private String[] text=new String[]{"标签1","标签2"};
    @Override
    protected void onCreate(Bundle savedInstanceState) {
        super.onCreate(savedInstanceState);
        setContentView(R.layout.activity_fragment_tab_host);
        fragmentTabHost= (FragmentTabHost) findViewById(android.R.id.tabhost);
        //初始化
        fragmentTabHost.setup(this, getSupportFragmentManager(), android.R.id.tabcontent);
        fragmentTabHost.getTabWidget().setDividerDrawable(null); // 去掉分割线
        //添加标签
        for (int i = 0; i < imageIds.length; i++) {
            // Tab 按钮添加文字和图片
            TabHost.TabSpec tabSpec = fragmentTabHost.newTabSpec(i + "").setIndicator(getIndicatorView(i));
            // 添加 Fragment
            fragmentTabHost.addTab(tabSpec, mFragmentClasses[i], null);
        }
        fragmentTabHost.setOnTabChangedListener(new TabHost.OnTabChangeListener() {
            @Override
            public void onTabChanged(String tabId) {
                //切换标签时调用
            }
        });
    }
    //获取标签的 View
    private View getIndicatorView(int i) {
        View view = View.inflate(this,
                R.layout.layout_indicator_view, null);
        ImageView ivTab = (ImageView) view.findViewById(R.id.iv_tab);
        TextView tvTag= (TextView) view.findViewById(R.id.tv_tab);
        ivTab.setImageResource(imageIds[i]);
        tvTag.setText(text[i]);
        return view;
    }
}
```

首先通过 fragmentTabHost.setup() 方法进行初始化，然后通过 fragmentTabHost.addTab 添加标签，添加标签的时候关联了 Fragment，当点击相应的标签会自动切换到相应的 Fragment，通过 fragmentTabHost.setOnTabChangedListener 监听标签的切换。

里面用到的 Fragment1 和 Fragment2 都是继承 android.support.v4.app.Fragment 的。写法和之前创建的 Fragment 类似。

FragmentTabHost 还可以设置标签，此处定义了 getIndicatorView()方法，用来创建标签的 View，其中创建了 layout_indicator_view.xml 布局文件，布局上面是图片，下面是文字，具体代码如下：

```xml
<?xml version="1.0" encoding="utf-8"?>
<LinearLayout
  xmlns:android="http://schemas.android.com/apk/res/android"
  xmlns:tools="http://schemas.android.com/tools"
  android:layout_width="match_parent"
  android:layout_height="match_parent"
  android:gravity="center"
  android:orientation="vertical">

  <ImageView
    android:layout_gravity="center"
    android:id="@+id/iv_tab"
    android:layout_width="wrap_content"
    android:layout_height="wrap_content"
    android:contentDescription="@null"
    tools:src="@mipmap/ic_launcher"/>
  <TextView
    android:id="@+id/tv_tab"
    android:layout_width="wrap_content"
    android:layout_height="wrap_content"
    android:text="标签"/>
</LinearLayout>
```

▲图 9-5　运行结果

运行结果参考图 9-5 所示。

9.3　ViewPager 和 Fragment 结合

接下来通过一个案例介绍 Fragment 在实际项目的应用。

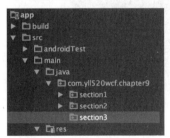

▲图 9-6　创建新的包 section3

本节参考了 https://github.com/SpikeKing/TestAppBar 代码。

现在的项目经常会用到 ViewPager、Fragment、AppBar 和 NavigationDrawer。本案例就结合这几个知识点完成。内容包括了第 3 章的知识点，读者可以回顾一下。

创建新的项目或者在本章项目中创建新的包 section3，用来存放本节代码，如图 9-6 所示。

准备实现的效果如图 9-7 和图 9-8 所示，顶部默认只显示文字，下拉后显示图片。

1. 创建 Navigation Drawer Activity

因为 NavigationDrawer 使用的比较多，所以 Android Studio 默认提供了相应的模板代码，能够让我们更快地搭建程序。如图 9-9 所示，当创建 Activity 时可以选择 Navigation Drawer Activity

模板代码。然后创建 NavigationDrawerActivity 并生成布局，如图 9-10 所示。

▲图 9-7　效果图一

▲图 9-8　效果图二（新闻截图，仅演示用）

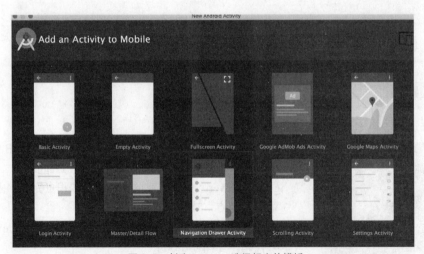

▲图 9-9　创建 Activity 选择相应的模板

创建完以后，由于选择模板的原因，会自动生成很多文件，后面慢慢给大家解释。首先需要在 drawable 目录下引入 3 张图片，如图 9-11 所示。

在 string.xml 文件中配置 3 个要显示的内容：

```
<string name="wjk_text">王俊凯，....</string>
<string name="wy_text">王源...</string>
<string name="yyqx_text"> 易烊千玺...</string>
```

9.3 ViewPager 和 Fragment 结合

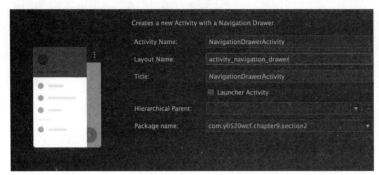

▲图 9-10 创建 Activity

▲图 9-11 引入图片

2. 布局

NavigationDrawerActivity 的布局文件为 activity_navigation_drawer.xml。

这个文件不需要修改，可以直接用模板代码生成：

```
<?xml version="1.0" encoding="utf-8"?>
<android.support.v4.widget.DrawerLayout xmlns:android="http://schemas.android.com/apk/res/android"
  xmlns:app="http://schemas.android.com/apk/res-auto"
  xmlns:tools="http://schemas.android.com/tools"
  android:id="@+id/drawer_layout"
  android:layout_width="match_parent"
  android:layout_height="match_parent"
  android:fitsSystemWindows="true"
  tools:openDrawer="start">
  <!--include app_bar_navigation_drawer-->
  <include
    layout="@layout/app_bar_navigation_drawer"
    android:layout_width="match_parent"
    android:layout_height="match_parent" />

  <android.support.design.widget.NavigationView
    android:id="@+id/nav_view"
    android:layout_width="wrap_content"
    android:layout_height="match_parent"
    android:layout_gravity="start"
    android:fitsSystemWindows="true"
    app:headerLayout="@layout/nav_header_navigation_drawer"
    app:menu="@menu/activity_navigation_drawer_drawer" />

</android.support.v4.widget.DrawerLayout>
```

布局文件中通过 include 标签引入了主界面的内容，NavigationView 为抽屉的内容。include 标签比较强大，可以把复杂的布局文件拆分成若干个小的文件，只要通过 include 标签关联就可以了。

在 app_bar_navigation_drawer.xml 布局文件中，需要进行修改，在 CoordinatorLayout 中添加 ViewPager：

```
<?xml version="1.0" encoding="utf-8"?>
<android.support.design.widget.CoordinatorLayout xmlns:android="http://schemas.android.com/apk/res/android"
  xmlns:app="http://schemas.android.com/apk/res-auto"
  xmlns:tools="http://schemas.android.com/tools"
```

```xml
    android:layout_width="match_parent"
    android:layout_height="match_parent"
    android:fitsSystemWindows="true"
    tools:context="com.yll520wcf.chapter9.section2.NavigationDrawerActivity">

    <android.support.design.widget.AppBarLayout
        android:layout_width="match_parent"
        android:layout_height="wrap_content"
        android:fitsSystemWindows="true"
        android:theme="@style/AppTheme.AppBarOverlay">

        <android.support.design.widget.CollapsingToolbarLayout
            android:layout_width="match_parent"
            android:layout_height="400dp"
            android:fitsSystemWindows="true"
            app:contentScrim="?attr/colorPrimary"
            app:expandedTitleMarginEnd="16dp"
            app:expandedTitleMarginStart="16dp"
            app:layout_scrollFlags="scroll|exitUntilCollapsed">

            <FrameLayout
                android:layout_width="match_parent"
                android:layout_height="wrap_content"
                android:layout_gravity="center_horizontal"
                android:fitsSystemWindows="true"
                app:layout_collapseMode="parallax">

                <ImageView
                    android:id="@+id/toolbar_iv_outgoing"
                    android:layout_width="match_parent"
                    android:layout_height="wrap_content"
                    android:layout_gravity="center_horizontal"
                    android:adjustViewBounds="true"
                    android:contentDescription="@null"
                    android:scaleType="centerCrop"
                    android:visibility="gone"
                    />

                <ImageView
                    android:id="@+id/toolbar_iv_target"
                    android:layout_width="match_parent"
                    android:layout_height="wrap_content"
                    android:layout_gravity="center_horizontal"
                    android:adjustViewBounds="true"
                    android:contentDescription="@null"
                    android:fitsSystemWindows="true"
                    android:scaleType="centerCrop"
                    android:src="@drawable/wjk1"
                    app:layout_collapseMode="parallax"
                    />

            </FrameLayout>

            <android.support.v7.widget.Toolbar
                android:id="@+id/toolbar"
                android:layout_width="match_parent"
                android:layout_height="?attr/actionBarSize"
                app:layout_collapseMode="pin"
                app:popupTheme="@style/AppTheme.PopupOverlay"/>

        </android.support.design.widget.CollapsingToolbarLayout>
```

```xml
        <android.support.design.widget.TabLayout
            android:id="@+id/toolbar_tl_tab"
            android:layout_width="match_parent"
            android:layout_height="?attr/actionBarSize"
            android:layout_gravity="bottom"
            app:layout_scrollFlags="scroll"/>

    </android.support.design.widget.AppBarLayout>

    <android.support.v4.widget.NestedScrollView
        android:layout_width="match_parent"
        android:layout_height="match_parent"
        android:fillViewport="true"
        android:scrollbars="none"
        app:layout_behavior="@string/appbar_scrolling_view_behavior">

        <android.support.v4.view.ViewPager
            android:id="@+id/main_vp_container"
            android:layout_width="match_parent"
            android:layout_height="match_parent"
            app:layout_behavior="@string/appbar_scrolling_view_behavior"/>

    </android.support.v4.widget.NestedScrollView>

</android.support.design.widget.CoordinatorLayout>
```

最外围的是 CoordinatorLayout 这个控件，这个有什么作用呢，简单的说，就是协调子 View 之间动作的一个父 View，通过 Behavior 来给子 view 实现交互的。

上面使用了 NestedScrollView 控件，和 CoordinatorLayout 控件一样，都是 com.android.support: design 包中的控件。

其中，属性 app:layout_behavior="@string/appbar_scrolling_view_behavior" 就是和 Coordinator Layout 控件互动实现滑动的，和 CoordinatorLayout 中带有 app:layout_behavior 属性的子控件进行互动。

其次就是 AppBarLayout，去除官方解释，简单来说就是它可以定制当某个可滚动 View 的滚动手势发生变化时，其内部的子 View 实现何种动作。内部的子 View 通过在布局中加 app:layout_scrollFlags 设置执行的动作。而 layout_scrollFlags 的动作主要如表 9-1 所示。

表 9-1　　　　　　　　　　　　　　layout_scollFlags

属性值	描述
scroll	设为 scroll 的 View 会跟随滚动事件一起发生移动
enterAlways	值设为 enterAlways 的 View，当 ScrollView 往下滚动时，该 View 会直接往下滚动。而不用考虑 ScrollView 是否在滚动
exitUntilCollapsed	当这个 View 要往上逐渐"消逝"时，会一直往上滑动，直到剩下的高度达到它的最小高度后，再响应 ScrollView 的内部滑动事件
enterAlwaysCollapsed	是 enterAlways 的附加选项，一般跟 enterAlways 一起使用，指 View 在往下"出现"的时候，首先是 enterAlways 效果，当 View 的高度达到最小高度时，View 就暂时不去往下滚动，直到 ScrollView 滑动到顶部不再滑动时，View 再继续往下滑动，直到滑到 View 的顶部结束

CollapsingToolbarLayout 的作用是提供了一个可以折叠的 Toolbar，它继承至 FrameLayout，给它设置 layout_scrollFlags，它可以控制包含在 CollapsingToolbarLayout 中的控件（如：ImageView、

Toolbar）在响应 layout_behavior 事件时作出相应的 scrollFlags 滚动事件（移除屏幕或固定在屏幕顶端）。还有下面几个属性需要了解。

（1）contentScrim：设置当完全 CollapsingToolbarLayout 折叠（收缩）后的背景颜色。

（2）expandedTitleMarginStart：设置扩张时候（还没有收缩时）title 向左填充的距离。

（3）expandedTitleMarginEnd：设置扩张时候（还没有收缩时）title 向右填充的距离。

layout_collapseMode：子布局折叠模式。

（1）pin：固定模式，在折叠的时候最后固定在顶端。

（2）parallax：视差模式，在折叠的时候会有个视差折叠的效果。

TabLayout 主要用来和 ViewPager 进行互动，里面添加 layout_scrollFlags 确保滑动。

在图片视图中，再添加一层图片，模拟渐变动画：

```xml
<FrameLayout
    android:layout_width="match_parent"
    android:layout_height="wrap_content"
    android:layout_gravity="center_horizontal"
    android:fitsSystemWindows="true"
    app:layout_collapseMode="parallax">

    <ImageView
        android:id="@+id/toolbar_iv_outgoing"
        android:layout_width="match_parent"
        android:layout_height="wrap_content"
        android:layout_gravity="center_horizontal"
        android:adjustViewBounds="true"
        android:contentDescription="@null"
        android:scaleType="centerCrop"
        android:visibility="gone"
        />

    <ImageView
        android:id="@+id/toolbar_iv_target"
        android:layout_width="match_parent"
        android:layout_height="wrap_content"
        android:layout_gravity="center_horizontal"
        android:adjustViewBounds="true"
        android:contentDescription="@null"
        android:fitsSystemWindows="true"
        android:scaleType="centerCrop"
        android:src="@drawable/wjk1"
        app:layout_collapseMode="parallax"
        />

</FrameLayout>
```

模板代码自动生成的 content_navigation_drawer.xml 没有用到，可以在当前代码中删掉了。

Fragment 也需要用到布局，比较简单：

fragment_main.xml

```xml
<?xml version="1.0" encoding="utf-8"?>
<LinearLayout
    xmlns:android="http://schemas.android.com/apk/res/android"
    android:layout_width="match_parent"
    android:layout_height="match_parent"
```

```xml
    android:orientation="vertical">

    <TextView
        android:id="@+id/main_tv_text"
        android:layout_width="match_parent"
        android:layout_height="wrap_content"
        android:padding="16dp"
        android:lineSpacingExtra="8dp"
        android:text="HelloWorld"
        android:textSize="16sp"/>

</LinearLayout>
```

3. 代码

布局写完了，来看看代码。首先需要创建一个 Fragment，起名为 SimpleFragment：

```java
/**
 * 简单的 Fragment
 */
public class SimpleFragment extends Fragment {
    private static final String ARG_SELECTION_NUM = "arg_selection_num";
    //在 res/values/string.xml 文件中定义一些固定文本
    private static final int[] TEXTS = {R.string.wjk1_text, R.string.wy_text, R.string.yyqx_text};

    TextView textView;

    public SimpleFragment() {
    }
    /**方便用来传递数据*/
    public static SimpleFragment newInstance(int selectionNum) {
        SimpleFragment simpleFragment = new SimpleFragment();
        Bundle args = new Bundle();
        args.putInt(ARG_SELECTION_NUM, selectionNum);
        simpleFragment.setArguments(args);
        return simpleFragment;
    }

    @Nullable
    @Override
    public View onCreateView(LayoutInflater inflater, @Nullable ViewGroup container, @Nullable Bundle savedInstanceState) {
        View view = inflater.inflate(R.layout.fragment_main, container, false);
        textView= (TextView) view.findViewById(R.id.main_tv_text);
        return view;
    }

    @Override
    public void onViewCreated(View view, @Nullable Bundle savedInstanceState) {
        super.onViewCreated(view, savedInstanceState);
        textView.setText(TEXTS[getArguments().getInt(ARG_SELECTION_NUM)]);
    }
}
```

Fragment 是用来作为 ViewPager 中的条目进行显示的。

创建 ViewPager 的适配器，适配器内容是由 Fragment 显示的，一般可以选择让适配器继承 FragmentPagerAdapter。

创建 SimpleAdapter.java：

```java
/**
 * ViewPager 的适配器
 */
public class SimpleAdapter extends FragmentPagerAdapter {
    //显示的内容
    private static final Section[] SECTIONS = {
        new Section("Tiffany", R.drawable.wjk1),
        new Section("Taeyeon", R.drawable.wy2),
        new Section("Yoona", R.drawable.yyqx)
    };

    public SimpleAdapter(FragmentManager fm) {
        super(fm);
    }

    @Override
    public Fragment getItem(int position) {
        return SimpleFragment.newInstance(position);
    }

    @Override
    public int getCount() {
        return SECTIONS.length;
    }

    //设置ViewPager 每个条目的标题页
    @Override
    public CharSequence getPageTitle(int position) {
        if (position >= 0 && position < SECTIONS.length) {
            return SECTIONS[position].getTitle();
        }
        return null;
    }

    @DrawableRes
    public int getDrawable(int position) {
        if (position >= 0 && position < SECTIONS.length) {
            return SECTIONS[position].getDrawable();
        }
        return -1;
    }

    private static final class Section {
        private final String mTitle; // 标题
        @DrawableRes
        private final int mDrawable; // 图片

        public Section(String title, int drawable) {
            mTitle = title;
            mDrawable = drawable;
        }

        public String getTitle() {
            return mTitle;
        }

        public int getDrawable() {
            return mDrawable;
        }
    }
```

9.3 ViewPager 和 Fragment 结合

```
    }
}
```

当前项目还需要监听 ViewPager 的页面改变和滑动事件,下面创建 PagerChangeListener.java:

```java
/**
 * ViewPager 滑动页面监听
 */
public class PagerChangeListener implements ViewPager.OnPageChangeListener {
  private ImageAnimator mImageAnimator;

  private int mCurrentPosition;

  private int mFinalPosition;

  private boolean mIsScrolling = false;

  public PagerChangeListener(ImageAnimator imageAnimator) {
    mImageAnimator = imageAnimator;
  }

  public static PagerChangeListener newInstance(SimpleAdapter adapter, ImageView originImage, ImageView outgoingImage) {
      ImageAnimator imageAnimator = new ImageAnimator(adapter, originImage, outgoingImage);
      return new PagerChangeListener(imageAnimator);
  }

  /**
   * 滑动监听
   *
   * @param position              当前位置
   * @param positionOffset        偏移[当前值+-1]
   * @param positionOffsetPixels  偏移像素
   */
  @Override
  public void onPageScrolled(int position, float positionOffset, int positionOffsetPixels) {

      Log.e("DEBUG-WCL", "position: " + position + ", positionOffset: " + positionOffset);

      // 以前滑动,现在终止
      if (isFinishedScrolling(position, positionOffset)) {
          finishScroll(position);
      }

      // 判断前后滑动
      if (isStartingScrollToPrevious(position, positionOffset)) {
          startScroll(position);
      } else if (isStartingScrollToNext(position, positionOffset)) {
          startScroll(position + 1); // 向后滚动需要加 1
      }

      // 向后滚动
      if (isScrollingToNext(position, positionOffset)) {
          mImageAnimator.forward(positionOffset);
      } else if (isScrollingToPrevious(position, positionOffset)) { // 向前滚动
          mImageAnimator.backwards(positionOffset);
      }
  }
```

```java
/**
 * 终止滑动
 * 滑动 && [偏移是0&&滑动终点] || 动画之中
 *
 * @param position        位置
 * @param positionOffset  偏移量
 * @return 终止滑动
 */
public boolean isFinishedScrolling(int position, float positionOffset) {
    return mIsScrolling && (positionOffset == 0f && position == mFinalPosition) || !mImageAnimator.isWithin(position);
}

/**
 * 从静止到开始滑动,下一个
 * 未滑动 && 位置是当前位置 && 偏移量不是0
 *
 * @param position        位置
 * @param positionOffset  偏移量
 * @return 是否
 */
private boolean isStartingScrollToNext(int position, float positionOffset) {
    return !mIsScrolling && position == mCurrentPosition && positionOffset != 0f;
}

/**
 * 从静止到开始滑动,前一个[position 会-1]
 *
 * @param position        位置
 * @param positionOffset  偏移量
 * @return 是否
 */
private boolean isStartingScrollToPrevious(int position, float positionOffset) {
    return !mIsScrolling && position != mCurrentPosition && positionOffset != 0f;
}

/**
 * 开始滚动,向后
 *
 * @param position        位置
 * @param positionOffset  偏移
 * @return 是否
 */
private boolean isScrollingToNext(int position, float positionOffset) {
    return mIsScrolling && position == mCurrentPosition && positionOffset != 0f;
}

/**
 * 开始滚动,向前
 *
 * @param position        位置
 * @param positionOffset  偏移
 * @return 是否
 */
private boolean isScrollingToPrevious(int position, float positionOffset) {
    return mIsScrolling && position != mCurrentPosition && positionOffset != 0f;
}

/**
 * 开始滑动
 * 滚动开始,结束位置是position[前滚时position 会自动减一], 动画从当前位置到结束位置
 *
```

```java
     * @param position 滚动结束之后的位置
     */
    private void startScroll(int position) {
        mIsScrolling = true;
        mFinalPosition = position;

        // 开始滚动动画
        mImageAnimator.start(mCurrentPosition, position);
    }

    /**
     * 如果正在滚动，结束时，固定position位置，停止滚动，调动截止动画
     *
     * @param position 位置
     */
    private void finishScroll(int position) {
        if (mIsScrolling) {
            mCurrentPosition = position;
            mIsScrolling = false;
            mImageAnimator.end(position);
        }
    }
    //滑动状态改变
    @Override
    public void onPageScrollStateChanged(int state) {
        //NO-OP
    }
    // 位置改变的时候调用
    @Override
    public void onPageSelected(int position) {
        if (!mIsScrolling) {
            mIsScrolling = true;
            mFinalPosition = position;
            mImageAnimator.start(mCurrentPosition, position);
        }
    }
}
```

上面的代码用到了ImageAnimator，这个类的作用就是实现顶部渐变的动画效果。

```java
/**
 * 渐变的动画效果
 */
public class ImageAnimator {

    private static final float FACTOR = 0.1f;

    private final SimpleAdapter mAdapter; // 适配器
    private final ImageView mTargetImage; // 原始图片
    private final ImageView mOutgoingImage; // 渐变图片

    private int mActualStart; // 实际起始位置

    private int mStart;
    private int mEnd;

    public ImageAnimator(SimpleAdapter adapter, ImageView targetImage, ImageView outgoingImage) {
        mAdapter = adapter;
        mTargetImage = targetImage;
        mOutgoingImage = outgoingImage;
```

```java
    }

    /**
     * 启动动画, 之后选择向前或向后滑动
     *
     * @param startPosition 起始位置
     * @param endPosition    终止位置
     */
    public void start(int startPosition, int endPosition) {
        mActualStart = startPosition;

        // 终止位置的图片
        @DrawableRes int incomeId = mAdapter.getDrawable(endPosition);

        // 原始图片
        mOutgoingImage.setImageDrawable(mTargetImage.getDrawable()); // 原始的图片

        // 起始图片
        mOutgoingImage.setTranslationX(0f);

        mOutgoingImage.setVisibility(View.VISIBLE);
        mOutgoingImage.setAlpha(1.0f); //设置透明度,1代表不透明

        // 目标图片
        mTargetImage.setImageResource(incomeId);

        mStart = Math.min(startPosition, endPosition);
        mEnd = Math.max(startPosition, endPosition);
    }

    /**
     * 滑动结束的动画效果
     *
     * @param endPosition 滑动位置
     */
    public void end(int endPosition) {
        @DrawableRes int incomeId = mAdapter.getDrawable(endPosition);
        mTargetImage.setTranslationX(0f);

        // 设置原始图片
        if (endPosition == mActualStart) {
            mTargetImage.setImageDrawable(mOutgoingImage.getDrawable());
        } else {
            mTargetImage.setImageResource(incomeId);
            mTargetImage.setAlpha(1f);
            mOutgoingImage.setVisibility(View.GONE);
        }
    }

    // 向前滚动,比如 0→1, offset 滚动的距离(0→1), 目标渐渐淡出
    public void forward(float positionOffset) {
        Log.e("DEBUG-WCL", "forward-positionOffset: " + positionOffset);
        int width = mTargetImage.getWidth();
        mOutgoingImage.setTranslationX(-positionOffset * (FACTOR * width));
        mTargetImage.setTranslationX((1 - positionOffset) * (FACTOR * width));

        mTargetImage.setAlpha(positionOffset);
    }

    // 向后滚动,比如 1→0, offset 滚动的距离(1→0), 目标渐渐淡入
    public void backwards(float positionOffset) {
        Log.e("DEBUG-WCL", "backwards-positionOffset: " + positionOffset);
```

```java
    int width = mTargetImage.getWidth();
    mOutgoingImage.setTranslationX((1 - positionOffset) * (FACTOR * width));
    mTargetImage.setTranslationX(-(positionOffset) * (FACTOR * width));

    mTargetImage.setAlpha(1 - positionOffset);
  }

  // 判断停止
  public boolean isWithin(int position) {
    return position >= mStart && position < mEnd;
  }
}
```

最后需要修改 NavigationDrawerActivity 的代码了。

```java
public class NavigationDrawerActivity extends AppCompatActivity
    implements NavigationView.OnNavigationItemSelectedListener {

  ViewPager viewPager;
  TabLayout tabLayout;
  ImageView ivOutgoing;
  ImageView ivTarget;

  @Override
  protected void onCreate(Bundle savedInstanceState) {
    super.onCreate(savedInstanceState);
    setContentView(R.layout.activity_navigation_drawer);
    viewPager = (ViewPager) findViewById(R.id.main_vp_container);
    tabLayout = (TabLayout) findViewById(R.id.toolbar_tl_tab);
    ivOutgoing = (ImageView) findViewById(R.id.toolbar_iv_outgoing);
    ivTarget = (ImageView) findViewById(R.id.toolbar_iv_target);

    Toolbar toolbar = (Toolbar) findViewById(R.id.toolbar);
    setSupportActionBar(toolbar);
    //加载 DrawerLayout
    DrawerLayout drawer = (DrawerLayout) findViewById(R.id.drawer_layout);
    //设置 Toolbar 上抽屉开关
    ActionBarDrawerToggle toggle = new ActionBarDrawerToggle(
        this, drawer, toolbar, R.string.navigation_drawer_open, R.string.navigation_
        drawer_close);
    drawer.setDrawerListener(toggle);
    toggle.syncState();

    NavigationView navigationView = (NavigationView) findViewById(R.id.nav_view);
    navigationView.setNavigationItemSelectedListener(this);

    //创建适配器
    SimpleAdapter adapter = new SimpleAdapter(getSupportFragmentManager());
    //设置适配器
    viewPager.setAdapter(adapter);
    //添加页面改变监听
    viewPager.addOnPageChangeListener(PagerChangeListener.newInstance(adapter, ivTar
    get, ivOutgoing));
    //tablayout 关联 ViewPager
    tabLayout.setupWithViewPager(viewPager);

    setTitle("TFBoys");
  }
  //处理返回事件，当抽屉打开先返回
  @Override
  public void onBackPressed() {
```

```java
        DrawerLayout drawer = (DrawerLayout) findViewById(R.id.drawer_layout);
        if (drawer.isDrawerOpen(GravityCompat.START)) {
            drawer.closeDrawer(GravityCompat.START);
        } else {
            super.onBackPressed();
        }
    }

    @Override
    public boolean onCreateOptionsMenu(Menu menu) {
        getMenuInflater().inflate(R.menu.activity_navigation_drawer_drawer, menu);
        return true;
    }

    @Override
    public boolean onOptionsItemSelected(MenuItem item) {
        int id = item.getItemId();
        if (id == R.id.action_settings) {
            return true;
        }

        return super.onOptionsItemSelected(item);
    }

    @SuppressWarnings("StatementWithEmptyBody")
    @Override
    public boolean onNavigationItemSelected(MenuItem item) {
        //抽屉页面的菜单按钮点击事件
        int id = item.getItemId();

        if (id == R.id.nav_camera) {
            // Handle the camera action
        } else if (id == R.id.nav_gallery) {

        } else if (id == R.id.nav_slideshow) {

        } else if (id == R.id.nav_manage) {

        } else if (id == R.id.nav_share) {

        } else if (id == R.id.nav_send) {

        }
        DrawerLayout drawer = (DrawerLayout) findViewById(R.id.drawer_layout);
        drawer.closeDrawer(GravityCompat.START);
        return true;
    }
}
```

4. 修改主题

可以把项目的主题颜色修改一下，修改 res/values/colors.xml：

```xml
<?xml version="1.0" encoding="utf-8"?>
<resources>
    <color name="colorPrimary">#FF1493</color>
    <color name="colorPrimaryDark">#FF1493</color>
    <color name="colorAccent">#FF4081</color>
</resources>
```

总结

这一章重点介绍 Fragment 的使用，在实际的项目中经常看到 Fragment 的使用，尤其是配合 ViewPager 使用。

本章代码下载地址：https://github.com/yll2wcf/book，项目名称：Chapter9。

第 10 章 广播接收者

在 Android 中，Broadcast（广播）是一种广泛运用在应用程序之间传输信息的机制。而 BroadcastReceiver（广播接受者）是对发送出来的 Broadcast 进行过滤接受并响应的一类组件。

Android 中的广播机制非常灵活，本章就将对这一机制的方方面面进行讲解。

10.1 广播简介

Android 中广播机制的灵活主要体现在 Android 中每个应用程序都可以对自己感兴趣的广播进行注册，这些广播有系统本身的，还有其他程序的，甚至是程序本身的。

Android 提供了一套完整的 API，允许程序自由地发送和接收广播。

发送广播也需要 Intent 对象。广播接收者（BroadcastReceiver）用于接收广播 Intent，广播 Intent 的发送是通过调用 sendBroadcast/sendOrderedBroadcast 来实现的。通常一个广播 Intent 可以被订阅了此 Intent 的多个广播接收者所接收。

sendBroadcast 发送的是无序的广播，也就是标准的广播，类似于学校大喇叭广播，你可以选择不听，但是不能阻止其他人。

标准广播（Normal broadcasts）是一种完全异步执行的广播，在广播发出之后，所有的广播接收器几乎都会在同一时刻接收到这条广播消息，因此它们之间没有任何先后顺序可言（虽然官方文档介绍说没有顺序，但是经过测试还是根据优先级排序）。这种广播的效率会比较高，但同时也意味着它是无法被截断的，如图 10-1 所示。

sendOrderedBroadcast 用来发送有序广播（Ordered broadcasts），类似口口相传，是可以中断的。

有序广播则是一种同步执行的广播，在广播发出之后，同一时刻只会有一个广播接收器能够收到这条广播消息，当这个广播接收器中的逻辑执行完毕后，广播才会继续传递。所以此时的广播接收器是有先后顺序的，优先级高的广播接收器就可以先收到广播消息，并且前面的广播接收器还可以截断正在传递的广播，这样后面的广播接收器就无法收到广播消息了，如图 10-2 所示。

▲图 10-1 标准广播   ▲图 10-2 有序广播

10.2 实现一个 BroadcastReceiver

Android 内置了很多系统级别的广播,可以在应用程序中通过监听这些广播来得到各种系统的状态信息。比如手机开机完成后会发出一条广播,网络状态发生变化会发出一条广播,时间或时区发生改变也会发出一条广播等。如果想要接收到这些广播,就需要使用广播接收者(Broadcast Receiver)。但是不幸的是,随着 Android 版本的升级,好多系统广播事件都无法使用了,原因就是一些恶意程序利用系统事件无节操地唤醒自己,导致 Google 工程师迫不得已加强控制,比如 Android 7.0 就限制了后台程序无法监听网络状态的广播,如果用的是 Android 7.0 以下的手机,就会发现当连接 WiFi 或者断开 WiFi 时经常会收到一大堆推送,升级成 Android 7.0 就会少很多。

1. 创建 BroadcastReceiver

无论什么情况,总要创建 BroadcastReceiver,创建一个类,继承 BroadcastReceiver:

```
public class MyReceiver extends BroadcastReceiver {
  //当收到广播的时候调用,intent 就是发送广播的意图
  @Override
  public void onReceive(Context context, Intent intent) {
    Log.i("MyReceiver","收到了广播");
    Toast.makeText(context,"收到了广播",Toast.LENGTH_SHORT).show();
  }
}
```

当收到了广播就会调用当前广播接收者的 onReceive()方法。

当前的广播接收者还没有效果,要想有效果,需要对感兴趣的广播进行注册。

广播接收器可以自由地对自己感兴趣的广播进行注册,这样当有相应的广播发出时,广播接收器就能够收到该广播,并在内部处理相应的逻辑。注册广播的方式一般有两种,在代码中注册和在 AndroidManifest.xml 中注册,其中前者也被称为动态注册,后者也被称为静态注册。

2. 静态注册监听开机启动

动态注册和静态注册各有优缺点,静态注册只要满足程序部署到手机中就可以监听广播事件,不需要程序处于运行状态。而动态注册就必须代码执行了才能注册相应的广播接收者,但是也可以在代码中进行反注册,比较灵活。

而监听手机开机事件只能通过静态注册,因为手机开机的时候程序并没有运行,没法进行动态注册。

需要在 AndroidManifest.xml 中将上面写的广播接收者的类名注册进去,类似注册 Activity:

```
<uses-permission android:name="android.permission.RECEIVE_BOOT_COMPLETED"/>
<application
    android:allowBackup="true"
    android:icon="@mipmap/ic_launcher"
    android:label="@string/app_name"
    android:supportsRtl="true"
    android:theme="@style/AppTheme">
    ...

    <receiver android:name=".MyReceiver">
```

```
            <intent-filter android:priority="1000">
                <action android:name="android.intent.action.BOOT_COMPLETED"/>
            </intent-filter>
        </receiver>

</application>
```

<application>标签内出现了一个新的标签<receiver>，所有静态注册的广播接收者都是在这里进行注册的。它的用法其实和<activity>标签非常相似，首先通过 android:name 来指定具体注册哪一个广播接收者，然后在<intent-filter>标签里加入想要接收的广播即可，由于 Android 系统启动完成后会发出一条 action 为 android.intent.action.BOOT_COMPLETED 的广播，因此在这里添加了相应的 action。

priority 是广播的优先级，值越大越早收到广播（经测试无序广播其实也有顺序，只是不能中断）。官方文档上解释这个值最大是 1000，实际上文档上写的并不准确，这个值最大是 Integer. MAX_VALUE，就是 2 的 31 次方，转换成具体数字就是 2 147 483 648。

另外，监听系统开机广播也是需要声明权限的，可以看到，使用<uses-permission>标签又加入了一条 android.permission. RECEIVE_BOOT_COMPLETED 权限。

如图 10-3 所示，程序部署上去然后重启模拟器就会发现广播接收者生效了。

上面的程序是在 Android7.0 模拟器上测试完成的。这段代码在第三方 rom 的系统（如 MIUI、EMUI）上会碰到一些问题。

举例说明：在华为的 EMUI 上，需要在设置界面里设置允许当前程序开机启动。

▲图 10-3　开机启动

3. 动态注册监听网络变化

监听网络状态变化也是经常用到的操作，举个例子，比如用户在 WiFi 下下载，突然 WiFi 断了，使用流量的时候程序应该自动暂停下载或者提示用户，避免用户财产损失。这种情况就需要程序监听网络状态变化，这种监听操作在 Android7.0 以上是不允许静态注册的，原因就是之前一些程序毫无节操地恶意唤醒自己，导致 Google 工程师不得不限制。

下面是完整的代码：

```
public class MainActivity extends AppCompatActivity {

  private IntentFilter intentFilter;
  private NetworkChangeReceiver networkChangeReceiver;
  @Override
  protected void onCreate(Bundle savedInstanceState) {
    super.onCreate(savedInstanceState);
    setContentView(R.layout.activity_main);

    //创建 IntentFilter
    intentFilter = new IntentFilter();
```

```java
        //设置监听的Action
        intentFilter.addAction("android.net.conn.CONNECTIVITY_CHANGE");
        networkChangeReceiver = new NetworkChangeReceiver();
        //注册监听
        registerReceiver(networkChangeReceiver, intentFilter);
    }
    @Override
    protected void onDestroy() {
        super.onDestroy();
        //当程序退出的时候，反注册监听
        unregisterReceiver(networkChangeReceiver);
    }
    //广播接收者
    class NetworkChangeReceiver extends BroadcastReceiver{

        @Override
        public void onReceive(Context context, Intent intent) {
            //getNetworkType()  0：没有网络   1：WIFI 网络   2：WAP 网络   3：NET 网络
            Toast.makeText(context,"网络状态发生变化"+getNetworkType(),Toast.LENGTH_SHORT).show();
        }
    }

    public static final int NETTYPE_WIFI = 0x01;
    public static final int NETTYPE_CMWAP = 0x02;
    public static final int NETTYPE_CMNET = 0x03;
    /**
     * 获取当前网络类型
     * @return 0：没有网络   1：WIFI 网络   2：WAP 网络   3：NET 网络
     */
    public int getNetworkType() {
        int netType = 0;
        //获取网络管理者
        ConnectivityManager connectivityManager =
                (ConnectivityManager) getSystemService(Context.CONNECTIVITY_SERVICE);
        //获取当前网络信息
        NetworkInfo networkInfo = connectivityManager.getActiveNetworkInfo();
        if (networkInfo == null) {
            return netType;
        }
        int nType = networkInfo.getType();
        if (nType == ConnectivityManager.TYPE_MOBILE) {
            String extraInfo = networkInfo.getExtraInfo();
            if(!TextUtils.isEmpty(extraInfo)){
                if (extraInfo.toLowerCase().equals("cmnet")) {
                    netType = NETTYPE_CMNET;
                } else {
                    netType = NETTYPE_CMWAP;
                }
            }
        } else if (nType == ConnectivityManager.TYPE_WIFI) {
            netType = NETTYPE_WIFI;
        }
        return netType;
    }

}
```

在 MainActivity 中定义了一个内部类 NetworkChangeReceiver，这个类是继承自 BroadcastReceiver 的，并重写了父类的 onReceive()方法。这样每当网络状态发生变化时，通过 getNetworkType() 方法获取当前网络状态。

我们是在 onCreate 方法中动态注册的广播接收者，首先创建了一个 IntentFilter 的实例，并给它添加了一个值为 android.net.conn.CONNECTIVITY_CHANGE 的 action，当网络状态发生变化时，系统发出的正是一条 action 为 android.net.conn.CONNECTIVITY_CHANGE 的广播。也就是说，广播接收器想要监听什么广播，就在这里添加相应的 action 就行了。接下来创建了一个 NetworkChangeReceiver 的实例，然后调用 registerReceiver()方法进行注册，将 NetworkChangeReceiver 的实例和 IntentFilter 的实例都传了进去，这样 NetworkChangeReceiver 就会收到所有值为 android.net.conn.CONNECTIVITY_CHANGE 的广播，也就实现了监听网络变化的功能。

动态注册的广播接收者在不用的时候一定要取消注册，避免资源浪费。这里我们是在 onDestroy()方法中通过调用 unregisterReceiver()方法来实现的。

在 getNetworkType()方法中，首先通过 getSystemService()方法得到了 ConnectivityManager 的实例，这是一个系统服务类，专门用于管理网络连接的。然后调用它的 getActiveNetworkInfo()方法可以得到 NetworkInfo 的实例，接着调用 NetworkInfo 的 getType 方法，就可以判断出当前网络状态了。

另外，Android 系统为了保证应用程序的安全性做了规定，如果程序需要访问一些系统的关键性信息必须在配置文件中声明权限才可以，否则程序将会直接崩溃。比如这里查询系统的网络状态就是需要声明权限的。打开 AndroidManifest.xml 文件，在里面加入如下权限就可以查询系统网络状态了：

```
<manifest xmlns:android="http://schemas.android.com/apk/res/android"
  package="com.a520wcf.chapter10">
  <uses-permission  android:name="android.permission.ACCESS_NETWORK_STATE"/>
  ...
</manifest>
```

声明具体权限可以参考：

http://developer.android.google.cn/reference/android/Manifest.permission.html

运行程序，可以通过点击飞行模式切换网络状态。如图 10-4 所示，可以看到确实可以监听网络状态变化。

▲图 10-4　监听网络状态变化

10.3 发送自定义广播

前面我们学会了通过广播接收者来接收系统广播，接下来研究学习在程序中发送自定义的广播。前面已经介绍过，广播主要分为两种类型：标准广播和有序广播，在本节中将通过实践的方式来看下这两种广播具体的区别。

为了验证发送的广播，如图 10-5 所示，创建 3 个广播接收者，分别在 onReceiver 方法中输出相应信息。

这 3 个广播接收者都在清单文件中做相应的配置，从大到小依次指定不同的优先级。action 可以随便写，但是按照行业规矩避免和其他程序发生冲突，尽量以包名开头，为了方便观察让 3 个广播接收者的 action 保持一致。如下：

▲图 10-5 创建广播接收者

```
<receiver android:name=".receiver.MyReceiver01">
  <intent-filter android:priority="1000">
    <action android:name="com.a520wcf.chapter10.CUSTOM"/>
  </intent-filter>
</receiver>
<receiver android:name=".receiver.MyReceiver02">
  <intent-filter android:priority="500">
    <action android:name="com.a520wcf.chapter10.CUSTOM"/>
  </intent-filter>
</receiver>
<receiver android:name=".receiver.MyReceiver03">
  <intent-filter android:priority="0">
    <action android:name="com.a520wcf.chapter10.CUSTOM"/>
  </intent-filter>
</receiver>
```

在 MainActivity 的布局文件中拖曳两个按钮，用来发送有序和无序广播。

```
<?xml version="1.0" encoding="utf-8"?>
<LinearLayout xmlns:android="http://schemas.android.com/apk/res/android"
  xmlns:tools="http://schemas.android.com/tools"
  android:layout_width="match_parent"
  android:layout_height="match_parent"
  android:paddingBottom="@dimen/activity_vertical_margin"
  android:paddingLeft="@dimen/activity_horizontal_margin"
  android:paddingRight="@dimen/activity_horizontal_margin"
  android:paddingTop="@dimen/activity_vertical_margin"
  tools:context=".MainActivity"
  android:baselineAligned="false">

  <Button
```

```xml
        android:onClick="click1"
        android:text="发送有序广播"
        android:layout_width="wrap_content"
        android:layout_height="wrap_content"
        android:id="@+id/button"
        android:layout_weight="1" />

    <Button
        android:onClick="click2"
        android:text="发送无序广播"
        android:layout_width="wrap_content"
        android:layout_height="wrap_content"
        android:id="@+id/button2"
        android:layout_weight="1" />

</LinearLayout>
```

按钮点击事件：

```java
//发送无序广播
public void click2(View view) {
    Log.i("MainActivity","无序广播");
    Intent intent=new Intent();
    intent.setAction("com.a520wcf.chapter10.CUSTOM");
    //有序广播第二个参数可以指定所需权限，在这里写 null 就可以
    sendBroadcast(intent);
}

//发送有序广播
public void click1(View view) {
    Log.i("MainActivity","有序广播");
    Intent intent=new Intent();
    intent.setAction("com.a520wcf.chapter10.CUSTOM");
    //有序广播第二个参数可以指定所需权限，在这里写 null 就可以
    sendOrderedBroadcast(intent,null);
}
```

效果图如图 10-6 所示。

在按钮的点击事件里面加入了发送自定义广播的逻辑。首先构建出了一个 Intent 对象，并把要发送的广播的 action 传入，然后调用了 Context 的 sendBroadcast()方法将广播发送出去，这样所有监听 com.a520wcf.chapter10.CUSTOM 这条广播的广播接收器就会收到消息。发送有序广播只需要换成 sendOrderedBroadcast() 方法。

分别点击两个按钮就可以看到输出结果，如图 10-7 所示。

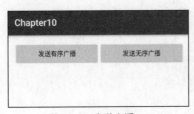

图 10-6　发送广播

图 10-7　输出结果

这时候有序广播和无序广播并没有任何区别，为了体验下不同，我们修改下 MyReceiver01

10.3 发送自定义广播

的代码，添加中断广播的方法：

```java
public class MyReceiver01 extends BroadcastReceiver {
  @Override
  public void onReceive(Context context, Intent intent) {
    Log.i("MyReceiver01","MyReceiver01");
    //中断广播
    abortBroadcast();
  }
}
```

运行结果如图 10-8 所示。

图 10-8 输出结果

看完结果就可以发现，有序广播可以正常中断，而无序广播不能中断，企图中断无序广播就会报错，但是并不影响程序运行。

1. resultReceiver

有序广播还有一个重载方法，可以指定接收结果的广播接收者（resultReceiver），该广播必须是当前程序内部。无论前面有多少个广播接收者，哪怕广播事件中断，resultReceiver 都能接收到广播，而且不需要注册。

我们来创建一个新的广播接收者：

```java
public class FinalResultReceiver extends BroadcastReceiver {
  @Override
  public void onReceive(Context context, Intent intent) {
    Log.i("FinalResultReceiver","最终广播");
  }
}
```

修改发送有序广播的代码：

```java
//发送有序广播
public void click1(View view) {
  Log.i("MainActivity","有序广播");
  Intent intent=new Intent();
  intent.setAction("com.a520wcf.chapter10.CUSTOM");
```

```
//有序广播第二个参数可以指定所需权限，在这里写 null 就可以
//sendOrderedBroadcast(intent,null);

//指定最终广播接收者
sendOrderedBroadcast(intent,null,new FinalResultReceiver(),null,0,null,null);
}
```

点击发送有序广播，查看结果，如图 10-9 所示。

可以看到虽然 MyReceiver02 和 MyReceiver03 被中断，但最终结果广播还是会收到。

图 10-9　发送广播结果

2. 本地广播

前面发送和接收的广播全部都属于系统全局广播，即发出的广播可以被其他任何应用程序接收到，并且我们也可以接收来自于其他任何应用程序的广播。通过可以用来处理一些跨应用的操作。

但是这样就很容易引起安全性的问题，比如说我们发送的一些携带关键性数据的广播有可能被其他的应用程序截获或者其他的程序不停地向我们的广播接收器里发送各种垃圾广播。

为了能够简单地解决广播的安全性问题，Android 引入了一套本地广播机制，使用这个机制发出的广播只能够在应用程序的内部进行传递，并且广播接收器也只能接收来自本应用程序发出的广播，这样所有的安全性问题就都不存在了。

本地广播的用法并不复杂，主要就是使用了一个 LocalBroadcastManager 来对广播进行管理，并提供了发送广播和注册广播接收器的方法。下面我们就通过例子尝试一下。

修改布局文件，添加新的按钮：

```xml
<?xml version="1.0" encoding="utf-8"?>
<LinearLayout xmlns:android="http://schemas.android.com/apk/res/android"
  ...>
    ...

  <Button
    android:text="发送本地广播"
    android:layout_width="wrap_content"
    android:layout_height="wrap_content"
    android:id="@+id/localButton"
    android:layout_weight="1" />

</LinearLayout>
```

修改 MainActivity 的代码：

```
@Override
protected void onCreate(Bundle savedInstanceState) {
  super.onCreate(savedInstanceState);
  setContentView(R.layout.activity_main);

  // 获取本地广播管理者的实例
  final LocalBroadcastManager localBroadcastManager = LocalBroadcastManager.getInstance(this);

  Button button = (Button) findViewById(R.id.localButton);
  button.setOnClickListener(new View.OnClickListener() {
    @Override
```

```
      public void onClick(View v) {
        Intent intent = new Intent("com.a520wcf.chapter10.LOCAL_BROADCAST");
        // 发送本地广播
        localBroadcastManager.sendBroadcast(intent);                }
    });

    intentFilter = new IntentFilter();
    intentFilter.addAction("com.a520wcf.chapter10.LOCAL_BROADCAST");
    LocalReceiver localReceiver = new LocalReceiver();
    localBroadcastManager.registerReceiver(localReceiver, intentFilter);
}
class LocalReceiver extends BroadcastReceiver {
  @Override
  public void onReceive(Context context, Intent intent) {
    Toast.makeText(context, "收到了本地广播",
        Toast.LENGTH_SHORT).show();
  }
}
```

点击发送本地广播，运行结果如图 10-10 所示。

图 10-10　发送本地广播运行结果

本地广播是无法通过静态注册的方式来接收的。其实这也完全可以理解，因为静态注册主要就是为了让程序在未启动的情况下也能收到广播，而发送本地广播时，程序肯定已经启动了，因此也完全不需要使用静态注册的功能。

10.4　桌面快捷方式

1. 创建快捷方式

原生的 Android 系统装的应用默认不会显示在桌面快捷方式上，好多程序为了增强粘性而让程序自动生成快捷方式。生成的方式就是通过给桌面发送广播的形式生成。

下面直接看代码，创建工具类 ShortcutUtils.java

创建快捷方式可以用资源中的图片如 R.mipmap.logo 或者用 Bitmap 创建。

使用资源中的图片：

```java
/**
 * 创建快捷方式
 * @param context 上下文
 * @param shortcutName 快捷方式的名称
 * @param iconRes 设置快捷方式图片 Res 如 R.drawable.xxx / R.mipmap.xxx
 * @param actionIntent 设置快捷方式动作
 * @param allowRepeat 是否允许重复创建
 */
public static void addShortcut(Context context, String shortcutName,
                int iconRes, Intent actionIntent, boolean allowRepeat){
    Intent shortcutintent = new Intent("com.android.launcher.action.INSTALL_SHORTCUT");
    //是否允许重复创建
    shortcutintent.putExtra("duplicate",allowRepeat);
    //快捷方式的名称
    shortcutintent.putExtra(Intent.EXTRA_SHORTCUT_NAME, shortcutName);
    //设置快捷方式图片
    Parcelable icon = Intent.ShortcutIconResource.fromContext(context.getApplicationContext(), iconRes);
    shortcutintent.putExtra(Intent.EXTRA_SHORTCUT_ICON_RESOURCE, icon);
    //设置快捷方式动作
    shortcutintent.putExtra(Intent.EXTRA_SHORTCUT_INTENT, actionIntent);
    //向系统发送广播
    context.sendBroadcast(shortcutintent);

}
```

使用 Bitmap 创建：

```java
/**
 * 创建快捷方式
 * @param context 上下文
 * @param shotcutName 快捷方式的名称
 * @param bitmap 设置快捷方式图片
 * @param actionIntent 设置快捷方式动作
 * @param allowRepeat 是否允许重复创建
 */
public static void addShortcut(Context context, String shotcutName,
                Bitmap bitmap, Intent actionIntent, boolean allowRepeat){
    Intent shortcutintent = new Intent("com.android.launcher.action.INSTALL_SHORTCUT");
    //是否允许重复创建
    shortcutintent.putExtra("duplicate",allowRepeat);
    //快捷方式的名称
    shortcutintent.putExtra(Intent.EXTRA_SHORTCUT_NAME, shotcutName);
    //设置快捷方式图片
    shortcutintent.putExtra(Intent.EXTRA_SHORTCUT_ICON, bitmap);
    //设置快捷方式动作
    shortcutintent.putExtra(Intent.EXTRA_SHORTCUT_INTENT, actionIntent);
    //向系统发送广播
    context.sendBroadcast(shortcutintent);
}
```

两者区别不大，只是设置图片方式不同。

创建快捷方式也是需要在清单文件中配置权限的。

```
<uses-permission android:name="com.android.launcher.permission.INSTALL_SHORTCUT"/>
```

当在 Activity 中调用当前工具类的方法时,就会创建快捷方式:

```
//按钮点击事件 ,创建快捷方式
public void addShortCut(View view) {
  Intent intent=new Intent(Intent.ACTION_VIEW);
  intent.setData(Uri.parse("https://www.baidu.com"));

  ShortcutUtils.addShortcut(this,"打开百度",R.mipmap.ic_launcher,intent,false);
}
```

上面我们创建了一个 Intent, 用来告诉桌面点击快捷方式打开百度主页。

如果按照上述方法创建快捷方式,在进入程序以后点击 HOME 键,然后点击快捷方式,又重新启动了程序,进入欢迎界面。

解决方法:

在创建快捷方式时添加以下代码:

```
intent.addCategory(Intent.CATEGORY_LAUNCHER);
```

2. 删除快捷方式

删除快捷方式相对简单。参考下面的代码:

```
/**
 * 删除快捷键
 */
public void deleteShortcut(Context context, String name
    ,Intent actionIntent,boolean allowRepeat){
  Intent shortcutintent = new Intent("com.android.launcher.action.UNINSTALL_SHORTCUT");
  //是否循环删除
  shortcutintent.putExtra("duplicate",allowRepeat);
  //快捷方式的名称
  shortcutintent.putExtra(Intent.EXTRA_SHORTCUT_NAME, name);
  //设置快捷方式动作
  shortcutintent.putExtra(Intent.EXTRA_SHORTCUT_INTENT, actionIntent);
  //向系统发送广播
  context.sendBroadcast(shortcutintent);
}
```

删除快捷键需要配置权限:

```
<uses-permission android:name="com.android.launcher.permission.UNINSTALL_SHORTCUT"/>
```

总结

广播特色是 Android 系统一大特色,灵活运用广播机制传输数据,可以让程序更加灵活。广播的生命周期非常短暂,它仅用来接收事件,所以 onReceiver()方法中不要执行特别耗时的操作,耗时的操作可以放到 Service 组件中,下一章就会介绍 Service。

本章代码下载地址:https://github.com/yll2wcf/book,项目名称:Chapter10。

刑天舞干戚,猛志固常在。——晋·陶渊明

第 11 章 Service 介绍

Service（服务）是 Android 四大组件之一。Service 是一个专门在后台处理长时间任务的 Android 组件，它没有 UI。

Service 是 Android 中实现程序后台运行的解决方案，它非常适用于去执行那些不需要和用户交互而且还要求长期运行的任务。服务的运行不依赖于任何用户界面，即使当程序被切换到后台，或者用户打开了另外一个应用程序，服务仍然能够保持正常运行（服务也是依赖进程的，如果进程被杀死，程序意外退出，服务也会停止的）。

新手往往很难区分多线程和服务的区别，这里解释一下。前面我们介绍了多线程编程，把耗时的操作放在子线程中（如联网），但是如果程序进入后台后，子线程往往容易被系统回收，而服务默认是在主线程中执行的，也可以在服务中开启子线程执行耗时操作。由于服务组件系统优先级比较高，程序进入后台也不会轻易被回收，所以需要后台执行耗时操作，记得通过服务组件，比如：下载文件。

11.1 服务的基本用法

11.1.1 创建服务

首先创建一个类继承 Service：

```
public class MyService extends Service {
  @Nullable
  @Override
  public IBinder onBind(Intent intent) {
    return null;
  }
}
```

onBind()方法是抽象方法，必须要子类实现。每一个服务都需要在 AndroidManifest.xml 文件中进行注册才能生效。注册方式和 Activity 相似：

```
<?xml version="1.0" encoding="utf-8"?>
<manifest xmlns:android="http://schemas.android.com/apk/res/android"
 package="com.a520wcf.chapter11">
```

11.1 服务的基本用法

```
<application
...>
    ...
    <service android:name=".MyService"/>
</application>

</manifest>
```

Service 组件提供了几个声明周期的方法，修改 MyService 代码：

```
public class MyService extends Service {
  //服务创建的时候调用
  @Override
  public void onCreate() {
    super.onCreate();
    Log.i("MyService","--onCreate");
  }
  //服务每次启动的时候调用
  @Override
  public int onStartCommand(Intent intent, int flags, int startId) {
    Log.i("MyService","--onStartCommand");
    return super.onStartCommand(intent, flags, startId);
  }

  //服务销毁的时候 调用
  @Override
  public void onDestroy() {
    super.onDestroy();
    og.i("MyService","--onDestroy");
  }

  @Nullable
  @Override
  public IBinder onBind(Intent intent) {
    return null;
  }
}
```

（1）onCreate()方法会在服务创建的时候调用。

（2）onStartCommand()方法会在每次服务启动的时候调用，如果我们希望服务一旦启动就立刻去执行某个动作，就可以将逻辑写在 onStartCommand()方法里。

（3）onDestroy()方法会在服务销毁的时候调用，一般用来回收那些不再使用的资源。

11.1.2 启动和停止服务

上面创建好了服务，并没有启动。启动和停止的方法也是借助 Intent 来实现的，下面就在 MainActivity 代码中演示下启动和停止 MyService 这个服务。

给布局添加两个按钮，同时绑定点击事件方法，修改 activity_main.xml：

```
<?xml version="1.0" encoding="utf-8"?>
<RelativeLayout xmlns:android="http://schemas.android.com/apk/res/android"
    xmlns:tools="http://schemas.android.com/tools"
    android:id="@+id/activity_main"
    android:layout_width="match_parent"
    android:layout_height="match_parent"
    android:paddingBottom="@dimen/activity_vertical_margin"
```

```xml
    android:paddingLeft="@dimen/activity_horizontal_margin"
    android:paddingRight="@dimen/activity_horizontal_margin"
    android:paddingTop="@dimen/activity_vertical_margin"
    tools:context="com.a520wcf.chapter11.MainActivity">

    <Button
        android:text="开启服务"
        android:layout_width="wrap_content"
        android:layout_height="wrap_content"
        android:layout_alignParentTop="true"
        android:layout_alignParentLeft="true"
        android:layout_alignParentStart="true"
        android:onClick="start"
        android:id="@+id/button" />

    <Button
        android:text="停止服务"
        android:layout_width="wrap_content"
        android:layout_height="wrap_content"
        android:layout_below="@+id/button"
        android:layout_alignParentLeft="true"
        android:layout_alignParentStart="true"
        android:onClick="stop"
        android:id="@+id/button2" />
</RelativeLayout>
```

修改 MainActivity 代码：

```java
public class MainActivity extends AppCompatActivity {

    @Override
    protected void onCreate(Bundle savedInstanceState) {
        super.onCreate(savedInstanceState);
        setContentView(R.layout.activity_main);
    }

    public void start(View view) {
        Log.i("MainActivity","----启动服务----");
        Intent intent=new Intent(this,MyService.class);
        startService(intent);
    }

    public void stop(View view) {
        Log.i("MainActivity","----停止服务----");
        Intent intent=new Intent(this,MyService.class);
        stopService(intent);
    }
}
```

startService()和 stopService()方法都是定义在 Context 类中的，因为 Activity 继承 Context，所以可以直接调用这两个方法。

启动和停止的方法也是借助 Intent 来实现的。

这里完全是由 Activity 来决定服务何时停止的，如果没有点击 Stop Service 按钮，服务就会一直处于运行状态。如果让服务自己停下来，只需要在 MyService 的任何一个位置调用 stopSelf()方法。

分别点击启动服务和停止服务，查看运行结果，如图 11-1 所示。

当启动的时候先后调用 onCreate()和 onStartCommand()，当停止的时候调用 onDestroy()。

如果连续点击启动服务，运行结果如图 11-2 所示。

▲图 11-1　分别点击启动服务和停止服务运行结果 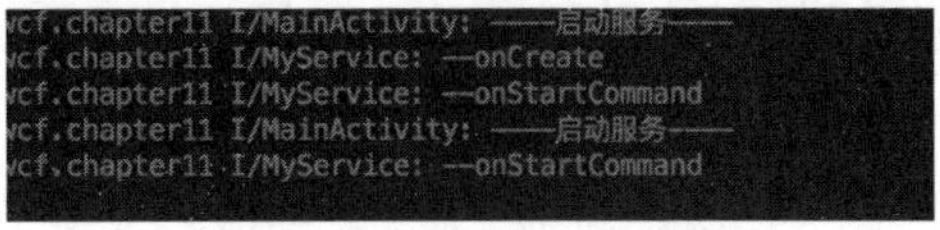　　　　▲图 11-2　连续点击启动服务

可以发现，只有服务第一次创建的时候调用 onCreate()方法，后面就不会再调用了。

11.1.3　绑定服务

从上面的代码可以发现，虽然服务是在 Activity 里启动的，但在启动了服务之后，Activity 与服务基本就没有什么关系了。

在 Activity 里调用了 startService()方法来启动 MyService 这个服务，然后 MyService 的 onCreate()和 onStartCommand()方法就会得到执行。之后服务会一直处于运行状态，但具体运行的是什么逻辑，Activity 就控制不了了。**这样有一个缺点就是没法直接告诉 Activity 界面的变化。**比如说目前我们希望在 MyService 里提供一个下载功能，然后在 Activity 中可以决定何时开始下载，以及随时查看下载进度。这时候就需要服务告诉 Activity 数据的变化。

遇到上面的这种需求就需要借助我们刚刚一直没用的 onBind()方法了。

我们需要让 MainActivity 通过绑定服务的方式启动服务。

直接来看看具体代码，修改 MyService.java：

```java
public class MyService extends Service {
// 省略之前的方法...
  private DownloadBinder downloadBinder = new DownloadBinder();
  class DownloadBinder extends Binder{
    public void startDownload() {
      Log.d("MyService", "开始下载");
    }
    public int getProgress() {
      Log.d("MyService", "进度变化");
      return 0;
    }
  }

  @Nullable
  @Override
  public IBinder onBind(Intent intent) {
   return downloadBinder;
  }
}
```

上面新建了一个 DownloadBinder 类，继承自 Binder，然后在它的内部模拟了开始下载以及查看下载进度的方法。

接着，在 MyService 中创建了 DownloadBinder 的实例，然后在 onBind()方法里返回了这个实例，这样 MyService 中的工作就全部完成了。

在 activity_main.xml 布局文件中添加两个按钮——绑定服务和解绑服务，并且绑定按钮点击方法：

```xml
<?xml version="1.0" encoding="utf-8"?>
<RelativeLayout xmlns:android="http://schemas.android.com/apk/res/android"
    ...>
    ...

    <Button
        android:text="绑定服务"
        android:layout_width="wrap_content"
        android:layout_height="wrap_content"
        android:layout_below="@+id/button2"
        android:layout_alignParentLeft="true"
        android:layout_alignParentStart="true"
        android:onClick="bind"
        android:id="@+id/button3" />

    <Button
        android:text="解绑服务"
        android:layout_width="wrap_content"
        android:layout_height="wrap_content"
        android:layout_below="@+id/button3"
        android:layout_alignParentLeft="true"
        android:layout_alignParentStart="true"
        android:onClick="unBind"
        android:id="@+id/button4" />
</RelativeLayout>
```

上面的代码比较好理解，主要是看 MainActivity.java。下面是 MainActivity.java 完整的代码：

```java
public class MainActivity extends AppCompatActivity {

    @Override
    protected void onCreate(Bundle savedInstanceState) {
        super.onCreate(savedInstanceState);
        setContentView(R.layout.activity_main);
    }
    public void start(View view) {
        Log.i("MainActivity","----启动服务----");
        Intent intent=new Intent(this,MyService.class);
        startService(intent);
    }

    public void stop(View view) {
        Log.i("MainActivity","----停止服务----");
        Intent intent=new Intent(this,MyService.class);
        stopService(intent);
    }

    private MyService.DownloadBinder downloadBinder;
    //绑定服务的桥梁
    private ServiceConnection connection = new ServiceConnection() {
        @Override
        public void onServiceDisconnected(ComponentName name) {

        }
        //当服务绑定成功调用
        @Override
        public void onServiceConnected(ComponentName name, IBinder service) {
            downloadBinder = (MyService.DownloadBinder) service;
            //调用服务的方法
            downloadBinder.startDownload();
```

```
        downloadBinder.getProgress();
    } };
//绑定服务
public void bind(View view) {
    Log.i("MainActivity","--绑定服务--");
    Intent bindIntent = new Intent(this, MyService.class);
    // 绑定服务,参数1意图,参数2 ServiceConnection
    // 参数3表示如果绑定服务时没创建会自动创建
    bindService(bindIntent, connection, BIND_AUTO_CREATE);
}
//解绑服务
public void unBind(View view) {
    Log.i("MainActivity","--解绑服务--");
    //解绑服务
    unbindService(connection);
}
}
```

首先创建了一个 ServiceConnection 的匿名类，在里面重写了 onServiceConnected()方法和 onServiceDisconnected()方法，这两个方法分别会在 Activity 与 Service 成功绑定以及解除绑定的时候调用。在 onServiceConnected()方法中，我们又通过向下强转得到了 DownloadBinder 的实例，有了这个实例，活动和服务之间的关系就变得非常紧密了。

现在可以在 Activity 中根据具体的场景来调用 DownloadBinder 中的任何 public 方法了。此处作者在 onServiceConnected()方法中直接调用了 DownloadBinder 的 startDownload()和 getProgress()方法。

当然，现在 Activity 和服务其实还没进行绑定呢，这个功能是在 Bind Service 按钮的点击事件里完成的。这里我们仍然是构建出了一个 Intent 对象，然后调用 bindService()方法将 MainActivity 和 MyService 进行绑定。bindService()方法接收三个参数，第一个参数就是刚刚构建出的 Intent 对象，第二个参数是前面创建出的 ServiceConnection 的实例，第三个参数则是一个标志位，这里传入 BIND_AUTO_CREATE 表示在活动和服务进行绑定后自动创建服务。

值得注意的是，通过绑定自动创建的服务会使得 MyService 中的 onCreate()方法得到执行，但 onStartCommand()方法不会执行。

解绑也很简单，直接调用 unBindService 就可以了。如果之前是通过绑定自动创建的服务，解绑时服务就会自动销毁。

分别点击绑定服务和解绑服务，运行的结果如图 11-3 所示。

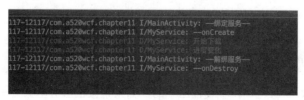

▲图 11-3　日志输出结果

任何一个服务在整个应用程序范围内都是通用的，即 MyService 不仅可以和 MainActivity 绑定，还可以和任何一个其他的 Activity 进行绑定，而且在绑定完成后它们都可以获取到相同的 DownloadBinder 实例。

11.1.4 服务的生命周期

服务也有自己的生命周期，前面使用到的 onCreate()、onStartCommand()、onBind()和 onDestroy() 等方法都是在服务的生命周期内可能回调的方法。

如图 11-4 左半部分所示，一旦在项目的任何位置调用了 Context 的 startService()方法，相应的服务就会启动起来，并回调 onStartCommand()方法。如果这个服务之前还没有创建过，onCreate()方法会先于 onStartCommand()方法执行。

服务启动了之后会一直保持运行状态，直到 stopService()或 stopSelf()方法被调用。注意，虽然每调用一次 startService()方法，onStartCommand()就会执行一次，但实际上每个服务都只会存在一个实例。所以不管调用了多少次 startService()方法，只需调用一次 stopService()或 stopSelf()方法，服务就会停止下来了。

另外，如图 11-4 右半部分所示，还可以调用 Context 的 bindService()来获取一个服务的持久连接，这时就会回调服务中的 onBind()方法。类似地，如果这个服务之前还没有创建过，onCreate()方法会先于 onBind()方法执行。之后，调用方可以获取到 onBind()方法里返回的 IBinder 对象的实例，这样就能自由地和服务进行通信了。只要调用方和服务之间的连接没有断开，服务就会一直保持运行状态。

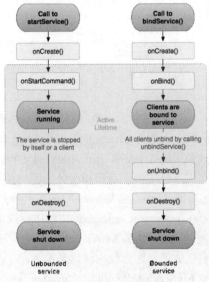

▲图 11-4 服务的生命周期

当调用了 startService()方法后，又去调用 stopService()方法，这时服务中的 onDestroy()方法就会执行，表示服务已经销毁了。类似地，当调用了 bindService()方法后，又去调用 unbindService()方法，onDestroy()方法也会执行（之前还会执行 onUnbind()方法）。

上面的两种情况都很好理解，但是，我们完全有可能对一个服务既调用了 startService()方法，又调用了 bindService()方法，这种情况下该如何才能让服务销毁掉呢？

根据 Android 系统的机制，一个服务只要被启动或者被绑定了之后，就会一直处于运行状态，必须要让以上两种条件同时不满足，服务才能被销毁。所以，这种情况下要同时调用 unbindService() 和 stopService()方法，onDestroy()方法才会执行。

11.2 IntentService

服务中的代码都是默认运行在主线程当中的，如果直接在服务里去处理一些耗时的逻辑，就很容易出现 ANR（Application Not Responding）的情况。

这个时候就需要用到 Android 多线程编程的技术了，直接的做法就是在服务的每一个具体的方法里开启一个子线程，然后在这里去处理那些耗时的逻辑。因此，一个比较标准的服务就可以写成如下形式：

11.2 IntentService

```java
public class MyService extends Service {
    @Override
    public IBinder onBind(Intent intent) {
     return null;
    }
    @Override
    public int onStartCommand(Intent intent, int flags, int startId) {
     new Thread(new Runnable() {
       @Override
       public void run() {
         // 处理耗时操作
       }
     }).start();
     return super.onStartCommand(intent, flags, startId);
    }
}
```

当线程停止的时候，还必须调用 stopSelf()停止当前服务。

虽说这种写法并不复杂，但是总会有一些程序员忘记开启线程和停止服务。为了可以简单地创建一个异步的、会自动停止的服务，Android 专门提供了一个 IntentService 类，IntentService 是 Service 的子类，这个类就很好地解决了异步的问题。下面就演示下如何使用。

创建 MyIntentService.java：

```java
public class MyIntentService extends IntentService {

  public MyIntentService() {
    //必须调用父类的有参数构造方法
    super("MyIntentService");
  }

  @Override
  protected void onHandleIntent(Intent intent) {
    // 查看线程的 id
    Log.i("MyIntentService","当前线程 id"+Thread.currentThread().getId());
  }

  @Override
  public void onDestroy() {
    super.onDestroy();
    Log.i("MyIntentService","onDestroy");
  }
}
```

首先构造方法内部必须调用父类的有参构造函数。然后要在子类中去实现 onHandleIntent()这个抽象方法，在这个方法中可以去处理一些具体的逻辑，而且不用担心 ANR 的问题，因为这个方法已经是在子线程中运行的了。这里为了证实一下，我们在 onHandleIntent()方法中打印了当前线程的 id。另外，根据 IntentService 的特性，这个服务在运行结束后应该是会自动停止的，所以我们又重写了 onDestroy()方法，在这里也打印了一行日志，以证实服务是不是停止掉了。

在 MainActivity 布局文件 activity_main.xml 中添加新的按钮并绑定按钮点击事件：

```xml
<?xml version="1.0" encoding="utf-8"?>
<RelativeLayout xmlns:android="http://schemas.android.com/apk/res/android"
  ...>
  ...
```

```xml
<Button
    android:onClick="startIntentService"
    android:text="启动 IntentService"
    android:layout_width="wrap_content"
    android:layout_height="wrap_content"
    android:layout_below="@+id/button4"
    android:layout_alignRight="@+id/button4"
    android:layout_alignEnd="@+id/button4"
    android:id="@+id/button5" />
</RelativeLayout>
```

修改 MainActivity.java 代码：

```java
public class MainActivity extends AppCompatActivity {
    ...
    public void startIntentService(View view) {
        Log.i("MainActivity", "主线程id:" + Thread.currentThread().getId());
        Intent intentService = new Intent(this, MyIntentService.class);
        startService(intentService); //开启 IntentService
    }
}
```

当然不要忘了在 AndroidManifest.xml 中配置 MyIntentService

```xml
<application
...>
<service android:name=".MyIntentService"/>
</application>
```

点击启动 IntentService 后的运行结果如图 11-5 所示。

可以发现，IntentService 确实在子线程被调用，执行完成后自动停止服务。

▲图 11-5　启动 IntentService 运行结果

11.3 Service 和 BroadCastReceiver 结合使用的案例（兼容 Android 7.0）

学习完了 Service 相关的知识，接下来学习一个比较实用的案例，案例也用到了广播接收者相关的知识。

我们使用手机的时候经常会看到应用程序提示升级，大部分应用内部都需要实现升级提醒和应用程序文件（APK 文件）下载。

一般写法都差不多，比如在启动 App 的时候，通过 Api 接口获得服务器最新的版本号，然后和本地的版本号比较，来判断是否需要弹出提示框下载，当然也可以通过推送的自定义消息来实现。

我们这里主要讨论的是应用程序下载，并在通知栏提醒下载完成。

实现过程大致分为 3 步：

（1）创建一个 service；

（2）在 service 启动的时候创建一个广播接受者；

11.3 Service 和 BroadCastReceiver 结合使用的案例（兼容 Android 7.0）

（3）当 BroadcastReceiver 接收到下载完成的广播时，开始执行安装。

主要通过系统提供的 DownloadManager 进行下载，下载完成会发送广播，具体使用看下面完整的代码。下面创建新的文件 DownloadService.java：

```java
public class DownLoadService extends Service {
    /**广播接收者*/
    private BroadcastReceiver receiver;
    /**系统下载管理器*/
    private DownloadManager dm;
    /**系统下载器分配的唯一下载任务id，可以通过这个id查询或者处理下载任务*/
    private long enqueue;
    /**下载地址，需要自己修改，我这里随便找了一个*/
    private String downloadUrl="http://dakaapp.troila.com/download/daka.apk?v=3.0";

    @Nullable
    @Override
    public IBinder onBind(Intent intent) {
        return null;
    }

    @Override
    public int onStartCommand(Intent intent, int flags, int startId) {

        receiver = new BroadcastReceiver() {
            @Override
            public void onReceive(Context context, Intent intent) {
                install(context);
                //销毁当前的 Service
                stopSelf();
            }
        };
        registerReceiver(receiver, new IntentFilter(DownloadManager.ACTION_DOWNLOAD_COMPLETE));
        //下载需要写SD卡权限，targetSdkVersion>=23 需要动态申请权限
        RxPermissions.getInstance(this)
                // 申请权限
                .request(Manifest.permission.WRITE_EXTERNAL_STORAGE)
                .subscribe(new Action1<Boolean>() {
                    @Override
                    public void call(Boolean granted) {
                        if(granted){
                            //请求成功
                            startDownload(downloadUrl);
                        }else{
                            // 请求失败回收当前服务
                            stopSelf();

                        }
                    }
                });
        return Service.START_STICKY;
    }

    /**
     * 通过隐式意图调用系统安装程序安装APK
```

```java
         */
        public static void install(Context context) {
            Intent intent = new Intent(Intent.ACTION_VIEW);
            // 由于没有在Activity环境下启动Activity,设置下面的标签
            intent.setFlags(Intent.FLAG_ACTIVITY_NEW_TASK);
            intent.setDataAndType(Uri.fromFile(
                    new File(Environment.getExternalStoragePublicDirectory(Environment.DIRECTORY
_DOWNLOADS), "myApp.apk")),
                    "application/vnd.android.package-archive");
            context.startActivity(intent);
        }

        @Override
        public void onDestroy() {
            //服务销毁的时候 反注册广播
            unregisterReceiver(receiver);
            super.onDestroy();
        }

        private void startDownload(String downUrl) {
            //获得系统下载器
            dm = (DownloadManager) getSystemService(DOWNLOAD_SERVICE);
            //设置下载地址
            DownloadManager.Request request = new DownloadManager.Request(Uri.parse
(downUrl));
            //设置下载文件的类型
            request.setMimeType("application/vnd.android.package-archive");
            //设置下载存放的文件夹和文件名字
        request.setDestinationInExternalPublicDir(Environment.DIRECTORY_DOWNLOADS, "myApp.apk");
            //设置下载时或者下载完成时,通知栏是否显示
        request.setNotificationVisibility(DownloadManager.Request.VISIBILITY_VISIBLE_NOTIFY
_COMPLETED);
            request.setTitle("下载新版本");
            //执行下载,并返回任务唯一id
            enqueue = dm.enqueue(request);
        }
    }
```

上面代码使用了 RxPermissions 第三方库动态申请权限,忘记的读者可以翻阅本书第四章查看。需要添加联网和写 SD 卡权限:

```xml
<uses-permission android:name="android.permission.INTERNET" />
<uses-permission android:name="android.permission.WRITE_EXTERNAL_STORAGE" />
```

记得要配置服务:

```xml
<application
...>
   ...
    <service android:name=".DownLoadService"/>
</application>
```

最后在 MainActivity 中添加按钮,执行操作。运行结果如图 11-6 所示。

当下载的时候,会有通知栏进度条提示。下载完成会提示安装。不过当前程序如果在 Android 7.0 上就会报错。图 11-7 所示为报错的日志。

11.3　Service 和 BroadCastReceiver 结合使用的案例（兼容 Android 7.0）

▲图 11-6　下载 APK 运行结果

▲图 11-7　Android 7.0 错误日志

Caused by: android.os.FileUriExposedException: file:///storage/emulated/0/Download/myApp.apk exposed beyond app through Intent.getData()

这是由于 Android 7.0 执行了 "StrictMode API 政策" 的原因，不过读者不用担心，可以用 FileProvider 来解决这一问题。

现在我们就来一步一步地解决这个问题。

11.3.1　Android 7.0 错误原因

随着 Android 版本越来越高，Android 对隐私的保护力度也越来越大。比如：Android 6.0 引入的动态权限控制（Runtime Permissions），Android7.0 又引入 "私有目录被限制访问" "StrictMode API 政策"。这些更改在为用户带来更加安全的操作系统的同时，也为开发者带来了一些新的任务。如何让 APP 能够适应这些改变，而不是 cash，是摆在每一位 Android 开发者身上的责任。

（1）"私有目录被限制访问"是指在 Android 7.0 中为了提高私有文件的安全性，面向 Android N 或更高版本的应用私有目录将被限制访问。这点类似 iOS 的沙盒机制。

（2）"StrictMode API 政策"是指禁止向应用外公开 file://URI。如果一项包含文件 file://URI 类型的 Intent 离开应用，应用失败，并出现 FileUriExposedException 异常。

上面用到的代码中的 Uri.fromFile 其实就相当于使用了 file:///URL。

```
//...
intent.setDataAndType(Uri.fromFile(
        new File(Environment.getExternalStoragePublicDirectory(
          Environment.DIRECTORY_DOWNLOADS),
            "myApp.apk")),
          "application/vnd.android.package-archive");
//....
```

一旦通过这种办法打开其他程序（这里打开系统包安装器）就认为 file://URI 类型的 Intent 离开应用。这样程序就会发生异常。

接下来就用 FileProvider 解决这一问题。

11.3.2 使用 FileProvider

使用 FileProvider 的大致步骤如下。

第一步：在 AndroidManifest.xml 清单文件中注册 provider，因为 provider 也是 Android 四大组件之一，可以简单把它理解为向外提供数据的组件，这种组件在实际开发中用的频率并不高，四大组件都可以在清单文件中进行配置：

```
<application
...>
  <provider
    android:name="android.support.v4.content.FileProvider"
    android:authorities="com.a520wcf.chapter11.fileprovider"
    android:grantUriPermissions="true"
    android:exported="false">
    <!--元数据-->
    <meta-data
      android:name="android.support.FILE_PROVIDER_PATHS"
      android:resource="@xml/file_paths" />
  </provider>
</application>
```

exported：要求必须为 false，为 true 则会报安全异常。grantUriPermissions:true，表示授予 URI 临时访问权限。authorities 组件标识，一般以包名开头。

第二步：指定共享的目录，上面配置文件中 android:resource="@xml/file_paths"指的是当前组件引用 res/xml/file_paths.xml 这个文件。需要在资源（res）目录下创建一个 xml 目录，然后创建一个名为"file_paths"（名字可以随便起，只要和在 manifest 注册的 provider 所引用的 resource 保持一致即可）的资源文件，内容如下：

```
<?xml version="1.0" encoding="utf-8"?>
<resources>
  <paths>
    <external-path path="" name="download" />
  </paths>
</resources>
```

- <files-path/>代表的根目录：Context.getFilesDir()。
- <external-path/>代表的根目录：Environment.getExternalStorageDirectory()。

11.3 Service 和 BroadCastReceiver 结合使用的案例（兼容 Android 7.0）

- <cache-path/>代表的根目录：getCacheDir()。

上述代码中 path=""是有特殊意义的，它代码根目录，也就是说，可以向其他的应用共享根目录及其子目录下任何一个文件了，如果将 path 设为 path="pictures"，那么它代表着根目录下的 pictures 目录（eg:/storage/emulated/0/pictures），如果向其他应用分享 pictures 目录范围之外的文件是不行的。

第三步：使用 **FileProvider**，上述准备工作做完之后，就可以使用 FileProvider 了。

需要将上述安装 APK 代码修改为如下：

```
/**
 * 通过隐式意图调用系统安装程序安装 APK
 */
public static void install(Context context) {
  File file= new File(
      Environment.getExternalStoragePublicDirectory(Environment.DIRECTORY_DOWNLOADS)
      , "myApp.apk");
  //参数1 上下文，参数2 Provider，主机地址和配置文件中保持一致，参数3 共享的文件
  Uri apkUri =
      FileProvider.getUriForFile(context, "com.a520wcf.chapter11.fileprovider",
  file);

  Intent intent = new Intent(Intent.ACTION_VIEW);
  // 由于没有在 Activity 环境下启动 Activity，设置下面的标签
  intent.setFlags(Intent.FLAG_ACTIVITY_NEW_TASK);
  //添加这一句表示对目标应用临时授权该 URI 所代表的文件
  intent.addFlags(Intent.FLAG_GRANT_READ_URI_PERMISSION);
  intent.setDataAndType(apkUri, "application/vnd.android.package-archive");
  context.startActivity(intent);
}
```

上述代码中主要有两处改变。

（1）将之前 Uri 改成了由 FileProvider 创建一个 content 类型的 Uri。

（2）添加了 intent.addFlags（Intent.FLAG_GRANT_READ_URI_PERMISSION）；来对目标应用临时授权该 Uri 所代表的文件。

上述代码通过 FileProvider 的 Uri getUriForFile（Context context, String authority, File file）静态方法来获取 Uri，该方法中 authority 参数就是清单文件中注册 provider 时填写的 authority 参数：android:authorities="com.a520wcf.chapter11.fileprovider"。

按照上面步骤修改就可以兼容 Android 7.0 了。

但是如果此程序在 Android 7.0 以下运行又会报错了，需要通过版本判断，Android 7.0 及以上需要调用上面的代码，Android 7.0 以下需要调用 7.0 以下的代码。这样就可以了。修改 install() 方法代码：

```
/**
 * 通过隐式意图调用系统安装程序安装 APK
 */
public static void install(Context context) {
  File file = new File(
      Environment.getExternalStoragePublicDirectory(Environment.DIRECTORY_DOWNLOADS)
      , "myApp.apk");
  Intent intent = new Intent(Intent.ACTION_VIEW);
```

```
    // 由于没有在 Activity 环境下启动 Activity，设置下面的标签
    intent.setFlags(Intent.FLAG_ACTIVITY_NEW_TASK);
    if(Build.VERSION.SDK_INT>=24) {  //判读版本是否在 7.0 以上
        //参数 1  上下文，参数 2 Provider，主机地址和配置文件中保持一致，参数 3   共享的文件
        Uri apkUri =
            FileProvider.getUriForFile(context, "com.a520wcf.chapter11.fileprovider", file);
        //添加这一句表示对目标应用临时授权该 URI 所代表的文件
        intent.addFlags(Intent.FLAG_GRANT_READ_URI_PERMISSION);
        intent.setDataAndType(apkUri, "application/vnd.android.package-archive");
    }else{
        intent.setDataAndType(Uri.fromFile(file),
            "application/vnd.android.package-archive");
    }
    context.startActivity(intent);
}
```

总结

本章主要介绍了 Service 相关的知识，包括 Service 的基本用法、Service 的生命周期和 IntentService 等，最后又通过实际案例介绍了 DownloadManager 和兼容 Android 7.0 版本。这些内容已经覆盖了大部分在日常开发中可能用到的 Service 技术。

本章代码下载地址：https://github.com/yll2wcf/book 项目名称：Chapter11。

一个人如同一只钟表，是以他的行动来确定其价值的。——佩恩

第 12 章 动画

在 Android 开发过程中，View 的变化是很常见的，如果 View 变化的过程没有动画来过渡而是瞬间完成，会让用户感觉很不友好，因此学习好 Android 系统中的动画框架是很重要的。

Android 系统中的动画框架分为如下两类：

（1）传统 View 动画框架；

（2）Android 3.0 推出的属性动画框架。

View 动画框架支持 Tween（补间动画）和 Frame（逐帧动画）。

12.1 补间动画（Tween Animation）

补间动画是指只要指定动画的开始、动画结束的"关键帧"。

如图 12-1 所示，View 动画框架中一共提供了 AlphaAnimation（透明度动画）、RotateAnimation（旋转动画）、ScaleAnimation（缩放动画）、TranslateAnimation（平移动画）4 种类型的补间动画，它们全部继承 Animation；并且 View 动画框架还提供了动画集合类（AnimationSet），通过动画集合类（AnimationSet）可以将多个补间动画以组合的形式显示出来。

▲图 12-1 Animation 和其子类

为了方便我们使用动画，Android 框架既支持在 Java 语言中定义动画，也支持在 xml 文件中定义动画。而后者是比较常用的，动画定义的文件放在 res/anim/xxx.xml 文件中。

语法：

```xml
<?xml version="1.0" encoding="utf-8"?>
<set xmlns:android="http://schemas.android.com/apk/res/android"
  android:interpolator="@[package:]anim/interpolator_resource"
```

```
    android:shareInterpolator=["true" | "false"] >
  <alpha
    android:fromAlpha="float"
    android:toAlpha="float" />
  <scale
    android:fromXScale="float"
    android:toXScale="float"
    android:fromYScale="float"
    android:toYScale="float"
    android:pivotX="float"
    android:pivotY="float" />
  <translate
    android:fromXDelta="float"
    android:toXDelta="float"
    android:fromYDelta="float"
    android:toYDelta="float" />
  <rotate
    android:fromDegrees="float"
    android:toDegrees="float"
    android:pivotX="float"
    android:pivotY="float" />
  <set>
    ...
  </set>
</set>
```

<set>标签表示补间动画的集合，对应于 AnimationSet 类，所以上面语法中的<set>标签可以包含多个补间动画的标签；并且补间动画的集合中还可以包含补间动画的集合。如果只有一种动画，可以不使用 set 作为根标签。

12.2.1　AlphaAnimation（透明度动画）

上面语法中的<alpha>标签代表的就是透明度动画，顾名思义，透明度动画就是通过不断改变 View 的透明度实现动画的效果。

<alpha>标签相关属性如下所示。

（1）android:fromAlpha Float 类型，设置透明度的初始值，其中 0.0 是透明的，1.0 是不透明的。

（2）android:toAlpha Float 类型，设置透明度的结束值，其中 0.0 是透明的，1.0 是不透明的。

下面举例说明。

在 src/main/res 目录下创建 anim 文件夹，并创建 alpha.xml，代码如下：

```
<?xml version="1.0" encoding="utf-8"?>
<alpha xmlns:android="http://schemas.android.com/apk/res/android"
  android:duration="2000"
  android:fromAlpha="1.0"
  android:toAlpha="0.0"/>
```

其中，duration 是每个 Tween 动画都具备的属性，表示动画持续时间，单位是毫秒。

修改 layout/activity_main.xml 布局，添加 ImageView：

```
<?xml version="1.0" encoding="utf-8"?>
<RelativeLayout xmlns:android="http://schemas.android.com/apk/res/android"
  ...>
  <LinearLayout
    android:id="@+id/ll_container"
```

```xml
      android:layout_width="match_parent"
      android:layout_height="wrap_content">
      <Button
        android:layout_width="0dp"
        android:layout_weight="1"
        android:layout_height="wrap_content"
        android:text="透明"
        android:onClick="alphaClick"
        />
      <Button
        android:layout_width="0dp"
        android:layout_weight="1"
        android:layout_height="wrap_content"
        android:text="缩放"
        android:onClick="scaleClick"
        />
      <Button
        android:maxLines="1"
        android:layout_width="0dp"
        android:layout_weight="1"
        android:layout_height="wrap_content"
        android:text="位移"
        android:onClick="translateClick"
        />
      <Button

        android:layout_width="0dp"
        android:layout_weight="1"
        android:layout_height="wrap_content"
        android:text="旋转"
        android:onClick="rotateClick"
        />
      <Button
        android:layout_width="0dp"
        android:layout_weight="1"
        android:layout_height="wrap_content"
        android:text="还原"
        android:onClick="reset"
        />
  </LinearLayout>


  <ImageView
    android:layout_below="@id/ll_container"
    android:id="@+id/image"
    android:layout_width="wrap_content"
    android:layout_height="wrap_content"
    android:src="@mipmap/ic_launcher"/>
</RelativeLayout>
```

效果如图 12-2 所示。

来看看处理 alpha 动画的代码，修改 MainActivity 代码：

```java
public class MainActivity extends AppCompatActivity {
  ImageView iv;
  @Override
  protected void onCreate(Bundle savedInstanceState) {
    super.onCreate(savedInstanceState);
    setContentView(R.layout.activity_main);
    iv= (ImageView) findViewById(R.id.image);
  }
```

```
    public void alphaClick(View view) {
     //加载 XML 中的动画
      Animation alphaAnimation =AnimationUtils.loadAnimation(this,
         R.anim.alpha);
     //动画运行完成保持结束的状态
     alphaAnimation.setFillAfter(true);
     iv.startAnimation(alphaAnimation);
    }
    //移除动画的点击事件
    public void reset(View view) {
     //移除所有动画
     iv.clearAnimation();
    }
    ...
}
```

可以看到，通过 AnimationUtils.loadAnimation 可以加载相应的动画，然后调用 ImageView 的 startAnimation()方法运行动画，这个方法是 View 组件都具备的方法，也就是说任何 View 组件都可以运行动画，clearAnimation()可以移除自身的动画效果。

运行结果如图 12-3 所示。

▲图 12-2　效果图

▲图 12-3　透明度动画

12.2.2　ScaleAnimation（缩放动画）

上面语法中的<scale>标签代表的就是缩放动画，顾名思义，缩放动画就是通过不断缩放 View 的宽高实现动画的效果。

<scale>标签相关属性如表 12-1 所示。

表 12-1　　　　　　　　　　　　　　<scale>标签属性

属性	类型	描述
android:fromXScale	Float 类型	水平方向缩放比例的初始值，其中 1.0 是没有任何变化的
android:toXScale	Float 类型	水平方向缩放比例的结束值，其中 1.0 是没有任何变化的
android:fromYScale	Float 类型	竖直方向缩放比例的初始值，其中 1.0 是没有任何变化的
android:toYScale	Float 类型	竖直方向缩放比例的初始值，其中 1.0 是没有任何变化的
android:pivotX	Float 类型	缩放中心点的 x 坐标 50%表示 x 轴中点
android:pivotY	Float 类型	缩放中心点的 x 坐标 50%表示 x 轴中点

12.1 补间动画（Tween Animation）

举例如下。

在 src/main/res 目录下创建 anim 文件夹，并创建 scale.xml，代码如下：

```xml
<?xml version="1.0" encoding="utf-8"?>
<scale xmlns:android="http://schemas.android.com/apk/res/android"
  android:duration="5000"
  android:fromXScale="1.0"
  android:fromYScale="1.0"
  android:interpolator="@android:anim/accelerate_interpolator"
  android:pivotX="50%"
  android:pivotY="50%"
  android:toXScale="0.0"
  android:toYScale="0.0" />
```

继续使用之前的布局，修改 MainActivity.java：

```java
//scale 按钮的点击事件
public void scaleClick(View view) {
  //加载 scale 动画
  Animation scaleAnimation = AnimationUtils.loadAnimation(this,
    R.anim.scale);
  ////动画运行完成保持结束的状态
  scaleAnimation.setFillAfter(true);
  iv.startAnimation(scaleAnimation);
}
```

可以看到上面的代码和之前 alpha 动画的代码基本一致，都是加载完动画，然后运行动画。运行结果如图 12-4 所示。

▲图 12-4 缩放动画

12.2.3 TranslateAnimation（平移动画）

上面语法中的<translate>标签代表的就是平移动画，顾名思义，平移动画就是通过不断移动 View 的位置实现动画的效果。

<translate>标签相关属性如下所示：

android:fromXDelta

移动起始点的 x 坐标。表示形式有以下 3 种。

（1）相对于自己的左边界的距离，单位像素值（例如"5"）。

（2）相对于自己的左边界的距离与自身宽度的百分比（例如"5%"）。

（3）相对于父 View 的左边界的距离与父 View 宽度的百分比（例如"5%p"）。

android:toXDelta Float or percentage
移动结束点的 x 坐标。表现形式同上。
android:fromYDelta Float or percentage
移动起始点的 y 坐标。表示形式有以下 3 种。
（1）相对于自己的上边界的距离，单位像素值。（例如"5"）
（2）相对于自己的上边界的距离与自身高度的百分比。（例如"5%"）
（3）相对于父 View 的上边界的距离与父 View 高度的百分比。（例如"5%p"）
android:toYDelta Float or percentage
移动结束点的 y 坐标。表现形式同上。
举例如下：
在 src/main/res 目录下创建 anim 文件夹，并创建 translate.xml，代码如下：

```xml
<?xml version="1.0" encoding="utf-8"?>
<translate xmlns:android="http://schemas.android.com/apk/res/android"
  android:duration="2000"
  android:fromXDelta="20"
  android:fromYDelta="20"
  android:toXDelta="100"
  android:toYDelta="100"/>
```

继续使用之前的布局，修改 MainActivity.java：

```java
//位移按钮的点击事件
public void translateClick(View view) {
  //加载 alpha 动画
  Animation translateAnimation =AnimationUtils.loadAnimation(this,
    R.anim.translate);
  //动画运行完成保持结束的状态
  translateAnimation.setFillAfter(true);
  iv.startAnimation(translateAnimation);
}
```

运行结果如图 12-5 所示。

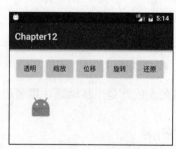

▲图 12-5　位移动画

12.2.4　RotateAnimation（旋转动画）

上面语法中的<rotate>标签代表的就是旋转动画，顾名思义，旋转动画就是通过不断旋转 View 实现动画的效果。

12.1 补间动画（Tween Animation）

<rotate>标签相关属性如下所示：

android:fromDegreesFloat 类型，旋转初始的角度。

android:toDegrees Float 类型，旋转结束的角度。

android:pivotX

旋转中心点 x 坐标，表示形式有如下 3 种。

（1）相对于自己的左边界的距离，单位像素值（例如"5"）。

（2）相对于自己的左边界的距离与自身宽度的百分比（例如"5%"）。

（3）相对于父 View 的左边界的距离与父 View 宽度的百分比（例如"5%p"）。

android:pivotY Float or percentage

（旋转中心点 y 坐标，表示形式有如下 3 种。

（1）相对于自己的上边界的距离，单位像素值（例如"5"）。

（2）相对于自己的上边界的距离与自身宽度的百分比（例如"5%"）。

（3）相对于父 View 的上边界的距离与父 View 高度的百分比（例如"5%p"）。

举例如下：

在 src/main/res 目录下创建 anim 文件夹，并创建 rotate.xml，代码如下：

```xml
<?xml version="1.0" encoding="utf-8"?>
<rotate xmlns:android="http://schemas.android.com/apk/res/android"
  android:duration="1000"
  android:fromDegrees="0"
  android:pivotX="50%"
  android:pivotY="50%"
  android:toDegrees="+360"
  />
```

继续使用之前的布局，修改 MainActivity.java：

```java
public void rotateClick(View view) {
  //加载 alpha 动画
  Animation rotateAnimation =AnimationUtils.loadAnimation(this,
    R.anim.rotate);
  //动画运行完成保持结束的状态
  rotateAnimation.setFillAfter(true);
  iv.startAnimation(rotateAnimation);
}
```

运行结果如图 12-6 所示。

▲图 12-6 旋转动画

12.2 逐帧动画（Frame Animation）

Frame 动画是一系列图片按照一定的顺序展示的过程，和放电影的机制很相似，我们称为逐帧动画。Frame 动画可以被定义在 XML 文件中，也可以完全编码实现。

如果被定义在 XML 文件中，可以放置在 res 下的 anim 或 drawable 目录中（/res/[anim | drawable]/filename.xml），文件名可以作为资源 ID 在代码中引用；如果完全由编码实现，需要使用到 AnimationDrawable 对象。

如果是将动画定义在 XML 文件中，语法如下：

```xml
<?xml version="1.0" encoding="utf-8"?>
<animation-list xmlns:android="http://schemas.android.com/apk/res/android"
  android:oneshot=["true" | "false"] >
  <item
    android:drawable="@[package:]drawable/drawable_resource_name"
    android:duration="integer" />
</animation-list>
```

<animation-list>元素是必须的，并且必须要作为根元素，可以包含一或多个<item>元素。android:onshot 如果定义为 true，此动画只会执行一次；如果为 false，则一直循环。

<item>元素代表一帧动画，android:drawable 指定此帧动画所对应的图片资源，android:druation 代表此帧持续的时间，整数，单位为毫秒。

了解了语法规则，下面我们通过实例演示一下如何使用帧动画。

如图 12-7 所示，首先将六张连续的图片分别命名为 f1.png、f2.png、f3.png、f4.png、f5.png、f6.png 放于 drawable 目录下，然后新建一个 frame.xml 文件：

▲图 12-7 准备帧动画素材

```xml
<?xml version="1.0" encoding="utf-8"?>
<animation-list xmlns:android="http://schemas.android.com/apk/res/android"
  android:oneshot="false">
  <item android:drawable="@drawable/f1" android:duration="500" />
  <item android:drawable="@drawable/f2" android:duration="500" />
  <item android:drawable="@drawable/f3" android:duration="500" />
  <item android:drawable="@drawable/f4" android:duration="500" />
  <item android:drawable="@drawable/f5" android:duration="500" />
  <item android:drawable="@drawable/f6" android:duration="500" />
</animation-list>
```

可以将 frame.xml 文件放置于 drawable 或 anim 目录，读者可以根据喜好来放置，放在这两个目录都是可以运行的。

创建新的 Activity——FrameActivity，并设置为首先启动的 Activity。

修改对应的布局文件 res/layout/activity_frame.xml：

```xml
<?xml version="1.0" encoding="utf-8"?>
<LinearLayout
  xmlns:android="http://schemas.android.com/apk/res/android"
  android:orientation="vertical"
```

12.2 逐帧动画（Frame Animation）

```xml
    android:layout_width="fill_parent"
    android:layout_height="fill_parent">
    <ImageView
      android:id="@+id/frame_image"
      android:layout_width="match_parent"
      android:layout_height="0dp"
      android:layout_weight="1"/>
    <Button
      android:layout_width="fill_parent"
      android:layout_height="wrap_content"
      android:text="stopFrame"
      android:onClick="stopFrame"/>
    <Button
      android:layout_width="fill_parent"
      android:layout_height="wrap_content"
      android:text="runFrame"
      android:onClick="runFrame"/>
</LinearLayout>
```

上面定义了一个 ImageView 作为动画的载体，然后定义了两个按钮，分别是停止和启动动画。

最后查看 FrameActivity.java 的完整代码：

```java
public class FrameActivity extends AppCompatActivity {
    private ImageView image;
    @Override
    protected void onCreate(Bundle savedInstanceState) {
        super.onCreate(savedInstanceState);
        setContentView(R.layout.activity_frame);
        image = (ImageView) findViewById(R.id.frame_image);
        //将动画资源文件设置为 ImageView 显示的图片
        image.setImageResource(R.drawable.frame);
    }
    //开始动画的点击事件
    public void runFrame(View view) {
        //获取 ImageView 显示的图片,此时已被编译成 AnimationDrawable
        AnimationDrawable anim = (AnimationDrawable) image.getDrawable();
        anim.start();    //开始动画
    }
    //结束动画的点击事件
    public void stopFrame(View view) {
        AnimationDrawable anim = (AnimationDrawable) image.getDrawable();
        if (anim.isRunning()) {  //如果正在运行,就停止
            anim.stop();
        }
    }
}
```

需要注意的情况是，播放帧动画不能放在 onCreate 方法中，因为当在 onCreate 中调用 AnimationDrawable 的 start()方法时，窗口 Window 对象还没有完全初始化，AnimationDrawable 不能完全追加到窗口 Window 对象中。如果希望程序运行就自动播放帧动画，需要把代码放在 onWindowFocusChanged()方法中，当 Activity 展示给用户时，onWindowFocusChanged()方法就会被调用，正是在这个时候实现动画效果。当然，onWindowFocusChanged()是在 onCreate 之后被调用的。

下面是通过纯 Java 代码启动帧动画的，和通过（XML）启动是一样的：

```java
private ImageView image;
@Override
```

```
protected void onCreate(Bundle savedInstanceState) {
    super.onCreate(savedInstanceState);
    setContentView(R.layout.activity_frame);
    image = (ImageView) findViewById(R.id.frame_image);
    //这里暂时可以注释了
    //将动画资源文件设置为 ImageView 显示的图片
    //image.setImageResource(R.drawable.frame);
}

@Override
public void onWindowFocusChanged(boolean hasFocus) {
    super.onWindowFocusChanged(hasFocus);
    //完全编码实现的动画效果
    AnimationDrawable anim = new AnimationDrawable();
    for (int i = 1; i <= 6; i++) {
        //根据资源名称和目录获取 R.java 中对应的资源 ID
        int id = getResources().getIdentifier("f" + i, "drawable", getPackageName());
        //根据资源 ID 获取到 Drawable 对象
        Drawable drawable = getResources().getDrawable(id);
        //将此帧添加到 AnimationDrawable 中
        anim.addFrame(drawable, 500);
    }
    anim.setOneShot(false);   //设置为 loop
    image.setImageDrawable(anim);    //将动画设置为 ImageView 显示的图片
    anim.start();             //开始动画
```

运行结果如图 12-8 所示，实际效果是动态变化的。

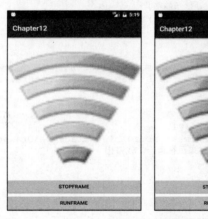

▲图 12-8　帧动画

12.3 属性动画

　　与属性动画相比，View 动画存在一个缺陷，View 动画改变的只是 View 的显示，而没有改变 View 的响应区域，并且 View 动画只能对 View 做四种类型的补间动画和逐帧动画，因此 Google 在 Android 3.0 及其后续版本中添加了属性动画框架。同样，属性动画框架还提供了动画集合类（AnimatorSet），通过动画集合类（AnimatorSet）可以将多个属性动画以组合的形式显示出来。

属性动画，顾名思义，它确实改变了组件的属性，只要某个类具有属性（即该类含有某个字段的 set 和 get 方法），那么属性动画框架就可以对该类的对象进行动画操作。原理就是通过 Java 反射修改对象相应的属性。

属性动画框架可以实现 View 动画框架的所有动画效果，并且还能实现 View 动画框架无法实现的动画效果。

既可以通过 Java 代码实现，也能通过 XML 文件编辑动画。

和之前的 Tween 动画不一样的是，属性动画的 XML 文件是放在 res 目录下创建的 animator 文件夹中。

语法：

```
<set
  android:ordering=["together" | "sequentially"]>

  <objectAnimator
    android:propertyName="string"
    android:duration="int"
    android:valueFrom="float | int | color"
    android:valueTo="float | int | color"
    android:startOffset="int"
    android:repeatCount="int"
    android:repeatMode=["repeat" | "reverse"]
    android:valueType=["intType" | "floatType"]/>

  <animator
    android:duration="int"
    android:valueFrom="float | int | color"
    android:valueTo="float | int | color"
    android:startOffset="int"
    android:repeatCount="int"
    android:repeatMode=["repeat" | "reverse"]
    android:valueType=["intType" | "floatType"]/>

  <set>
    ...
  </set>
</set>
```

在上面的语法中，<set>对应 AnimatorSet（属性动画集合）类，<objectAnimator>对应 ObjectAnimator 类，<animator>标签对应 ValueAnimator 类，并且属性动画集合还可以包含属性动画集合。

<set>标签相关属性如下所示。

android:ordering 该属性有如下两个可选值。

- together：表示动画集合中的子动画同时播放。
- sequentially：表示动画集合中的子动画按照书写的先后顺序依次播放。

该属性的默认值是 together。

12.3.1　ObjectAnimator 实现属性动画

<objectAnimator>标签相关属性如表 12-2 所示。

表 12-2　　　　　　　　　　　<objectAnimator>标签相关属性

属性	类型	描述
android:propertyName	String 类型，必须有	属性动画作用的属性名称
android:duration	int 类型	表示动画的周期，默认值为 300 毫秒
android:valueFrom	float, int 或者 color 类型	表示属性的初始值
android:valueTo	float, int 或者 color，必须有	表示属性的结束值
android:startOffset	int 类型	表示调用 start 方法后延迟多少毫秒开始播放动画
android:repeatCount	int 类型	表示动画的重复次数，-1 代表无限循环，默认值为 0，表示动画只播放一次
android:repeatMode	repeat/reverse 二选一	表示动画的重复模式，repeat:表示连续重复，reverse：表示逆向重复
android:valueType	intType/floatType 二选一	表示 propertyName 指定属性的类型，如果是颜色值可以不用指定，默认 folatType

利用 ObjectAnimator 实现与补间动画中 4 个实例相同的动画效果，创建新的 Activity——PropertyActivity，布局和之前的 MainActivity 保持一致，并把当前 Activity 设置为首先启动的 Activity，方便观察效果。

4 种效果参考，代码如下：

```java
public class PropertyActivity extends AppCompatActivity {
  ImageView iv;
  @Override
  protected void onCreate(Bundle savedInstanceState) {
    super.onCreate(savedInstanceState);
    setContentView(R.layout.activity_property);
    iv= (ImageView) findViewById(R.id.image);
  }

  public void alphaClick(View view) {
    //利用 ObjectAnimator 实现透明度动画
    ObjectAnimator.ofFloat(iv, "alpha", 1, 0, 1)
        .setDuration(2000).start();
  }
  //移除动画的点击事件
  public void reset(View view) {
    //移除所有动画
    //属性动画是实实在在修改了控件的属性，所以一般还原就是把属性改回原来的就可以了
  }

  //scale 按钮的点击事件
  public void scaleClick(View view) {
    //利用 AnimatorSet 和 ObjectAnimator 实现缩放动画
    final AnimatorSet animatorSet = new AnimatorSet();
    //设置缩放的基准点
    iv.setPivotX(iv.getWidth()/2);
    iv.setPivotY(iv.getHeight()/2);
    animatorSet.playTogether(
        ObjectAnimator.ofFloat(iv, "scaleX", 1, 0,1).setDuration(5000), //X 轴缩放
        ObjectAnimator.ofFloat(iv, "scaleY", 1, 0,1).setDuration(5000));//Y 轴缩放
    animatorSet.start();
  }
  //位移按钮的点击事件
```

```java
public void translateClick(View view) {
    //利用 AnimatorSet 和 ObjectAnimator 实现平移动画
    AnimatorSet animatorSet = new AnimatorSet();
    animatorSet.playTogether(
        ObjectAnimator.ofFloat(iv, "translationX", 20, 100,0).setDuration(2000),
        ObjectAnimator.ofFloat(iv, "translationY", 20, 100,0).setDuration(2000));
    animatorSet.start();
}

public void rotateClick(View view) {
    //利用 ObjectAnimator 实现旋转动画
    iv.setPivotX(iv.getWidth()/2);
    iv.setPivotY(iv.getHeight()/2);
    ObjectAnimator.ofFloat(iv, "rotation", 0, 360)
        .setDuration(1000).start();
}
```

属性动画是实实在在修改了控件的属性，一般还原就是把属性改回原来的就可以了，所以上面的代码并没有在还原动画按钮点击事件下做任何操作。

总结

本章介绍了补间动画、逐帧动画、属性动画。动画的合理使用可以给程序润色不少。

本章代码地址：https://github.com/yll2wcf/book　Chapter12

第13章 新特性

本章重点介绍 Android 7.0 以后出的新特性。虽然现在市面上很多应用程序还没用这些特性，相信不久的将来大部分应用都会用到。

13.1 Android 7.0 分屏开发

2016 年 Google 发布了 Android 7.0，Android 7.0 新增了不少功能，最受关注的自然就是分屏了。这一功能对国内的很多手机用户并不陌生，其实很多第三方系统早已经实现了这一功能，如 EMUI、Flyme 等。

如图 13-1 所示，在手机中就可以一边看视频，一边浏览简书。Android 7.0 分屏功能的更新似乎并不会对我国第三方 Android 系统带来多大的影响，毕竟厂商有自己实现这一功能的套路。

然而，谷歌反应的"缓慢"真的没有价值吗？其实不是，Android 7.0 新增的功能为其他第三方系统作出了一个"标杆"。

这里举个例子，首先是分屏多任务，如今不同 Android ROM 实现该功能的方式不一，而且对软件的兼容也大有不同，所以体验也就可能差天共地（不能达到该有的标准），而 Android N 新增分屏多任务的支持，除了让第三方 ROM 开发商可以参照这个"模板"进行二次开发之外，软件开发人员也能根据 Android 7.0 分屏多任务功能的实现方式去进行软件的开发，从而大大减少了自己摸索的时间，加快开发速度，由此支持该功能的软件会更多，兼容性也会更好。

如图 13-2 所示，**分屏模式在 Android 电视中就变成了更为强大的画中画模式**，终于可以一边看比赛直播，一边追电视剧了。

▲图 13-1 分屏模式

▲图 13-2 画中画模式

13.1.1 如何分屏呢

如果您的应用是使用 Android N/7.0 或之后的版本构建的，且未禁用多窗口支持，则应用默认支持分屏操作：

```
compileSdkVersion 'android-N'      //或者>=24 版本
buildToolsVersion "24.0.0 rc4"    // 或者>= 24.0.0
defaultConfig {
  applicationId "com.yll520wcf.myapplication"
  minSdkVersion 14
  targetSdkVersion 'N'             //或者>= 24 版本
  versionCode 1
  versionName "1.0"
```

用户可以通过以下方式切换到多窗口模式。

（1）若用户打开最近任务列表（Overview 屏幕），并长按 Activity 标题，则可以拖动该 Activity 至屏幕突出显示的区域，使 Activity 进入多窗口模式。

（2）若用户长按菜单按键（Overview 按钮），设备上的当前 Activity 将进入多窗口模式，同时将打开最近任务列表（Overview 屏幕），用户可在该屏幕中选择要共享屏幕的另一个 Activity。

用户居然还可以在两个 Activity 共享屏幕的同时在这两个 Activity 之间拖放数据（在此之前，用户只能在一个 Activity 内部拖放数据）。以后将会实现微博的图片直接拖到微信朋友圈中。

13.1.2 多窗口生命周期

还需要注意的是，多窗口不会影响 Activity 的生命周期。

在多窗口模式中，在指定时间只有最近与用户交互过的 Activity 为活动状态。该 Activity 将被视为顶级 Activity。所有其他 Activity 虽然可见，但均处于暂停状态。但是，这些已暂停但可见的 Activity 在系统中享有比不可见 Activity 更高的优先级。如果用户与其中一个暂停的 Activity 交互，该 Activity 将恢复，而之前的顶级 Activity 将暂停。

在多窗口模式中，用户仍可以看到处于暂停状态的应用。应用在暂停状态下可能仍需要继续其操作。

例如，处于暂停模式但可见的视频播放应用应继续显示视频。因此，建议大家在播放视频的 Activity 时，不要在 onPause()方法中暂停视频，应在 onStop()中暂停视频播放，并在 onStart()中恢复视频播放。

用户使用多窗口模式显示应用时，系统将通知 Activity 发生配置变更。该变更与系统通知应用设备从纵向模式切换到横向模式时的 Activity 生命周期影响基本相同，但设备不仅仅是交换尺寸，而是会变更尺寸。您的 Activity 可以自行处理配置变更，或允许系统销毁 Activity，并以新的尺寸重新创建该 Activity。

给 Activity 加上如下配置可以保证切换成多屏模式或者画中画模式时 Activity 不会销毁重建：

```
android:configChanges="screenSize|smallestScreenSize|screenLayout|orientation">
```

13.1.3 针对多窗口进行配置

在清单文件的<activity>或<application>节点中设置该属性，启用或禁用多窗口显示：

```
android:resizeableActivity=["true" | "false"]
```

如果该属性设置为 true，Activity 将能以分屏和自由形状模式启动。如果此属性设置为 false，Activity 将不支持多窗口模式。如果该值为 false，且用户尝试在多窗口模式下启动 Activity，该 Activity 将全屏显示。

如果您的应用面向 Android 7.0，但未对该属性指定值，则该属性的值默认设为 true。

如果做电视开发或其他特殊需求，还有一个属性需要注意：

```
android:supportsPictureInPicture=["true" | "false"]
```

在清单文件的<activity>节点中设置该属性，指明 Activity 是否支持画中画显示。如果 android:resizeableActivity 为 false，将忽略该属性。

当然还可以指定在自由形状模式时 Activity 的默认大小、位置和最小尺寸：

```
<activity android:name=".MainActivity">
  <layout android:defaultHeight="500dp"
     android:defaultWidth="600dp"
     android:gravity="top|end"
     android:minimalSize="450dp" />
</activity>
```

对于 Android 7.0，<layout>清单文件元素支持以下几种属性，这些属性影响 Activity 在多窗口模式中的行为。

（1）android:defaultWidth 以自由形状模式启动时 Activity 的默认宽度。

（2）android:defaultHeight 以自由形状模式启动时 Activity 的默认高度。

（3）android:gravity 以自由形状模式启动时 Activity 的初始位置。

（4）android:minimalSize 分屏和自由形状模式中 Activity 的最小高度和最小宽度。如果用户在分屏模式中移动分界线，使 Activity 尺寸低于指定的最小值，系统会将 Activity 裁剪为用户请求的尺寸。

13.1.4 多窗口模式中运行应用注意事项

在设备处于多窗口模式中时，某些功能会被禁用或忽略，因为这些功能对其他 Activity 或应用共享设备屏幕的 Activity 而言没有意义。此类功能包括以下两点。

（1）某些自定义选项将被禁用，例如，在非全屏模式中应用无法隐藏状态栏。

（2）系统将忽略对 android:screenOrientation 属性所作的更改。

Activity 类中添加了以下新方法，以支持多窗口显示。

（1）Activity.inMultiWindow()：调用该方法以确认 Activity 是否处于多窗口模式。

（2）Activity.inPictureInPicture()：调用该方法以确认 Activity 是否处于画中画模式。注：画中

画模式是多窗口模式的特例。如果 myActivity.inPictureInPicture()返回 true，则 myActivity.inMultiWindow()也返回 true。

（3）Activity.onMultiWindowChanged()：Activity 进入或退出多窗口模式时系统将调用此方法。在 Activity 进入多窗口模式时，系统向该方法传递 true 值；在退出多窗口模式时，传递 false 值。

（4）Activity.onPictureInPictureChanged()：Activity 进入或退出画中画模式时系统将调用此方法。在 Activity 进入画中画模式时，系统向该方法传递 true 值；在退出画中画模式时，传递 false 值。

每个方法还有 Fragment 版本，例如 Fragment.inMultiWindow()。

13.1.5　在多窗口模式中启动新 Activity

在启动新 Activity 时，用户可以提示系统，如果可能，应将新 Activity 显示在当前 Activity 旁边。要执行此操作，可使用标志 Intent.FLAG_ACTIVITY_LAUNCH_ADJACENT。传递此标志将请求以下行为。

（1）如果设备处于分屏模式，系统会尝试在启动系统的 Activity 旁创建新 Activity，这样两个 Activity 将共享屏幕。系统并不一定能实现此操作，但如果可以，系统将使两个 Activity 处于相邻的位置。

（2）如果设备不处于分屏模式，则该标志无效：

```
public void click(View v){
  Intent intent=new Intent();
  intent.setAction(Intent.ACTION_VIEW);
  intent.setFlags(Intent.FLAG_ACTIVITY_LAUNCH_ADJACENT);
  intent.setData(Uri.parse("http://www.baidu.com"));
  startActivity(intent);
}
```

运行结果如图 13-3 所示。

▲图 13-3　分屏启动

13.1.6 支持拖放

用户可以在两个 Activity 共享屏幕的同时在这两个 Activity 之间拖放。因此，如果您的应用目前不支持拖放功能，则可以在其中添加此功能。

（1）**android.view.DropPermissions**：令牌对象，负责指定对接收拖放数据的应用授予的权限。

（2）**View.startDragAndDrop()**：View.startDrag()的新别名。要启用跨 Activity 拖放，请传递新标志 View.DRAG_FLAG_GLOBAL。如需对接收拖放数据的 Activity 授予 URI 权限，可根据情况传递新标志 View.DRAG_FLAG_GLOBAL_URI_READ 或 View.DRAG_FLAG_GLOBAL_URI_WRITE。

（3）**View.cancelDragAndDrop()**：取消当前正在进行的拖动操作。只能由发起拖动操作的应用调用。

（4）**View.updateDragShadow()**：替换当前正在进行的拖动操作的拖动阴影。只能由发起拖动操作的应用调用。

（5）**Activity.requestDropPermissions()**：请求使用 DragEvent 中包含的 ClipData 传递的内容 URI 的权限。

13.2 Android 7.0 快速设定

Android 7.0 新推出了一个非常实用的功能——添加快速设定（或者翻译成快速设置）。

如图 13-4 所示，"快速设置"通常用于直接从通知栏显示关键设置和操作，非常简单。

在 Android 7.0 以后任何应用都可以在下拉菜单中添加自己的快速设定，从而让程序更加灵活方便。

对于用户来讲，Google 工程师为额外的"快速设置"图块添加了更多空间，用户可以通过向左或向右滑动跨分页的显示区域访问它们。用户还可以控制显示哪些"快速设置"图块以及显示的位置，如图 13-5 所示，用户可以点击编辑按钮进入编辑界面，如图 13-6 所示，用户可以通过拖放图块来添加或移动图块。

▲图 13-4　设置

▲图 13-5　编辑按钮

▲图 13-6　编辑界面

对于开发者来说，Android 7.0 还添加了一个新的 API，从而让您可以定义自己的"快速设置"

13.2 Android 7.0 快速设定

图块,使用户可以轻松访问您应用中的关键控件和操作。

添加快速设定实现方式

我们重点来看看如何实现快速设定。

首先需要创建一个类继承 TileService,这是一个特殊的服务,这个 TileService 是 Android 7.0 SDK 新加的,所以务必将 SDK 更新到 7.0,这个服务不需要程序开启,系统默认能够识别,并调用,所以在低版本上运行这个程序也不会有问题。

可以实现几个生命周期相关的函数,也可以选择实现:

```java
public class QuickSettingService extends TileService{
  //当用户从 Edit 栏添加到快速设定中调用
  @Override
  public void onTileAdded() {
   Log.d(LOG_TAG, "onTileAdded");
  }
  //当用户从快速设定栏中移除的时候调用
  @Override
  public void onTileRemoved() {
   Log.d(LOG_TAG, "onTileRemoved");
  }
  // 点击的时候
  @Override
  public void onClick() {
   Log.d(LOG_TAG, "onClick");
  }
  // 打开下拉菜单的时候调用,当快速设置按钮并没有在编辑栏拖到设置栏中不会调用
  //在 TileAdded 之后会调用一次
  @Override
  public void onStartListening () {
   Log.d(LOG_TAG, "onStartListening");
  }
  // 关闭下拉菜单的时候调用,当快速设置按钮并没有在编辑栏拖到设置栏中不会调用
  // 在 onTileRemoved 移除之前也会调用移除
  @Override
  public void onStopListening () {
   Log.d(LOG_TAG, "onStopListening");
  }

}
```

因为这个类本身就是服务,需要配置在清单文件 AndroidManifest.xml 中:

```xml
<application
  ...>
  ...
  <service android:name=".QuickSettingService"
    android:label="快速设定"
    android:icon="@drawable/ic_videocam"
    android:permission="android.permission.BIND_QUICK_SETTINGS_TILE">
    <intent-filter>
       <action android:name="android.service.quicksettings.action.QS_TILE"/>
      </intent-filter>
  </service>
</application>
```

上面的声明其实已经比较明显，Tile 要显示的名字、icon 等都是在这里声明的，系统 UI 直接就可以查询到，特别注意这里一定要加上对应的 permission 才行。

接下来运行程序，就可以在下拉菜单的编辑栏中看到图标，如图 13-7 所示，可以拖曳到上面的一栏方便使用。

有了显示，还需要有具体功能，这时候一般都通过设置按钮实现了。

下面是完整代码：

▲图 13-7　图标

```java
//继承 TileService
public class QuickSettingService extends TileService{
  private final int STATE_OFF = 0;
  private final int STATE_ON = 1;
  private final String LOG_TAG = "QuickSettingService";
  private int toggleState = STATE_ON;
  //当用户从 Edit 栏添加到快速设定中调用
  @Override
  public void onTileAdded() {
   Log.d(LOG_TAG, "onTileAdded");
  }
  //当用户从快速设定栏中移除的时候调用
  @Override
  public void onTileRemoved() {
   Log.d(LOG_TAG, "onTileRemoved");
  }
  // 点击的时候
  @Override
  public void onClick() {
   Log.d(LOG_TAG, "onClick state = " + Integer.toString(getQsTile().getState()));
   Icon icon;
   if (toggleState == STATE_ON) {
      toggleState = STATE_OFF;
      icon = Icon.createWithResource(getApplicationContext(), R.drawable.ic_videocam_off);
      getQsTile().setState(Tile.STATE_INACTIVE);// 更改成非活跃状态
   } else {
      toggleState = STATE_ON;
      icon = Icon.createWithResource(getApplicationContext(), R.drawable.ic_videocam);
      getQsTile().setState(Tile.STATE_ACTIVE);//更改成活跃状态
   }

   getQsTile().setIcon(icon);//设置图标
   getQsTile().updateTile();//更新 Tile
  }
  // 打开下拉菜单的时候调用，当快速设置按钮并没有在编辑栏拖到设置栏中不会调用
  //在 TileAdded 之后会调用一次
  @Override
  public void onStartListening () {
   Log.d(LOG_TAG, "onStartListening");
  }
  // 关闭下拉菜单的时候调用，当快速设置按钮并没有在编辑栏拖到设置栏中不会调用
  // 在 onTileRemoved 移除之前也会调用移除
  @Override
  public void onStopListening () {
   Log.d(LOG_TAG, "onStopListening");
  }
 }
```

通过 getQsTile() 可以设置 State 和 Icon，State 有两种状态——STATE_ACTIVE 和 STATE_INACTIVE，无论传什么颜色的 Icon，STATE_ACTIVE 都会把 Icon 渲染成白色，STATE_INACTIVE 都会把 Icon 渲染成灰色。

13.3 约束布局 ConstraintLayout

Android Studio2.2 更新布局设计器，同时，引入了约束布局 ConstraintLayout。

简单来说，可以把它看做是相对布局的升级版本，但是区别是相对布局更加强调约束。何为约束，即控件之间的关系。

它能让布局更加扁平化，一般来说，一个界面一层就够了，同时借助于 AS 我们能极其简单地完成界面布局。

13.3.1 ConstraintLayout 简介

ConstraintLayout 的优点非常突出。

ConstraintLayout 不需要使用嵌套布局就可以构建一个大而复杂的布局，它与 RelativeLayout 很相似，所有在里面的 View 的布局方式取决于 View 与 View 之间的关系和父布局。但是它比 RelativeLayout 更灵活，并且在 Android Studio's Layout Editor 中很容易使用。

ConstraintLayout 的所有工作都可以使用布局编辑器的可视化工具完成，因为布局 API 和布局编辑器对此专门构建的。因此可以完全通过拖曳的方式去构建一个使用了 ConstraintLayout 的布局，而不用直接在 XML 中编辑，如图 13-8 所示。

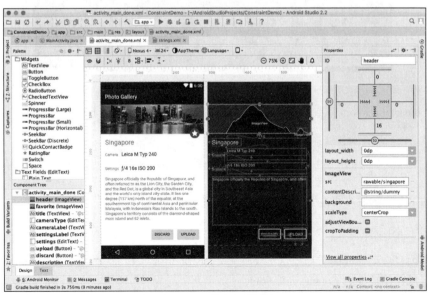

▲图 13-8　约束布局界面

这个界面主要分成下面几个部分。

（1）左侧边栏，包括 Palette 组件库和 Component Tree。

（2）中间是布局设计器，包括两部分，左边是视图预览，右边是布局约束。

（3）右侧边栏，上面是类似盒子模型的边界和大小布局设计器，下面是属性列表。

简单介绍完了约束布局的特色和开发界面，接下来看看如何使用约束布局。

13.3.2　添加约束布局

使用约束布局时，必须确保拥有最新的约束布局的库。如图 13-9 所示，实现骤如下。

（1）点击 Tools→Android→SDK Manager。

（2）点击 SDK Tools Tab。

（3）展开 Support Repository，然后勾选 ConstraintLayout for Android 和 Solver for ConstraintLayout。勾选 Show Package Details，注意下载的版本。

（4）点击 OK。

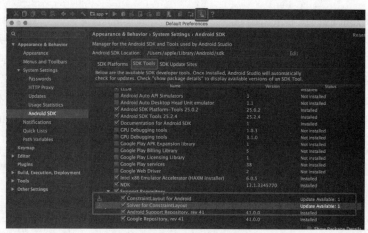

▲图 13-9　添加约束布局的库

添加 ConstraintLayout 库到 build.gradle 文件中，目前最新版本是 beta4：

```
dependencies {
  //...
    compile 'com.android.support.constraint:constraint-layout:1.0.0-beta4'
}
```

下载的这个库的版本可能会更高，确保与之前下载的版本匹配即可。

13.3.3　使用约束布局

新建的项目自动生成的布局默认不会使用 ConstraintLayout，但是 Android Studio 提供了便捷的方式，可以直接转换成 ConstraintLayout。

（1）打开布局文件，切换到 Design tab。

（2）在 Component Tree 窗体中，右键单击布局文件，然后点击 Convert layout to ConstraintLayout，

如图 13-10 所示。

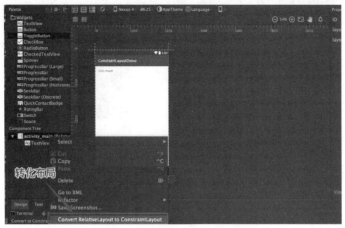

▲图 13-10 Component Tree 窗体

当然，也可以新建一个新的约束布局。
（1）新建一个布局文件。
（2）输入布局文件的名字，将布局的根元素改为 android.support.constraint.ConstraintLayout。
（3）最后点击完成。

13.3.4 添加约束

拖一个 View 到布局编辑器中。当添加了一个 View 到 ConstraintLayout 中时，它的 4 个角对应着的 4 个小矩形框是控制大小的，每一条边有 4 个圆形的约束控制点，如图 13-11 所示。

这里主要包含几种类型的约束。
- 尺寸大小。
- 边界约束。
- 基准线约束。
- 约束到一个引导线（辅助线）。

1．尺寸大小

尺寸约束使用的是『实心方块』

这个很好理解，就是调整组件的大小。

可以使用 View 每个角的控制点去调整其大小，但是这样做只是把宽高固定，这样做不能适应不同的内容和不同的屏幕大小，我们应该避免这样去使用。为了选择一个动态的大小模式或者定义一个更具体的尺寸，请单击并打开编辑器右侧的 Properties 窗口，如图 13-12 所示。

灰色的矩形区域代表选择的 View，矩形的符号代表宽和高。
- (>>>)Wrap Content：View 的大小与其内容适配。
- （有点像弹簧的图标）Any Size：View 大小刚好匹配其对应的约束，它的实际值是 0dp，表示这个 View 没有期望的尺寸，但是它渲染后的大小将会匹配其约束。
- （直线）Fixed：View 的大小是固定的。

▲图 13-11 约束

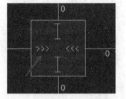
▲图 13-12 Properties 窗口

点击符号即可在上面三种模式中互相切换。

> **注意**　不应该在 ConstraintLayout 中使用 match_parent，而是使用 0dp。

2. 边界约束

边界约束使用的是『空心圆圈』。

边界约束是使用最多的约束，它用于建立组件与组件之间、组件与 Parent 边界之间的约束关系，实际上，就是确定彼此的相对位置。

单击选中 View，然后单击并按住一个约束控制点拖曳这条线到一个可用的锚点（其他 View、Layout 的边缘或者引导线），当松开鼠标时，这个约束将会被创建，两个 View 也将被默认的 margin 隔开，如图 13-13 所示。

为了确保左右的 View 都被均衡的隔开，点击工具栏的 Margin 为新添加进布局的 View 选择一个默认的 margin 值，如图 13-14 所示。

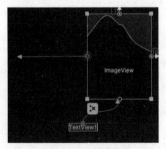
▲图 13-13 创建约束

▲图 13-14 选择默认的 margin 值

Button 将会显示当前选择的值，所做的更改将应用于之后新添加的 View。

也可以通过点击 Properties 面板线上的数字去更改 margin 的值，如图 13-15 所示。

工具中提供的 margin 值全是 8 的倍数，帮助 View 与 Material Design 推荐的 8dp 的方形网格保持一致。

13.3 约束布局 ConstraintLayout

3. 基准线约束

基准线约束使用的是『空心圆角矩形』，如图 13-16 所示。

▲图 13-15　更改 margin 的值

▲图 13-16　空心圆角矩形

基准线约束是让两个带有文本属性的组件进行对齐，可以让两个组件的文本按照基准线进行对齐。唯一要注意的是，需要把鼠标放在控件上，等基准线约束的图形亮了，才可以进行拖动，如图 13-17 所示。

4. 约束到一个引导线（辅助线）

可以添加一个水平和垂直方向上的引导线，这可以当做附加约束。在布局内可以定位这个引导线，dp 和百分比作为单位均可。

想要创建这个引导线，在工具栏点击 Guidelines，如图 13-18 所示，然后点击 Add Vertical Guideline 或者 Add Horizontal Guideline 即可。

▲图 13-17　基准线约束

▲图 13-18　Guidelines

拖动引导线中间的圆即可定位引导线的位置。

当创建一个约束时，一定要记得下面几点规则。

（1）每一个 View 必须有两个约束：一个水平的，一个垂直的。

（2）只有约束控制点和另外一个锚点在同一平面才能创建约束（也就是说，将要创建的约束的 View 和锚点 View 属于同一级）。因此，一个 View 的垂直平面（左侧和右侧）只能被另一个的垂直平面约束，基线只能被其他基线约束。

（3）一个约束控制点只能被用来创建一次约束，但是可以在同一锚点创建多个约束（来自不同的 View）。

如果想要删除一个约束，先选中 View，然后点击需要删除的约束控制点即可。

13.3.5　使用自动连接和约束推断

如图 13-19 所示，自动连接（Autoconnect）为添加进布局的 View 自动创建两个或者多个约束，Autoconnect 默认被禁用，可以通过点击编辑器工具栏中的 Turn on Autoconnect（一个有点像磁铁的图片）开启它。

当开启了 Autoconnect，添加新的 View 到布局之后，Autoconnect

▲图 13-19　自动连接及约束推断

就会自动创建约束，它不会为已经存在的 View 创建约束。如果拖动 View 一次，约束值就将会改变，但是之前的约束本身不会被改变。所以如果想重新去定位 View，那么必须删除之前的约束。

或者，可以点击 Infer Constraints（一个有点像电灯的图标）为布局中所有的 View 创建约束。Infer Constraints 扫描整个布局为所有的 View 决定一套最有效的约束，因此它可以创建两个距离很远的 View 之间的约束。然而，Autoconnect 只能为新添加进布局的 View 创建约束，并且它创建的约束仅仅只能是距离最近的元素。在这两种情况下，可以随时通过点击约束控制点去删除约束，然后创建新的约束去修改它。

13.3.6 快速对齐 Align

如图 13-20 所示，工具栏中有多个对齐图标。可以点击按钮直接让多个控件对齐，如图 13-21 所示。

最后，上面一些操作还可以通过右键单击控件找到，如图 13-22 所示。

▲图 13-20 对齐图标

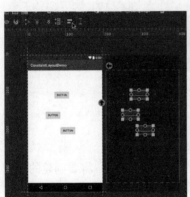

▲图 13-21 对齐控件

▲图 13-22 右键单击控件列表

13.4 使用 Kotlin 语言开发 Android

在 Google IO 2017 大会上，Google 将 Kotlin 列为 Android 官方开发语言，Android Studio 3.0 也默认集成了 Kotlin 插件。Android Studio 3.0 目前是预览版，下载网址：https://developer.android.google.cn/studio/preview/index.html。

如果你用的 Android Studio 是更早的版本，点击 Android Studio File->Settings->Plugins 项，搜索 Kotlin，然后重启 Android Studio 就可以找到 Kotlin。

Kotlin 相对用 Java 语言开发来说更加简洁。虽然与 Java 语法并不兼容，但 Kotlin 被设计成可以和 Java 代码相互协作,并可以重复使用 Java 编写好的框架。也就是说一个项目允许用 Java 和 Kotlin 共同开发,不会有任何兼容性的问题。

接下来我们就来演示一下使用 Kotlin 创建 Android 工程,如图 13-23 所示。

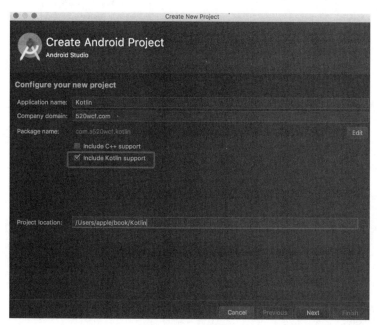

图 13-23　创建工程

使用 Android Studio 3.0 版本创建工程时勾选 Include Kotlin support 选项,这是和之前唯一一处不同。此处默认生成 MainActivity.kt,相当于之前的 MainActivity.java:

```kotlin
//冒号表示继承  相当于 Java 中的 extends
class MainActivity : AppCompatActivity() {
    //问号表示该变量可以为空
    override fun onCreate(savedInstanceState: Bundle?) {
        super.onCreate(savedInstanceState)
        setContentView(R.layout.activity_main)
    }
}
```

项目目录下的 build.gradle 文件也有一些变化:

```gradle
buildscript {
    ext.kotlin_version = '1.1.2-4' //指定了 Kotlin 的版本号
    repositories {
        maven { url 'https://maven.google.com' }
        jcenter()
    }
    dependencies {
        classpath 'com.android.tools.build:gradle:3.0.0-alpha1'
        classpath "org.jetbrains.kotlin:kotlin-gradle-plugin:$kotlin_version"
```

```
        // NOTE: Do not place your application dependencies here; they belong
        // in the individual module build.gradle files
    }
}

allprojects {
    repositories {
        jcenter()
        maven { url 'https://maven.google.com' }
        mavenCentral()
    }
}

task clean(type: Delete) {
    delete rootProject.buildDir
}
```

app/build.gradle 文件也添加了 kotlin-android 插件:

```
apply plugin: 'com.android.application'

apply plugin: 'kotlin-android'

android {
    compileSdkVersion 25
    buildToolsVersion "25.0.2"
    defaultConfig {
        applicationId "com.a520wcf.kotlin"
        minSdkVersion 15
        targetSdkVersion 25
        versionCode 1
        versionName "1.0"
        testInstrumentationRunner "android.support.test.runner.AndroidJUnitRunner"
    }
    buildTypes {
        release {
            minifyEnabled false
            proguardFiles getDefaultProguardFile('proguard-android.txt'), 'proguard-rules.pro'
        }
    }
}

dependencies {
    compile fileTree(dir: 'libs', include: ['*.jar'])
    androidTestCompile('com.android.support.test.espresso:espresso-core:2.2.2', {
        exclude group: 'com.android.support', module: 'support-annotations'
    })
    compile "org.jetbrains.kotlin:kotlin-stdlib-jre7:$kotlin_version"
    compile 'com.android.support:appcompat-v7:25.3.1'
    testCompile 'junit:junit:4.12'
    compile 'com.android.support.constraint:constraint-layout:1.0.0-beta4'
}
```

如果你使用的是 Android Studio 3.0 以下的版本,Gradle 文件中需要手动配置。

创建新的类时也可以选择使用 kotlin 或者 Java 语言,如图 13-24 所示。

Kotlin 总体而言比其他语言简洁一些。下面我们来对比一下 Kotlin 和 Java。

13.4 使用 Kotlin 语言开发 Android

图 13-24

1. 设置单击事件

（1）Java 写法：

```
FloatingActionButton fab = (FloatingActionButton) findViewById(R.id.fab);
fab.setOnClickListener(new View.OnClickListener() {
  @Override
  public void onClick(View view) {
    ...
  }
});
```

（2）Kotlin 写法：

```
val fab = findViewById(R.id.fab) as FloatingActionButton
fab.setOnClickListener {
 ...
}
```

2. 条目单击事件

（1）Java 写法：

```
private BottomNavigationView.OnNavigationItemSelectedListener mOnNavigationItemSelectedListener
   = new BottomNavigationView.OnNavigationItemSelectedListener() {
  @Override
  public boolean onNavigationItemSelected(@NonNull MenuItem item) {
    switch (item.getItemId()) {
      case R.id.navigation_home:
        mTextMessage.setText(R.string.title_home);
        return true;
      case R.id.navigation_dashboard:
        mTextMessage.setText(R.string.title_dashboard);
        return true;
    }
    return false;
  }
};
```

(2) Kotlin 写法:

```kotlin
private val mOnNavigationItemSelectedListener
  = BottomNavigationView.OnNavigationItemSelectedListener { item ->
 when (item.itemId) {
  R.id.navigation_home -> {
   mTextMessage.setText(R.string.title_home)
   return@OnNavigationItemSelectedListener true
  }
  R.id.navigation_dashboard -> {
   mTextMessage.setText(R.string.title_dashboard)
   return@OnNavigationItemSelectedListener true
  }
 }
 false
}
```

总 结

受国内大部分手机厂商 Android 版本同步比较慢的影响,国内大部分开发者工作中可能暂时不会用到本章介绍的内容,但是不代表以后不会用到,作为一个开发者,我们必须对新特性敏感,才能在未来的工作中得心应手。

第 14 章 性能优化

Android 拥有的手机机型非常多,有高端机型,也有低端机型,很多程序在低端手机上运行起来就会变得非常吃力。因此,对程序进行性能优化也是非常重要的。

本章就展开介绍如何对程序进行性能检测和性能优化。

14.1 性能检测

要想优化程序,首先需要借助工具对程序进行检测, Android Studio 本身就提供了相关的检查。

如图 14-1 所示,我们可以借助 Android Monitor 对内存、CPU、网络、GPU 进行检测。其中,内存最容易导致程序崩溃。

▲图 14-1 Android Monitor

14.1.1 检测内存泄露

内存泄露,就是需要回收的内存并没有被回收,很容易导致内存溢出,程序就崩溃了。

内存泄露是 Android 开发者最头疼的事。一处小小的内存泄露都可能是毁于千里之堤的蚁穴。

第 14 章 性能优化

怎么才能检测出内存泄露呢？Android Studio 1.3 版本以后检测内存非常方便，如果结合 MAT 工具、LeakCanary 插件，一切就变得很容易了。

如图 14-2 所示，一般分析内存泄露，首先运行程序，打开日志控制台，有一个标签 Memory，可以在这个界面分析当前程序使用的内存情况，一目了然，不需要苦苦地在 logcat 中寻找内存的日志了。

▲图 14-2　分析内存泄露

1. 图中蓝色区域就是程序使用的内存，灰色区域就是空闲内存。

当然，Android 内存分配机制是对每个应用程序逐步增加的，比如程序当前使用 30M 内存，系统可能会分配 40M，当前就有 10M 空闲，如果程序使用了 50M 了，系统会紧接着给当前程序增加一部分，比如达到了 80M，当前空闲内存就是 30M 了。当然，系统如果不能再分配额外的内存，程序自然就会 OOM（内存溢出）了。每个应用程序最高可以申请的内存和手机密切相关，比如华为 Mate7 极限大概是 200M，算比较高的了，一般 128M 就是极限了，甚至有的手机只有 16M 或者 32M，这样的手机相对于内存溢出的概率非常大了。

2. 我们怎么检测内存泄露呢

首先需要明白一个概念，内存泄露就是指，本应该回收的内存还驻留在内存中。一般情况下，高密度的手机的一个页面大概就会消耗 20M 内存，如果发现退出界面，程序内存迟迟不降低，可能就发生了严重的内存泄露。我们可以反复进入该界面，点击 dump java heap 这个按钮，然后 Android Studio 就开始工作了，图 14-3 所示为正在 dump。

dump 成功后会自动打开 hprof 文件，文件以 Snapshot+时间来命名。

通过 Android Studio 自带的界面，查看内存泄露还不是很智能，我们可以借助第三方工具，常见的工具就是 MAT 了，下载地址 http://eclipse.org/mat/downloads.php，这里需要下载独立版的 MAT。图 14-4 是 MAT 一开始打开的界面，这里需要提醒的是，MAT 并不会准确地告诉我们哪里发生了内存泄露，而是会提供一大堆的数据和线索，需要我们自己去分析这些数据去判断到底是不是真的发生了内存泄露。

接下来需要用 MAT 打开内存分析的文件，上文给大家介绍了使用 Android Studio 生成 hprof 文件，这个文件在哪呢？在 Android Studio 的 Captures 目录中可以找到，如图 14-5 所示。

注意，这个文件不能直接交给 MAT，MAT 是不识别的，需要右键单击这个文件，转换成 MAT 识别的，如图 14-6 所示。

然后用 MAT 打开导出的 hprof(File->Open heap dump)，如图 14-7 所示，MAT 会帮我们分析

14.1 性能检测

内存泄露的原因，点击图中的分析内存泄露选项就可以看到内存泄露的原因，如图 14-8 所示。

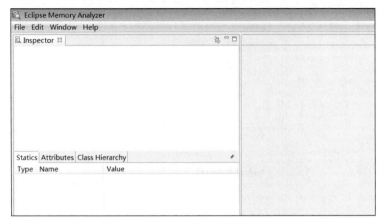

▲图 14-3　dump java heap　　　　　　　　▲图 14-4　MAT 界面

▲图 14-5　Captures 目录　　　　　　　　▲图 14-6　转换文件

▲图 14-7　打开标准的 hprof

第 14 章 性能优化

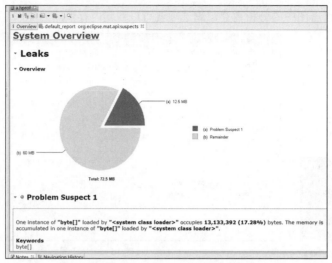

▲图 14-8 自动分析内存泄露的原因

14.1.2 LeakCanary

上面介绍了使用 MAT 检测内存泄露，接下来给大家介绍 LeakCanary。

项目地址：https://github.com/square/leakcanary。

LeakCanary 会检测应用的内存回收情况，如果发现有垃圾对象没有被回收，就会去分析当前的内存快照，也就是上边 MAT 用到的.hprof 文件，找到对象的引用链，并显示在页面上。这款插件的好处就是，可以在手机端直接查看内存泄露的地方，辅助我们检测内存泄露，如图 14-9 所示。

在 build.gradle 文件中添加，不同的编译使用不同的引用：

▲图 14-9 在手机端检测内存泄露

```
dependencies {
  debugCompile 'com.squareup.leakcanary:leakcanary-android:1.5'
  releaseCompile 'com.squareup.leakcanary:leakcanary-android-no-op:1.5'
  testCompile 'com.squareup.leakcanary:leakcanary-android-no-op:1.5'
}
```

在应用的 Application onCreate 方法中添加 LeakCanary.install(this)，如下：

```
public class ExampleApplication extends Application {

  @Override public void onCreate() {
    super.onCreate();
    if (LeakCanary.isInAnalyzerProcess(this)) {
      return;
    }
    LeakCanary.install(this);
    // 初始化程序
  }
}
```

14.1 性能检测

应用运行起来后，LeakCanary 会自动去分析当前的内存状态，如果检测到泄露，会将其发送到通知栏，点击通知栏就可以跳转到具体的泄露分析页面。

Tips：就目前使用的结果来看，绝大部分泄露是由于使用单例模式约束住了 Activity 的引用，比如传入了 context 或者将 Activity 作为 listener 设置了进去，所以在使用单例模式的时候要特别注意，还有在 Activity 生命周期结束的时候，将一些自定义监听器的 Activity 引用置空。

14.1.3 追踪内存分配

如果想了解内存分配更详细的情况，可以使用 Allocation Tracking 来查看内存到底被什么占用了。用法很简单。

如图 14-10 所示，单击一下是追踪，再单击一下是停止追踪，停止追踪后，.alloc 文件会自动打开，打开后的界面如图 14-11 所示。

▲图 14-10

▲图 14-11 .alloc 文件打开界面

当查看某个方法的源码时，右键单击选择的方法，点击 Jump to source 就可以了。

14.1.4 查询方法执行的时间

如果要观测方法执行的时间，可以通过 CPU 消耗检测页面进行查看。

如图 14-12 所示，点击 Start Method Tracing，一段时间后再点击一次，trace 文件被自动打开，打开界面如图 14-13 所示。

▲图 14-12 Start Method Tracking

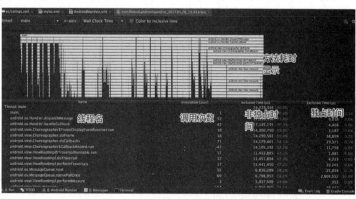

▲图 14-13 trace 文件的打开界面

（1）非独占时间：某函数占用的 CPU 时间，包含内部调用其他函数的 CPU 时间。
（2）独占时间：某函数占用 CPU 时间，但不含内部调用其他函数所占用的 CPU 时间。

我们如何判断可能有问题的方法？

通过方法的调用次数和独占时间来查看，通常判断方法如下。

（1）如果方法调用次数不多，但每次调用却需要花费很长时间的函数可能会有问题。
（2）如果自身占用时间不长，但调用却非常频繁的函数也可能会有问题。

14.2 过度绘制（OverDraw）

14.2.1 过度绘制概念

过度绘制是一个术语，表示某些组件在屏幕上的一个像素点的绘制次数超过 1 次。

通俗来讲，绘制界面可以类比成一个涂鸦客涂鸦墙壁，涂鸦是一件工作量很大的事情，墙面的每个点在涂鸦过程中可能被涂了各种各样的颜色，但最终呈现的颜色却只可能是 1 种。这意味着我们花大力气涂鸦过程中那些非最终呈现的颜色对路人是不可见的，这是一种对时间、精力和资源的浪费，存在很大的改善空间。绘制界面同理，花了太多的时间去绘制那些堆叠在下面的、用户看不到的东西，这样是在浪费 CPU 周期和渲染时间！

例如图 14-14 所示的官方的例子。被用户激活的卡片在最上面，而那些没有激活的卡片在下面，在绘制用户看不到的对象上花费了太多的时间。

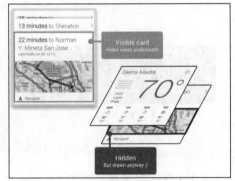

▲图 14-14 官方例子

14.2.2 追踪过度绘制

如图 14-15 所示，通过在 Android 设备的设置 APP 的开发者选项里打开"调试 GPU 过度绘制"，来查看应用所有界面及分支界面下的过度绘制情况，方便进行优化。

Android 会在屏幕上显示不同深浅的颜色来表示过度绘制（不用担心，手机没有坏）如图 14-16 所示。

- 没颜色：没有过度绘制，即一个像素点绘制了 1 次，显示应用本来的颜色。
- 蓝色：1 倍过度绘制，即一个像素点绘制了 2 次。
- 绿色：2 倍过度绘制，即一个像素点绘制了 3 次。
- 浅红色：3 倍过度绘制，即一个像素点绘制了 4 次。
- 深红色：4 倍过度绘制及以上，即一个像素点绘制了 5 次及以上。

设备的硬件性能是有限的，当过度绘制导致应用需要消耗更多资源（超过了可用资源）时，性能就会降低，表现为卡顿、不流畅、ANR 等。为了最大限度地提高应用的性能和体验，就需要尽可能地减少过度绘制，即更多的蓝色色块，而不是红色色块，如图 14-17 左半部分就很糟糕，右半部分就很好。

14.2 过度绘制（OverDraw）

▲图 14-15 调试 GPU 过度绘制

▲图 14-16 不同深浅的颜色表示过度绘制

▲图 14-17 过度绘制对比

实际测试中常用以下两点来作为过度绘制的测试指标，将过度绘制控制在一个约定好的合理范围内。

（1）应用的所有界面以及分支界面均不存在超过 4X 过度绘制（深红色区域）。

（2）应用的所有界面以及分支界面下，3X 过度绘制总面积（浅红色区域）不超过屏幕可视区域的 1/4。

14.2.3 去掉不合理背景

过度绘制很大程度上来自于视图相互重叠，其次还有不必要的背景重叠。

图 14-18 是官方的例子，比如一个应用所有的 View 都有背景，就会看起来像第一张图中那样，而在去除这些不必要的背景之后（指的是 Window 的默认背景、Layout 的背景、文字以及图片可能存在的背景），效果就像第二张图那样，基本没有过度绘制的情况。

▲图 14-18　官方例子

14.2.4　不合理的 XML 布局对绘制的影响

当布局文件的节点树的深度越深时，XML 中的标签和属性设置越多，对界面的显示有灾难性影响。

一个界面要显示出来，第一步会进行解析布局，在 requestLayout 之后还要进行一系列的测量（Measure）、布局（Layout）、绘制（Draw）操作。若布局文件嵌套过深，拥有的标签属性过于臃肿，每一步的执行时间都会受到影响，而界面的显示是进行完这些操作后才会显示的，所以每一步操作的时间增长，最终显示的时间就会越长。

比如开发计算器界面（参考 3.4 节 GridLayout），用 GridLayout 或者 RelativeLayout 替代 LinearLayout（线性布局需要横竖嵌套），就会避免布局多层嵌套。

14.3　避免 ANR

ANR 全名 Application Not Responding，就是"应用无响应"。当操作在一段时间内系统无法处理时，系统层面会弹出图 14-19 所示的 ANR 对话框。

在 Android 里，App 的响应能力是由系统服务来监控的。通常在如下两种情况下会弹出 ANR 对话框。

- 5s 内无法响应用户输入事件(例如键盘输入、触摸屏幕等)。
- BroadcastReceiver 在 10s 内无法结束。

造成以上两种情况的首要原因就是在主线程（UI 线程）里面做了太多的阻塞耗时操作，例如文件读写、数据库读写、网络查询等。

知道了 ANR 产生的原因，那么想要避免 ANR，也就很简单了，就一条规则：

不要在主线程（UI 线程）里面做繁重的操作。

▲图 14-19　ANR 对话框

14.3 避免 ANR

14.3.1 ANR 分析

ANR 产生时，系统会生成一个 traces.txt 的文件放在/data/anr/下，可以通过 adb 命令将其导出到本地：

```
$adb pull data/anr/traces.txt .
```

上面的命令最后有一个"点"不要忽略，它代表导出到当前目录。

我们通过下面按钮的点击事件模拟 ANR 事件，当连续点击按钮后，就会发生应用程序未响应的错误：

```
//按钮点击事件
public void click(View view) {
    try {
        //强行在主线程睡 10 秒
        Thread.sleep(10000);
    } catch (InterruptedException e) {
        e.printStackTrace();
    }
}
```

打开终端（可以选择 Android Studio 的 Terminal 视图）导出 ANR 文件，如图 14-20 所示，输出指令 adb pull data/anr/traces.txt。

```
appledeMacBook-Pro:Chapter14 apple$ adb pull data/anr/traces.txt .
[100%] data/anr/traces.txt
appledeMacBook-Pro:Chapter14 apple$
```

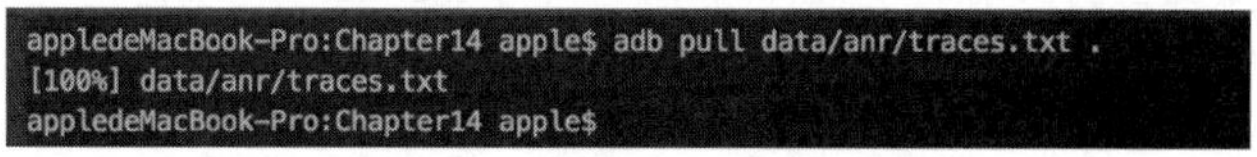

▲图 14-20

这个文件记录了所有的 ANR 异常，但有些并不属于当前程序，注意区分，文件最上面为最新的 ANR 异常：

```
----- pid 5955 at 2016-10-19 11:15:40 -----
Cmd line: com.a520wcf.chapter14    //最新的 ANR 发生的进程(包名)
//.... 省略

DALVIK THREADS (17):
//...省略

"main" prio=5 tid=1 Sleeping
//... 省略
//下面就是定位到发生 ANR 错误的位置

at java.lang.Thread.sleep!(Native method)      //主要原因是睡眠时间太长
- sleeping on <0x08b3b54c> (a java.lang.Object)
at java.lang.Thread.sleep(Thread.java:1031)
- locked <0x08b3b54c> (a java.lang.Object)
at java.lang.Thread.sleep(Thread.java:985)
com.a520wcf.chapter14.MainActivity$override.click(MainActivity.java:18)
at com.a520wcf.chapter14.MainActivity$override.access$dispatch(MainActivity.java:-1)
at com.a520wcf.chapter14.MainActivity.click(MainActivity.java:0)
at java.lang.reflect.Method.invoke!(Native method)
at android.support.v7.app.AppCompatViewInflater$DeclaredOnClickListener.onClick(App
```

```
CompatViewInflater.java:288)
 at android.view.View.performClick(View.java:5198)
 at android.view.View$PerformClick.run(View.java:21147)
 at android.os.Handler.handleCallback(Handler.java:739)
 at android.os.Handler.dispatchMessage(Handler.java:95)
 at android.os.Looper.loop(Looper.java:148)
 at android.app.ActivityThread.main(ActivityThread.java:5417)
 at java.lang.reflect.Method.invoke!(Native method)
 at com.android.internal.os.ZygoteInit$MethodAndArgsCaller.run(ZygoteInit.java:726)
 at com.android.internal.os.ZygoteInit.main(ZygoteInit.java:616)

//...省略

----- end 5955 -----
```

通过上面的 trace 文件中的信息，我们可以获取发生错误的进程号、包名，通过具体分析也可以获取到发生错误的原因、错误的位置。

上面的错误就是主线程阻塞导致的 ANR 异常，还有其他原因，比如 CPU 满负荷、内存所剩无几等。

如果 trace 文件出现类似下面的信息证明是 CPU 满负荷了：

```
Process:xxx.ooo.aaa
...
CPU usage from 3330ms to 814ms ago:
6% 178/system_server: 3.5% user + 1.4% kernel / faults: 86 minor 20 major
4.6% 2976/xxx.ooo.aaa: 0.7% user + 3.7% kernel /faults: 52 minor 19 major
0.9% 252/com.android.systemui: 0.9% user + 0% kernel
...
100%TOTAL: 5.9% user + 4.1% kernel + 89% iowait
```

若出现下面的信息，说明内存不足了：

```
// 以下 trace 信息来自网络，这里用来做个示例
Cmdline: android.process.acore

DALVIK THREADS:
"main"prio=5 tid=3 VMWAIT
|group="main" sCount=1 dsCount=0 s=N obj=0x40026240self=0xbda8
| sysTid=1815 nice=0 sched=0/0 cgrp=unknownhandle=-1344001376
atdalvik.system.VMRuntime.trackExternalAllocation(NativeMethod)
atandroid.graphics.Bitmap.nativeCreate(Native Method)
atandroid.graphics.Bitmap.createBitmap(Bitmap.java:468)
atandroid.view.View.buildDrawingCache(View.java:6324)
atandroid.view.View.getDrawingCache(View.java:6178)

...

MEMINFO in pid 1360 [android.process.acore] **
native dalvik other total
size: 17036 23111 N/A 40147
allocated: 16484 20675 N/A 37159
free: 296 2436 N/A 2732
```

如果用一些性能比较差的手机打开大的图片经常会发生 ANR 异常，trace 文件出现的信息就和上面的类似。

14.3.2 ANR 解决方式

针对 3 种不同的情况，一般的处理情况如下。

（1）主线程阻塞则通过开辟单独的子线程来处理耗时阻塞事务。

（2）CPU 满负荷、I/O 阻塞的，一般是文件读写或数据库操作执行在主线程了，也可以通过开辟子线程的方式异步执行。

（3）内存不够用的，需要排查是否有内存泄漏，哪些地方需要优化，尤其是查看大图是否需要压缩处理。

总结

本章介绍了如何检测程序性能，如何避免过度绘制以及 ANR 相关的知识，这些知识对程序的优化非常重要。当然对程序性能的优化之路任重而道远，还需要我们不断尝试，不断分析。

第 15 章 屏幕适配

Android 的屏幕适配一直以来都在"折磨"着 Android 开发者。本章将带来一种全新、全面而逻辑清晰的 Android 屏幕适配思路,只要读者认真阅读,就能解决 Android 的屏幕适配问题!

屏幕适配就是使得某一元素在 Android 不同尺寸、不同分辨率的手机上具备相同的显示效果。

15.1 Android 屏幕适配出现的原因

在我们学习如何进行屏幕适配之前,需要先了解下为什么 Android 需要进行屏幕适配。

由于 Android 系统的开放性,任何用户、开发者、OEM 厂商、运营商都可以对 Android 进行定制,修改成他们想要的样子。

但是这种"碎片化"到底到达什么程度呢?

据不完全统计,截止到 2016 年,Android 手机已经达到两万多款了。

图 15-1 所示的图片是国内主流手机型号,所显示的内容足以充分说明当今 Android 系统碎片化问题的严重性,因为该图片中的每一个矩形都代表着一种 Android 设备(其他代表多款手机)。

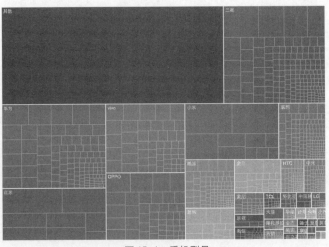

▲图 15-1 手机型号

15.1 Android 屏幕适配出现的原因

而随着支持 Android 系统的设备（手机、平板、电视、手表）的增多，设备碎片化、品牌碎片化、系统碎片化、传感器碎片化和屏幕碎片化的程度也在不断地加深。而我们今天要探讨的，则是对开发影响比较大的因素——屏幕的碎片化。

图 15-2 是 Android 手机屏幕尺寸分布的示意图。

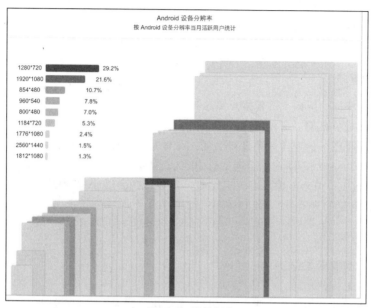

▲图 15-2　数据统计

现在读者应该很清楚为什么要对 Android 的屏幕进行适配了吧？屏幕尺寸如此之多，为了让我们开发的程序能够比较美观地显示在不同尺寸、分辨率、像素密度（具体概念后面会介绍）的设备上，就要在开发的过程中进行处理，至于如何去进行处理，这就是这一章的主题了。

但是在开始进入主题之前，我们再来探讨一件事情，那就是 Android 设备的屏幕尺寸，从几寸的智能手机，到 10 寸的平板电脑，再到几十寸的数字电视，我们应该适配哪些设备呢？

其实这个问题不应该这样考虑，因为对于具有相同像素密度的设备来说，像素越高，尺寸就越大，所以我们可以换个思路，将问题从单纯的尺寸大小转换到像素大小和像素密度的角度上来。

可以看到，上面 1280*720 和 1920*1080 分辨率的手机数量最多，所以，我们只要尽量适配这几种分辨率，就可以在大部分的手机上正常运行。

当然了，这只是手机的适配，对于平板设备（电视也可以看作是平板），我们还需要一些其他的处理。

到目前为止，我们已经弄清楚了 Android 开发为什么要进行适配，以及我们应该适配哪些对象。接下来，终于进入我们的正题了！

首先，我们先要学习几个重要的概念。

15.2 相关重要概念

15.2.1 屏幕尺寸

含义：手机对角线的物理尺寸。

单位：英寸（inch），1 英寸=2.54cm。

Android 手机常见的尺寸有 5 寸、5.5 寸、6 寸等。

15.2.2 屏幕分辨率

含义：手机在横向、纵向上的像素点数总和。

（1）一般描述成屏幕的"高×宽"=A×B。

（2）含义：屏幕在纵向方向（高度）上有 A 个像素点，在横向方向（宽）有 B 个像素点。

（3）例子：1920×1080，即宽度方向上有 1080 个像素点，在高度方向上有 1920 个像素点。

单位：px（pixel），1px=1 像素点，UI 设计师的设计图会以 px 作为统一的计量单位。

Android 手机常见的分辨率：1920*1080，1280*720。

15.2.3 屏幕像素密度

含义：每英寸的像素点数。

单位：dpi（dots per ich）。

假设设备内每英寸有 160 个像素，那么该设备的屏幕像素密度=160dpi。

安卓手机对于每类手机屏幕大小都有一个相应的屏幕像素密度，每个密度一般都有一个代表的分辨率，如表 15-1 所示。

表 15-1

密度类型	代表的分辨率（px）	屏幕像素密度（dpi）
低密度（ldpi）基本上没有了	240×320	120
中密度（mdpi）	320×480	120-160（含 160）
高密度（hdpi）	480×800	160-240（含 240）
超高密度（xhdpi）	720×1280	240-320（含 320）
超超高密度（xxhdpi）	1080×1920	320-480（含 480）

15.2.4 屏幕尺寸、分辨率、像素密度三者关系

一部手机的分辨率是宽×高，屏幕大小以寸为单位，那么三者的关系如图 15-3 所示。

这里举个例子。

假设一部手机的分辨率是 1920×1080（px），屏幕大小是 5 寸，问密度是多少？

解：请直接套公式，如图 15-4 所示，得到每英寸有 440 个像素，参考表 15-1，属于 xxhdpi 密度。

15.2 相关重要概念

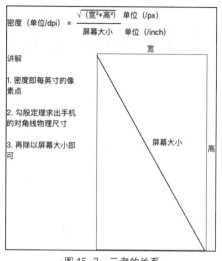

▲图 15-3 三者的关系

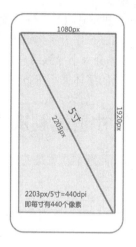

▲图 15-4 计算屏幕密度

15.2.5 dip

含义：density-independent pixel，简称 dp 或 dip，与终端上的实际物理像素点无关。

单位：dp，可以保证在不同屏幕像素密度的设备上显示相同的效果。

（1）Android 开发时用 dp 而不是 px 单位设置图片大小，dp 是 Android 特有的单位。

（2）场景：假如同样都是画一条长度是屏幕一半的线，如果使用 px 作为计量单位，那么在 480×800 分辨率手机上设置应为 240px；在 320x480 的手机上应设置为 160px，二者设置不同。如果使用 dp 为单位，在这两种分辨率下，160dp 都显示为屏幕一半的长度。

dp 与 px 的转换。

因为 UI 设计师给的设计图是以 px 为单位的，Android 开发则使用 dp 作为单位，那么我们需要根据图 15-5 进行转换。

密度类型	代表的分辨率(px)	屏幕密度(dpi)	换算(px/dp)	比例
低密度（ldpi）	240x320	120	1dp=0.75px	3
中密度（mdpi）	320x480	160	1dp=1px	4
高密度（hdpi）	480x800	240	1dp=1.5px	6
超高密度（xhdpi）	720x1280	320	1dp=2px	8
超超高密度（xxhdpi）	1080x1920	480	1dp=3px	12

▲图 15-5 dp 和 px 在不同的密度下转换

在 Android 中，规定以 160dpi（即屏幕分辨率为 320×480）为基准，1dp=1px。

15.2.6 sp

含义：scale-independent pixel，简称 sp 或 sip。

单位：sp。

Android 开发时用此单位设置文字大小，可根据字体大小首选项进行缩放，推荐使用 12sp、14sp、18sp、22sp 作为字体设置的大小，不推荐使用奇数和小数，容易造成精度的丢失问题；小于 12sp 的字体会太小导致用户看不清。默认 1dp 等于 1sp，但是手机可以设置字体大小，如果手机设置了不同的字体大小，sp 和 dp 就不相等了。

15.3 尺寸适配解决方案

屏幕适配问题本质就是使得"布局""布局组件""图片资源""用户界面流程"匹配不同的屏幕尺寸。

> **注**：下面代码并没有贴全，大家以理解为主，可自行补充。

15.3.1 "布局"适配

1. 使得布局元素自适应屏幕尺寸

开发中，我们使用的布局一般有：
- 线性布局（Linearlayout）;
- 相对布局（RelativeLayout）;
- 帧布局（FrameLayout）;
- 绝对布局（AbsoluteLayout）。

由于绝对布局（AbsoluteLayout）适配性极差，因此极少使用。

线性布局（Linearlayout）、相对布局（RelativeLayout）和帧布局（FrameLayout）需要根据需求进行选择，但要记住：

RelativeLayout 布局的子控件之间使用相对位置的方式排列，因为 RelativeLayout 讲究的是相对位置，即使屏幕的大小改变，视图之前的相对位置都不会变化，与屏幕大小无关，灵活性很强。

LinearLayout 通过多层嵌套 LinearLayout 和组合使用"wrap_content"和"match_parent"已经可以构建出足够复杂的布局。但是 LinearLayout 无法准确地控制子视图之间的位置关系，只能简单地一个挨一个地排列。

所以，对于屏幕适配来说，使用相对布局（RelativeLayout）将会是更好的解决方案。

2. 根据屏幕的配置来加载相应的 UI 布局

应用场景：需要为不同屏幕尺寸的设备设计不同的布局。

做法：使用限定符。

作用：通过配置限定符使得程序在运行时根据当前设备的配置（屏幕尺寸）自动加载合适的布局资源。

限定符类型：

（1）尺寸（size）限定符；
（2）最小宽度（Smallest-width）限定符；
（3）布局别名；
（4）屏幕方向（Orientation）限定符。

15.3.2 尺寸（size）限定符

使用场景：当一款应用显示的内容较多，希望进行以下设置。
- 在平板电脑和电视的屏幕（>7 英寸）上：实施"双面板"模式以同时显示更多内容。
- 在手机较小的屏幕上：使用单面板分别显示内容。

因此，我们可以使用尺寸限定符（layout-large）创建一个文件，通过 res/layout-large/main.xml 来完成上述设定。
- 让系统在屏幕尺寸>7 英寸时采用适配平板的双面板布局。
- 反之（默认情况下）采用适配手机的单面板布局。

文件配置如下。
- 适配手机的单面板（默认）布局：res/layout/main.xml：

```
<LinearLayout xmlns:android="http://schemas.android.com/apk/res/android"
  android:orientation="vertical"
  android:layout_width="match_parent"
  android:layout_height="match_parent">

  <fragment android:id="@+id/headlines"
      android:layout_height="fill_parent"
      android:name="com.example.android.newsreader.HeadlinesFragment"
      android:layout_width="match_parent" />
</LinearLayout>
```

- 适配尺寸>7 寸平板的双面板布局：res/layout-large/main.xml：

```
<LinearLayout xmlns:android="http://schemas.android.com/apk/res/android"
    android:layout_width="fill_parent"
    android:layout_height="fill_parent"
    android:orientation="horizontal">
    <fragment android:id="@+id/headlines"
        android:layout_height="fill_parent"
        android:name="com.example.android.newsreader.HeadlinesFragment"
        android:layout_width="400dp"
        android:layout_marginRight="10dp"/>
    <fragment android:id="@+id/article"
        android:layout_height="fill_parent"
        android:name="com.example.android.newsreader.ArticleFragment"
        android:layout_width="fill_parent" />
</LinearLayout>
```

请注意：
- 两个布局名称均为 main.xml，只有布局的目录名不同，第一个布局的目录名为 layout，第二个布局的目录名为 layout-large，包含了尺寸限定符（large）；
- 被定义为大屏的设备（7 寸以上的平板）会自动加载包含了 large 限定符目录的布局，而小屏设备会加载另一个默认的布局。

但要注意的是，这种方式只适合 Android 3.2 之前版本。

15.3.3 最小宽度（Smallest-width）限定符

背景：上述提到的限定符"large"具体指多大呢？似乎没有一个定量的指标，这便意味着可能没办法准确地根据当前设备的配置（屏幕尺寸）自动加载合适的布局资源。

例子：large 同时包含着 5 寸和 7 寸，这意味着使用"large"限定符没办法实现为 5 寸和 7 寸的平板电脑分别加载不同的布局。

于是，在 Android 3.2 及之后版本，引入了最小宽度（Smallest-width）限定符。

定义：通过指定某个最小宽度（以 dp 为单位）来精确定位屏幕从而加载不同的 UI 资源。

使用场景：为标准 7 英寸平板电脑匹配双面板布局（其最小宽度为 600 dp），在手机（较小的屏幕上）匹配单面板布局。

解决方案：可以使用上文中所述的单面板和双面板这两种布局，但应使用 sw600dp 指明双面板布局仅适用于最小宽度为 600 dp 的屏幕，而不是使用 large 尺寸限定符。

- sw xxxdp，即 small width 的缩写，其不区分方向，即无论是宽度还是高度，只要大于 xxxdp，就采用次此布局。
- 例子：使用了 layout-sw600dp 的最小宽度限定符，即无论是宽度还是高度，只要大于 600dp，就采用 layout-sw600dp 目录下的布局。

代码展示：

- 适配手机的单面板（默认）布局：res/layout/main.xml：

```xml
<LinearLayout xmlns:android="http://schemas.android.com/apk/res/android"
  android:orientation="vertical"
  android:layout_width="match_parent"
  android:layout_height="match_parent">

  <fragment android:id="@+id/headlines"
      android:layout_height="fill_parent"
      android:name="com.example.android.newsreader.HeadlinesFragment"
      android:layout_width="match_parent" />
</LinearLayout>
```

- 适配尺寸>7 寸平板的双面板布局：res/layout-sw600dp/main.xml：

```xml
<LinearLayout xmlns:android="http://schemas.android.com/apk/res/android"
  android:layout_width="fill_parent"
  android:layout_height="fill_parent"
  android:orientation="horizontal">
  <fragment android:id="@+id/headlines"
      android:layout_height="fill_parent"
      android:name="com.example.android.newsreader.HeadlinesFragment"
      android:layout_width="400dp"
      android:layout_marginRight="10dp"/>
  <fragment android:id="@+id/article"
      android:layout_height="fill_parent"
      android:name="com.example.android.newsreader.ArticleFragment"
      android:layout_width="fill_parent" />
</LinearLayout>
```

对于最小宽度≥600 dp 的设备，系统会自动加载 layout-sw600dp/main.xml（双面板）布局，否则系统就会选择 layout/main.xml（单面板）布局（这个选择过程是 Android 系统自动选择的）。

15.3.4 使用布局别名

设想这样一个场景：

当你需要同时为 Android 3.2 版本前和 Android 3.2 版本后的手机进行屏幕尺寸适配的时候，由于尺寸限定符仅用于 Android 3.2 版本前，最小宽度限定符仅用于 Android 3.2 版本后，因此这会带来一个问题，为了很好地进行屏幕尺寸的适配，需要同时维护 layout-sw600dp 和 layout-large 的两套 main.xml 平板布局。

- 适配手机的单面板（默认）布局：res/layout/main.xml。
- 适配尺寸>7 寸平板的双面板布局（Android 3.2 前）：res/layout-large/main.xml。
- 适配尺寸>7 寸平板的双面板布局（Android 3.2 后）res/layout-sw600dp/main.xml。

最后的两个文件的 xml 内容是完全相同的，这会带来：**文件名的重复**，从而带来一些列后期维护的问题。

为了要解决这种重复问题，引入了"布局别名"。

根据上面的例子，可以定义以下布局。

- 适配手机的单面板（默认）布局：res/layout/main.xml。
- 适配尺寸>7 寸平板的双面板布局：res/layout/main_twopanes.xml。

然后加入以下两个文件，以便进行 Android 3.2 前和 Android 3.2 后的版本双面板布局适配。

（1）res/values-large/layout.xml（Android 3.2 之前的双面板布局）：

```
<resources>
 <item name="main" type="layout">@layout/main_twopanes</item>
</resources>
```

（2）res/values-sw600dp/layout.xml（Android 3.2 及之后的双面板布局）：

```
<resources>
 <item name="main" type="layout">@layout/main_twopanes</item>
</resources>
```

注　　　最后两个文件有着相同的内容，但是它们并没有真正去定义布局，只是将 main 设置成了 @layout/main_twopanes 的别名。

由于这些文件包含 large 和 sw600dp 选择器，因此，系统会将此文件匹配到不同版本的>7 寸平板上：

（1）版本低于 3.2 的平板会匹配 large 的文件；
（2）版本高于 3.2 的平板会匹配 sw600dp 的文件。

这两个 layout.xml 都只是引用了 @layout/main_twopanes，就避免了重复定义布局文件的情况。**就目前而言，一般情况下不需要考虑 Android 4.0 以下的适配，所以只需要使用最小宽度约束就可以了。**

15.3.5 屏幕方向（Orientation）限定符

使用场景：根据屏幕方向进行布局的调整。
- 小屏幕，竖屏：单面板。
- 小屏幕，横屏：单面板。
- 7 英寸平板电脑，纵向：单面板，带操作栏。
- 7 英寸平板电脑，横向：双面板，宽，带操作栏。
- 10 英寸平板电脑，纵向：双面板，窄，带操作栏。
- 10 英寸平板电脑，横向：双面板，宽，带操作栏。
- 电视，横向：双面板，宽，带操作栏。

方法如下。

先定义类别：单/双面板、是否带操作栏、宽/窄，定义在 res/layout/ 目录下的某个 XML 文件中。

再进行相应的匹配：屏幕尺寸（小屏、7 寸、10 寸）、方向（横、纵），使用布局别名进行匹配。

（1）在 res/layout/ 目录下的某个 XML 文件中定义所需要的布局类别（单/双面板、是否带操作栏、宽/窄）。

- res/layout/onepane.xml：（单面板）：

```xml
<LinearLayout xmlns:android="http://schemas.android.com/apk/res/android"
  android:orientation="vertical"
  android:layout_width="match_parent"
  android:layout_height="match_parent">

<fragment android:id="@+id/headlines"
    android:layout_height="fill_parent"
    android:name="com.example.android.newsreader.HeadlinesFragment"
    android:layout_width="match_parent" />
</LinearLayout>
```

- res/layout/onepane_with_bar.xml：（单面板带操作栏）：

```xml
<LinearLayout xmlns:android="http://schemas.android.com/apk/res/android"
  android:orientation="vertical"
  android:layout_width="match_parent"
  android:layout_height="match_parent">
<LinearLayout android:layout_width="match_parent"
    android:id="@+id/linearLayout1"
    android:gravity="center"
    android:layout_height="50dp">
  <ImageView android:id="@+id/imageView1"
      android:layout_height="wrap_content"
      android:layout_width="wrap_content"
      android:src="@drawable/logo"
      android:paddingRight="30dp"
      android:layout_gravity="left"
      android:layout_weight="0" />
  <View android:layout_height="wrap_content"
      android:id="@+id/view1"
      android:layout_width="wrap_content"
      android:layout_weight="1" />
  <Button android:id="@+id/categorybutton"
      android:background="@drawable/button_bg"
```

```xml
        android:layout_height="match_parent"
        android:layout_weight="0"
        android:layout_width="120dp"
        style="@style/CategoryButtonStyle"/>
    </LinearLayout>

    <fragment android:id="@+id/headlines"
        android:layout_height="fill_parent"
        android:name="com.example.android.newsreader.HeadlinesFragment"
        android:layout_width="match_parent" />
</LinearLayout>
```

- res/layout/twopanes.xml：（双面板，宽布局）：

```xml
<LinearLayout xmlns:android="http://schemas.android.com/apk/res/android"
    android:layout_width="fill_parent"
    android:layout_height="fill_parent"
    android:orientation="horizontal">
    <fragment android:id="@+id/headlines"
        android:layout_height="fill_parent"
        android:name="com.example.android.newsreader.HeadlinesFragment"
        android:layout_width="400dp"
        android:layout_marginRight="10dp"/>
    <fragment android:id="@+id/article"
        android:layout_height="fill_parent"
        android:name="com.example.android.newsreader.ArticleFragment"
        android:layout_width="fill_parent" />
</LinearLayout>
```

- res/layout/twopanes_narrow.xml：（双面板，窄布局）：

```xml
<LinearLayout xmlns:android="http://schemas.android.com/apk/res/android"
    android:layout_width="fill_parent"
    android:layout_height="fill_parent"
    android:orientation="horizontal">
    <fragment android:id="@+id/headlines"
        android:layout_height="fill_parent"
        android:name="com.example.android.newsreader.HeadlinesFragment"
        android:layout_width="200dp"
        android:layout_marginRight="10dp"/>
    <fragment android:id="@+id/article"
        android:layout_height="fill_parent"
        android:name="com.example.android.newsreader.ArticleFragment"
        android:layout_width="fill_parent" />
</LinearLayout>
```

（2）使用布局别名进行相应的匹配（屏幕尺寸（小屏、7寸、10寸）、方向（横、纵））。

- res/values/layouts.xml：（默认布局）：

```xml
<resources>
    <item name="main_layout" type="layout">@layout/onepane_with_bar</item>
    <bool name="has_two_panes">false</bool>
</resources>
```

可为 resources 设置 bool，通过获取其值来动态判断目前处在哪个适配布局。

- res/values-sw600dp-land/layouts.xml（大屏、横向、双面板、宽-Andorid 3.2 版本后）

```xml
<resources>
    <item name="main_layout" type="layout">@layout/twopanes</item>
```

```xml
    <bool name="has_two_panes">true</bool>
</resources>
```

- res/values-sw600dp-port/layouts.xml（大屏、纵向、单面板带操作栏-Andorid 3.2 版本后）：

```xml
<resources>
    <item name="main_layout" type="layout">@layout/onepane</item>
    <bool name="has_two_panes">false</bool>
</resources>
```

- res/values-large-land/layouts.xml（大屏、横向、双面板、宽-Andorid 3.2 版本前）：

```xml
<resources>
    <item name="main_layout" type="layout">@layout/twopanes</item>
    <bool name="has_two_panes">true</bool>
</resources>
```

- res/values-large-port/layouts.xml（大屏、纵向、单面板带操作栏-Andorid 3.2 版本前）：

```xml
<resources>
    <item name="main_layout" type="layout">@layout/onepane</item>
    <bool name="has_two_panes">false</bool>
</resources>
```

这里没有完全把全部尺寸匹配类型的代码贴出来，大家可以自己去尝试把其补充完整。

15.3.6 "布局组件"匹配

本质：使得布局组件自适应屏幕尺寸。

做法：使用"wrap_content""match_parent"和"weight"来控制视图组件的宽度和高度，尽量不要出现具体数字。

"wrap_content"相应视图的宽和高就会被设定成所需的最小尺寸，以适应视图中的内容。

"match_parent"（在 Android API 8 之前叫作"fill_parent"）视图的宽和高延伸至充满整个父布局。

"Layout_weight"具体解释如下。

（1）定义：线性布局（Linelayout）的一个独特比例分配属性。

（2）作用：使用此属性设置权重，然后按照比例对界面进行空间的分配，公式计算是控件宽度=控件设置宽度+剩余空间所占百分比宽幅。（根据具体情况，也可以作用于高度）

通过使用"wrap_content"、"match_parent"和"weight"来替代硬编码的方式定义视图大小和位置，视图要么仅仅使用了需要的那一点空间，要么就会充满所有可用的空间，即按需占据空间大小，能让你的布局元素充分适应你的屏幕尺寸。

15.3.7 Layout_weight 详解

上面粗略地介绍了 Layout_weight，可能有同学不太理解，接下来详细介绍这个属性。

首先看一下 Layout_weight 属性的作用：它是用来分配属于空间的一个属性，可以设置它的权重。很多人不知道剩余空间是什么概念，下面先来介绍剩余空间。

看下面代码：

15.3 尺寸适配解决方案

```xml
<?xml version="1.0" encoding="utf-8"?>
<LinearLayout xmlns:android="http://schemas.android.com/apk/res/android"
  android:orientation="vertical"
  android:layout_width="fill_parent"
  android:layout_height="fill_parent"
  >
<EditText
  android:layout_width="fill_parent"
  android:layout_height="wrap_content"
  android:gravity="left"
  android:text="one"/>
<EditText
  android:layout_width="fill_parent"
  android:layout_height="wrap_content"
  android:gravity="center"
  android:layout_weight="1.0"
  android:text="two"/>
<EditText
  android:layout_width="fill_parent"
  android:layout_height="wrap_content"
  android:gravity="right"
  android:text="three"/>
</LinearLayout>
```

运行结果如图 15-6 所示。

上面代码中，只有 EditText2 使用了 Layout_weight 属性，并赋值为了 1，而 EditText1 和 EditText3 没有设置 Layout_weight 这个属性，根据 API 可知，它们默认是 0。

Layout_weight 属性的真正意义：Android 系统先按照开发者设置的 3 个 Button 高度的 Layout_height 值 wrap_content，分配好它们 3 个的高度，然后把剩下来的屏幕空间全部赋给 Button2，因为只有它的权重值是 1，这也是为什么 Button2 占了那么大的一块空间。

有了以上的理解我们就可以对网上关于 Layout_weight 这个属性让人费解的效果有一个清晰的认识了。

我们来看这段代码：

▲图 15-6 运行结果

```xml
<?xml version="1.0" encoding="utf-8"?>
<LinearLayout xmlns:android="http://schemas.android.com/apk/res/android"
android:layout_width="fill_parent"
android:layout_height="wrap_content"
android:orientation="horizontal" >
<TextView
  android:background="#ff0000"
  android:layout_width="wrap_content"
  android:layout_height="wrap_content"
  android:text="1"
  android:textColor="@android:color/white"
  android:layout_weight="1"/>
<TextView
  android:background="#cccccc"
  android:layout_width="wrap_content"
  android:layout_height="wrap_content"
  android:text="2"
```

353

```
    android:textColor="@android:color/black"
    android:layout_weight="2" />
<TextView
    android:background="#ddaacc"
    android:layout_width="wrap_content"
    android:layout_height="wrap_content"
    android:text="3"
    android:textColor="@android:color/black"
    android:layout_weight="3" />
</LinearLayout>
```

3个文本框都是 layout_width="wrap_content" 时，会得到图 15-7 所示效果。

按照上面的理解，系统先给 3 个 TextView 分配宽度值 wrap_content（宽度足以包含它们的内容 1,2,3 即可），然后把剩下来的屏幕空间按照 1:2:3 的比列分配给 3 个 textview，所以就出现了上面的图像。

而当 layout_width="match_parent"时，如果分别给 3 个 TextView 设置它们的 Layout_weight 为 1、2、2，就会出现图 15-8 所示的效果。

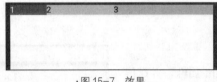

▲图 15-7 效果

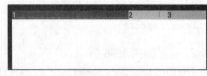

▲图 15-8 效果

我们发现 1 的权重小，反而分的空间多，这是为什么呢？

有些解释说是当 layout_width="fill_parent"时，weight 值越小权重越大，优先级越高，就好像在背口诀一样，其实真正的原因是 Layout_width="fill_parent"造成的。依照上面理解我们分析如下。

系统先给 3 个 TextView 分配它们所要的宽度 fill_parent，也就是说每一个都填满它的父控件，这里就是屏幕的宽度。

那么这时候的剩余空间=1 个 parent_width-3 个 parent_width=-2 个 parent_width（parent_width 指的是屏幕宽度）。

那么第一个 TextView 的实际所占宽度应该=fill_parent 的宽度，即 parent_width + 它所占剩余空间的权重比例 1/5 * 剩余空间大小（-2 parent_width）=3/5parent_width。

同理，第二个 TextView 的实际所占宽度=parent_width + 2/5*(-2parent_width)=1/5parent_width。

第三个 TextView 的实际所占宽度=parent_width + 2/5*(-2parent_width)=1/5parent_width，所以就是 3:1:1 的比列显示了。

这样你也就会明白为什么当把 3 个 Layout_weight 设置为 1、2、3 时，会出现图 15-9 所示的效果。

由图 15-9 可见，第三个 TextView 直接不显示了，为什么呢？一起来按上面的方法计算一下吧。

▲图 15-9 运行结果

系统先给 3 个 TextView 分配它们所要的宽度 fill_parent，也就是说每一个都填满它的父控件，这里就是屏幕的宽度。

那么这时候的剩余空间=1 个 parent_width-3 个 parent_width=-2 个 parent_width（parent_width

指的是屏幕宽度）。

那么第一个 TextView 的实际所占宽度应该=fill_parent 的宽度，即 parent_width + 它所占剩余空间的权重比列 1/6 * 剩余空间大小（-2 parent_width）=2/3parent_width。

同理，第二个 TextView 的实际所占宽度=parent_width + 2/6*(-2parent_width)=1/3parent_width。

第三个 TextView 的实际所占宽度=parent_width + 3/6*(-2parent_width)=0parent_width，所以就是 2:1:0 的比列显示了。第三个 TextView 就没有空间了。

15.3.8 "图片资源"匹配

本质：使得图片资源在不同屏幕密度上显示相同的像素效果。

做法：使用自动拉伸位图 Nine-Patch 的图片类型。

假设需要匹配不同屏幕大小，图片资源也必须自动适应各种屏幕尺寸。

使用场景：一个按钮的背景图片必须能够随着按钮大小的改变而改变。

使用普通的图片将无法实现上述功能，因为运行时会均匀地拉伸或压缩图片。

解决方案：使用自动拉伸位图（nine-patch 图片），后缀名是.9.png，它是一种被特殊处理过的 PNG 图片，设计时可以指定图片的拉伸区域和非拉伸区域；使用时，系统就会根据控件的大小自动地拉伸想要拉伸的部分。

（1）必须要使用.9.png 后缀名，因为系统就是根据这个后缀名来区别 nine-patch 图片和普通的 PNG 图片的。

（2）当需要在一个控件中使用 nine-patch 图片时，如 android:background="@drawable/button"，系统就会根据控件的大小自动地拉伸你想要拉伸的部分。

随着智能手机的发展，我们的应用需要适应不同屏幕尺寸的手机，同一幅界面会在随着手机（或平板电脑）中的方向传感器的参数不同而改变显示的方向，在界面改变方向后，界面上的图形会因为长宽的变化而产生拉伸，造成图形的失真变形。

而点九（即.9），是 Andriod 平台的应用软件开发里一种特殊的图片形式，文件扩展名为.9.png，正是为了解决图片在不同尺寸屏幕上显示失真而应运而生的一种格式。

如图 15-10 所示，经过对比，可以很明显地发现，使用点九后，仍能保留图像的渐变质感和圆角的精细度。

所以，使用.9 图的意义就是为了从自己.png 格式的图片中选画出四条线，这四条线相互交错构成了九个部分（这就是叫做点九图的原因），然后我们的内容只能在其中重复的那个区域显示，而图片在拉伸过程中只有显示内容的部分被拉伸，从而使得图片的边缘部分得到了很好的保真效果。

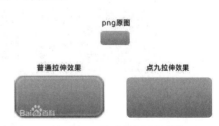

▲图 15-10　图片来自百度百科

15.3.9　.9 的制作

Android Studio 集成了.9 图的制作。

（1）右键点击图片（一定要是 png、jpg 等类型不行），就会在菜单中看到 Create 9-Patch file

了，如图 15-11 所示，处理好的图放到 res/drawable 目录下。

（2）然后会产生一个同名的以.9.png 为后缀的文件，如图 15-12 所示。

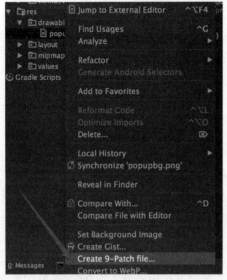

▲图 15-11　创建.9 图

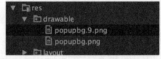

▲图 15-12　生成.9 图

（3）双击打开**.9.png 图片。

（4）我们可以直接通过拖拉图片边框的 4 条线选择我们所需要的区域即可。完成后在图片可以看到左侧和上方有两条黑线，如图 15-13 所示。把鼠标光标放到中间，就可以看到图片实际拉伸的区域。

（5）拉伸右边的预览框，可以看到我们的.9 图在不同拉伸情况下的效果，如图 15-14 所示。

▲图 15-13

▲图 15-14

总结一下 .9 的制作，实际上就是在原图片上添加 1px 的边界，然后按照我们的需求，把对应的位置设置成黑色线，系统就会根据我们的实际需求进行拉伸。

如图 15-15 所示，2 图的四边的含义为，左上边代表拉伸区域，右下边控制实际内容区域，一般可以把右边全部选择，左上边控制可以拉伸的区域。

需要注意的是，使用.9 图预览时也许看不到效果，部署到模拟器或者真机时才能看到效果。

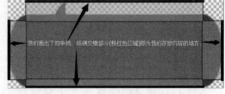

▲图 15-15

15.3.10 "用户界面流程"匹配

- 使用场景：我们会根据设备特点显示恰当的布局，但是这样做会使得用户界面流程可能会有所不同。
- 例如，如果应用处于双面板模式下，点击左侧面板上的项即可直接在右侧面板上显示相关内容；而如果该应用处于单面板模式下，点击相关的内容就会跳转到另外一个 Activity 进行后续的处理。

本质：根据屏幕的配置来加载相应的用户界面流程。

进行用户界面流程的自适应配置：

（1）确定当前布局；

（2）根据当前布局做出响应；

（3）重复使用其他 Activity 中的 Fragment；

（4）处理屏幕配置变化。

步骤 1：确定当前布局

由于每种布局的实施都会稍有不同，因此我们需要先确定当前向用户显示的布局。例如，我们可以先了解用户所处的是"单面板"模式还是"双面板"模式。要做到这一点，可以通过查询指定视图是否存在以及是否已显示出来：

```
public class NewsReaderActivity extends FragmentActivity {
  boolean mIsDualPane;

  @Override
  public void onCreate(Bundle savedInstanceState) {
    super.onCreate(savedInstanceState);
    setContentView(R.layout.main_layout);

    View articleView = findViewById(R.id.article);
    mIsDualPane = articleView != null &&
        articleView.getVisibility() == View.VISIBLE;
  }
}
```

这段代码用于查询"报道"面板是否可用，与针对具体布局的硬编码查询相比，这段代码的灵活性要大得多。

步骤 2：根据当前布局做出响应

有些操作可能会因当前的具体布局不同而产生不同的结果。

例如，在新闻阅读器示例中，如果用户界面处于双面板模式下，那么点击标题列表中的标题就会在右侧面板中打开相应报道；但如果用户界面处于单面板模式下，那么上述操作就会启动一个独立的 Activity：

```
  @Override
  public void onHeadlineSelected(int index) {
   mArtIndex = index;
   if (mIsDualPane) {
      /* display article on the right pane */
      mArticleFragment.displayArticle(mCurrentCat.getArticle(index));
   } else {
```

```
    /* start a separate activity */
    Intent intent = new Intent(this, ArticleActivity.class);
    intent.putExtra("catIndex", mCatIndex);
    intent.putExtra("artIndex", index);
    startActivity(intent);
  }
}
```

步骤 3:重复使用其他 Activity 中的 Fragment

多屏幕设计中的重复模式是指,对于某些屏幕配置,已实施界面的一部分会用作面板;但对于其他配置,这部分就会以独立活动的形式存在。

例如,在新闻阅读器示例中,对于较大的屏幕,新闻报道文本会显示在右侧面板中;但对于较小的屏幕,这些文本就会以独立活动的形式存在。

在类似情况下,通常可以在多个活动中重复使用相同的 Fragment 子类以避免代码重复。例如,在双面板布局中使用了 ArticleFragment:

```xml
<LinearLayout xmlns:android="http://schemas.android.com/apk/res/android"
  android:layout_width="fill_parent"
  android:layout_height="fill_parent"
  android:orientation="horizontal">
  <fragment android:id="@+id/headlines"
      android:layout_height="fill_parent"
      android:name="com.example.android.newsreader.HeadlinesFragment"
      android:layout_width="400dp"
      android:layout_marginRight="10dp"/>
  <fragment android:id="@+id/article"
      android:layout_height="fill_parent"
      android:name="com.example.android.newsreader.ArticleFragment"
      android:layout_width="fill_parent" />
</LinearLayout>
```

然后又在小屏幕的 Activity 布局中重复使用了它:

```
ArticleFragment frag = new ArticleFragment();
getSupportFragmentManager().beginTransaction().add(android.R.id.content, frag).commit();
```

步骤 4:处理屏幕配置变化

如果我们使用独立 Activity 实施界面的独立部分,那么请注意,我们可能需要对特定配置变化(例如屏幕方向的变化)做出响应,以便保持界面的一致性。

例如,在运行 Android 3.0 或更高版本的标准 7 英寸平板电脑上,如果新闻阅读器示例应用运行在纵向模式下,就会使用独立活动显示新闻报道;但如果该应用运行在横向模式下,就会使用双面板布局。

也就是说,如果用户处于纵向模式下且屏幕上显示的是用于阅读报道的活动,那么就需要在检测到屏幕方向变化(变成横向模式)后执行相应操作,即停止上述活动并返回主活动,以便在双面板布局中显示相关内容:

```java
public class ArticleActivity extends FragmentActivity {
  int mCatIndex, mArtIndex;

  @Override
  protected void onCreate(Bundle savedInstanceState) {
```

```
    super.onCreate(savedInstanceState);
    mCatIndex = getIntent().getExtras().getInt("catIndex", 0);
    mArtIndex = getIntent().getExtras().getInt("artIndex", 0);

    // If should be in two-pane mode, finish to return to main activity
    if (getResources().getBoolean(R.bool.has_two_panes)) {
        finish();
        return;
    }
    ...
}
```

通过上面一系列步骤，我们就完全可以建立一个可以根据用户界面配置进行自适应的应用程序 App 了。屏幕尺寸大小适配问题应该可以轻松解决了。

15.4 屏幕密度适配

15.4.1 "布局控件"适配

本质：使得布局组件在不同屏幕密度上显示相同的像素效果。

做法 1：使用密度无关像素，由于各种屏幕的像素密度都有所不同，因此相同数量的像素在不同设备上的实际大小也有所差异，这样使用像素（px）定义布局尺寸就会产生问题。因此，请务必使用密度无关像素 dp 或独立比例像素 sp 单位指定尺寸。

下面对其中一些相关概念进行介绍。

密度无关像素

含义：density-independent pixel，称为 dp 或 dip，与终端上的实际物理像素点无关。

单位：dp，可以保证在不同屏幕像素密度的设备上显示相同的效果。

- Android 开发时用 dp 而不是 px 单位设置图片大小，这是 Android 特有的单位。
- 场景：假如同样都是画一条长度是屏幕一半的线，如果使用 px 作为计量单位，那么在 480x800 分辨率手机上设置应为 240px；在 320x480 的手机上应设置为 160px，二者设置不同；如果使用 dp 为单位，在这两种分辨率下，160dp 都显示为屏幕一半的长度。

dp 与 px 的转换

因为 UI 给的设计图是以 px 为单位的，Android 开发则使用 dp 作为单位，那么该如何转换呢？前面已经介绍了，这里再看一遍，参考图 15-16。

密度类型	代表的分辨率(px)	屏幕密度(dpi)	换算(px/dp)	比例
低密度（ldpi）	240x320	120	1dp=0.75px	3
中密度（mdpi）	320x480	160	1dp=1px	4
高密度（hdpi）	480x800	240	1dp=1.5px	6
超高密度（xhdpi）	720x1280	320	1dp=2px	8
超超高密度（xxhdpi）	1080x1920	480	1dp=3px	12

▲图 15-16

在 Android 中，规定以 160dpi（即屏幕分辨率为 320x480）为基准：1dp=1px。

独立比例像素

含义：scale-independent pixel，称为 sp 或 sip。

单位：sp。

Android 开发时用此单位设置文字大小，可根据字体大小首选项进行缩放，推荐使用 12sp、14sp、18sp、22sp 作为字体设置的大小，不推荐使用奇数和小数，容易造成精度的丢失问题；小于 12sp 的字体会太小导致用户看不清。

所以，为了能够进行不同屏幕像素密度的匹配，我们推荐：

（1）使用 dp 来代替 px 作为控件长度的统一度量单位；

（2）使用 sp 作为文字的统一度量单位。

可是，请看下面一种场景：

Nexus5 的总宽度为 360dp，我们现在在水平方向上放置两个按钮，一个是 150dp 左对齐，另外一个是 200dp 右对齐，那么中间留有 10dp 间隔。但假如在 Nexus S（屏幕宽度是 320dp）上进行同样的设置，会发现两个按钮会重叠，因为 320dp<200+150dp。

再次明确，屏幕宽度和像素密度没有任何关联。

所以说，dp 解决了同一数值在不同分辨率中展示相同尺寸大小的问题（即屏幕像素密度匹配问题），但却没有解决设备尺寸大小匹配的问题（即屏幕尺寸匹配问题）。

当然，我们一开始讨论的就是屏幕尺寸匹配问题，使用 match_parent、wrap_content 和 weight，尽可能少用 dp 来指定控件的具体长宽，大部分的情况都是可以做到适配的。

那么该如何解决控件的屏幕尺寸和屏幕密度的适配问题呢？

从上面可以看出：

- 因为屏幕密度（分辨率）不一样，所以不能用固定的 px；
- 因为屏幕宽度不一样，所以要谨慎使用 dp。

因为本质上是希望使得布局组件在不同屏幕密度上显示相同的像素效果，之前使用 dp 解决这个问题则有些复杂，那么到底能不能直接用 px 解决呢？

给大家推荐一种布局——百分比布局。

15.4.2 百分比布局

1. 百分比布局是什么

简单来说就是按照父布局的宽、高进行百分比分隔，以此来确定视图的大小。听起来好像十分有趣，让我们用一种图来认识下，参考图 15-17。

上图的根布局使用百分比相对布局，子 View 就可以使用百分比确定自己的宽高，还是挺简单的。

2. 百分比布局和可以使用百分比的属性

- PercentRelativeLayout

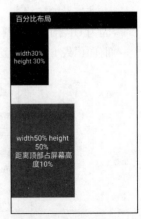

▲图 15-17　百分比布局

- PercentFrameLayout

- PercentLinearLayout（非官方，个人开发者扩展支持）

前两种布局是 Google 出品的，第三个是一种自定义扩展，从名字可以看出来只是多了一个 Percent 前缀而已，其实用法也和原始的 3 个布局差不多。接下来看看支持的百分比属性：

- heightPercent

- widthPercent

- marginBottomPercent

- marginEndPercent

- marginLeftPercent

- marginPercent

- marginRightPercent

- marginStartPercent

- marginTopPercent

以上的这些属性值支持百分比，基本上没什么难理解的地方。

3．用法

（1）添加依赖。如果使用官方支持库，则没有百分比线性布局：

```
dependencies {
  compile fileTree(dir: 'libs', include: ['*.jar'])
  testCompile 'junit:junit:4.12'
  compile 'com.android.support:appcompat-v7:25.1.0'
  compile 'com.android.support:percent:25.1.0'
}
```

需要支持线性布局可以使用第三个自定义的扩展，GitHub 地址：https://github.com/JulienGenoud/android-percent-support-lib-sample。

（2）将布局替换成百分比布局，拿相对布局举例，以前怎样用现在还怎样用，只是换了一个名字而已：

```
<?xml version="1.0" encoding="utf-8"?>
<android.support.percent.PercentRelativeLayout
    xmlns:app="http://schemas.android.com/apk/res-auto"
    xmlns:android="http://schemas.android.com/apk/res/android"
    android:layout_width="match_parent"
    android:layout_height="match_parent">
    <!--.....-->
</android.support.percent.PercentRelativeLayout>
```

注意要自己添加一个命名空间（如上面代码第三行的地方）。

（3）布局内子 View 的宽高写法需要修改一下，如图 15-18 所示。

宽高定义为 0dp，用百分比宽高来确定大小，当然这个百分数指的是父布局宽高的百分数。

其他的布局用法和这个一致，这里就不再赘述了。

```
<TextView
    android:textSize="20sp"
    android:gravity="center"
    android:id="@+id/tv01"
    android:layout_width="0dp"
    android:layout_height="0dp"
    app:layout_widthPercent="20%"
    app:layout_heightPercent="20%"
    android:text="width:20%;heigth:20%"
    android:background="@android:color/holo_orange_light"
/>
```

▲图 15-18

15.4.3 约束布局

使用约束布局也比较容易进行屏幕适配，详见新特性章节——约束布局。

总结

本章详细地介绍了屏幕适配，屏幕适配主要以理解为主。针对不同的问题，采取不同的应对策略。凡是不给测试机，就让做屏幕适配的都是耍流氓。——爱上 Android

欢迎关注微信公众账号——于连林，搜索关键字：likeDev。

第 16 章 自定义控件

Android 官方提供了很多原生的控件,我们在之前的章节已经接触了很多。

使用 Android 官方提供的控件完全可以做出一个完整的应用,这些应用尽管有不同的功能,但大多数应用的设计是非常相似的。这就是为什么许多客户要求使用一些其他应用程序没有的设计,使得应用程序显得与众不同。

如果功能布局要求非常定制化,已经不能由 Android 内置的 View 创建——这时候就需要使用自定义控件,也就是自定义 View。

16.1 自定义控件简介

Android 发展了许多年,已经有很多开发者写了很多自定义控件,这些控件在 GitHub 能搜到,其实现在很多开源项目都有类似可复用的 View,这样可以大大节省其他开发者的时间。

自定义控件相对比较麻烦,大多数情况下,我们将需要相当长的时间来完成。但这并不意味着我们不应该这样做,因为实现自定义控件是非常令人兴奋和有趣的。

因为编写自定义 View 比起普通的 View 更耗时,在为了实现特定的功能但没有更简单的方法的情况下应该使用自定义 View。或者通过自定义 View 解决以下问题。

(1)性能。如果布局里面有很多 View,通过自定义 View 优化它,使其更轻量。

(2)视图层次结构复杂。

(3)一个完全自定义的 View,需要手动绘制才能实现。

我们以图 16-1 所示的控件为例给大家介绍下如何自定义控件。

很多程序都需要一个应用引导页,比如微博等,一般通过 ViewPager 实现,ViewPager 在之前介绍过。而 Android 并没有提供页码指示器(就是上面的四个点)这样的控件,这时候就需要自定义 View 实现它。

▲图 16-1 PageIndicatorView

其实上面的控件也有人实现了,可以在 github repo 中找到它。大家可以把这个代码下载下来,一边看代码一边参考本书内容学习。

这个控件使用起来比较简单，首先需要在 app/build.gradle 文件中进行配置：

```
compile 'com.romandanylyk:pageindicatorview:0.1.0'
```

然后直接在布局中使用就可以了，如图 16-2 所示。

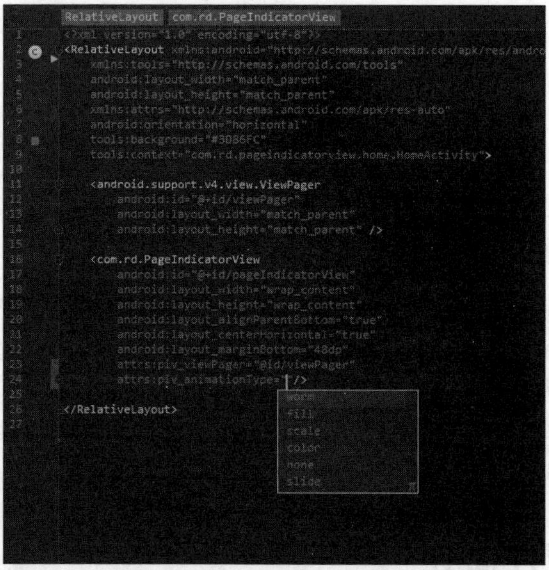

▲图 16-2　使用 Pageindicatorview

piv_animationType 是切换点的动画类型，Pageindicatorview 支持多种动画类型。

这个控件比较强大，我们根据这个控件来一步步学习如何自定义控件。

16.2　View 的生命周期

常用的控件都是 View 的子类，要想自定义控件就必须写一个类继承 View 或者 View 的子类。

根据需求，Pageindicatorview 需要继承 View，实现 ViewPager.OnPageChangeListener 接口：

```
public class PageIndicatorView extends View
  implements ViewPager.OnPageChangeListener
{...}
```

编写自定义控件，我们需要知道的第一件事——View 的生命周期。出于某种原因，谷歌并没有提供 View 生命周期的图表，由于开发者普遍对其有误解，导致了一些意想不到的错误和问题，因此我们要认清这一过程，如图 16-3 所示。

看似方法很多，但是有些方法不能重写，如 measure() 方法，因为它被 final 修饰符修饰过（被 final 修饰符修饰的方法不能复写）。draw() 也不能被重写，因为该方法没有任何权限修饰符修饰。

16.2 View 的生命周期

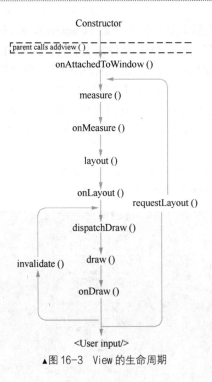

▲图 16-3 View 的生命周期

16.2.1 构造函数

每个 View 的生命都是从构造函数开始的。而且这是一个绘制初始化,可以进行各种计算,设定默认值或做任何我们需要的事情。

但是,为了使 View 更易于使用和配置,Android 提供了几个不同的构造方法来重载,包括很有用的 AttributeSet 接口:

```java
public PageIndicatorView(Context context) {
  super(context);
  init(null);
}

public PageIndicatorView(Context context, AttributeSet attrs) {
  super(context, attrs);
  init(attrs);
}

public PageIndicatorView(Context context, AttributeSet attrs, int defStyleAttr) {
    super(context, attrs, defStyleAttr);
    init(attrs);
}

@TargetApi(Build.VERSION_CODES.LOLLIPOP)
public PageIndicatorView(Context context, AttributeSet attrs, int defStyleAttr, int defStyleRes) {
  super(context, attrs, defStyleAttr, defStyleRes);
  init(attrs);
}
```

可以看到，每个构造方法都需要一个上下文（Context），而两个参数及以上的构造方法都带 AttributeSet 参数。因为我们经常使用 XML 文件定义布局，而 XML 文件也会经过 Android 框架处理转换成对应的 Java 代码，如果在 XML 文件中使用控件，就会把 XML 文件中控件定义的属性自动存到 AttributeSet 参数中，这个参数也用来存储 XML 文件中定义的属性。

而我们还可以声明一些自定义的属性。它很容易实现，而且绝对值得花时间去了解和实现它，因为它会帮助你（和你的团队）通过静态参数来设置 View，对于以后新特性加入或者新屏幕拓展性支持也更好。

首先，创建一个新的文件 attrs.xml。所有不同的自定义 View 属性都可以放在该文件中。图 16-4 所示是 PageIndicatorView 声明的自定义属性。

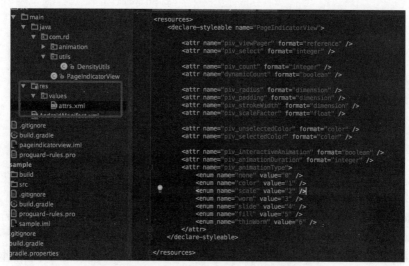

▲图 16-4 PageIndicatorView 自定义属性

上面的属性特别多，我们可以以其中一个——piv_count 举例说明：

```xml
<?xml version="1.0" encoding="utf-8"?>
<resources>
  <declare-styleable name="PageIndicatorView">
    <attr name="piv_count" format="integer" />
  </declare-styleable>
</resources>
```

紧接着，在自定义 View 的构造函数中，需要获取这个属性并使用它，如下：

```
public PageIndicatorView(Context context, AttributeSet attrs) {
  super(context, attrs);
  TypedArray typedArray = getContext().obtainStyledAttributes(attrs, R.styleable.PageIndicatorView);//加载 PageIndicator 所有自定义属性
  int count = typedArray.getInt(R.styleable.PageIndicatorView_piv_count,0); //读取 piv_count 的值
  typedArray.recycle();//回收资源
}
```

16.2 View 的生命周期

> **注意**
> - 在创建自定义属性时使用一个简单的前缀，以避免与其他 View 类似的属性名称冲突，一般使用 View 名称缩写，就像例子中的 piv_。
> - 一旦使用完属性，编译工具会建议你调用 recycle()方法。以便后面重用。

如果上面的代码看懂了，这时候回到真正的 PageIndicatorView 中，下面的代码就不难读懂了。每个构造方法都会调用 init()方法：

```java
private void init(@Nullable AttributeSet attrs) {
    initAttributes(attrs); //初始化属性
    initAnimation(); //初始化动画

    //初始化两个画笔的样式
    fillPaint.setStyle(Paint.Style.FILL);
    fillPaint.setAntiAlias(true);

    strokePaint.setStyle(Paint.Style.STROKE);
    strokePaint.setAntiAlias(true);
    strokePaint.setStrokeWidth(strokePx);
}

private void initAttributes(@Nullable AttributeSet attrs) {
    if (attrs == null) {
        return;
    }

    TypedArray typedArray = getContext().obtainStyledAttributes(attrs, R.styleable.PageIndicatorView);
    initCountAttribute(typedArray); //初始化 count 相关属性
    initColorAttribute(typedArray); //初始化 Color 相关属性
    initAnimationAttribute(typedArray); //初始化动画相关属性
    initSizeAttribute(typedArray); //初始化 Size 相关的属性
    typedArray.recycle();
}
//初始化 count 相关属性
private void initCountAttribute(@NonNull TypedArray typedArray) {
    boolean dynamicCount = typedArray.getBoolean(R.styleable.PageIndicatorView_dynamicCount, false);
    setDynamicCount(dynamicCount);

    count = typedArray.getInt(
        R.styleable.PageIndicatorView_piv_count, COUNT_NOT_SET);
    if (count != COUNT_NOT_SET) {
        isCountSet = true;
    } else {
        count = DEFAULT_CIRCLES_COUNT; //如果没有设置就设置一个默认的数量
    }

    //默认选中的位置
    int position = typedArray.getInt(R.styleable.PageIndicatorView_piv_select, 0);
    if (position < 0) {
        position = 0;
    } else if (count > 0 && position > count - 1) {
        position = count - 1;
    }

    selectedPosition = position;
    selectingPosition = position;
```

```java
        //初始化viewPagerId
        viewPagerId = typedArray.getResourceId(R.styleable.PageIndicatorView_piv_viewPager, 0);
    }
    //初始化Color相关属性
    private void initColorAttribute(@NonNull TypedArray typedArray) {
        unselectedColor = typedArray.getColor(R.styleable.PageIndicatorView_piv_unselectedColor, Color.parseColor(ColorAnimation.DEFAULT_UNSELECTED_COLOR));
        selectedColor = typedArray.getColor(R.styleable.PageIndicatorView_piv_selectedColor, Color.parseColor(ColorAnimation.DEFAULT_SELECTED_COLOR));
    }
    //初始化动画相关属性
    private void initAnimationAttribute(@NonNull TypedArray typedArray) {
        animationDuration = typedArray.getInt(R.styleable.PageIndicatorView_piv_animationDuration, AbsAnimation.DEFAULT_ANIMATION_TIME);
        interactiveAnimation = typedArray.getBoolean(R.styleable.PageIndicatorView_piv_interactiveAnimation, false);

        int index = typedArray.getInt(R.styleable.PageIndicatorView_piv_animationType, AnimationType.NONE.ordinal());
        animationType = getAnimationType(index);
    }
    //初始化Size相关的属性
    private void initSizeAttribute(@NonNull TypedArray typedArray) {
        radiusPx = (int) typedArray.getDimension(R.styleable.PageIndicatorView_piv_radius, DensityUtils.dpToPx(DEFAULT_RADIUS_DP));
        paddingPx = (int) typedArray.getDimension(R.styleable.PageIndicatorView_piv_padding, DensityUtils.dpToPx(DEFAULT_PADDING_DP));

        scaleFactor = typedArray.getFloat(R.styleable.PageIndicatorView_piv_scaleFactor, ScaleAnimation.DEFAULT_SCALE_FACTOR);
        if (scaleFactor < ScaleAnimation.MIN_SCALE_FACTOR) {
            scaleFactor = ScaleAnimation.MIN_SCALE_FACTOR;

        } else if (scaleFactor > ScaleAnimation.MAX_SCALE_FACTOR) {
            scaleFactor = ScaleAnimation.MAX_SCALE_FACTOR;
        }

        strokePx = (int) typedArray.getDimension(R.styleable.PageIndicatorView_piv_strokeWidth, DensityUtils.dpToPx(FillAnimation.DEFAULT_STROKE_DP));
        if (strokePx > radiusPx) {
            strokePx = radiusPx;
        }

        if (animationType != AnimationType.FILL) {
            strokePx = 0;
        }
    }
    //初始化动画
    private void initAnimation() {
        animation = new ValueAnimation(new ValueAnimation.UpdateListener() {
            @Override
            public void onColorAnimationUpdated(int color, int colorReverse) {
                frameColor = color;
                frameColorReverse = colorReverse;
                invalidate();
            }

            @Override
            public void onScaleAnimationUpdated(int color, int colorReverse, int radius, int radiusReverse) {
                frameColor = color;
```

```
            frameColorReverse = colorReverse;

            frameRadiusPx = radius;
            frameRadiusReversePx = radiusReverse;
            invalidate();
        }

        @Override
        public void onSlideAnimationUpdated(int xCoordinate) {
            frameXCoordinate = xCoordinate;
            invalidate();
        }

        @Override
        public void onWormAnimationUpdated(int leftX, int rightX) {
            frameLeftX = leftX;
            frameRightX = rightX;
            invalidate();
        }

        @Override
        public void onThinWormAnimationUpdated(int leftX, int rightX, int height) {
            frameLeftX = leftX;
            frameRightX = rightX;
            frameHeight = height;

            invalidate();
        }

        @Override
        public void onFillAnimationUpdated(int color, int colorReverse, int radius, int
 radiusReverse, int stroke, int strokeReverse) {
            frameColor = color;
            frameColorReverse = colorReverse;

            frameRadiusPx = radius;
            frameRadiusReversePx = radiusReverse;

            frameStrokePx = stroke;
            frameStrokeReversePx = strokeReverse;
            invalidate();
        }
    });
}
```

16.2.2　onAttachedToWindow

　　父 View 调用 addView(View)后（如果是在 XML 文件中定义的布局，这步会在 Activity 调用 setContentView()时完成），这个 View 将被依附到一个窗口。在这个阶段，View 会知道它周围的其他 View。如果 View 和其他 View 在相同的布局文件中，是可以通过 id 找到的。我们可以以自定义属性的方式存储 id，比如我们这个控件就记录了 ViewPager 的 id，然后在 onAttachedToWindow 中找到 ViewPager：

```
@Override
protected void onAttachedToWindow() {
    super.onAttachedToWindow();
    findViewPager(); //找到 ViewPager
```

```
  }
  private void findViewPager() {
    if (viewPagerId == 0) {
      return;
    }

    Context context = getContext();
    if (context instanceof Activity) {
      Activity activity = (Activity) getContext();
      View view = activity.findViewById(viewPagerId);

      if (view != null && view instanceof ViewPager) {
          setViewPager((ViewPager) view);//记录 ViewPager
      }
    }
  }

  public void setViewPager(@Nullable ViewPager pager) {
    releaseViewPager();//释放之前的 ViewPager

    if (pager != null) {
      viewPager = pager;
      viewPager.addOnPageChangeListener(this);
      //动态设置数量
      setDynamicCount(dynamicCount);
      if (!isCountSet) {//如果数量没有设置，和 ViewPager 的页码数保持一致
          setCount(getViewPagerCount());
      }
    }
  }
```

16.2.3　onMeasure

由于 measure() 方法是被 final 修饰符修饰的，子类没有办法覆盖和修改该方法的内容，我们直接跳过该方法。

onMeasure() 方法执行意味着我们的自定义 View 到了处理自己大小的时候。这是非常重要的方法，因为在大多数情况下，你的 View 需要有特定的大小以适应你的布局。

当重写此方法时，需要记住，最终要设置 setMeasuredDimension(int width, int height)。如图 16-5 所示，View 不同宽度显示的不一样。

▲图 16-5　不同宽度对比

当处理自定义 View 的大小时，开发者可能通过布局文件或者动态设置了具体的大小。要正确地计算它，我们需要做几件事情。

（1）计算你的 View 内容所需的大小（宽度和高度）。

（2）获取你的 View MeasureSpec 大小和模式（宽度和高度）：

```java
protected void onMeasure(int widthMeasureSpec, int heightMeasureSpec) {
    int widthMode = MeasureSpec.getMode(widthMeasureSpec);    //宽度的模式
    int widthSize = MeasureSpec.getSize(widthMeasureSpec);    //宽度的大小

    int heightMode = MeasureSpec.getMode(heightMeasureSpec); //高度的模式
    int heightSize = MeasureSpec.getSize(heightMeasureSpec); //高度的大小
//...
}
```

（3）检查 MeasureSpec 设置和调整 View（宽度和高度）的尺寸模式：

```java
//检查MeasureSpec 设置和调整View（宽度和高度）的尺寸模式
int width;
int height;

if (widthMode == MeasureSpec.EXACTLY) {
    width = widthSize;
} else if (widthMode == MeasureSpec.AT_MOST) {
    width = Math.min(desiredWidth, widthSize);
} else {
    width = desiredWidth;
}

if (heightMode == MeasureSpec.EXACTLY) {
    height = heightSize;
} else if (heightMode == MeasureSpec.AT_MOST) {
    height = Math.min(desiredHeight, heightSize);
} else {
    height = desiredHeight;
}
```

注意 MeasureSpec 的值，这也是新手很难理解的地方。

MeasureSpec.EXACTLY 是精确尺寸，当我们将控件的 layout_width 或 layout_height 指定为具体数值时，如 andorid:layout_width="50dip"，或者为 FILL_PARENT 时，控件大小已经确定，都是精确尺寸。

MeasureSpec.AT_MOST 是最大尺寸，当控件的 layout_width 或 layout_height 指定为 WRAP_CONTENT 时，控件大小一般随着控件的子空间或内容进行变化，此时控件尺寸只要不超过父控件允许的最大尺寸即可。因此，此时的 mode 是 AT_MOST，此时 View 尺寸只要不超过父 View 允许的最大尺寸即可。

MeasureSpec.UNSPECIFIED 是未指定尺寸，这种情况不常见，一般父控件都是 AdapterView，通过 measure 方法传入的模式。

在通过 setMeasuredDimension 设置最终值之前，以防万一，可以检查这些值不为负数。这可以避免在布局预览时的一些问题。下面是完整的 onMeasure() 代码：

```java
protected void onMeasure(int widthMeasureSpec, int heightMeasureSpec) {
    int widthMode = MeasureSpec.getMode(widthMeasureSpec);    //宽度的模式
    int widthSize = MeasureSpec.getSize(widthMeasureSpec);    //宽度的大小

    int heightMode = MeasureSpec.getMode(heightMeasureSpec); //高度的模式
    int heightSize = MeasureSpec.getSize(heightMeasureSpec); //高度的大小

    //设置原点的一些参数
    int circleDiameterPx = radiusPx * 2;
```

```
        int desiredHeight = circleDiameterPx + strokePx;
        int desiredWidth = 0;

        if (count != 0) {
            int diameterSum = circleDiameterPx * count;
            int strokeSum = (strokePx * 2) * count;
            int paddingSum = paddingPx * (count - 1);
            desiredWidth = diameterSum + strokeSum + paddingSum;
        }
        //检查 MeasureSpec 设置和调整 View（宽度和高度）的尺寸模式
        int width;
        int height;

        if (widthMode == MeasureSpec.EXACTLY) {
            width = widthSize;
        } else if (widthMode == MeasureSpec.AT_MOST) {
            width = Math.min(desiredWidth, widthSize);
        } else {
            width = desiredWidth;
        }

        if (heightMode == MeasureSpec.EXACTLY) {
            height = heightSize;
        } else if (heightMode == MeasureSpec.AT_MOST) {
            height = Math.min(desiredHeight, heightSize);
        } else {
            height = desiredHeight;
        }

        if (width < 0) {
            width = 0;
        }

        if (height < 0) {
            height = 0;
        }
        //在通过 setMeasuredDimension 设置最终值之前，以防万一，可以检查这些值不为负数。这可以避免在布局
        //预览时一些问题
        setMeasuredDimension(width, height);
    }
```

16.2.4　onLayout

此方法用来分配大小和位置给它的每一个子 View。而我们当前控件并不具有任何子 View，那么就没有理由重写此方法。

16.2.5　onDraw

这就是"魔法"发生的地方。在这里，使用 Canvas 和 Paint 对象将可以画出任何你需要的东西。

一个 Canvas 实例从 onDraw 参数得来，它一般用于绘制不同形状，而 Paint 对象定义形状颜色。简单地说，Canvas 用于绘制对象，而 Paint 用于设置样式颜色等。它们无处不在，无论绘制的是一个直线、圆或长方形。简单点说，最后看到的控件都是经过这样的方法绘制上去的。

图 16-6 展示了 Canvas 绘制对象方法。

使用自定义 View，要始终牢记 onDraw 会花费大量的时间。因为当界面有一点点变化时，如滚动、快速滑动都会导致重新绘制。所以避免在 onDraw 中进行对象分配的操作，对象应该只创建一次并在将来重用。

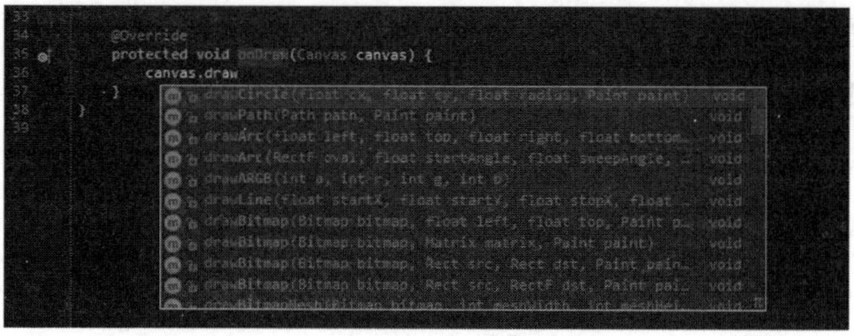

▲图 16-6 Canvas 方法

如图 16-7 所示，当在里面创建对象时，Android Studio 就会报警。

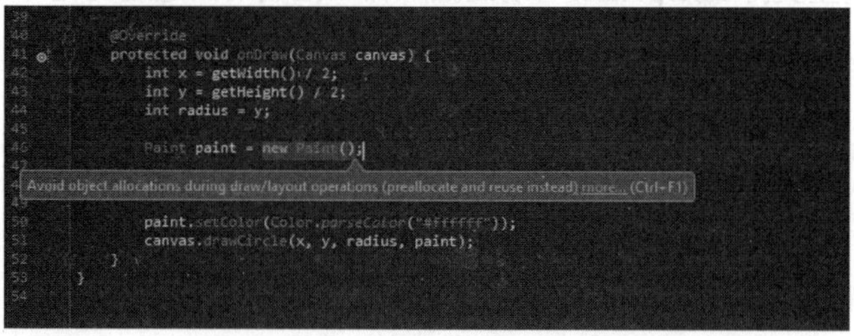

▲图 16-7 onDraw 方法里创建对象报警

解决方式，可以把 Paint 对象创建转移到其他函数中，如构造方法。图 16-8 中，Paint 对象在其他位置创建时就不会有警告了。

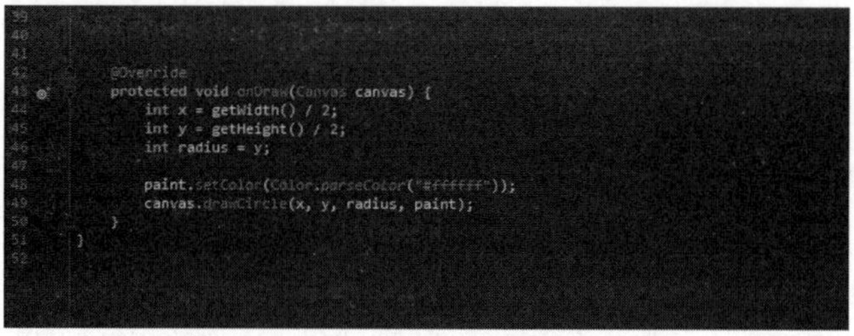

▲图 16-8 不出现警告

注意以下两点。

- 在执行绘制时始终牢记重用对象，而不创建新的。虽然在 onDraw 方法中创建对象，开发工具会报警告，但是我们不要依赖于开发工具，而是自己有意识地去重用对象，因为在 onDraw 中调用一个内部会创建对象的方法时，开发工具无法识别它。
- 同时请不要硬编码 View 大小。其他开发者在使用时可以定义不同的大小，所以 View 的大小应该取决于它的尺寸。

16.2.6　View 更新

从 View 的生命周期图可以得知，有两种方法可以重绘 View 自身。invalidate()和 requestLayout()方法会帮助你在运行时动态改变 View 状态。但为什么需要两个方法？

- invalidate()用来简单重绘 View，例如更新其文本、色彩或触摸交互性。View 将只调用

onDraw()方法再次更新其状态。

- requestLayout()方法，可以看到其将会从`onMeasure()开始更新 View。这意味着 View 更新后，它改变了大小，需要再次测量它，并依赖于新的大小来重新绘制。

16.2.7 动画

在自定义 View 中，动画是一帧一帧的过程。这意味着，如果你想使一个圆半径从小变大，将需要逐步增加半径并调用 invalidate()来重绘。

在自定义 View 动画中，ValueAnimator 是你的"好朋友"。下面这个类将帮助你从任何值开始执行动画到最后，甚至支持 Interpolator（动画插入器、控制动画速度变化等）：

```
ValueAnimator animator = ValueAnimator.ofInt(0, 100);
animator.setDuration(1000);
animator.setInterpolator(new DecelerateInterpolator());
animator.addUpdateListener(new ValueAnimator.AnimatorUpdateListener() {
 public void onAnimationUpdate(ValueAnimator animation) {
  int newRadius = (int) animation.getAnimatedValue();
 }
});
```

> **注意** 当每一次新的动画值出来时，不要忘记调用 invalidate()。

当前自定义控件 PageIndicatorView 代码还是比较多的，核心的代码已经介绍得差不多了，剩下的大部分都是和动画相关的操作，每一种动画都有不同的算法，这里就不一一介绍了。有兴趣的同学可以下载代码，自己阅读。

总结

本章我们以开源项目 PageIndicatorView 为例简单介绍了自定义控件，自定义控件还是比较复杂的，本书无法都介绍到位，大部分内容还需要同学们自己逐渐探索和积累。

本章代码下载地址：https://github.com/yll2wcf/book，项目名称：PageIndicatorView-master.zip。

欢迎关注微信公众账号——爱上 Android，搜索关键字：likeDev。

如果你感到舒适，那你可能没有在正确地做事。——莎拉·爱迪生·艾伦

第 17 章　JNI/NDK 开发

JNI（Java Native Interface）是 Java 与 C/C++进行通信的一种技术，使用 JNI 技术，可以 Java 调用 C/C++的函数对象等。Android 中的 Framework 层与 Native 层采用的就是 JNI 技术。

NDK（Native Development Kit）是 Google 提供的工具包，方便我们使用 JNI 技术。

我们知道，Android 系统是基于 Linux 开发的，采用的是 Linux 内核，大部分 Android APP 开发也要和系统打交道，只是 Android FrameWork 帮我们处理了和系统相关的操作，如图 17-1 所示。我们从 Android 系统的分成结构可以看出，Android FrameWork 通过 JNI 与底层的 C/C++库交互，例如 FreeType、OpenGL、SQLite、音视频等。

▲图 17-1　Android 架构

如果我们的程序也需要调用自己的 C/C++函数库，就必须用到 NDK 开发。

17.1　NDK 配置（最新的 CMake 方式）

Android Studio2.2 版本已经完全支持 NDK 开发了，而且默认采用 CMake 方式（传统方式不过多介绍了）。

CMake 的优势：

（1）可以直接在 C/C++代码中加入断点，进行调试；

（2）Java 引用的 C/C++中的方法，可以直接 Ctrl+左键进入；

（3）对于 include 的头文件，或者库，也可以直接进入；

（4）不需要配置命令行操作，手动生成头文件，不需要配置 android.useDeprecatedNdk=true 属性。

17.1.1 下载

首先需要下载 NDK，来到设置界面，点击下载 NDK，如图 17-2 所示。

NDK 文件比较大，下载过程需要一段时间，如图 17-3 所示。

▲图 17-2 下载 NDK

▲图 17-3 下载 NDK

安装完 NDK，还可以选择配置一些工具，如图 17-4 所示。

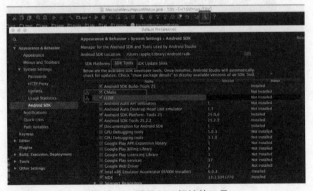
▲图 17-4 配置 NDK 相关的工具

CMake：外部构建工具。如果准备只使用 ndk-build，可以不使用 CMake（Android Studio2.2 默认采用 CMake）。

LLDB：Android Studio 中调试本地代码的工具。

17.1.2 创建项目

Android Studio 升级到 2.2 版本之后，在创建新的 Project 时，界面上多了一个 Include C++ Support 的选项，如图 17-5 所示。勾选它之后将会创建一个默认的 C++与 Java 混编的 Demo 程序。

17.1 NDK 配置（最新的 CMake 方式）

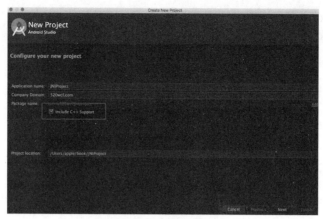

▲图 17-5　创建项目

然后一直点击 Next，直到 Finish 为止即可。

如图 17-6 箭头所示，这三者都是 NDK 项目的一部分。

（1）.externalNativeBuild 文件夹：CMake 编译好的文件，显示支持的各种硬件等信息。系统生成。

（2）cpp 文件夹：存放 C/C++代码文件，native-lib.cpp 文件是默认生成的，可更改。需要自己编写。

（3）CMakeLists.txt 文件：CMake 脚本配置的文件，需要自己配置编写。

app/build.gradle 也有所不同，如图 17-7 所示。

▲图 17-6　NDK 项目的结构　　　　▲图 17-7　build.gradle 文件在 NDK 项目中的变化

如果你在创建工程时选择 C++11 的标准，则使用 cppFlags "-std=c++11"：

```
externalNativeBuild {
  cmake {
   cppFlags "-std=c++11"
  }
}
```

来看一下 **CMakeLists.txt** 文件中的具体配置。

这个文件中以#开头的全是注释，里面不是注释的只有下面的内容：

```
cmake_minimum_required(VERSION 3.4.1) #指定CMake版本

add_library( #生成函数库的名字
      native-lib
      SHARED    #生成动态函数看
      src/main/cpp/native-lib.cpp ) #依赖的cpp文件

find_library( #设置path变量的名称
      log-lib
      #指定要查询库的名字
      log ) #在NDK开发包中查询liblog.so函数库(默认省略lib和.so)，路径赋值给log-lib。

target_link_libraries( #目标库,和上面生成的函数库名字一致
            native-lib
            #连接的库，根据log-lib变量对应liblog.so函数库
            ${log-lib} )
```

Java 代码：

```java
public class MainActivity extends AppCompatActivity {

  // 加载函数库
  static {
    System.loadLibrary("native-lib");
  }

  @Override
  protected void onCreate(Bundle savedInstanceState) {
    super.onCreate(savedInstanceState);
    setContentView(R.layout.activity_main);

    // Example of a call to a native method
    TextView tv = (TextView) findViewById(R.id.sample_text);
    tv.setText(stringFromJNI());
  }

  /**本地方法，当前方法是通过C/C++代码实现的*/
  public native String stringFromJNI();
}
```

上面 Java 代码中的 stringFromJNI()方法用 native 关键字修饰，这个方法是通过C/C++代码实现的。

native-lib.cpp 代码：

上面的 C++代码，定义的函数名是固定写法，Java_包名_类名_Java 中方法名，通过这种命名方式就可以唯一对应到 Java 中具体的方法，从而具体实现 Java 中的 native 方法。

17.1.3　运行项目

修改完 C/C++代码，需要点击"锤子"图标进行编译，然后运行项目，如图 17-8 所示。

运行代码就能看到效果，调用了 C++方法在界面上显示了 Hello from C++字符串。

17.1 NDK 配置（最新的 CMake 方式）

如果不使用 CMake 而是使用传统方式进行开发，这时候就会使用 ndk -build 来编译 C/C++ 文件为 so 文件。那么，我们安装运行的 apk 中，有对应的 so 文件吗？如果想验证一下 apk 是否有 so 文件，我们可以使用 APK Analyzer 查看。

（1）选择 Build→Analyze APK。

（2）选择 apk，并点击 OK。当前项目 debug 阶段的 apk 默认路径为 app/build/outputs/apk/app-debug.apk，如图 17-9 所示。

▲图 17-8　编译和运行项目按钮

（3）如图 17-10 所示，在 APK Analyzer 窗口中，选择 lib/x86/，可以看见 libnative-lib.so。

▲图 17-9　apk 文件所在目录

▲图 17-10　分析 apk 文件

.so 文件是动态函数库，写好的 C/C++ 代码默认打包成函数库，这样就无法看到代码，只能使用了。

如果我们想在工程中使用其他人编译好的函数库，只需要根据不同的 CPU 架构把函数库放在 src/main/jniLibs 目录下，如图 17-11 所示。

在 Java 代码中也需要引入相应的函数库，编写一样的 native 方法。

17.1.4　手动添加 native 方法

上面主要介绍了程序自动生成的代码，接下来我们自己动手写写。

▲图 17-11　使用编译好的函数库

我们也可以在 MainActivity 中写一个 native 方法，如图 17-12 所示。

有红色警告，因为当前方法并没有找到对应的底层代码的实现。我们可以在报错的地方按下万能的快捷键——Alt+回车，效果如图 17-13 所示。

▲图 17-12　编写 native 方法

▲图 17-13　修复错误的提示

选择第一项，就会在 C++代码中自动生成对应的底层方法，如图 17-14 所示。

参考之前的方法，照葫芦画瓢，把错误先修复下，修改完成后如图 17-15 所示。

第 17 章 JNI/NDK 开发

▲图 17-14 生成 C++方法   ▲图 17-15 C++代码

修改 MainActivity 代码，调用我们写的 native 方法：

```
@Override
protected void onCreate(Bundle savedInstanceState) {
  super.onCreate(savedInstanceState);
  setContentView(R.layout.activity_main);

  TextView tv = (TextView) findViewById(R.id.sample_text);
  tv.setText(stringFromJNI2());//调用新写的native 方法
}
```

编译运行当前程序。

运行结果，如图 17-16 所示。

可以看到我们成功调用了自己创建的 native 方法。

▲图 17-16 运行结果

总结

使用 JNI/NDK 的好处还是非常明显的。

（1）避免多平台重复编写代码。

（2）用一些前人留下的 C/C++的函数库。

（3）安全性考虑，增加拆包难度。

（4）公司人才储备、技术选型之类的理由。

JNI/NDK 属于比较高端的技术，可能你刚刚入职的时候并不会用到，但是想成为高级开发者还是必须要掌握的。

第18章 开发一个真实的项目

写到现在，本书已经接近尾声了，是时候对之前的内容进行一个系统的总结了。

我们学习前面的知识，最终目的就是为了能够完整地写一个 Android 项目。那我们就通过一个真实的项目来检验大家的学习成果。

本章我们模仿市面上的 App——今日头条，开发一个自己的新闻客户端程序，大家可以任性地起一个名字，这里的名字就叫快手新闻。

18.1 项目需求分析

要做一个新闻客户端，新闻的类型不能太单一，最起码能展示头条、社会、国内、娱乐、体育、军事、科技、财经、时尚等新闻信息。

首先，我不是新闻记者，也不是娱乐圈的狗仔，要做一个新闻客户端，就要求我们必须有一个可靠的数据源（最起码不能自己编新闻吧）。这时候我们就需要借助第三方接口文档。

给大家推荐一个聚合数据的 API——新闻头条，地址：https://www.juhe.cn/docs/api/id/235。这个 API 恰好能满足我们的要求。

来看下接口信息，参考图 18-1。

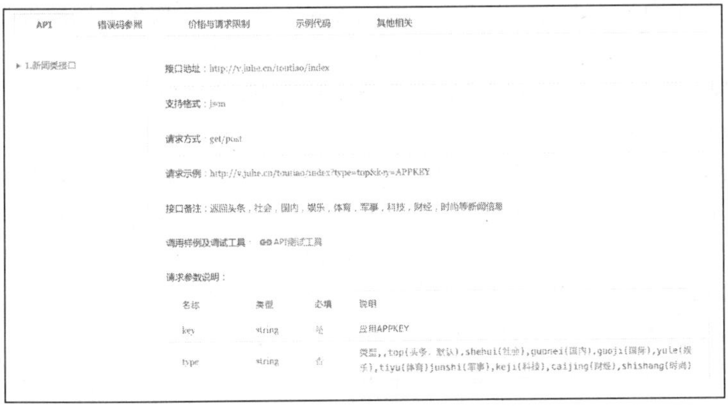

▲图 18-1 接口信息

接口地址为：http://v.juhe.cn/toutiao/index，支持 get/post 请求，返回格式是我们擅长的 JSON 格式。需要的参数为 key 和 type，其中，key 是 AppKEY，需要申请聚合数据账号，然后申请该接口数据，就会得到相应的 AppKEY，在账号中心——我的数据中就会看到；type 就是返回的新闻类型，包括头条、娱乐、体育等。

18.2 创建项目

接下来就开始创建项目了，如图 18-2 所示，首先填写应用名字——News、公司域名（大家任意起名）。为了方便复习上一章的内容，我们顺便勾选了 C++支持，然后点击 Next 按钮。如图 18-3 所示，选择手机或者平板电脑，兼容到 API15 版本就足够了。

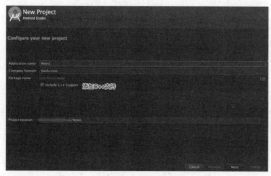

▲图 18-2　创建项目

▲图 18-3　兼容到 API15

接下添加 Empty Activity 到项目中，一般第一个 Activity 都是欢迎界面或者引导界面，这里我们起名叫做 SplashActivity，如图 18-4 所示。

然后点击 Next（下一步），最后点击 Finish（完成）就完成了。

写项目和写演示程序是完全不同的。一个项目中的类比较多，为了方便维护项目，就不能太任性，我们需要把不同类型或不同用途的类放到不同的包下，就像把衣服放进衣橱、馒头放进冰箱一样，如果你把衣服放进冰箱，找对象就有点困难了。

一般对包结构划分有两种方式，一种是按照业务类型划分，一种是按照代码类型划分。目的都是为了更快速地找到相关的代码。

按照业务类型划分适合一些较大的项目，项目中有多个模块，每个模块业务相对独立，这时候就可以把各个模块中的代码放到各个包下，方便管理。

按照代码类型划分适合一些小型项目，项目业务相对单一。比如和界面相关的放到 ui 子包下，业务相关的放到 engine 子包下，服务相关的类放到 service 子包下，实体数据相关的类放到 domain 子包下，广播相关的类放到 receiver 子包下，数据库相关的类放到 db 包下。如图 18-5 所示，当前项目就按照代码类型划分包结构，首先创建相关的包（为了给大家演示，有些可能用不到），并把自动生成的 SplashActivity 拖曳到根包 ui→activity 下。

18.3 界面实现

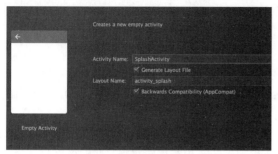

▲图 18-4　创建 Activity

▲图 18-5　包结构划分

18.3 界面实现

作为一个 Android 程序员，写界面占了很大一部分工作量，界面的好坏是影响项目品质的重要因素，就像我们去相亲，无论你是一个多么在乎内在美的人，对方的样子绝对是不能忽略的。

我们首先要实现一个漂亮的界面。先把第一个界面搞定。

18.3.1　启动界面

假设你是产品经理，第一步先来分析下 SplashActivity 需要做些什么。按照"江湖"规矩，一般第一个界面是一个启动页，可以放一张大图，或者展示一些项目信息。展示几秒钟后，就进入了真正的功能界面。如果是第一次启动的程序最好给用户一个引导页，对产品或者新功能进行一番介绍，让用户尽快适应程序。为了方便大家理解，参考图 18-6。

启动页是肯定没有 ActionBar 的，默认生成的主题样式是有 ActionBar 的，我们需要修改下主题样式，修改 res/values/styles.xml：

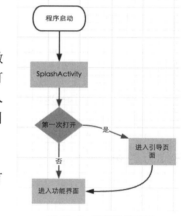

▲图 18-6　程序的流程图

```xml
<!-- Base application theme. -->
<style name="AppTheme" parent="Theme.AppCompat.Light.NoActionBar">
  <!-- Customize your theme here. -->
  <item name="colorPrimary">@color/colorPrimary</item>
  <item name="colorPrimaryDark">@color/colorPrimaryDark</item>
  <item name="colorAccent">@color/colorAccent</item>
</style>
```

在这里我把 colorPrimaryDark 的颜色改成黑色。大家可以任意发挥。

Splash 界面主要展示一张启动图，修改 Splash 布局文件 activity_splash.xml：

```xml
<?xml version="1.0" encoding="utf-8"?>
<ImageView xmlns:android="http://schemas.android.com/apk/res/android"
  xmlns:tools="http://schemas.android.com/tools"
  android:id="@+id/activity_splash"
  android:layout_width="match_parent"
  android:layout_height="match_parent"
  android:src="@drawable/splash_bg"
```

```
android:scaleType="centerCrop"
tools:context="com.baidu.news.ui.activity.SplashActivity">
</ImageView>
```

为了保证图片能够铺满屏幕而且显示不变形，ImageView 缩放模式 scaleType 设置为 centerCrop。这个位置需要在资源目录下放一张图片 splash_bg.png，启动图常用的比例是 16:9，当前用的图片尺寸是 1280×720，符合这个比例，这个尺寸一般放到 drawable-xhdpi 文件夹下。

如图 18-6 所示，我们需要在 SplashActivity 中判断程序是否是第一次启动，可以通过 SharedPreference 存储一个值进行判断，SharedPreference 用得比较频繁，我们可以写一个工具类简化下写法，在 com.xxx.news.utils 包下创建 PreUtils.java，代码如下所示：

```java
public class PreUtils {
    public static final String PREF_NAME = "news";

    public static SharedPreferences sp;

    public static void putBoolean(Context ctx, String key, boolean value) {
        if (sp == null) {
            sp = ctx.getSharedPreferences(PREF_NAME, Context.MODE_PRIVATE);
        }
        sp.edit().putBoolean(key, value).apply();
    }

    public static boolean getBoolean(Context ctx, String key, boolean defValue) {
        if (sp == null) {
            sp = ctx.getSharedPreferences(PREF_NAME, Context.MODE_PRIVATE);
        }
        return sp.getBoolean(key, defValue);
    }

    public static void putString(Context ctx, String key, String value) {
        if (sp == null) {
            sp = ctx.getSharedPreferences(PREF_NAME, Context.MODE_PRIVATE);
        }
        sp.edit().putString(key, value).apply();
    }

    public static String getString(Context ctx, String key, String defValue) {
        if (sp == null) {
            sp = ctx.getSharedPreferences(PREF_NAME, Context.MODE_PRIVATE);
        }
        return sp.getString(key, defValue);
    }
}
```

除了 SplashActivity，我们还需要创建两个 Activity，一个用来显示引导界面——GuideActivity，另一个用来显示功能界面——MainActivity。创建时自动生成布局文件。准备完成后我们就可以完成 SplashActivity 了：

```java
public class SplashActivity extends AppCompatActivity {

    ImageView iv;

    @Override
```

```java
    protected void onCreate(Bundle savedInstanceState) {
        super.onCreate(savedInstanceState);
        setContentView(R.layout.activity_splash);
        iv = (ImageView) findViewById(R.id.activity_splash);
        //初始化动画
        initAnim();

    }
    private void initAnim() {
        //透明度动画
        AlphaAnimation alpha = new AlphaAnimation(0, 1);
        alpha.setDuration(3000); //设置动画时长
        alpha.setFillAfter(true);//动画运行完成，保留结束时的状态
        //监听动画
        alpha.setAnimationListener(new Animation.AnimationListener() {

            @Override
            public void onAnimationStart(Animation animation) {
            }

            @Override
            public void onAnimationRepeat(Animation animation) {

            }

            @Override
            public void onAnimationEnd(Animation animation) {
                //动画运行完成，进入下一个页面
                jumpToNextPage();
            }
        });

        iv.startAnimation(alpha);
    }
    private void jumpToNextPage() {
        //判断是否是第一次进入，默认是第一次
        boolean isFirst = PreUtils.getBoolean(this, "isFirst", true);

        Intent intent = new Intent();
        if (isFirst) {
            //进入引导页面
            intent.setClass(this, GuideActivity.class);
        } else {
            //进入功能页面
            intent.setClass(this, MainActivity.class);
        }

        startActivity(intent);
        finish();
    }
}
```

上面的代码通过透明度动画让 Splash 界面展示了三秒钟。当动画完成后跳转到下一个页面。

18.3.2 引导页面

在引导界面展示 4 张图，当展示最后一张图的时候显示按钮，如图 18-7 所示。

▲图 18-7 引导页面

首先四张图需要左右滑动,一般通过 ViewPager 实现,图中指示点可以使用前面介绍的自定义控件 PageIndicatorView。activity_guide.xml 布局文件代码:

```xml
<?xml version="1.0" encoding="utf-8"?>
<RelativeLayout xmlns:android="http://schemas.android.com/apk/res/android"
  xmlns:tools="http://schemas.android.com/tools"
  android:id="@+id/activity_guide"
  android:layout_width="match_parent"
  android:layout_height="match_parent"
  xmlns:app="http://schemas.android.com/apk/res-auto"
  tools:context="com.baidu.news.ui.activity.GuideActivity">
  <android.support.v4.view.ViewPager
    android:id="@+id/viewPager"
    android:layout_width="match_parent"
    android:layout_height="match_parent" />

  <Button
    android:id="@+id/btn_start"
    android:layout_width="wrap_content"
    android:layout_height="wrap_content"
    android:layout_alignParentBottom="true"
    android:layout_centerHorizontal="true"
    android:layout_marginBottom="80dp"
    android:background="@drawable/bg_blue"
    android:padding="5dp"
    android:text="开始体验"
    android:visibility="gone"
    android:textColor="#fff" />

  <com.rd.PageIndicatorView
    android:layout_alignParentBottom="true"
    android:layout_marginBottom="40dp"
    android:layout_centerHorizontal="true"
    android:id="@+id/pageIndicatorView"
    android:layout_width="wrap_content"
    android:layout_height="wrap_content"
    app:piv_viewPager="@id/viewPager"
    app:piv_animationType="worm"/>
</RelativeLayout>
```

下面是 Java 代码的实现过程,通过 ViewPager 进行界面的切换,当最后一个界面展示的时候,显示 Button,点击按钮进入下一个界面:

```java
public class GuideActivity extends AppCompatActivity{
  private ViewPager viewPager;
  private Button btnStart;// 开始体验
  private int[] imageIds = new int[]{R.drawable.guide_0,
      R.drawable.guide_1, R.drawable.guide_2, R.drawable.guide_3};
  private ArrayList<ImageView> imageViews;

  @Override
  protected void onCreate(Bundle savedInstanceState) {
    super.onCreate(savedInstanceState);
    setContentView(R.layout.activity_guide);
    viewPager = (ViewPager) findViewById(R.id.viewPager);
    btnStart = (Button) findViewById(R.id.btn_start);

    btnStart.setOnClickListener(new View.OnClickListener() {

      @Override
```

18.3 界面实现

```java
    public void onClick(View v) {
        // 表示新手引导已经展示过了，下次不再展示
        PreUtils.putBoolean(GuideActivity.this, "isFirst", false);
        // 跳到主页面
        Intent intent = new Intent(GuideActivity.this,
            MainActivity.class);
        startActivity(intent);
        finish();
    }
});
//初始化展示的数据
initData();
}

private void initData() {
    // 初始化4张引导图片数据
    imageViews = new ArrayList<ImageView>();
    for (int i = 0; i < imageIds.length; i++) {
        ImageView image = new ImageView(this);
        image.setBackgroundResource(imageIds[i]);
        imageViews.add(image);
    }

    GuideAdapter adapter = new GuideAdapter();
    viewPager.setAdapter(adapter);// viewpager 设置数据
    // 设置滑动监听
    viewPager.addOnPageChangeListener(new ViewPager.SimpleOnPageChangeListener(){
        @Override
        public void onPageSelected(int position) {
            super.onPageSelected(position);
            //当显示最后一个条目的时候，跳转按钮可见
            if (position == imageIds.length - 1) {
                btnStart.setVisibility(View.VISIBLE);
            } else {
                btnStart.setVisibility(View.GONE);
            }
        }
    });
}


class GuideAdapter extends PagerAdapter {

    @Override
    public int getCount() {
        return imageViews.size();
    }

    @Override
    public boolean isViewFromObject(View arg0, Object arg1) {
        return arg0 == arg1;
    }

    // 初始化界面数据，类似 getView
    @Override
    public Object instantiateItem(ViewGroup container, int position) {
        ImageView imageView = imageViews.get(position);
        container.addView(imageView);
        return imageView;
    }

    @Override
```

```
        public void destroyItem(ViewGroup container, int position, Object object) {
            container.removeView((View) object);
        }

    }
}
```

18.3.3 主界面

主界面需要分类展示新闻列表,如图 18-8 所示。界面可以分为 3 部分,从上到下依次是 Toolbar、TabLayout、ViewPager。

activity_main.xml 代码如下:

▲图 18-8 主页面

```xml
<?xml version="1.0" encoding="utf-8"?>
<LinearLayout xmlns:android="http://schemas.android.com/apk/res/android"
    xmlns:tools="http://schemas.android.com/tools"
    android:id="@+id/activity_main"
    android:layout_width="match_parent"
    android:layout_height="match_parent"
    android:orientation="vertical"
    xmlns:app="http://schemas.android.com/apk/res-auto"
    tools:context="com.baidu.news.ui.activity.MainActivity">

    <android.support.v7.widget.Toolbar
        android:background="@color/colorPrimary"
        android:id="@+id/toolbar"
        android:layout_width="match_parent"
        android:layout_height="?attr/actionBarSize"
        app:titleTextColor="@color/white"
        />
    <android.support.design.widget.TabLayout
        android:background="@color/colorPrimary"
        android:id="@+id/tab_layout"
        android:layout_width="match_parent"
        android:layout_height="40dp"
        app:tabTextColor="@color/tablayout_default"
        app:tabSelectedTextColor="@color/white"
        android:layout_gravity="top"
        app:tabMode="scrollable"
        />
    <!--分割线-->
    <include layout="@layout/divider"/>

    <android.support.v4.view.ViewPager
        android:id="@+id/view_pager"
        android:layout_width="match_parent"
        android:layout_height="match_parent" />
</LinearLayout>
```

分割线在界面中是比较常用的,我们单独把分割线提取到一个布局文件中——divider.xml。为了方便复用,在该布局中通过 include 标签引入。分割线非常简单,只用一个 TextView,添加背景色,控制一下高度和宽度即可。divider.xml 代码如下:

```xml
<?xml version="1.0" encoding="utf-8"?>
<TextView xmlns:android="http://schemas.android.com/apk/res/android"
    android:layout_width="match_parent"
```

```
        android:layout_height="1px"
        android:background="#d9d9d9"
        android:orientation="vertical">

</TextView>
```

MainActivity 的主要作用是管理 Fragment 的切换,而每个 Fragment 用列表显示新闻。下面是 MainActivity 的代码:

```
public class MainActivity extends AppCompatActivity {

  ViewPager viewPager;
  MainPagerAdapter pagerAdapter;
  TabLayout tabLayout;
  @Override
  protected void onCreate(Bundle savedInstanceState) {
    super.onCreate(savedInstanceState);
    setContentView(R.layout.activity_main);
    Toolbar toolbar= (Toolbar) findViewById(R.id.toolbar);
    setSupportActionBar(toolbar);

    viewPager= (ViewPager) findViewById(R.id.view_pager);
    tabLayout= (TabLayout) findViewById(R.id.tab_layout);

    pagerAdapter = new MainPagerAdapter(getSupportFragmentManager());
    viewPager.setAdapter(pagerAdapter);
    viewPager.setOffscreenPageLimit(2);

    //TabLayout 绑定 ViewPager
    tabLayout.setupWithViewPager(viewPager);
  }
}
```

MainPagerAdapter 是 ViewPager 的适配器,在当前项目中用 ViewPager 切换 Fragment,让当前适配器继承 FragmentPagerAdapter,这样实现起来更加简单:

```
public class MainPagerAdapter extends FragmentPagerAdapter {
  private String[] mTitles = new String[]{"头条","社会","娱乐","体育","军事","科技","财经"};

  public MainPagerAdapter(FragmentManager fm) {
    super(fm);
  }

  @Override
  public Fragment getItem(int position) {
    if(position==0){
       return new ToutiaoFragment();
    }else if(position==1){
      return new ShehuiFragment();
    }else if(position==2){
      return new YuleFragment();
    }else if(position==3){
      return new TiyuFragment();
    }else if(position==4){
      return new JunshiFragment();
    }else if(position==5){
      return new KejiFragment();
    }else {
```

```
            return new CaijingFragment();
        }
    }

    @Override
    public int getCount() {
        return mTitles.length;
    }

    @Override
    public CharSequence getPageTitle(int position) {
        return mTitles[position];
    }
}
```

当前项目显示头条、社会、娱乐、体育、军事、科技、财经相关新闻，而每个类型的新闻都用一个单独的 Fragment 显示，所以我们对每个类型创建一个 Fragment，如图 18-9 所示。

每个 Fragment 先做一个简单的实现，如 ToutiaoFragment 代码：

▲图 18-9　创建 Fragment

```java
public class ToutiaoFragment extends Fragment {

    @Override
    public View onCreateView(LayoutInflater inflater, ViewGroup container,
              Bundle savedInstanceState) {
        return inflater.inflate(R.layout.fragment_toutiao, container, false);
    }

}
```

布局文件先用一个 TextView 展示相关的文字。运行后的效果图就和图 18-8 一样了。

18.3.4　列表界面

每个 Fragment 应该用来显示新闻列表，用 ListView 或者 RecyclerView 都可以实现，我们用 ListView 实现了。列表还需要有上拉加载和下拉刷新。而官方提供的控件 SwipeRefreshLayout 只能实现下拉刷新，不能实现上拉加载，我们可以写一个自定义控件继承 SwipeRefreshLayout 实现上拉加载：

```java
//继承自SwipeRefreshLayout,从而实现滑动到底部时上拉加载更多的功能
public class RefreshLayout extends SwipeRefreshLayout implements AbsListView.OnScrollListener {
    // listview 实例
    private ListView mListView;
    // 上拉接口监听器，到了最底部的上拉加载操作
    private OnLoadListener mOnLoadListener;
    // ListView 的加载中 footer
    private View mListViewFooter;
    // 是否在加载中 ( 上拉加载更多 )
    private boolean isLoading = false;
    private boolean hasMore=true;//是否有更多数据

    public RefreshLayout(Context context) {
        this(context, null);
    }
```

```java
public RefreshLayout(Context context, AttributeSet attrs) {
    super(context, attrs);
    //一个圆形进度条
    mListViewFooter = LayoutInflater.from(context).inflate(
        R.layout.listview_footer, null, false);
}

@Override
protected void onLayout(boolean changed, int left, int top, int right,
            int bottom) {
    super.onLayout(changed, left, top, right, bottom);
    // 初始化 ListView 对象
    if (mListView == null) {
        getListView();
    }
}

// 获取 ListView 对象
private void getListView() {
    int childs = getChildCount();
    if (childs > 0) {
        View childView = getChildAt(0);
        if (childView instanceof ListView) {
            mListView = (ListView) childView;
            // 设置滚动监听器给 ListView
            mListView.setOnScrollListener(this);
        }
    }
}

// 设置加载状态，添加或者移除加载更多圆形进度条
public void setLoading(boolean loading) {
    isLoading = loading;
    if (isLoading) {
        mListView.addFooterView(mListViewFooter);
    } else {
        mListView.removeFooterView(mListViewFooter);

    }
}

//设置监听器
public void setOnLoadListener(OnLoadListener loadListener) {
    mOnLoadListener = loadListener;
}

@Override
public void onScrollStateChanged(AbsListView view, int scrollState) {
//监听滑动状态
}

@Override
public void onScroll(AbsListView view, int firstVisibleItem,
            int visibleItemCount, int totalItemCount) {

    // 判断是否到了最底部，并且不是在加载数据的状态
    if (hasMore&&mListView.getLastVisiblePosition() == mListView.getAdapter()
        .getCount() - 1 && isLoading == false) {
        // 首先设置加载状态
        setLoading(true);
        // 调用加载数据的方法
```

```
        mOnLoadListener.onLoad();
      }
    }

    // 加载更多的接口
    public interface OnLoadListener {
      public void onLoad();
    }
    /**设置是否还有数据**/
    public void setHasMore(boolean hasMore) {
      this.hasMore = hasMore;
    }
}
```

上拉加载原理就是当滑动到底部的时候加载新的数据。这个自定义控件首先实现滑动监听，然后初始化 ListView，写好加载任务接口与方法。在滑动监听方法里面，有几个参数需要注意一下。

firstVisibleItem 表示在当前屏幕显示的第一个 listItem 在整个 listView 里面的位置（下标从 0 开始）。

visibleItemCount 表示在现时屏幕可以见到的条目（部分显示的条目也算）总数。

totalItemCount 表示 ListView 的条目总数。

listView.getLastVisiblePosition()表示当前屏幕上最后一个可见条目在整个 ListView 的位置（下标从 0 开始）。

当最后一个可见条目就是 ListView 最后一个条目时就可以证明滑动了底部，这时候用 ListView 的 addFooterView()方法给 ListView 底部添加一个带进度条布局，表示正在请求网络加载数据，加载完成后再移除布局。listview_footer.xml 代码如下：

```
<?xml version="1.0" encoding="utf-8"?>
<LinearLayout xmlns:android="http://schemas.android.com/apk/res/android"
  android:orientation="vertical" android:layout_width="match_parent"
  android:layout_height="match_parent">

  <ProgressBar
    android:layout_gravity="center"
    style="?android:attr/progressBarStyle"
    android:layout_width="wrap_content"
    android:layout_height="wrap_content"
    android:id="@+id/progressBar" />
</LinearLayout>
```

接下来我们可以用一些假数据演示一下上拉加载和下拉刷新。ToutiaoFragment 布局使用 ListView，外面包裹 RefreshLayout。fragment_toutiao.xml 代码如下：

```
<RelativeLayout xmlns:android="http://schemas.android.com/apk/res/android"
  android:layout_width="match_parent"
  android:layout_height="match_parent"
  >

  <com.baidu.news.ui.widget.RefreshLayout
    android:id="@+id/refreshLayout"
    android:layout_width="match_parent"
    android:layout_height="match_parent">

    <ListView
```

```
            android:id="@+id/list_view"
            android:layout_width="match_parent"
            android:layout_height="match_parent"
            />
    </com.baidu.news.ui.widget.RefreshLayout>
</RelativeLayout>
```

修改 ToutiaoFragment.java：

```
public class ToutiaoFragment extends Fragment {

    RefreshLayout refreshLayout;
    ListView listView;

    @Override
    public View onCreateView(LayoutInflater inflater, ViewGroup container,
                Bundle savedInstanceState) {
        View view = inflater.inflate(R.layout.fragment_toutiao, container, false);
        refreshLayout = (RefreshLayout) view.findViewById(R.id.refreshLayout);
        listView = (ListView) view.findViewById(R.id.list_view);
        initView();
        return view;
    }

    //先用假数据代替
    String[] datas = new String[]{"阿尔巴尼亚", "安道尔", "奥地利",
            "白俄罗斯", "保加利亚", "法国", "德国", "意大利", "葡萄牙", "罗马尼亚",
            "俄罗斯", "塞尔维亚", "西班牙", "英国"};
    ArrayAdapter<String> adapter;

    private void initView() {

        adapter = new ArrayAdapter<>(getContext(), android.R.layout.simple_list_item_1, datas);
        //给 ListView 设置适配器，从而显示到界面上
        listView.setAdapter(adapter);
        refreshLayout.setColorSchemeColors(R.color.colorAccent);
        refreshLayout.setOnRefreshListener(new SwipeRefreshLayout.OnRefreshListener() {
            @Override
            public void onRefresh() {
                //模拟网络交互
                refesh();
            }
        });
        refreshLayout.setOnLoadListener(new RefreshLayout.OnLoadListener() {
            @Override
            public void onLoad() {
                //模拟网络交互
                load();
            }

        });
    }

    private void refesh() {
        // 模拟了网络交互
        new Thread(new Runnable() {
            @Override
         public void run() {
            try {
                Thread.sleep(2000);
```

```
            } catch (InterruptedException e) {
                e.printStackTrace();
            }
            getActivity().runOnUiThread(new Runnable() {
                @Override
                public void run() {
                    adapter.notifyDataSetChanged();//通知数据变化
                    refreshLayout.setRefreshing(false);//停止刷新
                }
            });
        }
    }).start();
}
private void load() {
    // 模拟了网络交互
    new Thread(new Runnable() {
        @Override
        public void run() {
            try {
                Thread.sleep(2000);
            } catch (InterruptedException e) {
                e.printStackTrace();
            }
            getActivity().runOnUiThread(new Runnable() {
                @Override
                public void run() {
                    adapter.notifyDataSetChanged();//通知数据变化
                    refreshLayout.setLoading(false);
                    refreshLayout.setHasMore(false);
                }
            });
        }
    }).start();
}
```

运行结果如图 18-10 所示。

▲图 18-10　运行结果

18.4 请求网络

网络请求是这个项目比较核心的内容，我们采用 Retrofit 框架实现，首先一次性添加相关的依赖：

```
dependencies {
//...
  compile 'io.reactivex:rxandroid:1.2.1'
  compile 'io.reactivex:rxjava:1.1.6'

  compile 'com.google.code.gson:gson:2.8.0'

  compile 'com.squareup.retrofit2:retrofit:2.1.0'
  //如果用到gson解析，需要添加下面的依赖
  compile 'com.squareup.retrofit2:converter-gson:2.1.0'
  //Retrofit 使用 RxJava 需要的依赖
  compile 'com.squareup.retrofit2:adapter-rxjava:2.1.0'
  //联网日志
  compile 'com.squareup.okhttp3:logging-interceptor:3.3.0'
}
```

logging-interceptor 这一依赖之前没有介绍过的，它的作用就是收集网络请求的日志，方便开发者对程序进行调试。

在.engin 子包下创建 NetWork.java，用来初始化 Retrofit：

```
public class NetWork {
  private static Retrofit retrofit;

  /**返回 Retrofit*/
  public static Retrofit getRetrofit(){
    if(retrofit==null){
      OkHttpClient httpClient;
      OkHttpClient.Builder builder=new OkHttpClient.Builder();

      if (BuildConfig.DEBUG) {
        HttpLoggingInterceptor logging = new HttpLoggingInterceptor();
        logging.setLevel(HttpLoggingInterceptor.Level.BODY);
        builder.addInterceptor(logging);
      }
      httpClient=builder.build();
      //创建 Retrofit 构建器
      retrofit = new Retrofit.Builder()
          .baseUrl("http://v.juhe.cn/")
          //返回的数据通过 Gson 解析
          .addConverterFactory(GsonConverterFactory.create())
          //使用 RxJava 模式
          .addCallAdapterFactory(RxJavaCallAdapterFactory.create())
          .client(httpClient)
          .build();
    }
    return retrofit;
  }
  public static Api createApi() {
    return NetWork.getRetrofit().create(Api.class);
  }
```

Retrofit 框架本身就是通过 OkHttpCLient 请求网络，我们修改了 OkHttpClient，添加了拦截器用来打印网络输出的日志，方便我们调试程序。

代码里面用到了 API 接口，接下来我们创建接口——Api.java，用来封装请求网络的接口。在.domain 子包下创建 NewsBean，用来封装返回的数据（暂时可以空实现）。

我们请求的接口为 https://www.juhe.cn/docs/api/id/235。

API 接口内容为：

```
public interface Api {
  @GET("toutiao/index")
  Observable<NewsBean> getNews(@Query("key")String key,@Query("type")String type);
}
```

接口第一个参数是 key，这是第三方接口服务商聚合数据提供的 AppKey，每个账号的 AppKey 是不一样的，在聚合数据个人中心中可以查到，如图 18-11 所示。

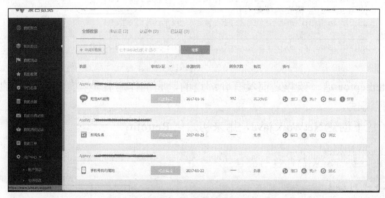

▲图 18-11　聚合数据个人中心

AppKey 比较重要，可以查询统计信息，有的接口还涉及到付费使用，因此要有较高的安全性。如果我们把 AppKey 直接写到 Java 代码中，很容易被一些人通过反编译手段获取到，很不安全。我们可以把 AppKey 写到 C++/C 代码中，通过 JNI 调用，这样大大提高了安全性。

在.engin 子包下创建 JNI.java，用来处理 JNI 相关的代码：

```
public class JNI {
  static {
    System.loadLibrary("native-lib");
  }
  /**获取 AppKey*/
  public static native String getAppKey();
}
```

修改 src/main/cpp/native-lib.cpp：

```
#include <jni.h>
#include <string>

extern "C"
JNIEXPORT jstring JNICALL
```

18.4 请求网络

```
Java_com_baidu_news_engine_JNI_getAppKey(JNIEnv *env, jobject instance) {
  // AppKey
  std::string appkey = "369a11e6fb581d89d6f1eb7fa635d595";

  return env->NewStringUTF(appkey.c_str());
}
```

写完以后，我们可以测试下能否正常请求数据。修改 ToutiaoFragment：

```java
public class ToutiaoFragment extends Fragment {

  //...
  @Override
  public View onCreateView(LayoutInflater inflater, ViewGroup container,
            Bundle savedInstanceState) {
    View view = inflater.inflate(R.layout.fragment_toutiao, container, false);
    refreshLayout = (RefreshLayout) view.findViewById(R.id.refreshLayout);
    listView = (ListView) view.findViewById(R.id.list_view);
    initView();
    initData(); //测试网络请求
    return view;
  }

  private void initData() {
    NetWork.createApi().getNews(JNI.getAppKey(),"toutiao")
       .subscribeOn(Schedulers.io())
       .observeOn(AndroidSchedulers.mainThread())
       .subscribe(new Action1<NewsBean>() {
          @Override
          public void call(NewsBean newsBean) {
           Log.d("ToutiaoFragment","请求成功");
          }
       }, new Action1<Throwable>() {
          @Override
          public void call(Throwable throwable) {
           Log.d("ToutiaoFragment","请求失败");
           throwable.printStackTrace();
          }
       });
  }

  //...
}
```

请求网络前，记得在 AndroidManifest.xml 中添加权限：

```xml
<uses-permission android:name="android.permission.INTERNET"/>
```

运行程序，如图 18-12 所示，我们通过观察日志可以发现确实请求成功了。

▲图 18-12 日志

第 18 章 开发一个真实的项目

我们可以点击地址链接,在浏览器中查看服务器返回的结果,可以将返回的内容复制,通过 GsonFormat 插件在 NewsBean.java 中生成对应的代码:

```java
public class NewsBean {

  private String reason;
  private ResultBean result;
  private int error_code;

  public String getReason() {
    return reason;
  }

  public void setReason(String reason) {
    this.reason = reason;
  }

  public ResultBean getResult() {
    return result;
  }

  public void setResult(ResultBean result) {
    this.result = result;
  }

  public int getError_code() {
    return error_code;
  }

  public void setError_code(int error_code) {
    this.error_code = error_code;
  }

  public static class ResultBean {

    private String stat;
    private List<DataBean> data;

    public String getStat() {
      return stat;
    }

    public void setStat(String stat) {
      this.stat = stat;
    }

    public List<DataBean> getData() {
      return data;
    }

    public void setData(List<DataBean> data) {
      this.data = data;
    }

    public static class DataBean {
      /**
       * uniquekey : 9e8a27d5c12a3761add5294edfcddd53
       * title : 温州一违建别墅被指"打游击":春节前被叫停,节后又投入营业
       * date : 2017-02-13 09:48
       * category : 头条
```

```
     * author_name : 微信公号"温州都市报"
     * url : http://mini.eastday.com/mobile/170213094846262.html
     * thumbnail_pic_s : http://04.imgmini.eastday.com/mobile/20170213/20170213094
846_89cd621d3363a71e2ca8ed65550c3c48_1_mwpm_03200403.jpeg
     * thumbnail_pic_s02 : http://04.imgmini.eastday.com/mobile/20170213/201702130
94846_89cd621d3363a71e2ca8ed65550c3c48_2_mwpm_03200403.jpeg
     * thumbnail_pic_s03 : http://04.imgmini.eastday.com/mobile/20170213/201702130
94846_89cd621d3363a71e2ca8ed65550c3c48_3_mwpm_03200403.jpeg
     */

    private String uniquekey;
    private String title;
    private String date;
    private String category;
    private String author_name;
    private String url;
    private String thumbnail_pic_s;
    private String thumbnail_pic_s02;
    private String thumbnail_pic_s03;

    public String getUniquekey() {
        return uniquekey;
    }

    public void setUniquekey(String uniquekey) {
        this.uniquekey = uniquekey;
    }

    public String getTitle() {
        return title;
    }

    public void setTitle(String title) {
        this.title = title;
    }

    public String getDate() {
        return date;
    }

    public void setDate(String date) {
        this.date = date;
    }

    public String getCategory() {
        return category;
    }

    public void setCategory(String category) {
        this.category = category;
    }

    public String getAuthor_name() {
        return author_name;
    }

    public void setAuthor_name(String author_name) {
        this.author_name = author_name;
    }

    public String getUrl() {
```

```
            return url;
        }

        public void setUrl(String url) {
            this.url = url;
        }

        public String getThumbnail_pic_s() {
            return thumbnail_pic_s;
        }

        public void setThumbnail_pic_s(String thumbnail_pic_s) {
            this.thumbnail_pic_s = thumbnail_pic_s;
        }

        public String getThumbnail_pic_s02() {
            return thumbnail_pic_s02;
        }

        public void setThumbnail_pic_s02(String thumbnail_pic_s02) {
            this.thumbnail_pic_s02 = thumbnail_pic_s02;
        }

        public String getThumbnail_pic_s03() {
            return thumbnail_pic_s03;
        }

        public void setThumbnail_pic_s03(String thumbnail_pic_s03) {
            this.thumbnail_pic_s03 = thumbnail_pic_s03;
        }
    }
}
```

18.5 新闻列表和详情

之前的列表界面是我们用假数据展示的，现在我们需要用真实的数据展示，要创建布局文件，用来展示每个新闻条目，图 18-13 所示就是我们需要展示的样式。

需要展示新闻缩略图、新闻标题、消息来源和新闻日期，这些信息在接口中都返回了。创建 item_news.xml：

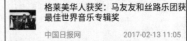

▲图 18-13　新闻条目布局

```xml
<?xml version="1.0" encoding="utf-8"?>
<RelativeLayout xmlns:android="http://schemas.android.com/apk/res/android"
    android:orientation="vertical" android:layout_width="match_parent"
    android:layout_height="match_parent"
    >
    <ImageView
        android:layout_centerVertical="true"
        android:id="@+id/iv_icon"
        android:layout_width="50dp"
        android:layout_height="50dp"
        android:src="@drawable/zhanwei"
        android:layout_margin="16dp"/>

    <LinearLayout
        android:paddingTop="8dp"
```

```xml
            android:paddingBottom="8dp"
            android:layout_centerVertical="true"
            android:layout_toRightOf="@id/iv_icon"
            android:layout_width="match_parent"
            android:orientation="vertical"
            android:layout_height="wrap_content">

            <TextView
                android:layout_marginTop="2dp"
                android:layout_marginBottom="10dp"
                android:id="@+id/tv_title"
                android:layout_width="wrap_content"
                android:layout_height="wrap_content"
                android:textSize="16dp"
                android:textColor="#1d1d1d"
                android:text="新闻标题"/>
            <LinearLayout
                android:layout_width="match_parent"
                android:layout_height="wrap_content">
                <TextView
                    android:layout_marginTop="2dp"
                    android:id="@+id/tv_from"
                    android:layout_width="0dp"
                    android:layout_weight="1"
                    android:layout_height="wrap_content"
                    android:textSize="14dp"
                    android:singleLine="true"
                    android:textColor="#999999"
                    android:text="新闻来源"/>
                <TextView
                    android:layout_marginTop="2dp"
                    android:id="@+id/tv_date"
                    android:layout_width="wrap_content"
                    android:layout_height="wrap_content"
                    android:textSize="14dp"
                    android:paddingRight="16dp"
                    android:textColor="#999999"
                    android:text="日期"/>
            </LinearLayout>
    </LinearLayout>

</RelativeLayout>
```

ImageView 显示的是网络图片，网速慢的时候展示一张本地的展位图。

布局写完了，接下来创建列表的适配器，在 .ui.adapter 子包下创建 NewsListAdapter：

```java
public class NewsListAdapter extends BaseAdapter {
    private List<NewsBean.ResultBean.DataBean> data;
    private Context context;
    public NewsListAdapter(List<NewsBean.ResultBean.DataBean> data, Context context) {
        this.data=data;
        this.context=context;
    }

    public void setData(List<NewsBean.ResultBean.DataBean> data) {
        this.data = data;
    }

    @Override
    public int getCount() {
```

```java
    return data.size();
}

@Override
public Object getItem(int position) {
    return position;
}

@Override
public long getItemId(int position) {
    return position;
}

@Override
public View getView(int position, View convertView, ViewGroup parent) {
    View view;
    ViewHolder holder;
    if(convertView==null){
        view=View.inflate(context, R.layout.item_news,null);
        holder=new ViewHolder();
        holder.ivIcon= (ImageView) view.findViewById(R.id.iv_icon);
        holder.tvTitle= (TextView) view.findViewById(R.id.tv_title);
        holder.tvFrom= (TextView) view.findViewById(R.id.tv_from);
        holder.tvDate= (TextView) view.findViewById(R.id.tv_date);
        view.setTag(holder);
    }else{   //复用convertView
        view=convertView;
        holder= (ViewHolder) view.getTag();
    }
    // 数据填充
    NewsBean.ResultBean.DataBean dataBean = data.get(position);
    holder.tvTitle.setText(dataBean.getTitle());//标题
    holder.tvFrom.setText(dataBean.getAuthor_name());   //发布源
    holder.tvDate.setText(dataBean.getDate()); //时间
    if (!TextUtils.isEmpty(dataBean.getThumbnail_pic_s())) {
        Picasso.with(context)
            .load(dataBean.getThumbnail_pic_s())
            .placeholder(R.drawable.zhanwei)
            .error(R.drawable.zhanwei)
            .into(holder.ivIcon); //图片
    }
    return view;
}

private static class ViewHolder{
    ImageView ivIcon;
    TextView tvTitle,tvFrom,tvDate;
}
}
```

适配器代码中用到了 Picasso 框架加载网络图片。需要在 app/build.gradle 文件中添加依赖：

```
compile 'com.squareup.picasso:picasso:2.5.2'
```

为了提高用户体验，修改 fragment_toutiao.xml 布局，添加加载中的进度条和加载错误时显示的图片：

```xml
<RelativeLayout xmlns:android="http://schemas.android.com/apk/res/android"
    android:layout_width="match_parent"
    android:layout_height="match_parent"
```

```xml
    >

    <com.baidu.news.ui.widget.RefreshLayout
        android:id="@+id/refreshLayout"
        android:layout_width="match_parent"
        android:layout_height="match_parent">

        <ListView
            android:id="@+id/list_view"
            android:layout_width="match_parent"
            android:layout_height="match_parent"
            />
    </com.baidu.news.ui.widget.RefreshLayout>

    <ProgressBar
        android:id="@+id/progress_bar"
        android:layout_width="wrap_content"
        android:layout_height="wrap_content"
        android:layout_centerInParent="true"
        android:visibility="invisible" />

    <ImageView
        android:id="@+id/iv_error"
        android:layout_width="wrap_content"
        android:layout_height="wrap_content"
        android:layout_centerInParent="true"
        android:src="@drawable/error"
        android:visibility="gone" />
</RelativeLayout>
```

下面完善下 ToutiaoFragment 的代码：

```java
public class ToutiaoFragment extends Fragment {

    RefreshLayout refreshLayout;
    ListView listView;
    ImageView ivError;// 加载失败时显示的图片
    ProgressBar progressBar;  //第一次加载时显示的圆形进度条
    NewsListAdapter adapter;  //ListView 适配器
    List<NewsBean.ResultBean.DataBean> datas;//加载的数据
    @Override
    public View onCreateView(LayoutInflater inflater, ViewGroup container,
                Bundle savedInstanceState) {
        View view = inflater.inflate(R.layout.fragment_toutiao, container, false);
        //初始化控件
        refreshLayout = (RefreshLayout) view.findViewById(R.id.refreshLayout);
        listView = (ListView) view.findViewById(R.id.list_view);
        ivError= (ImageView) view.findViewById(R.id.iv_error);
        progressBar= (ProgressBar) view.findViewById(R.id.progress_bar);
        initView();
        initData();
        return view;
    }

    private void initData() {
        progressBar.setVisibility(View.VISIBLE);
        ivError.setVisibility(View.GONE);  //隐藏错误的信息
        refesh(); //刷新数据
    }

    private void initView() {
```

```java
        //给ListView设置适配器，从而显示到界面上
        refreshLayout.setColorSchemeResources(R.color.colorAccent);
        refreshLayout.setOnRefreshListener(new SwipeRefreshLayout.OnRefreshListener() {
            @Override
            public void onRefresh() {
                //模拟网络交互
                refesh();
            }
        });
        //没有更多数据
        refreshLayout.setHasMore(false);
        //加载失败，点击重连
        ivError.setOnClickListener(new View.OnClickListener() {
            @Override
            public void onClick(View v) {
                initData();
            }
        });
        //ListView 条目的点击事件
        listView.setOnItemClickListener(new AdapterView.OnItemClickListener() {
            @Override
            public void onItemClick(AdapterView<?> parent, View view, int position, long id) {
                NewsBean.ResultBean.DataBean dataBean = datas.get(position);
                Intent intent = WebViewActivity.newIntent(getContext(), dataBean.getUrl());
                getActivity().startActivity(intent);
            }
        });
    }

    private void refesh() {
        // top 对应的是头条新闻
        NetWork.createApi().getNews(JNI.getAppKey(),getType())
            .subscribeOn(Schedulers.io())
            .observeOn(AndroidSchedulers.mainThread())
            .subscribe(new Action1<NewsBean>() {
                @Override
                public void call(NewsBean newsBean) {
                    refreshLayout.setEnabled(true);    //允许下拉刷新
                    progressBar.setVisibility(View.GONE);//隐藏进度条
                    refreshLayout.setRefreshing(false);//停止下拉刷新
                    datas = newsBean.getResult().getData();

                    adapter = new NewsListAdapter(datas, getContext());
                    listView.setAdapter(adapter);
                }
            }, new Action1<Throwable>() {
                @Override
                public void call(Throwable throwable) {
                    ivError.setVisibility(View.VISIBLE);//加载失败显示的错误图片
                    refreshLayout.setEnabled(false);    //禁止下拉刷新
                    progressBar.setVisibility(View.GONE);//隐藏进度条
                    refreshLayout.setRefreshing(false);//停止下拉刷新
                    Toast.makeText(getContext(), "请求失败", Toast.LENGTH_SHORT).show();
                    throwable.printStackTrace();
                }
            });
    }
    /**返回新闻类型*/
    private String getType() {
        return "top";
```

```
    }
}
```

因为接口中没有暴露如何分页加载，所以代码中并没有用上拉加载，直接设置为没有多余的数据了。当加载失败时显示错误的图片，加载成功显示的列表信息如图 18-14 所示。点击每个条目跳转到 WebViewActivity。

▲图 18-14　运行结果

创建 WebViewActivity 并生成布局文件 activity_web_view.xml。布局文件代码如下：

```xml
<?xml version="1.0" encoding="utf-8"?>
<LinearLayout xmlns:android="http://schemas.android.com/apk/res/android"
    android:layout_width="match_parent"
    android:layout_height="match_parent"
    xmlns:app="http://schemas.android.com/apk/res-auto"
    android:orientation="vertical">
    <android.support.v7.widget.Toolbar
        android:background="@color/colorPrimary"
        android:id="@+id/toolbar"
        android:layout_width="match_parent"
        android:layout_height="?attr/actionBarSize"
        app:titleTextColor="@color/white"
        />
    <!--用来显示网页进度-->
    <com.daimajia.numberprogressbar.NumberProgressBar
        android:id="@+id/progressbar"
        style="@style/NumberProgressBar_Funny_Orange"
        app:progress_reached_bar_height="2dp"
        app:progress_text_size="0sp"
        app:progress_text_visibility="invisible"
        app:progress_unreached_bar_height="2dp"
        android:layout_width="match_parent" />

    <WebView
        android:id="@+id/web_view"
        android:layout_width="match_parent"
        android:layout_height="match_parent" />
</LinearLayout>
```

布局中通过 WebView 显示网页，NumberProgressBar 是第三方控件，用来显示网页进度，需要添加依赖：

```
compile 'com.daimajia.numberprogressbar:library:1.2@aar'
```

WebViewActivity 代码展示:

```java
public class WebViewActivity extends AppCompatActivity {

    /**
     * 传输的网址
     */
    public static final String URL = "url";

    @Override
    protected void onCreate(Bundle savedInstanceState) {
        super.onCreate(savedInstanceState);
        init();
        initView();
        initData();
    }
    String url;

    //初始化传递的信息
    private void init() {
        Intent intent = getIntent();
        url = intent.getStringExtra(URL);
    }

    private WebView mWebView;
    private NumberProgressBar progressBar;

    //初始化界面
    private void initView() {
        setContentView(R.layout.activity_web_view);
        Toolbar toolbar= (Toolbar) findViewById(R.id.toolbar);
        setSupportActionBar(toolbar);
        toolbar.setNavigationIcon(R.drawable.btn_back);//设置返回按钮
        //设置返回按钮的点击事件
        toolbar.setNavigationOnClickListener(new View.OnClickListener() {
            @Override
            public void onClick(View v) {
                finish();
            }
        });
        mWebView = (WebView) findViewById(R.id.web_view);
        progressBar= (NumberProgressBar) findViewById(R.id.progressbar);
    }

    protected void initData() {
        mWebView.getSettings().setBuiltInZoomControls(false); // 放大缩小按钮
        //mWebView.getSettings().setJavaScriptEnabled(true); // JS 允许
        mWebView.setWebChromeClient(new WebChromeClient()); // Chrome 内核
        //     mWebView.setInitialScale(100);// 设置缩放比例
        WebSettings settings = mWebView.getSettings();
        settings.setJavaScriptCanOpenWindowsAutomatically(true);
        settings.setLoadWithOverviewMode(true); //
        settings.setAppCacheEnabled(true); //缓存
        mWebView.setWebChromeClient(new ChromeClient());
        mWebView.setWebViewClient(new WebViewClient() {
            @Override
```

```java
    public void onPageFinished(WebView view, String url) {
      super.onPageFinished(view, url);
  }

    // 超链接的时候
    @Override
    public boolean shouldOverrideUrlLoading(WebView view, String url) {
      loadUrl(url);
      return true;
    }
  });
  if (!TextUtils.isEmpty(url)) {
     loadUrl(url);
  }

  //碰到需要下载的链接，跳转到浏览器进行下载
  mWebView.setDownloadListener(new MyWebViewDownLoadListener());
}

private class MyWebViewDownLoadListener implements DownloadListener {

  @Override
  public void onDownloadStart(String url, String userAgent,
              String contentDisposition, String mimetype,
              long contentLength) {
    Uri uri = Uri.parse(url);
    Intent intent = new Intent(Intent.ACTION_VIEW, uri);
    startActivity(intent);
  }
}

// 设置回退
// 覆盖Activity类的onKeyDown(int keyCoder,KeyEvent event)方法
public boolean onKeyDown(int keyCode, KeyEvent event) {
  if ((keyCode == KeyEvent.KEYCODE_BACK) && mWebView.canGoBack()) {
     mWebView.goBack(); // goBack()表示返回WebView的上一页面
     return true;
  }
  return super.onKeyDown(keyCode, event);
}

private class ChromeClient extends WebChromeClient {

  @Override
  public void onProgressChanged(WebView view, int newProgress) {
    super.onProgressChanged(view, newProgress);
    //设置进度
    progressBar.setProgress(newProgress);
    if (newProgress == 100) {
       progressBar.setVisibility(View.GONE);
    } else {
       progressBar.setVisibility(View.VISIBLE);
    }
  }
}
/**
 * 加载网页
 *
```

```java
 * @param url 要显示的网页
 */
public void loadUrl(String url) {
    if (mWebView != null) {
        mWebView.loadUrl(url);
    }
}

@Override
protected void onDestroy() {
    super.onDestroy();
    if (mWebView != null) mWebView.destroy();
}

@Override
protected void onPause() {
    if (mWebView != null) mWebView.onPause();
    super.onPause();
}

@Override
protected void onResume() {
    super.onResume();
    if (mWebView != null) mWebView.onResume();
}

/**
 * @param context 上下文
 * @param url 网址
 * @return intent
 */
public static Intent newIntent(Context context, String url) {
    Intent intent = new Intent(context, WebViewActivity.class);
    intent.putExtra(URL, url);
    return intent;
}
}
```

运行程序，当点击新闻列表条目时，就会进入新闻详情界面，如图18-15所示。

▲图18-15 新闻详情（新闻截图，仅演示用）

18.6 完成整个项目

头条新闻列表完成了，还有几个不同类型的新闻界面需要完成。我们认真思考下，发现无论是社会新闻列表还是娱乐新闻列表等，代码都和头条新闻列表差不多，唯一需要改的地方就是 getType() 方法返回的字符串。既然如此，我们为何不直接让不同类型的新闻界面共用一套代码呢？

我们可以定义一个基类，在 .ui.fragment 子包下创建 BaseFragment。使得 ToutiaoFragment、ShehuiFragment、YuleFragment 等都继承 BaseFragment，把不需要改的代码全部转移到 BaseFragment 中，需要改的 getType() 方法定义成抽象方法，让子类去实现。

BaseFragment 代码就是把之前 ToutiaoFragment 的代码修改一下：

```java
public abstract class BaseFragment extends Fragment {
    RefreshLayout refreshLayout;
    ListView listView;
    ImageView ivError;// 加载失败时显示的图片
    ProgressBar progressBar;  //第一次加载时显示的圆形进度条
    NewsListAdapter adapter;  //ListView 适配器
    List<NewsBean.ResultBean.DataBean> datas;//加载的数据
    @Override
    public View onCreateView(LayoutInflater inflater, ViewGroup container,
            Bundle savedInstanceState) {
        View view = inflater.inflate(R.layout.fragment_toutiao, container, false);
        //初始化控件
        refreshLayout = (RefreshLayout) view.findViewById(R.id.refreshLayout);
        listView = (ListView) view.findViewById(R.id.list_view);
        ivError= (ImageView) view.findViewById(R.id.iv_error);
        progressBar= (ProgressBar) view.findViewById(R.id.progress_bar);
        initView();
        initData();
        return view;
    }

    private void initData() {
        progressBar.setVisibility(View.VISIBLE);
        ivError.setVisibility(View.GONE);  //隐藏错误的信息
        refesh();  //刷新数据
    }

    private void initView() {
        //给 ListView 设置适配器，从而显示到界面上
        refreshLayout.setColorSchemeResources(R.color.colorAccent);
        refreshLayout.setOnRefreshListener(new SwipeRefreshLayout.OnRefreshListener() {
            @Override
            public void onRefresh() {
                //模拟网络交互
                refesh();
            }
        });
        //没有更多数据
        refreshLayout.setHasMore(false);
        //加载失败，点击重连
        ivError.setOnClickListener(new View.OnClickListener() {
            @Override
```

```java
        public void onClick(View v) {
            initData();
        }
    });
    //ListView 条目的点击事件
    listView.setOnItemClickListener(new AdapterView.OnItemClickListener() {
        @Override
        public void onItemClick(AdapterView<?> parent, View view, int position, long id) {
            NewsBean.ResultBean.DataBean dataBean = datas.get(position);
            Intent intent = WebViewActivity.newIntent(getContext(), dataBean.getUrl());
            getActivity().startActivity(intent);
        }
    });
}

private void refesh() {
    // top 对应的是头条新闻
    NetWork.createApi().getNews(JNI.getAppKey(),getType())
        .subscribeOn(Schedulers.io())
        .observeOn(AndroidSchedulers.mainThread())
        .subscribe(new Action1<NewsBean>() {
            @Override
            public void call(NewsBean newsBean) {
                refreshLayout.setEnabled(true);   //允许下拉刷新
                progressBar.setVisibility(View.GONE);//隐藏进度条
                refreshLayout.setRefreshing(false);//停止下拉刷新
                datas = newsBean.getResult().getData();

                adapter = new NewsListAdapter(datas, getContext());
                listView.setAdapter(adapter);

            }
        }, new Action1<Throwable>() {
            @Override
            public void call(Throwable throwable) {
                ivError.setVisibility(View.VISIBLE);//加载失败显示的错误图片
                refreshLayout.setEnabled(false);   //禁止下拉刷新
                progressBar.setVisibility(View.GONE);//隐藏进度条
                refreshLayout.setRefreshing(false);//停止下拉刷新
                Toast.makeText(getContext(), "请求失败", Toast.LENGTH_SHORT).show();
                throwable.printStackTrace();
            }
        });
}
/**返回新闻类型,改成抽象方法*/
protected abstract String getType();
}
```

然后 ToutiaoFragment 继承 BaseFragment,删掉重复代码,重写 getType()方法:

```java
public class ToutiaoFragment extends BaseFragment {
    /**返回新闻类型*/
    protected String getType() {
        return "top";
    }
}
```

发现代码瞬间变成了"小清新"。架子搭好了,下面的代码写起来就非常简单了,我们一口气都写完。

ShehuiFragment,负责显示社会类型的新闻:

```
public class ShehuiFragment extends BaseFragment {
    @Override
    protected String getType() {
        return "shehui";
    }
}
```

YuleFragment,负责显示娱乐类型的新闻:

```
public class YuleFragment extends BaseFragment {
    @Override
    protected String getType() {
        return "yule";
    }
}
```

TiyuFragment,负责显示体育类型的新闻:

```
public class TiyuFragment extends BaseFragment {
    @Override
    protected String getType() {
        return "tiyu";
    }
}
```

JunshiFragment,负责显示军事类型的新闻:

```
public class JunshiFragment extends BaseFragment {
    @Override
    protected String getType() {
        return "junshi";
    }
}
```

KejiFragment,负责显示科技类型的新闻:

```
public class KejiFragment extends BaseFragment {
    @Override
    protected String getType() {
        return "keji";
    }
}
```

CaijingFragment,负责显示财经类型的新闻:

```
public class CaijingFragment extends BaseFragment {
    @Override
    protected String getType() {
        return "caijing";
    }
}
```

运行程序，结果如图 18-16 所示，所有的界面都可以展示了。

▲图 18-16　运行结果

总结

　　经过上面这些步骤，一个简单的新闻客户端程序就完成了。在这一章的项目中，我们对之前学习过的知识进行了一次整合，包括界面搭建、网络请求、JNI 等。如果读从头到尾读完本书，建议您重新审视下自己，看看具体掌握了多少知识。

　　这个项目是从 0 到 1 的过程，如果是公司中实际的项目，可能远比这个项目复杂，如果能完成从 0 到 1，我相信您一定也可以完成从 1 到 N，复杂的项目无非就是小项目的叠加。相信自己，加油！

欢迎来到异步社区！

异步社区的来历

异步社区（www.epubit.com.cn）是人民邮电出版社旗下IT专业图书旗舰社区，于2015年8月上线运营。

异步社区依托于人民邮电出版社20余年的IT专业优质出版资源和编辑策划团队，打造传统出版与电子出版和自出版结合、纸质书与电子书结合、传统印刷与POD按需印刷结合的出版平台，提供最新技术资讯，为作者和读者打造交流互动的平台。

社区里都有什么？

购买图书

我们出版的图书涵盖主流IT技术，在编程语言、Web技术、数据科学等领域有众多经典畅销图书。社区现已上线图书1000余种，电子书400多种，部分新书实现纸书、电子书同步出版。我们还会定期发布新书书讯。

下载资源

社区内提供随书附赠的资源，如书中的案例或程序源代码。

另外，社区还提供了大量的免费电子书，只要注册成为社区用户就可以免费下载。

与作译者互动

很多图书的作译者已经入驻社区，您可以关注他们，咨询技术问题；可以阅读不断更新的技术文章，听作译者和编辑畅聊好书背后有趣的故事；还可以参与社区的作者访谈栏目，向您关注的作者提出采访题目。

灵活优惠的购书

您可以方便地下单购买纸质图书或电子图书，纸质图书直接从人民邮电出版社书库发货，电子书提供多种阅读格式。

对于重磅新书，社区提供预售和新书首发服务，用户可以第一时间买到心仪的新书。

用户帐户中的积分可以用于购书优惠，100积分=1元，购买图书时，在 0 使用积分 里填入可使用的积分数值，即可扣减相应金额。

特 别 优 惠

购买本书的读者专享异步社区购书优惠券。

使用方法：注册成为社区用户，在下单购书时输入 S4XC5 使用优惠码，然后点击"使用优惠码"，即可在原折扣基础上享受全单9折优惠。（订单满39元即可使用，本优惠券只可使用一次）

纸电图书组合购买

社区独家提供纸质图书和电子书组合购买方式，价格优惠，一次购买，多种阅读选择。

社区里还可以做什么？

提交勘误

您可以在图书页面下方提交勘误，每条勘误被确认后可以获得 100 积分。热心勘误的读者还有机会参与书稿的审校和翻译工作。

写作

社区提供基于 Markdown 的写作环境，喜欢写作的您可以在此一试身手，在社区里分享您的技术心得和读书体会，更可以体验自出版的乐趣，轻松实现出版的梦想。

如果成为社区认证作译者，还可以享受异步社区提供的作者专享特色服务。

会议活动早知道

您可以掌握 IT 圈的技术会议资讯，更有机会免费获赠大会门票。

加入异步

扫描任意二维码都能找到我们：

异步社区

微信服务号

微信订阅号

官方微博

QQ 群：436746675

社区网址：www.epubit.com.cn

投稿 & 咨询：contact@epubit.com.cn